U0283385

高等学校规划教材

排 水 工 程

上册

（第五版）

张 智 主编
龙腾锐 主审

中国建筑工业出版社

图书在版编目（CIP）数据

排水工程 上册/张智主编. —5版. —北京：中国建筑工业出版社，2015.4（2024.6重印）
高等学校规划教材
ISBN 978-7-112-17921-3

Ⅰ.①排… Ⅱ.①张… Ⅲ.①排水工程-高等学校-教材 Ⅳ.①TU992

中国版本图书馆CIP数据核字（2015）第050940号

《排水工程》（上册）（第五版）根据最新的《室外排水设计规范》及本专业的最新要求，在第四版的基础上，删减了第2章的“城市污水回用工程”，在第4章增加了调蓄池、截流井、渗透设施的设计，增加了第7章管道综合设计。全书共分8章：排水系统概论，污水管道系统的设计，雨水管渠系统的设计，合流制管渠系统的设计，排水管渠的材料、接口及基础，排水管渠系统上的构筑物，管线综合设计，排水管渠系统的管理和养护。

本书可作为给排水科学与工程、环境工程及相关专业的本科生教材，也可作为工程技术人员参考书。

为便于教学，作者特制作了与教材配套的电子课件，如有需求，可发邮件（标注书名、作者名）至 jckj@cabp.com.cn 索取，或到 http://edu.cabplink.com//index 下载，电话：010-58337285。

责任编辑：王美玲 俞辉群
责任校对：张 颖 关 健

高等学校规划教材
排 水 工 程
上册
（第五版）
张 智 主编
龙腾锐 主审
*
中国建筑工业出版社出版、发行（北京西郊百万庄）
各地新华书店、建筑书店经销
霸州市顺浩图文科技发展有限公司制版
建工社（河北）印刷有限公司印刷
*
开本：787×1092毫米 1/16 印张：16½ 字数：399千字
2015年11月第五版 2024年6月第五十三次印刷
定价：**32.00**元（赠教师课件）
ISBN 978-7-112-17921-3
（25731）

版权所有 翻印必究
如有印装质量问题，可寄本社退换
（邮政编码 100037）

第五版前言

《排水工程》（上册）（第四版）出版以来，已历经十五年。其间，我国的排水工程已有长足进步，污水处理率及排水管网长度均有大幅度增长，与之相关的规范、标准曾几经修订。因此，本书的修编已势在必行。

首先，《室外排水设计规范》已经三次修订，特别是2010年以来，我国许多城市发生内涝，原因当然是多方面的，但与城市雨水管道设计标准过低不无关系。因此，《室外排水设计规范》于2011年和2014年两次进行了修订。本书是根据《室外排水设计规范》（2006年版、2011年版和2014年版）进行修订的。近年来，针对雨水管理，国家发布了《国务院办公厅关于做好城市排水防涝设施建设工作的通知》（国办发［2013］23号）、《城镇排水与污水处理条例》（国务院令第641号）、《城市排水（雨水）防涝综合规划编制大纲》（住房和城乡建设部）和《海绵城市建设技术指南——低影响开发雨水系统构建（试行）》（住房和城乡建设部）等一系列政策措施，这些都应在教材中得到相应的反映。

其次，在第四版编写时，增编了“城市污水回用工程”，城市污水作为第二水源现已有较大发展。目前，城市污水经深度处理后作为工业用水、市政杂用水、城市内河补给水等，我国均有许多成功的范例。但城市污水回用的关键是水质控制，且回用水系统也自成体系。因此，这次修编不再编入该内容。此外，增编了“城镇雨水排水系统规划”（含排水系统规划和雨水系统规划）及调蓄池、截流井、渗滤设施和管道综合设计等内容。

最后，本书第四版原主编孙慧修教授和参编者郝以琼教授因年事已高，均主动表示不再参加本次修编；原主审顾夏声院士则已仙逝。他们对本书的贡献，后辈自当铭记。本次修订由张智主编，何强、孙慧修、郝以琼和龙腾锐参编。具体分工为：张智、孙慧修编绪论、第1、第2章；张智编写第3章3.6节，张智、郝以琼编写第3章其余章节；何强、龙腾锐编写第6章、第4章的4.1～4.5节；张智编写第4章4.6～4.8节；何强、郝以琼编写第5章；张智、龙腾锐编写第7章。

参考文献除所列主要书目外，尚有一些期刊论文，恕不能一一列出，在此一并致谢。

限于编者水平，本书不妥之处，敬请读者批评、指正。

2015.8

第四版前言

《排水工程》上册包括绪论及排水系统，主要内容有排水系统概论和污水、雨水与合流制排水管渠系统和排洪沟的规划设计与计算、排水管渠的材料、接口及基础、管渠系统上的构筑物，以及管渠系统的养护管理等。全书体现以城市排水系统为主干的特点。

有关气象资料的收集和整理、小流域暴雨洪峰流量的计算以及无自记雨量计地区雨量公式的推求等，已在《水文学》课程中讲述，故在本书雨水管渠系统一章中，对雨量公式及设计洪峰流量的计算未作推求，侧重于应用。有关排水泵站以及排水管渠施工等，已分别在《水泵及水泵站》和《给水排水工程施工》课程中讲述，本课程未作介绍。

《排水工程》（上册）第四版是在第三版的基础上，根据全国高等学校给水排水工程学科专业指导委员会关于教材编写要求和《排水工程》（上册）课程教学基本要求，以及排水工程技术的新发展和积累的教学经验，经过不断修改和完善编写而成，基本上反映了现代排水工程学科发展的趋势。

《排水工程》（上册）第四版增加了城市污水回用工程一节，以城市污水作为第二水源再利用，是防止水污染和解决水资源严重不足的重要方向。本版加强了雨水设计流量的论述，介绍了几种方法。对近年来我国城市排水系统向区域排水系统发展的趋势以及涌现出的新技术作了介绍。同时，对第三版中个别提法不妥之处进行了更正，并增加了部分新技术资料。规范以《室外排水规范》（GBJ14—87）及1997年局部修改的条文为主。计量单位以1984年公布的《中华人民共和国法定计量单位》为准。

本书是高等学校推荐教材和建设部“九五”重点教材。

参加本书第四版编写的有重庆建筑大学孙慧修（绪论、第1章、第2章第7节、第8节）、郝以琼（第2、3、5章，第2章第7、8节除外）、龙腾锐（第4、6、7章）。

主编　孙慧修

主审　清华大学　顾夏声

限于编者水平，书中不妥之处，请读者批评指正。

1998.7

第三版前言

排水工程（上册）包括绪论和排水系统。主要内容有排水系统概论和污水、雨水与合流排水管渠系统的规划设计及养护管理等。全书体现以城市污水为主干的特点。

排水工程（上册）第三版是在第二版基础上，根据近年来排水工程技术的新发展及教学实践经验修改编写而成的。这一版在有关章中增加了《中水系统及其设计特点》、《排水工程投资估算》、《居住小区排水系统及其设计特点》及《计算机在排水管道（污水、雨水）设计计算中的应用》等4节新内容。同时，对第二版书中提法不妥之处进行了更正，并增加了部分新技术资料。规范以《室外排水设计规范》（GBJ14—87）为准，计量单位以1984年公布的《中华人民共和国法定计量单位》为准。

参加本书第三版编写的有重庆建筑大学孙慧修（绪论、第一章、第二章第七、八节、第三章第五节）、郝以琼（第二、三、五章，但第二章第七、八节及第三章第五节除外）、龙腾锐（第四、六、七章）。

本书由重庆建筑大学孙慧修主编。

由清华大学顾夏声主审。

限于编者水平，书中不妥之处，请读者批评指正。

1993.9

第二版前言

排水工程（上册）第二版基本上是根据1984年制定的《排水管网工程》教学大纲的要求编写的。这一版，增加了“应用电子计算机计算污水管道”和“立体交叉道路排水”等方面的新内容，同时对第一版中提法不妥之处进行了更正，并增加了部分新资料。排水规范仍以《室外排水规范》（试行，TJ14—74）为准。书中使用的计量单位，以我国1984年公布的《中华人民共和国法定计量单位》为准。

参加第二版编写的有重庆建筑工程学院孙慧修（绪论、第一章）、郝以琼（第二章、第三章、第五章）、龙腾锐（第四章、第六章、第七章）。本书由孙慧修主编。

本书由清华大学陶葆楷教授主审。

限于编者水平，书中不妥之处，请读者批评指正。

1986.5

第一版前言

《排水工程》是根据有关高等院校和设计院等15个单位参加的“教材编写大纲”会议上制定的大纲编写的。共两篇，分上、下两册出版。上册包括绪论及第一篇排水系统。下册为第二篇污水处理。全书体现以城市污水为主干的特点。

本书为《排水工程》上册，主要内容有排水系统概论和污水、雨水与合流排水管渠系统的规划设计及养护管理等。有关气象资料的收集和整理、小流域暴雨洪峰流量的计算以及无自记雨量计地区雨量公式的推求等，已在《水文学》课程中讲述，故在本书雨水管渠系统一章中，对雨量公式及设计洪峰流量的计算未作推求，侧重于应用。有关排水泵站以及排水管渠施工等，已分别在《水泵与水泵站》和《给水排水施工》课程中讲述，本课程未作介绍。

本书可作为土建类高等工科院校给水排水工程专业《排水工程》课程的试用教材，亦可供给水排水专业有关工程技术人员参考。

参加本书编写的有重庆建筑工程学院孙慧修、郝以琼、龙腾锐（绪论、第一、二、四、五、六、七章）及西安冶金建筑学院夏秀清（第三章）。由孙慧修主编。

本书由清华大学陶葆楷教授、顾夏声教授和黄铭荣副教授、钱易副教授主审。

在本书编写过程中，曾得到有关兄弟院校、工厂和北京市市政工程设计院排水室等有关单位的帮助和支持，并提供了许多宝贵意见和资料，谨此表示感谢。

限于编者水平，书中不妥之处，请读者批评指正。

1979.8

目　　录

绪　论

在城镇，从住宅、工厂和各种公共建筑中不断地排出各种各样的污水和废弃物，需要及时妥善地排除、处理或利用。

在人们的日常生活中，盥洗、淋浴和洗涤等都要使用水，用后便成为污水。现代城镇的住宅，不仅利用卫生设备排除污水，而且随污水排走粪便和废弃物，特别是有机废弃物。生活污水含有大量腐败性的有机物以及各种细菌、病毒等致病性的微生物，也含有为植物生长所需要的氮、磷、钾等肥分，应当予以适当处理和利用。

在工业企业中，几乎没有一种工业不需用水。在总用水量中，工业用水量占有相当的比例。水经生产过程使用后，绝大部分成为废水。工业废水有的被热所污染，有的则挟带着大量的污染杂质，如酚、氰、砷、有机农药、各种重金属盐类、放射性元素和某些相当稳定，生物难以降解的有机合成化学物质，甚至还可能含有某些致癌物质等。这些物质多数既是有害和有毒的，但也是有用的，必须妥善处理或回收利用。

城市雨水和冰雪融水也需要及时排除，否则将积水为害，妨碍交通，甚至危及人们的生产和日常生活。

在人们生产和生活中产生的大量污水，如不加控制，任意直接排入水体（江、河、湖、海、地下水）或土壤，使水体或土壤受到污染，将破坏原有的自然环境，以致引起环境问题，甚至造成公害。因为污水中总是或多或少地含有某些有毒或有机物质，毒物过多将毒死水中或土壤中原有的生物，破坏原有的生态系统，甚至使水体成为“死水”，使土壤成为“不毛之地”。而生态系统一旦遭到破坏，就会影响自然界生物与生物、生物与环境之间的物质循环和能量转化，给自然界带来长期的、严重的危害。例如，1850年英国泰晤士河因河水水质污染造成水生生物绝迹后，曾采用了多种措施予以治理，但一直到1969年才使河水开始恢复清洁状态，重新出现了鱼群，其间竟经历了119年之久！污水中的有机物则在水中或土壤中，由于微生物的作用而进行好氧分解，消耗其中的氧气。如果有机物过多，氧的消耗速度将超过其补充速度，使水体或土壤中氧的含量逐渐降低，直至达到无氧状态。这不仅同样危害水体或土壤中原有生物的生长，而且此时有机物将在无氧状态下进行另一种性质的分解——厌氧分解，从而产生一些有毒和恶臭的气体，毒化周围环境。为保护环境，避免发生上述情况，现代城市需要建设一整套的工程设施来收集、输送、处理和处置污水，此工程设施就称之为排水工程。

因此，排水工程的基本任务是保护环境免受污染，以促进工农业生产的发展和保障人民的健康与正常生活。其主要内容包括：(1) 收集各种污水并及时地将其输送至适当地点；(2) 妥善处理后排放或再利用。

排水工程在我国社会主义建设中有着十分重要的作用。

从环境保护方面讲，排水工程有保护和改善环境、消除污水危害的作用。而消除污染，保护环境，是进行经济建设必不可少的条件，是保障人民健康和造福子孙后代的大事。随着现代工业的迅速发展和城市人口的集中，污水量日益增加，成分也日趋复杂。在某些工业发达国家，因污水而引起的环境污染问题陆续出现，20 世纪 60 年代以来，曾发生过多起轰动世界的公害事件，例如日本的“水俣病”、“骨痛病”等等。引起了舆论界的关注和广大群众的强烈反对，迫使一些国家组织和成立相应的环境保护机构，来研究和解决这一问题。目前，我国有些地方环境污染也十分严重，如“三河”（淮河、海河、辽河）、“三湖”（太湖、巢湖、滇池），同时，我国 75%的湖泊出现了不同程度的富营养化。因此，必须随时注意经济发展过程中造成的环境污染问题，在现代化建设中，应充分发挥社会主义制度的优越性，注意研究和解决好污水的治理问题，以确保环境不受污染，这是排水工作者的重要任务。

从卫生上讲，排水工程的兴建对保障人民的健康具有深远的意义。通常，污水污染对人类健康的危害有两种方式：一种是污染后，水中含有致病微生物而引起传染病的蔓延。例如霍乱病，在历史上曾夺去千百万人的生命，而现在虽已基本绝迹，但如果排水工程设施不完善，水质受到污染，就会有传染的危险，1970 年苏联伏尔加河口重镇阿斯特拉罕爆发的霍乱病，其主要原因就是伏尔加河水质受到污染引起的。另一种是被污染的水中含有毒物质，从而引起人们急性或慢性中毒，甚至引起癌症或其他各种“公害病”。某些引起慢性中毒的毒物对人类的危害甚大，因为它们常常通过食物链而逐渐在人体内富集，开始只是在人体内形成潜在危害，不易发现，一旦爆发，不仅危及一代人，而且影响子孙后代。兴建完善的排水工程，将污水进行妥善处理，对于预防和控制各种传染病、癌症或“公害病”有着重要的作用。

从经济上讲，排水工程也具有重要意义。首先，水是非常宝贵的自然资源，它在国民经济的各部门中都是不可缺少的。虽然地球表面的 70%以上被水所覆盖，但其中便于取用的淡水量仅为地球总水量的 0.2%左右。许多河川的水都不同程度地被其上下游城市重复使用着。如果水体受到污染，势必降低淡水水源的使用价值。目前，一些国家和地区已出现因水源污染不能使用而引起的“水荒”，被迫不惜付出高昂的代价进行海水淡化，以取得足够数量的淡水。现代排水工程正是保护水体，防治公共水体水质污染，以充分发挥其经济效益的基本手段之一。同时，城市污水资源化，可重复利用于城市或工业，这是节约用水和解决淡水资源短缺的一种重要途径。不言而喻，这必将产生巨大的经济效益。其次，污水的妥善处置，以及雨雪水的及时排除，是保证工农业生产正常运行的必要条件之一。在某些工业发达国家，曾由于工业废水未能妥善处理，造成周围环境或水域的污染，使农作物大幅度减产甚至枯死和工厂被迫停产甚至倒闭的事例。同时，废水能否妥善处置，对工业生产新工艺的发展也有重要的影响，例如原子能工业，只有在含放射性物质的废水治理技术达到一定的生产水平之后，才能大规模地投入生产，充分发挥它的经济效益。此外，污水利用本身也有很大的经济价值，例如有控制地利用污水灌溉农田，会提高产量，节约水肥，促进农业生产；工业废水中有价值原料的回收，不仅消除了污染，而且为国家创造了财富，降低产品成本；将含有机物的污泥发酵，不仅能更好地利用污泥做农肥，而且可得到有机化工的基本原料——甲烷，进而可制造各类化工产品等等。

总之，在实现现代化的过程中，排水工程作为国民经济的一个组成部分，对保护环境、促进工农业生产和保障人民的健康，具有巨大的现实意义和深远的影响。作为从事排水工作的工程技术人员，应当充分发挥排水工程在社会主义建设中的积极作用，使经济建设、城乡建设与环境建设同步规划、同步实施、同步发展，以实现经济效益、社会效益和环境效益的统一。

排水工程的建设在我国已有悠久历史，早在战国时代就有用陶土管排除污水的工程设施。我国古代一些富丽堂皇的皇城，已建有比较完整的明渠与暗渠相结合的渠道系统。例如，北京内城至今还保留有明清两代建造得很好的矩形砖渠。但是，由于长期的封建统治，我国比较完善的现代化排水系统，直到20世纪初才在个别城市开始建设，而且规模较小。在国外，据历史记载和考古发掘证实，早在公元前2500年，埃及就已建有污水沟渠，古希腊的城市也建有石砌或砖砌等各种形式的管渠系统，古罗马在公元前6世纪建筑了著名的“大沟渠”。19世纪中叶以后，随着产业革命后工业的发展和人口的集中，一些西方国家的城市开始建造现代排水系统。

新中国成立后，随着城市和工业建设的发展，城市排水工程的建设有了很大的发展。为了改善人民居住区的卫生环境，除对原有的排水管渠进行疏浚外，曾先后修建了北京龙须沟、上海肇家浜、南京秦淮河等十几处管渠工程。其他许多城市也有计划地新建或扩建了一些排水工程。在修建排水管渠的同时，还开展了污水、污泥的处理和综合利用的科学研究工作，修建了一些城市污水处理厂。在一些地区，开展了城市污水灌溉农田，修建了长达60km的沈（阳）抚（顺）污水灌渠。有控制地进行污水灌溉不仅能提高农作物产量，而且也是利用土地处理污水的有效方法之一。修建了黄浦江大型水底过江管道；大力开展了工业废水的治理工作，许多工业企业修建了独立的废水处理站；对官厅水库、渤海湾、鸭儿湖、白洋淀、蓟运河、淄博工业区等环境污染较为严重的河、湖、海湾和城市进行了重点治理，取得了一定的成效。“六五”期间我国环境保护事业取得了很大成绩，环境保护作为了我国的一项基本国策。在“七五”期间，在城市污水处理方面开展了土地处理和稳定塘处理系统，大中城市共安排治理河流（段）和湖泊99条（个）。城市污水处理厂的建造数量明显增加。如目前国内规模最大、处理工艺完整的天津纪庄子城市污水处理厂，以及经过处理后排入郊区灌溉的桂林中南区城市污水处理厂等均早已投产使用。经过治理的河流、湖泊水质明显好转。“八五”期间，为了解决水资源短缺和防止水污染，将污水资源化列入了国家重点科技攻关项目，在大连市春柳河污水处理厂中建成了城市污水回用示范工程。北京建造日处理规模100万m^3的全国最大的现代化城市污水处理厂的第一期工程50万m^3/d已经投产使用。“九五”期间，重视水工业技术的纵深发展和集成化方面的研究，例如“集成化的污水处理处置和利用技术”和“污泥处理处置利用技术”等重点技术发展项目。“十五”期间，国家集中精力对城市污水处理技术进行了研究，例如“简易高效城市污水处理技术”等攻关项目。鉴于我国水质污染状况有随经济建设发展而加剧的趋势，国务院在“十一五”期间，以我国“三河”、“三湖”、“一江”（松花江）、“一库”（三峡水库）为主，启动了“国家水体污染控制与治理科技重大专项”（简称水专项），开展全国性攻关研究，且计划历时三个五年计划，以期从根本上改善我国水环境状况，目前该项计划正在如火如荼地执行中。

1973年，在全国第一次环境保护会议上，制定了“全面规划、合理布局、综合利用、化害为利、依靠群众、大家动手、保护环境、造福人民”的环境保护工作方针；1978年，颁布的《中华人民共和国宪法》中第十一条规定的“国家保护环境和自然资源、防治污染和其他公害”；1984年，在全国第二次环境保护会议上，提出的“环境保护是我国的一项基本国策”；1989年，在全国第三次环境保护会议上，提出的“推进污染集中控制”政策；以及1996年，在全国第四次环境保护会议上，进一步强调落实环境保护基本国策，贯彻实施可持续发展战略等等，为排水工程的建设和发展指明了方向。为了保护环境，国家还制定了一系列法令和标准。在党和国家的关怀下，从事排水工程的技术队伍日益壮大，许多高等和中等职业学校设置了给排水科学与工程专业或环境工程专业。全国很多城市和工业部门也都设置了给水排水设计和科研机构、环境保护机构、环境监测机构以及有关的各种学会等。为了加强领导，设置了全国人大环境与资源保护委员会和国家环境保护部等组织机构。所有这些，为排水事业的发展创造了极为有利的条件。

新中国成立以来，我国排水工程事业虽然有了相当的发展，在环境保护和污水治理方面也取得了一定的经验，但仍满足不了社会主义建设事业的需要，与工业发达国家相比，差距很大。2012年，我国的城市污水和工业废水部分未经有效处理直接排入水域，造成我国31.1%的河段受到污染，90%以上的城市水域严重污染。据统计，对全国1200多条河流的监测表明，约有70%的河流受到不同程度的污染，其中淮河流域、辽河流域、海河流域尤为严重。我国的湖泊污染也相当严重，太湖、巢湖、滇池尤为突出。我国主要城市约有57.3%以地下水为水源，全国约有1/3人口饮用地下水，但由于城市地下水受到不同程度污染，水质不断恶化。我国是一个水资源匮乏的国家，人均水资源占有量仅为世界人均占有量的1/4。许多地区和城市严重缺水。水环境质量的不断恶化，必将导致水资源的进一步减少和水资源供需矛盾的加剧。我国正处于全面发展时期，城市化和工业化进程的加速将伴随需水量和污染物排放量的迅速增长，水危机不仅会长期存在，而且有迅速加剧的危险，可能制约城市和经济的发展。因此，当前排水工作者的任务是艰巨的，应加紧做好各方面下作。

（1）应积极开展现有城市污水处理厂“提级达标”的研究

20世纪90年代及21世纪初，我国修建的大批城市污水处理厂都只是能满足《城镇污水处理厂污染物排放标准》GB 18918—2002中的一级B标准的要求，由于我国目前水体污染较严重，不少水体都要求污水处理厂处理后达到一级A标准。仔细分析A、B两个标准的差别，可以看出，“提级达标”的难度主要在于如何保证总氮和总磷的达标。应该说，使总磷达标难度还不是太大，因为活性污泥法处理城市污水如果运行良好，可以使总磷达到1.0mg/L左右，如果在二沉池出水中投加少量去磷絮凝剂，使磷从1.0mg/L再降至0.5mg/L应该不难做到；但总氮要达到15mg/L难度比较大，因为脱氮时，碳氮比宜在4以上（低于4也可以脱氮，但反硝化速率极慢），即COD宜在60mg/L以上，但此时水中COD不仅只有50mg/L，而且均为生物难降解的COD，为了脱氮需要，国外普遍采用向水中投加甲醇以增加碳源的做法，不仅增加了污水处理的药剂费用，也增加了出水中COD的含量。因此，现有城市污水处理厂在不增加外投碳源条件下，采用何种工艺使总氮达标，是一个摆在排水工作者面前很值得研究的现实问题。

（2）应重视和加强城市污水处理厂污泥处理与处置的研究

人们对事物的认识总是有个过程的，为了保护水环境，人们首先想到的是修建排水管网和建设污水处理厂，至于污水处理厂生产的二次污染物污泥，设计上往往是“经脱水后外运或送垃圾卫生填埋场填埋”。实践证明，由于活性污泥脱水后仍然有80%左右的含水率，常造成垃圾填埋场运行上的困难，有些垃圾填埋场甚至拒收污水处理厂的脱水污泥。因此我国规定，进垃圾填埋场的污泥含水率应在60%以下，污泥质量应在垃圾质量的8%以下。目前，国内每处理$1\times10^4m^3$城市污水产生约$5\sim8m^3$（以含水量80%计）的污泥，大量的这种污泥如不加以妥善处置，将成为严重的"二次污染源"。因此，高效、经济的污水处理厂污泥处理和处置技术将是未来值得研究的重大课题。

（3）应重视和加快小城镇排水系统的建设

随着国家新农村建设和城乡一体化措施的实施，我国小城镇的建设发展速度很快，全国建制镇已由1954年的5400个发展到2012年末的19881个，增加了约4倍。小城镇人口已占全国城镇人口的45%，但小城镇的污水处理率到2013年仅为7%，远低于城市的污水处理率。同时，绝大多数小城镇排水管渠不成系统，有的利用街道和小河道排水，既影响环境卫生，又对河流流域形成点源性质的面源污染。因此，可以预计，我国小城镇排水系统将会以超常规的建设速度发展，包括排水管渠系统和城镇污水处理厂，其投资量和工程量将是十分可观的。应该指出，小城镇排水系统的建设不能完全套用大城市现有的排水系统的建设经验，需要尽快探索符合我国国情、高效、节能、省地、技术先进、经济适用的小城镇排水系统建设技术和管理模式。

（4）应大力开展污水资源化研究

城市污水经妥善处理后可作低质用水，如用作工业冷却水和杂用水（如厕所冲洗、洗车、洒水、消防用水、空调用水等）。城市污水资源化，在解决水污染的同时，也解决某些缺水地区水资源不足的问题，所以，应针对性地对城市污水资源化进行试验研究，并解决在应用中存在的问题，这是开辟二次水源的重要途径。

（5）应大力加强水质监测新技术、操作管理自动化和水处理设备标准化的研究工作

国外在环境检测中已开始采用中子活化、激光、声雷达等新技术进行自动检测。目前，我国在污水处理水质检测自动化管理和水处理设备标准化方面，特别是在某些水处理专用机械、设备、仪器、仪表等方面，还没有标准化和系统化，因此，与国外相比差距尚大，还需要做大量工作。

（6）应着手进行区域排水系统的研究工作

20世纪70年代以来，某些国家为保护和改善环境，已从局部治理发展为区域治理，从单项治理发展为综合整治，即对区域规划、资源利用、能源改造和有害物质净化处理等多种因素进行综合考虑，以求得整体上的最优整治方案。区域排水系统是对区域河流水质进行综合整治的重要组成部分，它运用系统工程的理论和方法，从整个流域的范围出发，将区域规划、水资源的有效利用和污水治理等诸因素进行综合的系统分析，建立各种模拟试验和数学模型，以寻求水污染控制的设计和管理的最优化方案。我国自20世纪90年代以来，已着手进行区域供水系统的研究和实践，如江苏的苏州、常州、无锡地区和南京、镇江、扬州地区，已出现了区域供水，大大提高了安全供水的保障程度。但在区域排水系统方面，国内目前尚未见报道，这是未来排水系统建设中应该予以重视的研究和工作任务。

第1章　排水系统概论

1.1　概　　述

在人类的生活和生产中，使用着大量的水。水在使用过程中受到不同程度的污染，改变了原有的化学成分和物理性质，这些水称做污水或废水。

按照来源的不同，污水可分为生活污水、工业废水和降水3类。

1. 生活污水中包括居民日常生活污水、公共建筑的生活污水和企业内的生活污水，通常所说的生活污水是指前两者，后者计算统计在企业产生的废水中。

生活污水含有较多的有机物，如蛋白质、动植物脂肪、碳水化合物、尿素和氨氮等，还含有肥皂和合成洗涤剂等，以及常在粪便中出现的病原微生物，如寄生虫卵和肠系传染病菌等。这类污水需要经过处理后才能排入水体、灌溉农田或再利用。

2. 工业废水　是指在工业生产过程中产生的废水，来自车间或矿场。由于各种工厂的生产类别、工艺过程、使用的原材料以及用水成分的不同，其工业废水的水质变化很大。工业废水也包括企业生产活动中产生的生活污水。

工业废水按照污染程度的不同，可分为：生产废水和生产污水两类。

生产废水是指在使用过程中受到轻度沾污或水温稍有增高的水。如机器冷却水便属于这一类，通常经某些处理后即可在生产中重复使用，或直接排放水体。

生产污水是指在使用过程中受到较严重污染的水。这类水多半具有危害性。例如，有的含大量有机物，有的含氰化物、铬、汞、铅、镉等有害和有毒物质，有的含多氯联苯、合成洗涤剂等合成有机化学物质，有的含放射性物质，有的物理性状十分恶劣，等等。这类污水大都需经适当处理后才能排放，或在生产中使用。废水中的有害或有毒物质往往是宝贵的工业原料，对这种废水应尽量回收利用，为国家创造财富，同时也减轻了污水的污染。

3. 降水　即大气降水，包括液态降水（如雨露）和固态降水（如雪、冰雹、霜等）。前者通常主要是指降雨。降落雨水形成的径流量大，若不及时排泄，则能使居住区、工厂、仓库等遭受淹没，交通受阻，积水为害，尤其山区的山洪水为害更甚。通常暴雨水为害最严重，是排水的主要对象之一。冲洗街道和消防用水等，由于其性质和雨水相似，也并入雨水。

雨水虽然一般比较清洁，不需处理，可直接就近排入水体，但初降雨时所形成的雨水径流会挟带着大气地面和屋面上的各种污染物质，使其受到污染，所以形成初雨径流的雨水，是雨水污染最严重的部分，应予以控制。有的国家对污染严重地区雨水径流的排放作了严格要求，如工业区、高速公路、机场等处的暴雨雨水要经过沉淀、撇油等处理后才可以排放。近年来，由于大气污染严重，在某些地区和城市出现酸雨，严重时pH达到3.4，因而初降雨时的雨水是酸性水。虽然雨水的径流量大，处理较困难，但近年来的研究表明，对其进行适当处理后再排放水体是必要的。

城市污水，是指排入城镇污水排水系统的生活污水和工业废水。在合流制排水系统中，还包括生产废水和截流的雨水。城市污水实际上是一种混合污水，其性质变化很大，随着各种污水的混合比例和工业废水中污染物质的特性不同而异。在某些情况下可能是生活污水占多数，而在另一些情况下又可能是工业废水占多数。这类污水需经过处理后才能排入水体、灌溉农田，或再利用。

污水量是以"L"或"m^3"计量的。单位时间（s、h、d）的污水量称污水流量。污水中的污染物质浓度，是指单位体积污水中所含污染物质的数量，通常以"mg/L"或"g/m^3"计，用以表示污水的污染程度。生活污水量和用水量相近，而且所含污染物质的数量和成分也比较稳定。工业废水的水量和污染物质浓度差别很大，取决于工业生产性质和工艺过程。

在城市和工业企业中，应当有组织地、及时地排除上述废水和雨水，否则可能污染破坏环境，甚至形成公害，影响生活和生产，以及威胁人民健康。排水的收集、输送、处理和排放等设施以一定方式组合成的总体，称为排水系统。排水系统通常由管道系统（或称排水管网）和污水处理系统（即污水处理厂）组成。管道系统是收集和输送废水的设施，把废水从产生处输送至污水处理厂或出水口，它包括排水设备、检查井、管渠、水泵站等工程设施。污水处理系统是处理和利用废水的设施，它包括城市及工业企业污水处理厂（站）中的各种处理构筑物及除害设施等。

污水的最终处置或者是返回到自然水体、土壤、大气；或者是经过人工处理，使其再生成为一种资源回到生产过程；或者采取隔离措施。其中关于返回到自然界的处理，因自然环境具有容纳污染物质的能力，但具有一定界限，不能超过这种界限，否则就会造成污染。环境的这种容纳界限称环境容量。图 1-1 为污水处理与处置系统的一种模式。若所排出的污水不超过河流的环境容量时，可不经处理直接排放，否则应处理后再排放。处理后的水也可以再生利用。在本系统中污泥处置可采用焚烧法，焚烧需要利用大气的环境容量。

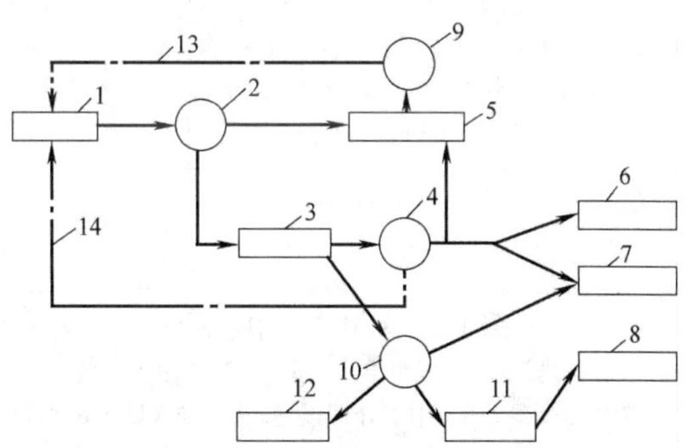

图 1-1　污水处理与处置系统

1—污水发生源；2—污水；3—污水处理厂；4—处理水；5—河流环境容量；6—海洋环境容量；7—土壤环境容量；8—大气环境容量；9—水资源；10—污泥；11—焚烧；12—隔离（有害物质）；13—用水供应；14—再利用

根据不同的要求，经处理后的污水，其最后出路有：一是排放水体；二是灌溉农田；三是重复使用。

排放水体是污水的自然归宿。水体对污水有一定的稀释与净化能力，也称污水的稀释处理法，这是最常用的一种处置方式。

灌溉农田是污水利用的一种方式，也是污水处理的一种方法，称为污水的土地处理法。

重复使用是一种合适的污水处置方式。污水的治理由通过处理后达到无害化后排放，发展到处理后重复使用，这是控制水污染、保护水资源的重要手段，也是节约用水的重要途径。城市污水重复使用的方式有：

（1）自然复用

一条河流往往既可作给水水源，也受纳沿河城市排放的污水。流经河流下游城市的河水中，总是掺杂有上游城市排入的污水。因而地面水源中的水，在其最后排入海洋之前，实际已被多次重复使用。

(2) 间接复用

将城市污水注入地下，补充地下水，作为供水的间接水源，也可防止地下水位下降和地面沉降。我国已有这方面的实际应用，美国加州橙市 WF-21 污水处理厂的出水补充地下水等均是间接复用的实例。

(3) 直接复用

可将城市污水直接作为城市饮用水水源、工业用水水源、杂用水水源等重复使用（或称再生利用，也称回用）。城市污水经过人工处理后直接作为城市饮用水源，目前世界上仅南非某城一处，这对严重缺水地区来说，可能是必要的。近年来，我国也提倡采用污水再生利用，而且已有不少工程实例，它是利用处理过的生活污水作冲洗厕所、洗车、园林灌溉、冷却设备补充水等杂用水。利用处理后的城市污水作为工业水源，目前日本应用较多，多半用作设备冷却水。我国在大连、北京、天津等城市已经研究成功并开始使用。

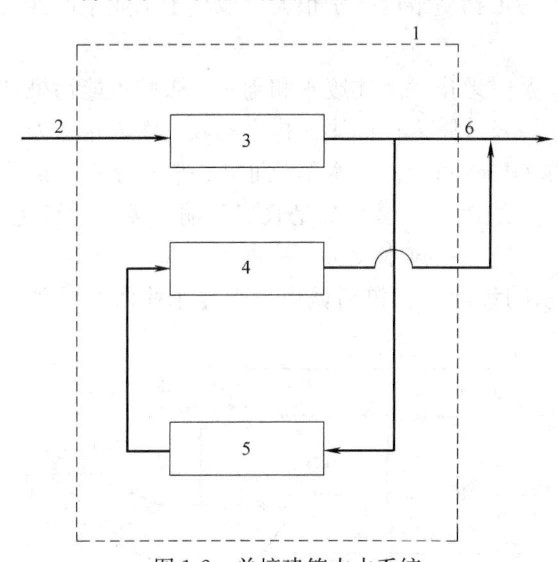

图 1-2 单幢建筑中水系统

1—建筑；2—城市给水；3—生活饮用水系统；4—杂用水系统；5—中水处理设施；6—排入城市污水管道

将民用建筑或建筑小区使用后的各种排水，如生活污水、冷却水等，经适当处理后回用于建筑或建筑小区作为杂用水的供水系统，我国称为建筑中水。图 1-2 为单幢建筑中水系统，图 1-3 为居住小区中水系统的示意图，图 1-4 是以城市污水的处理水作工业用水和杂用水再生利用系统的一种方式。

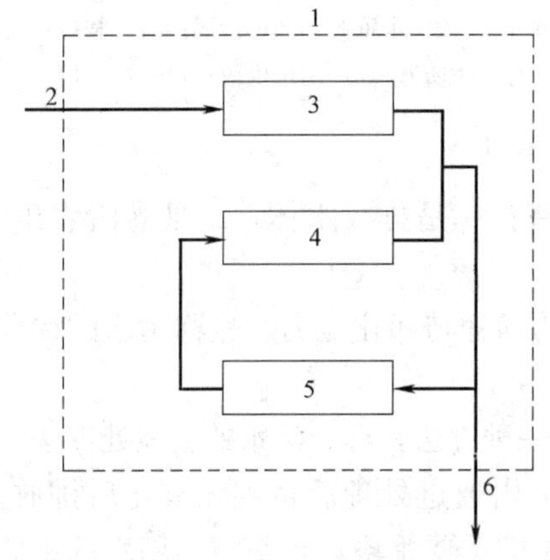

图 1-3 居住小区中水系统

1—居住小区；2—城市给水；3—生活饮用水系统；4—杂用水系统；5—中水处理设施；6—排水城市污水管道

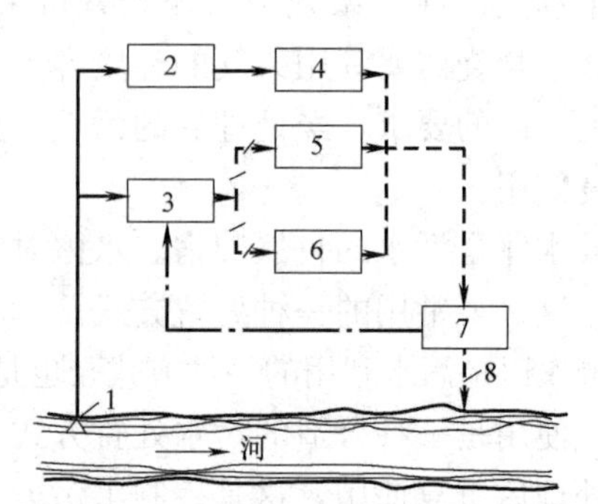

图 1-4 城市污水再生利用系统

1—取水；2—给水厂；3—再生水厂；4—生活用水；5—杂用水；6—工业用水；7—污水处理厂；8—出水口

工业废水的循序使用和循环使用也是直接复用。某工序的废水用于其他工序，某生产过程的废水用于其他生产过程，称做循序使用。某生产工序或过程的废水，经回收处理后仍作原用，称做循环使用。习惯上称循序使用为循序给水，称循环使用为循环给水。“十一五”期间，我国工业用水重复利用率为60%～65%，发达国家如日本、美国达80%～85%，不断提高水的重复利用是今后发展的必然趋势。

1.2 排水系统的体制及其选择

如前所述，在城市和工业企业中通常有生活污水、工业废水和雨水。这些污水是采用一个管渠系统来排除，或是采用两个或两个以上各自独立的管渠系统来排除。污水的这种不同排除方式所形成的排水系统，称做排水系统的体制（简称排水体制）。排水系统的体制，一般分为合流制和分流制两种类型。

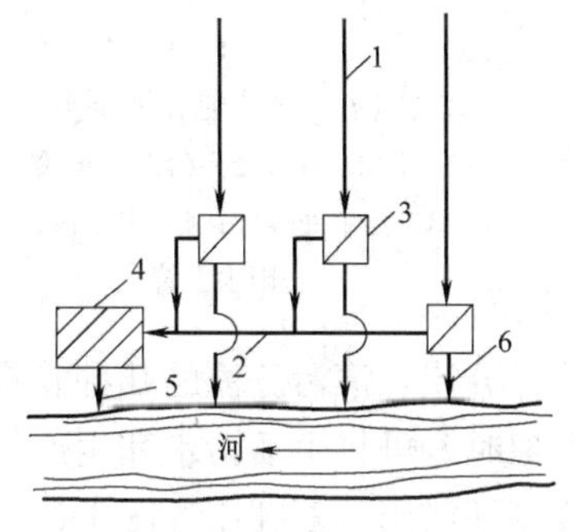

图 1-5 截流式合流制排水系统
1—合流干管；2—截流主干管；3—溢流井；4—污水处理厂；5—出水口；6—溢流出水口

1. 合流制排水系统

是将生活污水、工业废水和雨水混合在同一个管渠内排除的系统。最早出现的合流制排水系统，是将排出的混合污水不经处理直接就近排入水体，国内外很多老城市以往多采用这种合流制排水系统。但由于污水未经无害化处理就排放，使受纳水体遭受严重污染。现在常采用的是截流式合流制排水系统（图 1-5）。这种系统是在临河岸边建造一条截流干管，同时在合流干管与截流干管相交前或相交处设置溢流井，并在截留干管下游设置污水处理厂。晴天和初降雨时所有污水都排送至污水处理厂，经处理后排入水体，随着降雨量的增加，雨水径流也增加，当混合污水的流量超过截流干管的输水能力后，就有部分混合污水经溢流井溢出，直接排入水体。截流式合流制排水系统较前一种方式前进了一大步，但仍有部分混合污水未经处理直接排放，成为水体的污染源而使水体遭受污染，这是它的严重缺点。国内外在改造老城市的合流制排水系统时，通常采用这种方式。

2. 分流制排水系统

是将生活污水、工业废水和雨水分别在两个或两个以上各自独立的管渠内排除的系统（图 1-6）。排除生活污水、城市污水或工业废水的系统称污水排水系统；排除雨水的系统称雨水排水系统。

由于排除雨水方式的不同，分流制排水系统又分为完全分流制和不完全分流制两种排水系统（图 1-7）。在城市中，完全分流制排水系统具有污水排水系统和雨水排水系统。而不完全分流制只具有污水排水系统，未建雨水排水系统，雨水沿天然地面、街道边沟、水渠等原有渠道系统排泄，或者为了补充原有渠道系统输水能力的不足而修建部分雨水道，待城市进一步发展再修建雨水排水系统转变成完全分流制排水系统。

在工业企业中，一般采用分流制排水系统。然而，往往由于工业废水的成分和性质很复杂，不但与生活污水不宜混合，而且彼此之间也不宜混合，否则将造成污水和污泥处理复杂化，以及给废水重复利用和回收有用物质造成很大困难。所以，在多数情况下，采用

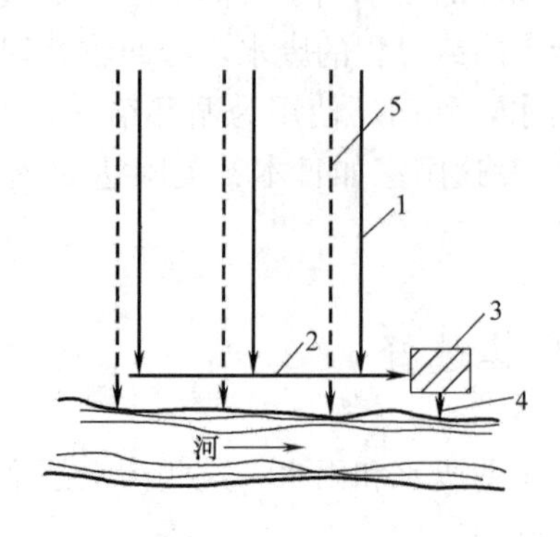

图 1-6　分流制排水系统

1—污水干管；2—污水主干管；

3—污水处理厂；4—出水口；

5—雨水干管

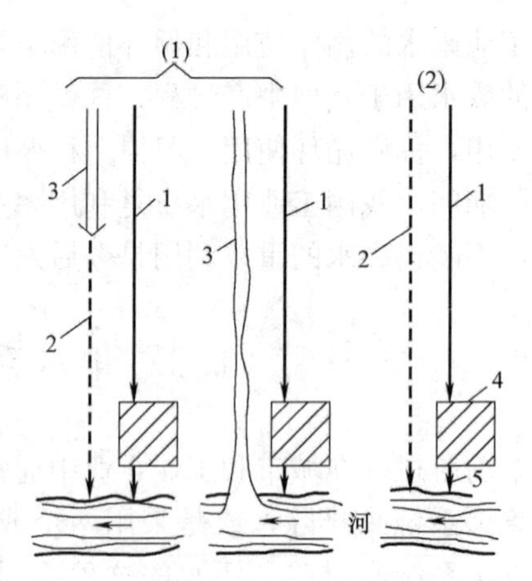

图 1-7　完全分流制及不完全分流制

（1）不完全分流制；（2）完全分流制

1—污水管道；2—雨水管渠；

3—原有渠道；4—污水处理厂；5—出水口

分质分流、清污分流的几种管道系统来分别排除。但如生产污水的成分和性质同生活污水类似时，可将生活污水和生产污水用同一管道系统来排放。生产废水可直接排入雨水道，或循环使用重复利用。图 1-8 为具有循环给水系统和局部处理设施的分流制排水系统。生活污水、生产污水、雨水分别设置独立的管道系统。含有特殊污染物质的有害生产污水，不允许与生活或生产污水直接混合排放，应在车间附近设置局部处理设施。冷却废水经冷却后在生产中循环使用。如条件允许，工业企业的生活污水和生产污水应直接排入城市污水管道，而不作单独处理，如图 1-8 中 12 所示。

在一座城市中，有时是混合制排水系统，即既有分流制也有合流制的排水系统。混合制排水系统一般是在具有合流制的城市需要扩建排水系统时出现的。在大城市中，因各区域的自然条件以及修建情况可能相差较大，因地制宜地在各区域采用不同的排水体制也是合理的。如美国的纽约以及我国的上海等城市便是这样形成的混合制排水系统。

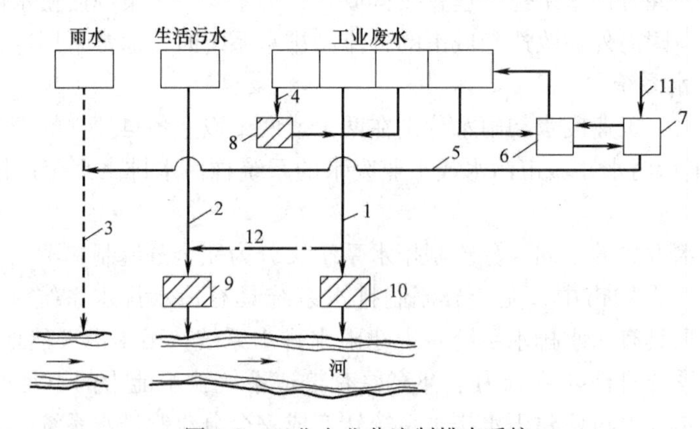

图 1-8　工业企业分流制排水系统

1—生产污水管道系统；2—生活污水管道系统；3—雨水管渠系统；4—特殊污染生产污水管道系统；

5—溢流水管道；6—泵站；7—冷却构筑物；8—局部处理构筑物；9—生活污水处理厂；

10—生产污水处理厂；11—补充清洁水；12—排入城市污水管道

合理地选择排水系统的体制，是城市和工业企业排水系统规划和设计的重要问题。它不仅从根本上影响排水系统的设计、施工、维护管理，而且对城市和工业企业的规划和环境保护影响深远，同时也影响排水系统工程的总投资和初期投资费用以及维护管理费用。通常，排水系统体制的选择应满足环境保护的需要，根据当地条件，通过技术经济比较确定。而环境保护应是选择排水体制时所考虑的主要问题。下面从不同角度来进一步分析各种排水体制的使用情况。

（1）环境保护：如果采用合流制将城市生活污水、工业废水和雨水全部截流送往污水处理厂进行处理，然后再排放，从控制和防止水体的污染来看，是较好的；但这时截流主干管尺寸很大，污水处理厂容量也增加很多，建设费用也相应地增高。采用截流式合流制时，在暴雨径流之初，原沉淀在合流管渠的污泥被大量冲起，经溢流井溢入水体，即所谓的“第一次冲刷”。同时，雨天时有部分混合污水经溢流井溢入水体。实践证明，采用截流式合流制的城市，水体仍然遭受污染，甚至达到不能容忍的程度。为了改善截流式合流制这一严重缺点，今后探讨的方向是应将雨天时溢流出的混合污水予以贮存，待晴天时再将贮存的混合污水全部送至污水处理厂进行处理。雨水污水贮存池可设在溢流出水口附近，或者设在污水处理厂附近，这是在溢流后设贮存池，以减轻城市水体污染的补充设施。有的是在排水系统的中、下游沿线适当地点建造调节、处理（如沉淀池等）设施，对雨水径流或雨污混合污水进行贮存调节，以减少合流管的溢流次数和水量，去除某些污染物以改善出流水质，暴雨过后再由重力流或提升，经管渠送至污水处理厂处理后再排放水体，或者将合流制改建成分流制排水系统等。

分流制是将城市污水全部送至污水处理厂进行处理。但初雨径流未加处理就直接排入水体，对城市水体也会造成污染，有时还很严重，这是它的缺点。近年来，国外对雨水径流的水质调查发现，雨水径流特别是初降雨水径流对水体的污染相当严重，甚至提出对雨水径流也要严格控制。分流制虽然具有这一缺点，但它比较灵活，比较容易适应社会发展的需要，一般又能符合城市卫生的要求，所以在国内外获得了较广泛应用。

（2）工程投资：据国外有的经验，合流制排水管道的造价比完全分流制一般要低20％～40％，可是合流制的泵站和污水处理厂却比分流制的造价要高。从总造价来看完全分流制比合流制可能要高。从初期投资来看，不完全分流制因初期只建污水排水系统，因而可节省初期投资费用，此外，又可缩短施工期，发挥工程效益也快。而合流制和完全分流制的初期投资均比不完全分流制要大。所以，我国过去很多新建的工业基地和居住区均采用不完全分流制排水系统。

（3）维护管理：晴天时污水在合流制管道中只是部分流，雨天时才接近满管流，因而晴天时合流制管内流速较低，易于产生沉淀。但据经验，管中的沉淀物易被暴雨水流冲走，这样，合流管道的维护管理费用可以降低。但是，晴天和雨天时流入污水处理厂的水量变化很大，增加了合流制排水系统污水处理厂运行管理中的复杂性。而分流制系统可以保持管内的流速，不致发生沉淀，同时，流入污水处理厂的水量和水质比合流制变化小得多，污水处理厂的运行易于控制。

混合制排水系统的优缺点，是介于合流制和分流制排水系统两者之间。

排水系统体制的选择是一项很复杂很重要的工作。应根据城镇及工业企业的规划、环境保护的要求，结合当地的地形特点，水文条件、水体状况、气候特征，原有排水设施、污水处理程度和处理后出水的排放与利用等综合考虑，在满足环境保护的前提下，通过技术经济比较，综合考虑确定。我国《室外排水设计规范》规定，在新建地区排水系统应采用分流制，但在附近有水量充沛的河流或近海，发展又受到限制的小城镇地区；在街道较窄地下设施较多，修建污水和雨水两条管线有困难的地区；或在雨水稀少，如年降雨在300mm以下，废水全部处理的地区等，采用合流制排水系统有时可能是有利和合理的。同一城镇的不同地区可采用不同的排水体制，现有合流制排水系统，应按城镇排水规划的要求，实施雨污分流改造，暂时不具备雨污分流条件的地区，应采用截流、调蓄和处理相结合的措施，加强初期雨水的污染处理。

近年来，我国的排水工作者对排水体制的规定和选择，提出了一些有益的看法，最主要的观点归纳起来有两点：一是两种排水体制的污染效应问题，有的认为合流制的污染效应与分流制持平或低下，因此认为采用合流制较合理，同时国外有先例；二是已有的合流制排水系统，是否要逐步改造为分流制排水系统问题，有的认为将合流制改造为分流，其费用高昂而且效果有限，并举出国外排水体制的构成中带有污水处理厂的合流制仍占相当高的比例等。这些问题的解决只有通过大量研究和调查以及不断的工程实践，才能逐步得出科学的论断。

雨水排水系统的另一重要内容是城镇内涝防治，城镇内涝防治的措施包括：工程性措施和非工程性措施，通过源头控制，排水管网完善，城镇洪水行洪通道建设和运行优化管理等措施防治城镇内涝。工程措施包括：建设雨水渗透设施、调蓄设施、利用设施和雨水下泄通道，对现有雨水排水管网和泵站进行改造，对城镇内河进行整治等；非工程措施包括：建立内涝防治设施的监控体系，预警应急机制以及相应的法律法规等。

1.3 排水系统的主要组成部分

排水系统是指排水的收集、输送、处理和利用，以及排放等设施以一定方式组合成的总体。下面就城市污水、工业废水、雨水等各排水系统的主要组成部分分别加以介绍。

1.3.1 城市污水排水系统的主要组成部分

城市污水包括排入城镇污水管道的生活污水和工业废水。将工业废水排入城市生活污水排水系统，就组成城市污水排水系统。

城市生活污水排水系统由下列几个主要部分组成：

1. 室内污水管道系统及设备

其作用是收集生活污水，并将其排送至室外居住小区污水管道中去。

在住宅及公共建筑内，各种卫生设备既是人们用水的器具，也是产生污水的器具，它们又是生活污水排水系统的起端设备。生活污水从这里经水封管、支管、竖管和出户管等室内管道系统流入室外居住小区管道系统。在每一出产管与室外居住小区管道相接的连接点设检查井，供检查和清通管道之用。

2. 室外污水管道系统

分布在地面下的依靠重力流输送污水至泵站、污水处理厂或水体的管道系统称室外污水管道系统，它又分为居住小区管道系统及街道管道系统。

(1) 居住小区污水管道系统。敷设在居住小区内，连接建筑物出户管的污水管道系统，称居住小区污水管道系统。它分为接户管、小区支管和小区干管。接户管是指布置在建筑物周围接纳建筑物各污水出户管的污水管道。小区污水支管是指布置在居住组团内与接户管连接的污水管道，一般布置在组团内道路下。小区污水干管是指在居住小区内，接纳各居住组团内小区支管流来的污水的污水管道，一般布置小区道路或市政道路下。居住小区污水排入城市排水系统时，其水质必须符合《污水排入城镇下水道水质标准》CJ 343—2010，见附录 1-1。居住小区污水排出口的数量和位置，要取得城市市政部门同意。

（2）街道污水管道系统。敷设在街道下，用以排除居住小区管道流来的污水。在一个市区内它由城市支管、干管、主干管等组成（图 1-9）。

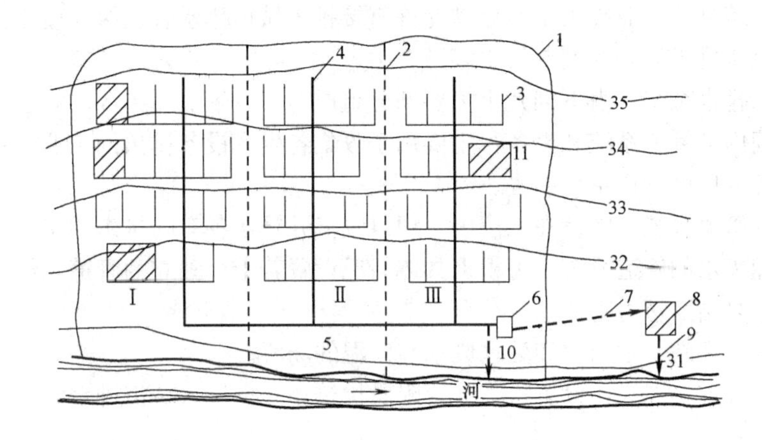

图 1-9　城市污水排水系统总平面示意图

Ⅰ，Ⅱ，Ⅲ—排水流域

1—城市边界；2—排水流域分界线；3—支管；4—干管；5—主干管；6—总泵站；7—压力管道；8—城市污水处理厂；9—出水口；10—事故排出口；11—工厂

支管是承受居住小区干管流来的污水或集中流量排出的污水。在排水区界内，常按分水线划分成几个排水流域。在各排水流域内，干管是汇集输送由支管流来的污水，也常称流域干管。主干管是汇集输送由两个或两个以上干管流来的污水管道。市郊干管是从主干管把污水输送至总泵站、污水处理厂或通至水体出水口的管道，一般在污水管道系统设置区范围之外。

（3）管道系统上的附属构筑物。有检查井、跌水井、倒虹管，等等。

3. 污水泵站及压力管道

污水一般以重力流排除，但往往由于受到地形等条件的限制而发生困难，这时就需要设置泵站。泵站分为局部泵站、中途泵站和总泵站等。压送从泵站出来的污水至高地自流管道或至污水处理厂的承压管段，称压力管道。

4. 污水处理厂

供处理和利用污水、污泥的一系列构筑物及附属构筑物的综合体称污水处理厂。在城市中常称污水处理厂，在工厂中常称废水处理站。城市污水处理厂一般设置在城市河流的下游地段，并与居民点或公共建筑保持一定的卫生防护距离。若采用区域排水系统时，每个城镇就不需要单独设置污水处理厂，将全部污水送至区域污水处理厂进行统一处理。

5. 出水口及事故排出口

污水排入水体的渠道和出口称出水口，它是整个城市污水排水系统的终点设备。事故排出口是指在污水排水系统的中途，在某些易于发生故障的组成部分前面，例如在总泵站的前面，所设置的辅助性出水渠，一旦发生故障，污水就通过事故排出口直接排入水体。图 1-9 为城市污水排水系统总平面示意图。

1.3.2 工业废水排水系统的主要组成部分

在工业企业中，用管道将厂内各车间及其他排水对象所排出的不同性质的废水收集起来，送至废水回收利用和处理构筑物，经回收处理后的水可再利用或排入水体，或排入城市排水系统。若某些工业废水不经处理允许直接排入城市排水管道时，就不需设置废水处理构筑物，直接排入厂外的城市污水管道中去。

工业废水排水系统，由下列几个主要部分组成：

（1）车间内部管道系统和设备：主要用于收集各生产设备排出的工业废水，并将其排送至车间外部的厂区管道系统中去。

（2）厂区管道系统：敷设在工厂内，用以收集并输送各车间排出的工业废水的管道系统。厂区工业废水的管道系统，可根据具体情况设置若干个独立的管道系统。

（3）污水泵站及压力管道。

（4）废水处理站：是回收和处理废水与污泥的场所。

在管道系统上，同样也设置检查井等附属构筑物。在接入城市排水管道前宜设置检测设施。

1.3.3 雨水排水系统的主要组成部分

雨水排水系统，由下列几个主要部分组成：

（1）建筑物的雨水管道系统和设备：主要是收集工业、公共或大型建筑的屋面雨水，并将其排入室外的雨水管渠系统中去。

（2）居住小区或工厂雨水管渠系统。

（3）街道雨水管渠系统。

（4）排洪沟。

（5）出水口。

收集屋面的雨水用雨水斗或天沟，收集地面的雨水用雨水口。地面上的雨水经雨水口流入居住小区、厂区或街道的雨水管渠系统。雨水排水系统的室外管渠系统基本上和污水排水系统相同。同样，在雨水管渠系统也设有检查井等附属构筑物。雨水排水系统设计应充分考虑初期雨水的污染防治、内涝防治和雨水利用等设施。此外，因雨水径流较大，一般应尽量不设或少设雨水泵站，但在必要时也要设置，如上海、武汉等城市设置了雨水泵站用以抽升部分雨水。

合流制排水系统的组成与分流制相似，同样有室内排水设备、室外居住小区以及街道管道系统。住宅和公共建筑的生活污水经庭院或街坊管道流入街道管道系统。雨水经雨水口进入合流管道。在合流管道系统的截流干管处设有溢流井。

上述各排水系统的组成部分，对于每一个具体的排水系统来说并不一定都完全具备，必须结合当地条件来确定排水系统内所需要的组成部分，如图 1-10 所示。

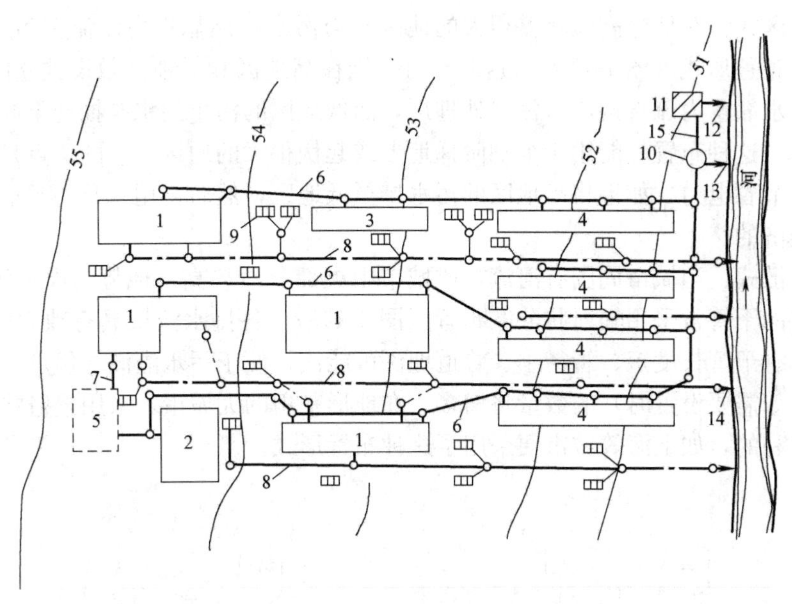

图 1-10　工业区排水系统总平面示意图

1—生产车间；2—办公楼；3—值班宿舍；4—职工宿舍；5—废水利用车间；6—生产与生活污水管道；7—特殊污染生产污水管道；8—生产废水与雨水管道；9—雨水口；10—污水泵站；11—废水处理站；12—出水口；13—事故排出口；14—雨水出水口；15—压力管道

1.4　排水系统的布置形式

城市、居住区或工业企业的排水系统在平面上的布置，随着地形、竖向规划、污水处理厂的位置、土壤条件、河流情况，以及污水的种类和污染程度等因素而定。在工厂中，车间的位置、厂内交通运输线，以及地下设施等因素都将影响工业企业排水系统的布置。下面介绍的是考虑以地形为主要因素的几种布置形式（图 1-11）。在实际情况下，单独采用一种布置形式较少，通常是根据当地条件，因地制宜地采用综合布置形式较多。

（1）正交式：在地势向水体适当倾斜的地区，各排水流域的干管可以最短距离沿与水体垂直相交的方向布置，这种布置也称正交布置（图 1-11*a*）。正交布置的干管长度短、管径小，因而经济，污水排出也迅速。但是，由于污水未经处理就直接排放，会使水体遭受严重污染，影响环境。因此，在现代城市中，这种布置形式仅用于排除雨水。

（2）截流式：若沿河岸再敷设主干管，并将各干管的污水截流送至污水处理厂，这种布置形式称截流式布置（图 1-11*b*），所以截流式是正交式发展的结果。截流式布置对减轻水体污染、改善和保护环境有重大作用。它适用于分流制污水排水系统，将生活污水及工业废水经处理后排入水体；也适用于区域排水系统，区域主干管截流各城镇的污水送至区域污水处理厂进行处理。对于截流式合流制排水系统，因雨天有部分混合污水泄入水体，造成水体污染，这是它的严重缺点。

（3）平行式：在地势向河流方向有较大倾斜的地区，为了避免因干管坡度及管内流速过大，使管道受到严重冲刷，可使干管与等高线及河道基本上平行、主干管与等高线及河道成一定斜角敷设，这种布置也称平行式布置（图 1-11*c*）。

（4）分区式：在地势高低相差很大的地区，当污水不能靠重力流流至污水处理厂时，可采用分区布置形式（图 1-11d）。这时，可分别在高地区和低地区敷设独立的管道系统。高地区的污水靠重力流直接流入污水处理厂，而低地区的污水用水泵抽送至高地区干管或污水处理厂。这种布置只能用于个别阶梯地形或起伏很大的地区，它的优点是能充分利用地形排水，节省电力。如果将高地区的污水排至低地区，然后再用水泵一起抽送至污水处理厂是不经济的。

（5）分散式：当城市周围有河流，或城市中央部分地势高、地势向周围倾斜的地区，各排水流域的干管常采用辐射状分散布置（图 1-11e），各排水流域具有独立的排水系统。这种布置具有干管长度短、管径小、管道埋深可能浅、便于污水灌溉等优点，但污水处理厂和泵站（如需要设置时）的数量将增多。在地形平坦的大城市，采用辐射状分散布置可能是比较有利的，如上海等城市便采用了这种布置形式。

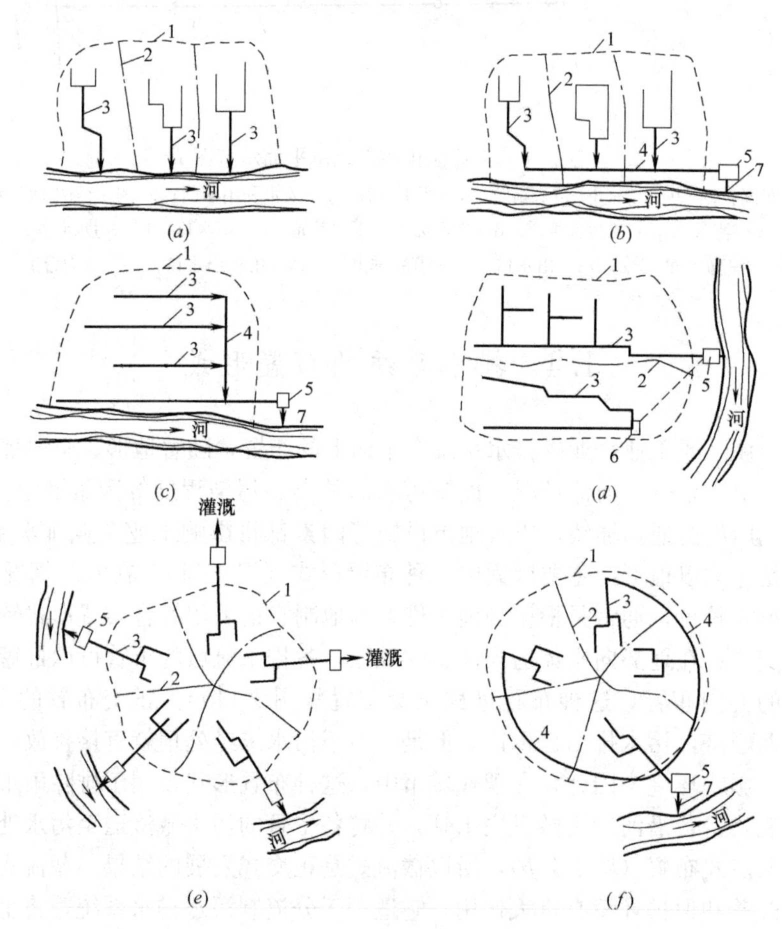

图 1-11　排水系统的布置形式

（a）正交式；（b）截流式；（c）平行式；（d）分区式；（e）分散式；（f）环绕式

1—城市边界；2—排水流域分界线；3—干管；4—主干管；5—污水处理厂；6—污水泵站；7—出水口

（6）环绕式：近年来，由于建造污水处理厂用地不足以及建造大型污水处理厂的基建投资和运行管理费用也较建小型厂经济、城市规划、水环境保护等原因，故不希望建造数量多规模过小的污水处理厂，而倾向于适度建造规模大的污水处理厂，所以由分散式发展成环绕式布置（图 1-11f）。这种形式是沿四周布置主干管，将各干管的污水截流送往污水处理厂。

1.5 工业企业排水系统和城市排水系统的关系

在规划工业企业排水系统时，对于工业废水的治理，应首先从改革生产工艺和技术革新入手，力求把有害物质消除在生产过程之中，做到不排或少排废水。对于必须排出的废水，还应采取下列措施：（1）采用循环利用和重复利用系统，尽量减少废水排放量；（2）按不同水质分别回收利用废水中的有用物质，创造财富；（3）利用本厂和厂际的废水、废气、废渣，以废治废。而无废水无害生产工艺、闭合循环重复利用以及不排或少排废水，是控制污染的有效途径。

在规划工业企业排水系统时，会遇到经过回收利用后的工业废水，能否直接排入城市排水系统与城市生活污水一并排除和处理的问题。

当工业企业位于城市内，应尽量考虑将工业废水直接排入城市排水系统，利用城市排水系统统一排除和处理，这是比较经济的。但并不是所有工业废水都能直接排入城市排水系统，因为有些工业废水往往含有害和有毒物质，可能破坏排水管道、影响生活污水的处理以及使运行管理发生困难等。所以，当解决工业废水能否直接排入城市排水系统，或者解决工业废水能否与生活污水合并排除的问题时，应考虑两者合并处理的可能性，以及对管道系统和运行管理产生的影响等问题。

总的来说，工业废水排入城市排水系统的水质，应不影响城市排水管渠和污水处理厂等的正常运行，不对养护管理人员造成危害，不影响污水处理厂出水和污泥的排放和利用为原则。住房和城乡建设部颁布的《污水排入城镇下水道水质标准》CJ 343—2010 中的一般规定：严禁排入腐蚀下水道设施的污水；严禁向城市下水道倾倒垃圾、积雪、粪便、工业废渣和排放易于凝集的堵塞下水道的物质；严禁向下水道排放剧毒物质（氰化钠、氰化钾等）、易燃、易爆物质（汽油、煤油、重油、润滑油、煤焦油、苯系物、醚类及其他有机溶剂等）和有害物质；医疗卫生、生物制品、科学研究、肉类加工等含有病原体的污水必须经过严格消毒；放射性污水向城市下水道排放，除遵守本标准外，还必须按《放射防护规定》执行；水质超过该标准的污水，不得用稀释法降低其浓度排入城市下水道。排入城市下水道的水质，其最高容许浓度必须符合《污水排入城镇下水道水质标准》（见附录 1）。这一标准规定了排入城市下水道污水中 35 种有害物质的最高允许浓度，适用于向城镇下水道排放污水的所有排水口的污水水质控制，也包括工业废水。

当工业企业排出的工业废水，不能满足上述要求时，应在厂区内设置废水的局部处理除害设施，以满足排入城市排水管道所要求的条件，然后再排入城市排水管道。

当工业企业位于城市远郊区或距离较远时，符合排入城镇排水管道的工业废水，是直接排入城镇排水管道或是单独设置排水系统，应根据技术经济比较确定。符合排入城市排水管道的工业废水，单独地进行无害化处理后直接排放，一般并不经济合理。这种情况只有在工业废水对环境污染严重，而城市污水处理厂又由于各种原因（如投资有限等）尚未建造时，可能具有一定的必要性。目前，我国某些地区存在这种情况。

在规划工业企业排水系统时，当工业废水需要排入水体时，应符合《污水综合排放标准》、《工业企业卫生设计标准》及其他有关标准。

1.6 废水的综合治理和区域排水系统

城市污水和工业废水是造成水体污染的一个重要污染源。长期以来，对污水和废水多采用消极的单项治理方式，水体污染未能得到很好控制，有日益加重之势。实践证明，对废水进行综合治理并纳入水污染防治体系，才是解决水污染的重要途径。

废水综合治理应当对废水进行全面规划和综合治理。做好这一工作是与很多因素有关的，如要求有合理的生产布局和城市规划；要合理利用水体、土壤等自然环境的自净能力；严格控制废水和污染物的排放量；做好区域性综合治理及建立区域排水系统等。

合理的生产布局，有利于合理开发和利用自然资源。达到既保证自然资源的充分利用，并获得最优的经济效果，又能使自然资源和自然环境免受破坏，并能减少废水及污染物的排放量。合理的生产布局也有利于区域污染的综合防治。由于城市污水和工业废水主要集中于城市，所以要做好城市的总体规划，如合理地部署居住区、商业区、工业区等，使产生废水和污染物的单位尽量布置在水源的下游，同时应搞好水源保护和污水处理规划等。

各地区的水体、土壤等自然环境都不同程度地对污染具有稀释、转化、扩散、净化等能力，而污水最终出路是要排放水体或灌溉农田的，所以应当充分发挥和合理利用自然环境的自净能力。例如，由生物氧化塘、贮存湖和污水灌溉田等组成的土地处理系统便是一种节省能源和合理利用水资源的经济有效方法，它又是“城市—农村”、“作物—土壤”生态系统物质循环和能量交换的一种经济高效的系统，具有广阔发展前途。

严格控制废水及污染物的排放量。防治废水污染，不是消极处理已产生的废水，而是源头控制和消除产生废水，如尽量做到节约用水、废水重复使用及采用闭路循环系统、发展不用水或少用水或采用无污染或少污染生产工艺等，以减少废水及污染物的排放量。

综合考虑水资源规划、水体用途、经济投资和自然净化能力，运用系统工程的方法，选择适当的污水处理措施，发展效率高、能耗小的新处理技术。

发展区域性废水及水污染综合整治系统。区域是按照地理位置、自然资源和社会经济发展情况划定的，这种规划可以在一个更大范围内统筹安排经济、社会和环境的发展关系。区域规划有利于对废水的所有污染源进行全面规划和综合整治以及水污染防治，有利于建立区域（或称流域）性排水系统。

将两个以上城镇地区的污水统一排除和处理的系统，称做区域（或流域）排水系统。这种系统是以一个大型区域污水处理厂代替许多分散的小型污水处理厂，这样，就能降低污水处理厂的基建和运行管理费用，而且能可靠地防止工业和人口稠密地区的地面水污染，改善和保护了环境。实践证明，生活污水和工业废水的混合处理效果以及控制的可靠性，大型区域污水处理厂比分散的小型污水处理厂要高。在工业和人口稠密的地区，将全部对象的排水问题同本地区的国民经济发展、城市建设和工业扩大、水资源综合利用以及控制水体污染的卫生技术措施等各种因素进行综合考虑研究解决预计是经济合理的。所以，区域排水系统是由局部单项治理发展至区域综合治理，是控制水污染、改善和保护环境的新发展。要解决好区域综合治理应运用系统工程学的理论和方法以及现代计算技术，对复杂的各种因素进行系统分析，建立各种模拟试验和数学模式，寻找污染控制的设计和管理的最优化方案。

区域排水系统的干管、主干管、泵站、污水处理厂等，分别称为区域干管、主干管、泵站、污水处理厂等。图 1-12 为某地区的区域排水系统的平面示意图。全区有 6 座已建和新建的城镇，在已建的城镇中均分别建了污水处理厂。按区域排水系统的规划，废除了原建的各城镇污水处理厂，用一个区域污水处理厂处理全区域排出的污水，并根据需要设置了泵站。

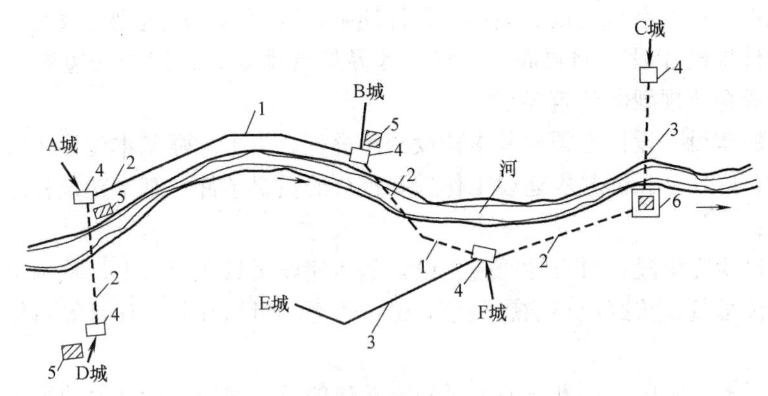

图 1-12 区域排水系统平面示意图

1—区域主干管；2—压力管道；3—新建城市污水干管；4—泵站；5—废除的城镇污水处理厂；6—区域污水处理厂

区域排水系统在欧美、日本等一些国家，正在推广使用。它具有：①污水处理厂数量少，处理设施大型化集中化，每单位水量的基建和运行管理费用低，因而经济；②污水处理厂占地面积小，节省土地；③水质、水量变化小，有利于运行管理；④河流等水资源利用与污水排放的体系合理化，而且可能形成统一的水资源管理体系等方面的优点。但是，它也具有：①当排入大量工业废水时，有可能使污水处理发生困难；②工程设施规模大，造成运行管理困难，而且一旦污水处理厂运行管理不当，对整个河流影响较大；③因工程设施规模大，发挥事业效益就慢等方面的缺点。

在选择排水系统方案时，是选择区域排水系统或是选择一系列局部排水系统、或者是选择连接已建的独立排水系统，应根据环境保护的要求，通过技术经济比较确定。

在确定区域排水系统方案时，应考虑下列问题：

（1）近期和远期的全部污水量和水质；

（2）通过采取改革生产工艺、废水部分或全部循环利用以及本厂和厂际的重复利用等措施，尽量减少工业废水的排放量；

（3）应考虑工业废水与生活污水混合处理的可能性，以及雨水和生产废水混合排除和利用的合理性；

（4）对用水和取水点的河水水质，应预计到当位于该点上游的全部排水对象的污水排入时所产生的后果。

1.7 排水系统的基本建设程序及规划设计

1.7.1 排水系统的基本建设程序

排水工程是现代化城市和工业企业不可缺少的一项重要设施，是城市和工业企业基本建设的一个重要组成部分，同时也是控制水污染、改善和保护环境的重要措施。

排水工程的设计对象是需要新建、改建或扩建排水工程的城市、工业企业和工业区，它的主要任务是规划设计、收集、输送、处理和利用各种污水的一整套工程设施和构筑物，即排水管道系统和污水处理厂的规划与设计。

排水工程的规划与设计是在区域规划以及城市和工业企业的总体规划基础上进行的。因此，排水系统规划与设计的有关基础资料，应以区域规划以及城市和工业企业的规划与设计方案为依据。排水系统的设计规模、设计期限，应根据区域规划以及城市和工业企业规划方案的设计规模和设计期限而定。排水区界是指排水系统设置的边界，它决定于区域、城市和工业企业规划的建筑界限。

排水工程的建设和设计必须按基本建设程序进行。为了加强基本建设的管理，坚持必要的基本建设程序，是保证基本建设工作顺利进行的重要条件。基本建设程序可归纳分为下列几个阶段：

（1）可行性研究阶段：可行性研究是论证基本建设项目在经济上、技术上等方面是否可行。如果论证可行，按照项目隶属关系，由主管部门组织计划、设计等单位，编制设计任务书。

（2）计划任务书阶段：计划任务书是确定基建项目、编制设计文件的主要依据。设计任务书按隶属关系经上级批准后，即可委托设计单位进行设计工作。

（3）设计阶段：设计单位根据上级有关部门批准的设计任务书文件进行设计工作，并编制概（预）算。

（4）组织施工阶段：建设单位采用施工招标或其他形式落实施工工作。

（5）竣工验收交付使用阶段：建设项目建成后，竣工验收交付生产使用是建筑安装施工的最后阶段。未经验收合格的工程，不能交付生产使用。

排水工程设计工作，可分为3个阶段（初步设计、技术设计和施工图设计）设计和两个阶段设计（初步设计或扩大初步设计和施工图设计）。大中型基建项目，一般采用两阶段设计，重大项目和特殊项目，根据需要，可增加技术设计阶段。

参照《市政公用工程设计文件编制深度规定》，各阶段主要内容和要求如下：

（1）可行性报告主要内容：

概述：包括建设目的和背景、建设的必要性；编制依据（包括：有关立项的文件、方针政策、合同、规划、规范标准、地质评价报告等）；编制范围（包括合同规定的范围、双方约定的内容等）；编制原则。

城市概况：城市历史特点、地理位置、行政区划；城市性质及规模；自然条件（包括：城市地形、城市水系、气象、水文、工程地质等）；城市排水现状及规划；城市水域污染情况等；

方案论证：排水体制、排水系统布局、排放污（雨）水量、排放污水水质、污水处理厂等；

工程方案内容：设计原则、方案比较、工程规模、工艺设计、建筑结构、电气控制、给水排水、采暖通风等；

管理机构、劳动定员及建设进度安排；环境保护；劳动保护、节能、消防；投资估算及经济评价，结论与存在问题。

可行性报告深度应满足设计招标和业主向主管部门送审的要求。

(2) 初步设计文件应包括说明书、工程概算书、设计图纸、主要材料设备表。其主要内容为：

设计说明书：应明确工程规模、建设目的、投资效益、设计原则和标准、选定设计方案、拆迁、征地范围及数量、设计中存在的问题、注意事项及建议等。对采用新工艺、新技术、新材料、新结构、引进国外新技术、新设备或采用国内科研新成果时，应在设计说明书中加以详细说明。

工程概算书：见《市政公用工程设计文件编制深度规定》的相关要求。

设计图纸：包括工艺设计、建筑结构设计、其他专业设计（电气、控制、仪表等）；

主要材料设备表：提出全部工程和分期建设需要的三材、管材及其他主要设备、材料的名称、规格（型号）、数量等（以表格方式列出清单）。

初步设计深度应控制工程投资，满足编制施工图设计、主要设备订货、招标及施工准备的要求。

(3) 施工图设计文件应包括说明书、设计图纸、材料设备表、施工图预算。其主要内容为：

设计说明书：初步设计应根据批准的可行性研究包括进行编制，要明确工程规模、建设目的、设计原则标准、设计内容（包括：工艺设计、建筑结构设计、其他专业设计、对照初步设计变更部分的内容、原因、依据等，采用的新技术、新材料的说明)；施工安装注意事项及质量验收要求；运转管理注意事项等。

修正概算或工程预算：

设计图纸：包括总体布置图、排水管渠、污水处理厂、单体建（构）筑物、采暖通风、电气、仪表与自动控制、机械设计等，应能满足施工、安装、加工及施工预算编制要求。

施工图设计深度应满足施工招标、施工安装、材料设备订货、非标设备制作，以及工程验收。

上述两阶段设计的初步设计或扩大初步设计，是三阶段设计的初步设计和技术设计两个内容的综合。

1.7.2 城镇排水系统规划设计

排水工程是城镇和工业企业基本建设的重要组成部分，同时也是控制水污染、改善和保护水环境的重要措施。

排水工程的设计对象是需要新建、改建或扩建的城镇、工业企业和工业区排水工程，它的主要任务是规划设计收集、输送、处理和利用各种污水的工程设施和构筑物，即排水管道系统和污水处理厂的规划设计。城镇排水系统规划是通过一定时期内统筹安排、综合布置和实施管理城镇排水、污水处理等子系统及其各项要素，协调各子系统的关系，以促进水系统的良性循环和城镇健康持续的发展。

排水工程规划是城镇总体规划的一个重要组成部分，是对城镇总体规划的补充和完善。在国家经济和社会快速发展的阶段，排水工程规划中一些重要指标的选取既要慎重，也要看得长远一些。排水规划要结合城市实际情况，充分利用地形地貌和水系特点，与城镇雨水资源的利用相结合，与城镇径流污染控制相结合，与城镇道路建设相结合，与城镇污水排放控制相结合，增加排水高效性，降低工程投资，建设一种符合可持续发展、生态型的新型排水体系。

1. 排水系统规划设计依据

排水工程的规划与设计是在区域规划以及城镇和工业企业的总体规划基础上进行的。因此，排水系统规划与设计的有关基础资料，应以区域规划以及城镇和工业企业的规划与设计方案为依据。排水系统的设计规模、设计期限，应根据区域规划及城市和工业企业规划方案的设计规模和设计期限而定。排水区界是指排水系统设置的边界，它取决于区域、城镇和工业企业的建设界限。

2. 排水规划设计原则

（1）应符合区域规划以及城镇和工业企业的总体规划，并应与城市和工业企业中其他单项工程建设密切配合，相互协调。如总体规划中设计规模、设计期限、建筑界限、功能分区布局等是排水规划设计的依据；如城镇和工业企业的道路规划、地下设施规划、竖向规划、人防工程规划等单项工程规划对排水设计规划都有影响，要从全局观点出发，合理解决，构成有机整体。

（2）应与邻近区域内的污水和污泥的处理和处置相协调。一个区域的污水系统，可能影响邻近区域，特别是影响下游区域的环境质量，故在确定规划区的处理水平的处置方案时，必须在较大区域内综合考虑。

根据排水规划，有几个区域同时或几乎同时修建时，应考虑合并起来处理和处置的可能性，即实现区域排水系统，因为它的经济效益可能更好，但施工期较长，实现较困难。但也要考虑污水再生利用的可能性，适度集中与分散。

（3）应处理好污染源治理与集中处理的关系。城镇污水应以点源治理和集中处理相结合，以城镇集中处理为主的原则加以实施。

工业废水符合排入城镇下水道标准的应直接排入城镇污水排水系统，与城镇污水一并处理。个别工厂和车间排放的有毒、有害物质的应进行局部除害处理，达到排入下水道标准后排入城镇污水排水系统。生产废水达到排放水体标准的可就近排入水体或雨水道。

（4）应充分考虑城镇污水再生利用的方案。城镇污水回用于工业用水是缺水城镇解决水资源短缺和水环境污染的可行之路。

（5）应与给水工程和城镇防洪相协调。雨水排水工程应与防洪工程协调，以节省总投资。

（6）应全面规划，按近期设计，考虑远期发展扩建的可能。并应根据使用要求和技术经济合理性等因素，对近期工程做出分期建设的安排，排水工程的建设费用很大，分期建设可以更好地节省初期投资，并能更快地发挥工程建设的作用。分期建设应首先建设最急需的工程设施，使它能尽早地服务于最迫切需要的地区和建筑物。

（7）应充分利用城镇和工业企业原有的排水工程。在进行改建和扩建时，应从实际出发，在满足环境保护的要求下，充分利用和发挥其效能，有计划、有步骤地加以改造，使其逐步达到完善和合理化。

3. 排水规划设计内容

（1）规划编制基本情况说明

规划编制基本情况一般指规划编制依据、规划范围和时限。

规划编制依据应包括城镇排水工程设计方面和城镇污水污染防治方面有关规范、规定和标准，及国家有关水污染防治、城镇排水的技术政策；应包括城镇总体规划、城镇道路、给水、环保、防洪、近期建设等方面的专项规划，以及流域水污染防治规划；应包括城区排水现状资料及已通过可行性研究即将实施的排水工程单项设计资料。它们是编制城镇排水工程专项规划必不可少的技术条件。

城镇排水工程专项规划范围和年限则应与城镇总体规划一致和同步，通过对城镇排水工程专业规划的深化、优化和修正，更切实有效可行地为城镇总体规划的实施提供服务。

（2）规划区域概况

规划区域概况一般有城镇概况，城镇排水现状，城镇总体规划概况，城镇道路、排水、环保、给水、防洪、近期建设等专项规划概况，以及流域水污染防治规划概况等。

城镇概况应包含城市的自然地理及历史文化特点，城镇的地形、水系、水文、气象、地质、灾害等情况，从而获得对城市概貌的全面了解。

对于城镇排水现状资料的收集和叙述应较城市排水工程专业规划阶段更为详尽和细致，为规划管道与现状管道的衔接或现状管道及设施的充分利用提供可用、可信、可靠的基本数据，这往往是城市排水工程专业规划中较为薄弱的地方。值得一提的是，现已通过可行性论证的、虽尚未兴建的各单项排水工程设计应纳入现状资料之中予以采用。

上述各类规划，特别是各专项规划资料是城镇排水工程专项规划与城镇排水工程专业规划的技术基础，它们将为城镇排水工程专项规划提供全面的技术支撑。例如道路工程专项规划可提供道路工程专业规划中所没有的道路控制高程；环保专项规划将提供纳污水体环境容量参数、水污染排放控制总量指标及水污染综合整治体系规划；城镇防洪专项规划可提供区域防洪排涝技术标准和重要的水文控制参数。需要注意和把握的是，城镇排水工程专项规划与各不同规划的规划时限与范围的对应性、运用上的技术衔接及相互矛盾的协调。

（3）规划目标和原则

城镇排水设施不仅是城镇基础设施，而且是城镇水污染综合整治系统工程中的重要组成部分和基本手段。

城镇排水工程专项规划的基本目标应是，以城镇总体规划和环保规划及其他规划为基础、依据和导引，建设排水体制适当、系统布局合理、处理规模适度的城镇污水处理系统，控制水污染，保护城镇集中饮用水源，维护水生态系统的良性循环，配置适宜的雨洪水收集排除系统，消除洪水灾害，创造良好的人居环境，从而促进城镇的持续健康发展。

城镇排水工程是城市基础设施的重要组成部分，它在一定程度上，制约着城镇的发展和建设，同时又受到城镇经济条件、发展水平的制约。

城镇排水工程专项规划应遵循的一般原则是：①坚持保护环境和经济、社会发展相协调，坚持实事求是、量力而行、经济适用的原则；既考虑保护环境，消除水害的必要性，也兼顾经济实力的可行性，实行统一规划，突出重点，分期逐步解决城镇排水和污染问题。②遵循经济规律和生态规律，充分利用现有城镇排水设施和调蓄水体的功能，充分调动社会各方面的力量综合整治和控制水体污染。努力实现污水资源化和排水服务特许运营，推动城镇排水事业的持续发展。

（4）城镇排水量计算

城镇排水量计算包括污水量计算和雨水量计算两部分。

城镇污水量计算通常是建立在城镇需用水量预测基础之上，采用排放系数计算而得，城镇污水量计算的准确性和可靠性直接受制于城镇用水量计算的准确性和可靠性。

在城镇给水工程专业规划中，城镇用水量预测应采取多种方法分析和深入论证，较准确确定城镇用水量，如果缺乏城镇给水工程专项规划，或城镇给水工程专项规划，或未进行全面深入的论证，则在城镇排水工程专项规划中就应增补城镇用水量论证内容。污水量预测的准确性和可靠性直接关系到整个排污规划的准确性和可靠性，必须给予充分的和应有的重视。

（5）排水体制与排水系统论证

排水体制与排水系统布局息息相关，不同的排水体制，污水收集处理方式不同，形成不同的排水管网系统。规划任务就是通过对不同排水体制或不同排水体制组合下不同排水系统在技术、经济、环境等方面的比较、论证，确定出规划采取的排水体制及相对应的排水系统。

（6）排水系统布局规划

根据城镇规划的发展方向、水系、地形特点，可把城镇排水系统分为若干子系统，由污水处理厂的布局，决定了排水主干管的位置和走向及各子系统的服务范围、工程规模。

（7）近期建设规划

排水工程近期建设规划内容与城镇的近期建设规划密切相连，它既不能简单地把远期系统按时空分割，也不能仅考虑近远两个规划期，要有分期逐步实施的概念，尽量与工程建设的周期和程序相对接。近期规划中要特别注意对当前重大问题和主要矛盾的优先优序解决，或提供近期过渡措施及与远期的衔接方式、途径。

（8）投资估算

投资估算是提高工程规划质量的重要内容之一，城镇排水工程专项规划中应有投资估算内容，投资估算数据应成为后续规划与设计的一个重要的控制性参数。

投资估算一般依据《城市基础设施工程投资估算指标》和《给水排水工程概预算和经济评价手册》及新版的《给水排水设计手册》中《技术经济》分册进行，得出的是静态的投资估算值，作为方案比较、近期控制以及后续单项工程项目建议书的参考依据。

（9）效益评价和风险评估

效益评价是对城市排水工程专项规划的一次系统全面的价值评估，也是方案比较及后续单项工程项目建议书的重要依据。效益评价主要是对社会效益、环境效益、经济效益三大项的综合分析，应由通常定性泛泛的评述向定量评价方向发展，推动排水系统的价值实现。

风险评估主要是分析遭遇技术的、行政的、财务的、甚至道德的风险时，排水系统整体或其某个局部未能按时或保质保量建设完成发挥效用所带来的负面环境影响、社会影响及财务影响，提出须采取的最低限的保障措施，从而有力地推进排水工程规划的施行。

（10）规划实施

城镇排水规划是建立在城市总体规划基础之上的对城镇排水设施建设的一种宏观的指导，其具体实施和实现，还有赖于相关专业部门的配合和协调，还有待于下一阶段设计工作的深化和完善，为实现规划所提出的各项目标，要研究和提出一系列推动规划实施的对策和措施。

规划实施应研究和提出以下几点原则要求：①严格执行排水设施建设的审批程序，维护规划的严肃性和权威性；②与环保部门紧密配合和协调，协同一致、分工合作地开展城市水污染综合防治工作，保障规划目标的全面实现；③制订持续实施的分年度计划，为城镇排水事业有序稳步发展奠定基础；④建立实施过程中排水系统地理信息库，为下一阶段规划或设计提供技术基础；⑤适时推出排水服务特许运营的政策，积极推行投资与资本多元化，为城市排水事业的永续发展提供政策支持；⑥深入探讨污水资源化的途径，一方面发掘固有的资源价值，另一方面为污水产业化和生态建设作出应有的贡献。

4. 排水规划的技术衔接

（1）加强排水规划与环保规划的技术衔接

水环境问题的解决既是城市排水规划的任务之一，也是城市环保规划的一项职责。研究水环境问题，进行排水工程规划时必须与环保规划紧密联系、互相协调。

加强排水规划与环保规划的技术衔接，需要注意五个关系。一是环保规划所确定的水体环境功能类型和混合区的划分，它将决定污水处理的等级和排放标准。二是环保规划所确定的纳污水体环境容量与污染物排放总量控制指标，它将定量地决定城市排污口污染排放负荷，进而决定污水处理的处理率和处理程度。三是环保规划确定的城市水污染综合防治政策和措施，其中主要是工业污染防治政策和措施。四是环保规划所提出的污水处理率，它为排水规划中污水集中处理率的确定提供了重要的参考，需要相互沟通和配合。五是环保规划所采纳推荐或强制推行的适用污水处理技术，特别是小型分散的污水处理技术，为进行排水体制和排水系统的选择与组合提供了技术支撑和灵活性，它对于一定规划时期难以纳入城市污水集中处理系统的地区的污水处理和水污染控制意义重大。

（2）加强排水系统方案的风险评估与经济评价。

传统的排水系统方案论证主要集中在技术与经济方面，环境方面虽有考虑，但较肤浅，环保专项规划提供技术支持，应提升环境影响分析与评价的深度，以增强规划方案选择的有效性和说服力。长期以来排水设施建设滞后于规划和计划的大量事实表明，必须充分注意到规划方案的可行性、实施的风险性，以及建设中的不可预见性，因此，在排水系统方案论证和排水系统规划措施中应增加对规划方案的风险评估。此外，在经济分析中，还应积极关注新的市场经济形势下排水设施投资开放与资本多元化的影响。

排水系统规划方案环境评价要从定性走向定量，用数据说话，要认真测算各不同排水系统方案的污染负荷，分析它们在区域环境容量总量和目标总量控制中的结构比例水平、变化幅度，对国家和区域环境建设目标的满足程度；对于重点地域，如采取分散就地处理的地区，还要进行环境敏感性评价；要努力使规划所提出的水污染控制方案更科学。

风险评估方面，要充分考虑到各方面、各层次的不利情况，及其可能造成的各种影响，分析来自自然的、技术的、管理的、财务的、政策的、甚至道德的各类风险和干扰，特别是风险的最不利组合，分析其对排水系统整体或某个局部、对排水系统实施的进程和时效所产生的不同程度的影响，这里主要是指对社会的、环境的、功能的和效益的、财务的影响，在此基础上，一方面设计和制订风险防范的政策和措施，另一方面对排水规划方案进行反思和调整，最终选取风险和阻力最小的方案和方向，确保规划的排水系统方案能真实有效、稳妥地逐步形成，实现规划目标。

1.7.3 城镇雨水排水系统规划

城镇雨水排水系统是城镇的重要基础设施之一，对保证城镇社会经济发展和市民的正常生活具有重要的意义。目前，我国正处在城镇化快速发展的阶段，随着城镇化水平的提高和经济的高速发展，城镇雨水问题就愈发凸显出来。主要表现为：城镇洪灾风险加大、雨水径流污染严重、雨水资源大量流失和生态环境破坏等几方面。城镇雨水问题不仅是制约国民经济发展的重要因素，而且是危害和威胁人民健康的严重社会问题。

根据城镇雨水系统的作用和功能，可分为以下类型：

（1）传统的雨水排水系统：以快速收集、输送、排除雨水为目的的雨水排水系统，以保证城镇不受降雨积水的影响。

（2）雨水径流量控制系统：通过采用一系列技术措施，降低局部区域或城镇雨水径流量，减少低洼区域的积水，防治或减轻城镇内涝。

（3）雨水径流污染控制系统：通过采用一系列技术措施，对初期雨水截流、处理，以减轻初期雨水排入环境的污染负荷。

（4）雨水综合利用系统：对雨水资源收集、处理、利用的系统。

因此，传统的雨水排水系统从城镇小环境出发、以减少洪涝灾害为目的、输送排放雨水的规划已经不能满足城镇可持续发展的需要，雨水规划必须考虑雨水径流量的控制、径流污染控制和雨水的综合利用，这些都是城镇雨水规划的重要组成部分。

1. 城镇雨水排水系统规划

城镇雨水排水系统是防止雨水径流危害城镇安全的主要工程设施，城镇雨水排水工程规划的主要内容应包括：划定城镇雨水排水范围、预测城镇雨水量、确定排水体制、进行雨水排水系统布局；城镇雨水排水工程规划的范围和期限应与城镇总体规划的范围和期限一致。在城镇雨水排水程规划中应重视近期建设规划，且应考虑城镇远景发展的需要。城镇雨水排水工程设施用地应按规划期规模控制，节约用地，保护耕地。城镇雨水排水工程规划应与给水工程、环境保护、道路交通、竖向、水系、防洪以及其他专业规划相协调。

城镇雨水排水工程规划的主要内容：

（1）雨水量的估算，采用现行的常规计算办法，即各国广泛采用的合理化法，也称极限强度法。经多年使用实践证明，此方法是可行的，成果是较可靠的，理论上有发展、实践上也积累了丰富的经验，只需在使用中注意采纳成功经验、合理地选用适合规划城镇具体条件的参数。

城镇暴雨强度公式：在城镇雨水量估算中，宜采用规划城镇近期编制的公式，当规划城镇无上述资料时，可参照地理环境及气候相似的邻近城镇暴雨强度公式。

径流系数：在城镇雨水量估算中宜采用城镇综合径流系数。全国不少城镇都有自己城镇在进行雨水径流量计算中采用的不同情况下的径流系数，在城镇总体规划阶段的排水工程规划中宜采用城镇综合径流系数，即按规划建筑密度将城镇用地分为城镇中心区、一般规划区和不同绿地等，按不同的区域，分别确定不同的径流系数。在选定城镇雨水量估算综合径流系数时，应考虑城镇的发展，以城镇规划期末的建筑密度为准，并考虑到其他少量污水量的进入，取值不可偏小。

（2）城镇雨水系统布局原则和依据以及雨水调节池在雨水系统中的使用要求。城镇雨水应充分利用排水分区内的地形，就近排入湖泊、排洪沟渠、水体或湿地和坑、塘、淀、洼等受纳体。在城镇雨水系统中设雨水调节池，不仅可以缩小下游管渠断面，减小泵站规模，节约投资，还有利于改善城市环境。

（3）城镇雨水管渠规划。其重现期的选定应根据城镇性质的重要性，结合汇水地区的特点选定。排水标准确定应与城市政治、经济地位相协调，并随着地区政治、经济地位的变化不断提高。重要干道、重要地区或短期积水能引起严重后果的地区，重现期的采用应根据《室外排水设计规范》GB 50014—2006（2014 年版）表 3.2.4 中规定的城镇类型、城区类型选定，同一排水系统可采用不同的设计重现期。

（4）截流初期雨水的分流制污水管道总流量的估算方法。初期雨水量主要指“雨水流量过程线”中从降雨开始至最大雨水流量形成之前涨水曲线中水量较小的一段时间的雨水量。估算此雨水流量的时段、重现期应根据规划城市的降雨特征、雨型，并结合城镇规划污水处理厂的承受能力和城镇水体环境保护要求综合分析确定。初期雨水流量的确定，主要取决于形成初期雨水时段内的平均降雨强度和汇水面积。

（5）截流式合流制排水系统布局的原则和依据，并对截流干管（渠）和溢流井位置的布局提出了要求。截流干管和溢流井位置布局的合理与否，关系到经济、实用和效果，应结合管渠系统布置和环境要求综合比较确定。

2. 城镇雨水防涝规划

近年来，受全球气候变化影响，暴雨等极端天气对社会管理、城镇运行和人民群众生产生活造成了巨大影响，加之部分城镇排水防涝等基础设施建设滞后、调蓄雨洪和应急管理能力不足，出现了严重的暴雨内涝灾害。近年来，每当汛期，我国城镇内涝频发，常出现“城市看海”，甚至人员遇难的情况。据住房和城乡建设部 2010 年对国内城市排涝能力的专项调研显示，2008～2010 年间，我国 351 个城市有 62％发生过不同程度的内涝，内涝灾害超过 3 次以上的城市有 137 个，57 个城市的最大积水时间超过 12 小时。城市内涝呈现发生范围广、积水深度大、滞水时间长的特点，这直接反映出目前城市排水管网覆盖率、设施排涝能力偏低等问题。按照 2014 年最新修订的《室外排水设计规范》的要求，城市一般地区排水设施的设计暴雨重现期为 1～3 年（即抵御 1～3 年一遇的暴雨），重要地区 3～5 年。但在实施过程中，大部分城市普遍采取标准规范的下限。调查显示我国 70％以上的城镇排水系统建设的设计暴雨重现期小于 1 年。

城镇基础设施长期投入不足，历史欠账多，也是内涝频现的重要原因。据《2009 中国城市建设统计年鉴》，用于市政基础设施的财政性资金，仅有 4％投入到排水系统建设维护中，难以按标准规定进行定期养护。

目前，我国城镇排水网普及率为 64.8％左右，与发达国家接近 100％的普及率相比差距较大。“十二五”期间，全国各地加快城镇排水系统升级改造的步伐，埋地排水管网行业需求年增长率约为 11.7％～14％。如果按每公里 150 万元投资计算，市政排水市场年规模在 750 亿元左右。

城镇雨水排水的严峻形势，受到国家的高度重视。国务院颁布了《城镇排水与污水处理条例》（国务院令第 641 号）和《国务院办公厅关于做好城市排水防涝设施建设工作的通知》（国办发〔2013〕23 号），对城市防涝提出指导性意见：对易发生内涝的城镇，应当编制城镇内涝防治专项规划，编制完成城市排水防涝设施建设规划，力争用 5 年时间完成排水管网的雨、污分流改造，用10年左右的时间，建成较为完善的城镇排水防涝工程体系，首先，应编制城镇内涝防治专项规划。

城镇内涝防治专项规划的编制，应当根据城镇人口与规模、降雨规律、暴雨内涝风险等因素，合理确定内涝防治目标和要求，充分利用自然生态系统，提高雨水滞渗、调蓄和排放能力。其主要内容有：

（1）规划的范围及年限：城镇排水防涝规划的规划范围参考城镇总体规划的规划范围，并考虑雨水汇水区的完整性，可适当扩大。规划期限宜与城镇总体规划保持一致，并考虑长远发展需求。近期建设规划期限为5年。

（2）规划的原则：各地可自行表述规划原则，但应包含以下内容：① 统筹兼顾原则。保障水安全、保护水环境、恢复水生态、营造水文化，提升城市人居环境；以城市排水防涝为主，兼顾城市初期雨水的面源污染治理。②系统性协调性原则。系统考虑从源头到末端的全过程雨水控制和管理，与道路、绿地、竖向、水系、景观、防洪等相关专项规划充分衔接。城镇总体规划修编时，城镇排水防涝规划应与其同步调整。③先进性原则，突出理念和技术的先进性，因地制宜，采取蓄、滞、渗、净、用、排结合，实现生态排水，综合排水。

（3）规划的目标：发生城镇雨水管网设计标准以内的降雨时，地面不应有明显积水；发生城镇内涝防治标准（如积水深度、范围和积水时间）以内的降雨时，城镇不能出现内涝灾害。发生超过城镇内涝防治标准的降雨时，城镇运转基本正常，不得造成重大财产损失和人员伤亡。其技术标准为：

1）雨水径流控制标准：根据低影响开发的要求，结合城镇地形地貌、气象水文、社会经济发展情况，合理确定城镇雨水径流量控制、源头削减的标准以及城镇初期雨水污染治理的标准。城镇开发建设过程中应最大程度减少对城镇原有水系统和水环境的影响，新建地区综合径流系数的确定应以不对水生态造成严重影响为原则，一般宜按照不超过0.5进行控制；旧城改造后的综合径流系数不能超过改造前，不能增加既有排水防涝设施的额外负担。新建地区的硬化地面中，透水性地面的比例不应小于40%。

2）雨水管渠、泵站及附属设施规划设计标准：城镇管渠和泵站的设计标准、径流系数等设计参数应根据《室外排水设计规范》GB 50014的要求确定。其中，径流系数应该按照不考虑雨水控制设施情况下的规范规定取值，以保障系统运行安全。

3）城镇内涝防治标准：内涝防治设计重现期的采用应根据《室外排水设计规范》GB 500014—2006（2014年版）表3.2.4B中规定的城镇类型选定，并通过采取综合措施，提高城市内涝防治的效果。

（4）规划的内容：制订城镇排水防涝设施建设规划，要加强与城镇防洪规划的协调衔接，将城镇排水防涝设施建设规划纳入城镇总体规划和土地利用总体规划。应当按照城镇排涝要求，结合城镇用地性质和条件，明确排水出路与分区，科学布局排水管网，确定排水管网雨污分流、管道和泵站等排水设施的改造与建设、雨水滞渗调蓄设施、雨洪行泄设施、河湖水系清淤与治理等建设任务，优先安排社会要求强烈、影响面广的易涝区段排水设施改造与建设。

（5）防涝的主要技术措施：城镇排水防涝应当根据当地降雨规律和暴雨内涝风险情况，结合气象、水文资料，建立排水设施地理信息系统，加强雨水排放管理，提高城镇内涝防治水平。积极推行低影响开发建设模式。各地区旧城改造与新区建设必须树立尊重自然、顺应自然、保护自然的生态文明理念；要按照对城镇生态环境影响最低的开发建设理念，控制开发强度，合理安排布局，有效控制地表径流，最大限度地减少对城市原有水生态环境的破坏；要与城镇开发、道路建设、园林绿化统筹协调，因地制宜配套建设雨水滞渗、收集利用等削峰调蓄设施，增加下凹式绿地、植草沟、人工湿地、可渗透路面、砂石地面和自然地面，以及透水性停车场和广场。新建城区硬化地面中，可渗透地面面积比例不宜低于40%；有条件的地区应对现有硬化路面进行透水性改造，提高对雨水的吸纳能力和蓄滞能力。

根据降雨、气象、土壤、水资源等因素，综合考虑蓄、滞、渗、净、用、排等多种措施组合的城镇排水防涝系统方案。在城镇地下水水位低、下渗条件良好的地区，应加大雨水促渗；城镇水资源缺乏地区，应加强雨水资源化利用；受纳水体顶托严重或者排水出路不畅的地区，应积极考虑河湖水系整治和排水出路拓展。

加强雨水管网、泵站以及雨水调蓄、超标雨水径流排放等设施建设和改造。新建、改建、扩建市政基础设施工程应当配套建设雨水收集利用设施，增加绿地、砂石地面、可渗透路面和自然地面对雨水的滞渗能力，利用建筑物、停车场、广场、道路等建设雨水收集利用设施，削减雨水径流，提高城镇内涝防治能力。

对城镇建成区，提出城镇排水防涝设施的改造方案，结合老旧小区改造、道路大修、架空线入地等项目同步实施。明确对敏感地区如幼儿园、学校、医院等地坪控制要求，确保在城镇内涝防治标准以内不受淹。推荐使用水力模型，对城镇排水防涝方案进行系统方案比选和优化。

新区建设与旧城区改建，新建城区要依据《“十二五”全国城镇污水处理及再生利用设施建设规划》和有关要求，建设雨污分流的排水管网；应当按照城镇排水与污水处理规划确定的雨水径流控制要求建设相关设施；确定雨水收集利用设施建设标准，明确雨水的排水分区和排水出路，合理控制雨水径流。

除干旱地区外，新区建设应当实行雨水、污水分流；对实行雨水、污水合流的地区，应当按照城镇排水与污水处理规划要求，进行雨水、污水分流改造。雨水、污水分流改造可以结合旧城区改建和道路建设同时进行。在雨水、污水分流地区，新区建设和旧城区改建不得将雨水管网、污水管网相互混接。

在有条件的地区，应当逐步推进初期雨水收集与处理，在雨污合流区域加大雨污分流排水管网改造力度，暂不具备改造条件的，要尽快建设截流干管，适当加大截流倍数，提高雨水排放能力，加强初期雨水的污染防治。

3. 城镇径流污染控制规划

目前，发达国家的点源污染已基本得到有效的控制，降雨冲刷城市表面（如道路、屋面等）的沉积物和淋洗大气中污染物已成为城镇水体污染物的主要因素。在我国，近些年随着城镇污水处理设施的迅速完善，点源污染已逐步得到有效的控制，降雨径流带来的面源污染问题正日渐突出。随着城镇化进程，城市中道路、桥梁、建筑物等不可渗透表面不断增长，降雨径流渗透减少，径流量急剧增加。当暴雨产生时，主要是屋面和路面上大量污染物在雨水冲刷下随径流通过城镇排水管道或漫流进入河道、湖泊等受纳水体，形成典型的城镇降雨径流污染，对城镇生态环境构成冲击性影响，严重制约城镇水环境质量的改善。因此，控制和管理城镇径流污染将是城市雨洪利用中亟待解决的问题。

一般情况下，在降雨形成径流的初期污染物浓度最高，随着降雨时间的持续，雨水径流中的污染物浓度逐渐降低，最终维持在一个较低的浓度范围。1956年Wilkinson研究屋面雨水污染时，就发现雨水径流存在污染物冲刷规律，对于城镇道路雨水利用系统和径流污染控制，初期径流的控制十分关键，有效地控制一定量的初期雨水，就可以有效地控制径流带来的面源污染。对北京市2006年6～8月的4场降雨道路雨水径流进行分析，发现道路雨水径流中污染物存在初期冲刷效应，初期冲刷效应程度有所不同，SS初期冲刷效应最为明显，TN初期冲刷效应不显著，污染的冲刷过程与降雨强度和雨型有关。武汉汉阳地区集水区的水量水质特点是，前30%的径流中含有52.2%～72.1%的TSS、53%～65.3%的COD、40.4%～50.6%的TN、45.8%～63.2%的TP。Matthias等对地中海地区的雨水径流研究表明：前25%的径流中含有79%的NH_3-N、72%的TSS、70%的VSS。

Bertrand等人对分流制和合流制管道的雨水输送规律的研究结果显示，管道中50%的径流污染负荷分别通过38%和47%的径流量输送，而80%的污染负荷是通过74%和79%的径流量输送，这表明径流污染物负荷在管道系统中基本上是均匀输送的。由于径流量随降雨历时而不断变化，所以其中的污染物浓度也是变化的。管道系统中径流污染物浓度曲线类似流量过程线，浓度峰值出现在降雨历时某一时刻而不是初期，与源头小汇水面的污染物冲刷规律不同。

(1) 城镇雨水径流污染的特点

由于城镇化的建设，城镇降雨的径流量已经由城镇开发前的10%增加到开发后的55%，降雨带来的城镇径流污染已经越来越严重。

城镇雨水径流污染具有晴天累积、雨天排放、随机性强、突发性强、污染径流量大且面广的特点。因此城镇雨水径流污染控制和削减的难点在于几个方面：一是不透水路面比例高，雨水径流量大；二是污染物由于含有部分城镇污水，其水质组成复杂，污染物负荷随时间和空间的变化大；三是城镇雨水径流污染具有排放间接性，发生随机性的特点；四是初期径流污染严重，溢流严重；五是系统下游初期雨水到达时，上游初期雨水还没到达，初期雨水集中收集非常困难。

(2) 雨水径流污染控制管理的发展

在过去的近20年中，发达国家在城镇降雨径流污染控制领域，已经制定出了较为完善的适合本国技术法规体系以及控制管理模式，德国、美国、新西兰等发达国家都已经基本实现对城镇降雨径流污染的控制，最普遍的是修建大量的雨水截流池处理合流制和分流制的污染雨水，以及采用分散式的源头生态措施来削减和净化雨水。

最佳管理措施（BMP）是典型的雨水径流管理控制模式，是实现城镇降水径流面源污染控制的最为重要的技术与管理体系。美国环保局将BMP定义为：利用适当的技术保护自然、提高生活标准和生活质量。BMP是一个或几个措施的组合，目的是减少地表径流量和各种污染物的浓度，防治和削减径流污染物进入受纳水体，使雨水水质符合所需水质目标的实际措施，并要求在经济和技术上的切实可行。

经过多年的应用和发展，目前已经发展为第二代BMP，更强调与植物和水体等自然条件结合的生态设计和非工程性的管理办法，使最佳管理措施更加科学和完善。

BMP的方法分为两大类，即工程措施和非工程措施。工程方法指兴建工程设施来达到控制污染的目的，如修建沉淀池、渗漏坑、多孔路面、贮水池等；非工程方法是指用加强管理来达到控制污染的目的，如城市环境管理、清扫路面、政策法规措施等。其实，非工程方法就是对源的控制，而工程措施就是对污染物扩散途径和控制以及实行终端治理。在实际应用中，应结合各地具体的气候状况、自然地理状况等因地制宜，把两者有效地结合起来应用，可以取得很好的去处污染物的效果。

目前，由于城市的“空间限制”和提倡“与自然景观的融合”，加之很多城市即使采取了BMP管理模式，其城市的扩张和改造对环境造成的强烈影响仍然难以消除。因此，近些年，在美国等发达国家开始提出一些更新的、更合理的城市雨水径流污染控制管理模式，比较典型的是低影响开发模式（Low Impactment Development，简称LID）。与传统的雨水径流管理模式不同，低影响开发模式尽量通过一系列多样化、小型化、本地化、经济合算的景观设施来控制城市雨水径流的源头污染。它的基本特点是从整个城市系统出发，采取接近自然系统的技术措施，以尽量减少城市发展对环境的影响为目的来进行城市径流污染的控制和管理。

我国在城市降雨径流污染控制方面刚刚起步，尚未建立与降雨径流控制有关的技术与法规体系，主要还停留在“雨污分流”、快速排放雨水来解决问题。部分城市采取的控制措施比较零散，倾向于在雨水集中排放处采取工程性处理措施，治理有很大的盲目性。

（3）初期雨水污染控制模式的规划

鉴于我国降雨径流污染的严重性，今后应重点加强降雨径流污染的理论研究，了解降雨径流污染物的迁移转化规律，并借鉴国外发达国家降雨径流污染的控制和管理方面的经验，结合我国实际情况，对降雨径流污染的控制进行量化，最终提出切实可行、经济实用的控制管理技术、方法，更好地推动绿色城市、生态城市、和谐城市的建设和发展。目前，初期雨水污染控制主要分为三个环节。

1）雨水径流污染源头的控制

由于城市高速发展和扩张，BMP管理模式已经不能消除环境造成的强烈影响，因此，美国在此基础上提出了城市暴雨管理新概念—低影响开发模式。这种低影响开发模式是从源头进行降雨径流污染的控制和管理，其基本原理是通过分散的，小规模的源头控制机制来达到对暴雨所产生的径流和污染物的控制，并综合采用入渗、过滤、蒸发和蓄流等多种方式来减少径流排水量，使开发后城市的水文功能尽可能地接近开发之前的状况。

LID在不同的气候条件，不同的地区，其处理效果也有所不同，但是根据目前的实验资料可知：LID可以减少约30%～99%的暴雨径流并延迟大约5～20min的暴雨径流峰值；还可有效地去除雨水径流中的磷、油脂、氮、重金属等污染物，并具有中和酸雨的效果，是可持续发展技术的核心之一。

LID策略的实施包含两种措施，即结构性措施和非结构性措施。结构性措施，包含湿地、生物滞留池（Bioretention devices）、雨水收集槽、植被过滤带、塘、洼地等；非结构性措施，包括街道和建筑的合理布局，如已增大的植被面积和可透水路面的面积。

雨水径流污染源头控制主要是针对城市新建片区和新建项目。即对新建片区和新建项目，不进行初期雨水径流的截流和处理，LID设施在进行雨水径流量削减的同时，可有效地去除径流污染物。国外大量研究表明，LID设施能有效削减雨水径流中的TSS、COD、

TN、TP、油脂类、重金属等。美国弗吉尼亚大学对雨水花园（Rain garden）的监测结果显示，一般新建的雨水花园可以去除86%的TSS、90%的TP、97%的COD和67%的油脂；Singhal N. 等人对植被草沟（Grassed swale）的研究结果表明，植被草沟可截留雨水径流中93%以上的SS，同时可消纳部分有机污染物、油类物质和Pb、Zn、Cu、Al等金属离子。

2）初期雨水的截流与处理

对于现状建成区（不包括生态保护区），通过截流一定厚度的初期雨水径流，并对其进行处理，达到径流污染控制的目的。深圳市初期雨水控制量为7mm，且初期雨水汇流范围应使得汇水面积最远点到排放口的汇流时间不应超过20～30min。超过此汇流时间的区域，其初期效应已不显著。初期雨水处理设施主要应以生态处理设施为主，例如雨水湿地、雨水滞留塘等。雨水处理设施应结合城市公园、水体等开放空间进行布置。

3）雨水的末端治理

雨水的末端治理是在雨水管渠末端、排放水体之前对雨水进行净化处理。对于直接排入河道的排水管渠，在用地许可的情况下，可主要利用河道蓝线内用地建设雨水处理设施，如雨水湿地、雨水滞留塘等。对于中、小雨，雨水径流可全部进入湿地或滞留塘进行处理；对于大雨及暴雨，初期径流可排入雨水处理设施进行处理，待处理设施满负荷时，后期雨水径流可直接排放。

对于截流式合流制排水系统，对截流井溢流雨污水进行处理是防止河流污染的重要措施。如用地许可，可利用河道蓝线用地建设雨水处理设施；如用地不许可，可暂时蓄存，待降雨过后输送至污水处理厂进行处理。

4. 城镇雨水综合利用规划

随着城镇化进程的加快，大量不透水面积的增加，使得城镇的降水入渗量大大减少，汇流时间缩短，雨洪峰值增加，导致城镇洪水危害加剧，内涝灾害频发；与此同时还导致雨水资源大量流失、雨水径流污染加重、地下水位下降、地面下沉和城镇生态环境恶化等多种环境危害。

我国是水资源严重短缺的国家，水资源的匮乏和水环境的严重污染，已成为制约我国经济社会发展的重要因素，对我国的可持续发展构成了直接的威胁。目前，全国有300多个城市缺水，50多个城市严重供水不足，不得不超采地下水和跨流域、跨地区引水，每年造成直接经济损失达数千亿元。

与此同时，城市雨水作为一种长期被忽视的经济而宝贵的水资源，一直未得到很好的利用，如果将雨水利用思想融入城市规划、水系统规划、环境规划及综合防灾等规划中，以生态示范区为借鉴，创新雨水利用规划理念，进一步完善雨水利用规划的法规、管理政策、尽可能将雨水利用规划由非传统规划改变为法定规划，引导社会认识雨水利用的重要性，加大相关研究和实践的投入，从法律、经济和教育等方面提供保障，创造适合我国雨水利用的技术和艺术，对未来城市健康、可持续的发展具有重要意义。

雨水资源利用将有效缓解水资源的短缺。以青岛为例，青岛是一个严重的缺水型沿海城市，由于水资源的紧张，开源节流势在必行。受温带季风气候和海洋性气候的影响，青岛雨量充沛，如果年降雨量的10%产生径流，则年平均径流量为1.98亿m^3，日均54.2万m^3，这部分径流雨水若被收集利用，将有效缓解青岛水资源的短缺。

雨水资源的利用，可减少雨水工程投资及运行费用，有效避免城市洪涝灾害。随着城市化的快速发展，城市街道、住宅和大型建筑物使城市的不渗透水覆盖的面积不断增加，使得相同的降雨量，城市地区产生的径流量也迅速增加。另一方面市区雨水管道不断完善和延伸及天然河道的改变，使雨水流向排水管网更为迅速，洪峰增大和峰现时间提前，径流过程线的形态与时间尺度都与城市发展以前显著不同，城市水文的这种变化，导致城市雨洪灾害问题日益严重。据统计，全国有 300 多座大中城市存在雨水排泄不畅，引起降雨积水而损失严重的问题。将雨水资源化，利用雨水渗透技术涵养地下水、通过收集处理回用，可以减小雨水径流负荷，减少雨水管道、泵站的设计流量等，从而不但减少了城市雨水管道和泵站的投资及运行费用，而且可避免暴雨时的洪涝灾害。

雨水资源的利用，可从源头上控制径流雨水对水环境的污染。对径流雨水水质特性的调查分析表明，初期径流雨水直接排入水体后会对水体产生严重污染，对于水域狭小，扩散缓慢的水域，彻底改变目前水质较差的状况。而雨水资源的利用，可从源头上控制径流雨水对环境的污染。

雨水资源的利用可有效防止地面沉降和海水倒灌。由于城市化速度加快，城市建筑群增加，下垫面硬质化，排水管网化，降雨发生再分配，原本渗入地下的部分雨水大部分转为地表径流排出，造成城市地下水大幅度减少，另一方面，由于地表水受到越来越严重的污染，人们转向无计划无节制地开采地下水。渗透量的减少与过度开采，导致地下水位下降，地面不断沉降。目前，全国每年超采地下水 80 多亿 m^3，形成了 56 个漏斗区，面积达 8.7 万 km^3，漏斗最深处达 100m，并且 80%的地面沉降分布在沿海地区。由于地面沉降，造成城市重力排污失效；地区防洪、防汛效能降低；城市建设和维护费用剧增；管道、铁路断裂、建筑物开裂，威胁城市建筑的安全；地面高程失真影响防洪、防汛调度，危及城市规划，造成决策失误等。

（1）城镇雨水利用系统规划原则

1）雨水利用要与城市给水工程、污水工程、环境保护、道路交通、管线综合、水系、防洪等专业规划相协调。结合地形条件和环境要求统一规划排水系统和蓄水设施，充分发挥排水系统的社会效益、经济效益和环境效益。

2）积极规划建设雨水收集利用系统，将雨水利用与雨水径流污染控制、城市防洪、生态环境的改善相结合，坚持技术和非技术措施并重，因地制宜，兼顾经济效益、环境效益和社会效益。如对城市区域的建筑物、硬铺装、绿地等的面积和用途进行划分，根据集雨区域的不同，分别进行雨水的收集。

3）在保障雨水排除安全的基础上，开展雨水资源化利用，雨水宜分散收集并就近利用。对初期雨水径流可按照不同的用水等级分别进行简单处理。

（2）城镇雨水利用系统规划目标

雨水利用规划应结合城镇建设、城镇绿化和生态建设、雨水渗蓄工程、防洪工程建设，广泛采用透水铺装、绿地渗蓄、修建蓄水池等措施，在满足防洪要求的前提下，最大限度地将雨水就地截流、利用或补给地下水，增加水源地的供水量；结合城市雨水排放流域，分别提出近期和远期目标，充分利用雨水资源。

（3）城市雨水利用规划方法

1）对城市区域的地质和地理条件进行勘察，应严格保护绿地面积，并采取有利于雨水截流的竖向设计，将贮留池设置在易于积蓄雨水的地方，如保留或设置有调蓄能力的水面、湿地。

2）新区或新城建设要采取有效措施，争取使雨水截流量达到甚至超过现状的截流量。进行城市区域水环境、用水量分析，将调蓄池设置在须改善水环境及用水量较多区域。

3）对城市区域的建筑物、硬铺盖、绿地等的面积和用途进行划分。根据集雨区域的不同，分别进行雨水的收集。切实采取措施减少不透水面积。在新建的人行道、停车场、公园、广场中，地面铺装应采用透水性良好的材料；必须采用不透水铺装的地段，要尽量设置截流渗透设施，减少雨水外排量。

4）绿地等可因地制宜，绿地设置在大型建筑物周围，利用建筑物的排雨管排除的雨水直接浇洒。在公共绿地、小区绿地内及公共供水系统难以提供消防用水的地段，宜设置定容量的雨水采集系统。

5）对于初期雨水径流进行简单的处理，可按照不同的用水等级分别进行处理。

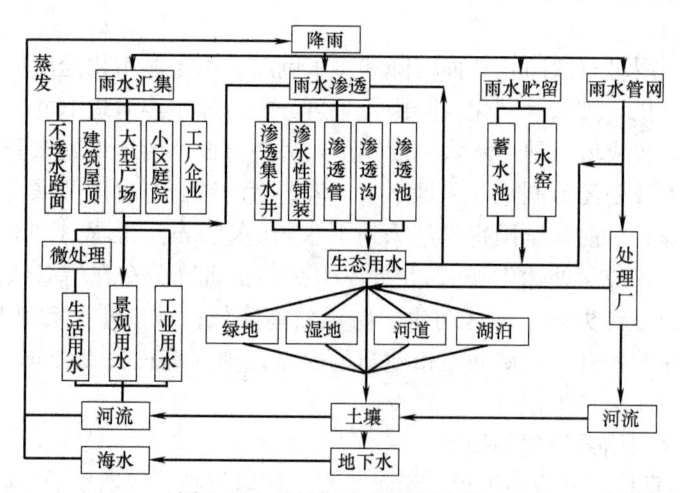

图 1-13　城镇雨水利用概念模型

（4）雨水利用总体规划基本内容

城镇雨水利用应进行系统规划，把整个城镇看做研究对象（图 1-13），采取的方法是先进行产汇流计算，然后进行网格划分，每个网格的可概化为点源，整个系统则成为一个网格系统。网格主要是根据城镇的水文和城镇的地理信息来划分的，主要由流域的分水线构成。

1）了解并掌握区域概况：包括当地的降雨特性、流域汇流特性、水文地质条件、土地利用现状等；

2）结合城市密度分区，划定雨水利用分区；

3）针对土地利用类型，实施分类分级指引；规划设计指引可分为公园、道路、广场、公建、住宅小区、旧村等多种类型，并应综合考虑实施主体、经济成本等因素，因地制宜地选择雨水利用方式；可参考低冲击开发模式；

4）确定雨水调蓄设施规模；

5）规划雨水利用工程；

6）效益分析，如设施截留降雨能力、雨水净化能力等。

习　　题

1. 污水分为几类，其性质特征是什么？
2. 何谓排水系统及排水体制？排水体制分几类，各类的优缺点，选择排水体制的原则是什么？
3. 排水系统主要由哪几部分组成，各部分的用途是什么？
4. 排水系统布置（图 1-11）的几种形式各有什么特点？其适用条件是什么？
5. 工业企业的废水，在什么条件下可以排入城市下水道？
6. 排水工程的规划设计，应考虑哪些问题？
7. 试述排水系统的建设程序和设计阶段。

第2章　污水管道系统的设计

污水管道系统是由收集和输送城市污水的管道及其附属构筑物组成的。它的设计是依据批准的当地城镇（地区）总体规划及排水工程规划进行的。设计的主要内容和深度应按照基本建设程序及有关的设计规定、规程确定。通常，污水管道系统的主要设计内容包括：

（1）设计基础数据（包括设计地区的面积、设计人口数，污水定额，防洪标准等）的确定；

（2）污水管道系统的平面布置；

（3）污水管道设计流量计算和水力计算；

（4）污水管道系统上某些附属构筑物，如污水中途泵站、倒虹管、管桥等的设计计算；

（5）污水管道在街道横断面上位置的确定；

（6）绘制污水管道系统平面图和纵剖面图。

2.1　设计资料的调查及设计方案的确定

2.1.1　设计资料的调查

做好污水管道系统的规划设计必须以可靠的资料为依据。设计人员接受设计任务后，需作一系列的准备工作。一般应先了解、研究设计任务书或批准文件的内容，弄清本工程的范围和要求，然后赴现场踏勘，分析、核实、收集、补充有关的基础资料。进行排水工程（包括污水管道系统）设计时，通常需要有以下几方面的基础资料。

1. 有关明确任务的资料

凡进行城镇（地区）的排水工程新建、改建和扩建工程的设计，一般需要了解与本工程有关的城镇（地区）的总体规划以及道路、交通、给水、排水、电力、电信、防洪、环保、燃气、园林绿化等各项专业工程的规划。这样可进一步明确本工程的设计范围、设计期限、设计人口数；拟用的排水体制；污水处置方式；受纳水体的位置及防治污染的要求；各类污水量定额及其主要水质指标；现有雨水、污水管道系统的走向，排出口位置和高程，存在问题；与给水、电力、电信、燃气等工程管线及其他市政设施可能的交叉；工程投资情况等。

2. 有关自然因素方面的资料

（1）地形图

进行大型排水工程设计时，在初步设计阶段要求有设计地区和周围25～30km范围的总地形图，比例尺为1∶10000～1∶25000，等高线间距1～2m。中小型设计，要求有设计地区总平面图，城镇可采用比例尺1∶5000～1∶10000，等高线间距1～2m；工厂可采用比例尺1：500～1：2000，等高线间距为0.5～2m。在施工图阶段，要求有比例尺1：500～1：2000的街区平面图，等高线间距0.5～1m；设置排水管道的沿线带状地形图，比例尺1：200～1：1000；拟建排水泵站和污水处理厂处，管道穿越河流、铁路等障碍物处的地形图要求更加详细，比例尺通常采用1：100～1：500，等高线间距0.5～1m。另还需排出口附近河床横断面图。

(2) 气象资料

气象资料包括设计地区的气温（平均气温、极端最高气温和最低气温）；风向和风速；降雨量资料或当地的雨量公式；日照情况；空气湿度等。

(3) 水文资料

水文资料包括接纳污水的河流的流量、流速、水位记录，水面比降，洪水情况和河水水温、水质分析化验资料，城市、工业取水及排污情况，河流利用情况及整治规划情况。

(4) 地质资料

地质资料主要包括设计地区的地表组成物质及其承载力；地下水分布及其水位、水质；管道沿线的地质柱状图；当地的地震烈度资料。

3. 有关工程情况的资料

有关工程情况资料包括道路的现状和规划，如道路等级，路面宽度及材料；地面建筑物和地铁、其他地下建筑的位置和高程；给水、排水、电力、电信电缆、燃气等各种地下管线的位置；本地区建筑材料、管道制品、电力供应的情况和价格；建筑、安装单位的等级和装备情况等。

污水管道系统设计所需的资料范围比较广泛，其中有些资料虽然可由建设单位提供，但往往不够完整，个别地方不够准确。为了取得准确、可靠、充分的设计基础资料，设计人员必须到现场进行实地调查踏勘，必要时还应去提供原始资料的气象、水文、勘测等部门查询。将收集到的资料进行整理分析、补充完善。

2.1.2 设计方案的确定

在掌握了较为完整可靠的设计基础资料后，设计人员根据工程的要求和特点，对工程中一些原则性的、涉及面较广的问题提出了不同的解决办法，这样就构成了不同的设计方案。这些方案除满足相同的工程要求外，在技术经济上是互相补充、互相对立的。因此必须对各设计方案深入分析其利弊和产生的各种影响。比如，对城镇（地区）排水工程设计方案的分析中，必然会涉及排水体制的选择问题；接纳工业废水并进行集中处理和处置的可能性问题；污水分散处理或集中处理问题；与给水、防洪等工程协调问题；污水处理程度和污水、污泥处理工艺的选择问题；污水出水口位置与形式选择问题；设计期限的划分与相互衔接的问题等，其涉及面十分广泛且政策性强。又如，对城镇污水管道系统设计方案分析中，会涉及污水管道的布局、走向、长度、断面尺寸、埋设深度、管道材料，与障碍物相交时采用的工程措施，中途泵站的数目与位置等诸多问题。为了使确定的设计方案体现国家有关方针、政策，既技术先进，又切合实际、安全适用，具有良好的环境效益、经济效益和社会效益，对提出的设计方案需进行技术经济比较评价。通常，进行方案比较与评价的步骤和方法是：

1. 建立方案的技术经济数学模型

建立主要技术经济指标与各种技术经济参数、各种参变数之间的函数关系，也就是通常所说的目标函数及相应的约束条件方程。建模的方法普遍采用传统的数理统计法。由于我国的排水工程，尤其是城市污水处理方面的建设欠账多，有关技术经济资料尚不完善，加之地区差异很大，目前国内建立的技术经济数学模型多数采用标准设计法。各地在实际工作中对已建立的数学模型存在应用上的局限性与适用性。当前在缺少合适的数学模型的情况下，可以凭经验选择合适的参数。

2. 解技术经济数学模型

这一过程为优化计算的过程。从技术经济角度讲，首先必须选择有代表意义的主要技术经济指标为评价目标，其次正确选择适宜的技术经济参数，以便在最好的技术经济情况下进行优选。由于实际工程的复杂性，有时解技术经济数学模型并不一定完全依靠数学优化方法，而用各种近似计算方法，如图解法、列表法等。

3. 方案的技术经济比较

根据技术经济评价原则和方法，在同等深度下计算出各方案的工程量、投资以及其他技术经济指标，然后进行各方案的技术经济比较。

排水工程设计方案技术经济比较常用的方法有：逐项对比法、综合比较法、综合评分法、两两对比加权评分法等。

4. 综合评价与决策

在上述分析评价的基础上，对各设计方案的技术经济、方针政策、社会效益、环境效益等作出总的评价与决策，以确定最佳方案。综合评价的项目或指标，应根据工程项目的具体情况确定。

以上所述，进行方案比较与评价的步骤只反映了技术经济分析的一般过程，实际上各步之间有时是相互联系的，有时根据问题的性质或者受条件限制时，不一定非要依次逐步进行，而是可以适当省略或者是采取其他办法。比如，可省略建立数学模型与优化计算步骤，根据经验选择适宜的参数。

经过综合比较后所确定的最佳方案即为最终的设计方案。

2.2 污水设计流量的确定

污水管道及其附属构筑物能保证通过的污水最大流量称为污水设计流量。进行污水管道系统设计时常采用最大日最大时流量为设计流量，其单位为“L/s”。合理确定设计流量是污水管道系统设计的主要内容之一，也是做好设计的关键。污水设计流量包括生活污水和工业废水两大类，现分述于下。

2.2.1 综合生活污水设计流量

综合生活污水设计流量按下式计算：

$$Q_d=\frac{n \cdot N \cdot K_z}{24 \times 3600} \tag{2-1}$$

式中 Q_d——设计综合生活污水流量（L/s）；

n——居民生活污水定额（L/(人·d)）；

N——设计人口数；

K_z——生活污水量总变化系数。

（1）生活污水定额

生活污水定额可参考居民生活用水定额或综合生活用水定额。

1）居民生活污水定额

居民每人每天日常生活中洗涤、冲厕、洗澡等产生的污水量（L/(人·d)）。

2）综合生活污水定额

居民生活污水和公共设施（包括娱乐场所、宾馆、浴室、商业网点、学校和机关办公室等地方）产生的污水两部分的总和。

居民生活污水定额和综合生活污水定额应根据当地采用的用水定额，结合建筑内部给排水设施水平和排水系统普及程度等因素确定。在按用水定额确定污水定额时，对给排水系统完善的地区可按用水定额的90%计，一般地区可按用水定额的80%计。设计中可根据当地用水定额确定污水定额。若当地缺少实际用水定额资料时，可根据《室外给水设计规范》GB 50013—2006规定的居民生活用水定额（平均日）和综合生活用水定额（平均日）（见附录2-1），结合当地的实际情况选用。然后根据当地建筑内部给排水设施水平和给排水系统完善程度确定居民生活污水定额和综合生活污水定额。

（2）设计人口

指污水排水系统设计期限终期的规划人口数，是计算污水设计流量的基本数据。该值是由城镇（地区）的总体规划确定的。由于城镇性质或规模不同，城市工业、仓储、交通运输、生活居住用地分别占城镇总用地的比例和指标有所不同。因此，在计算污水管道服务的设计人口时，常用人口密度与服务面积相乘得到。

人口密度表示人口分布的情况，是指住在单位面积上的人口数，以“人/hm^2”表示。若人口密度所用的地区面积包括街道、公园、运动场、水体等在内时，该人口密度称做总人口密度。若所用的面积只是街区内的建筑面积时，该人口密度称做街区人口密度。在规划或初步设计时，计算污水量是根据总人口密度计算。而在技术设计或施工图设计时，一般采用街区人口密度计算。

（3）总变化系数（peaking factor）

由于生活污水定额是平均值，因此根据设计人口和生活污水定额计算所得的是污水平均流量。而实际上流入污水管道的污水量时刻都在变化。夏季与冬季污水量不同。一日中，日间和晚间的污水量不同，日间各小时的污水量也有很大的差异。一般说来，居住区的污水量在凌晨几个小时最小，上午6点～8点和下午5点～8点流量较大。就是在一小时内，污水量也是有变化的，但这个变化比较小，通常假定一小时过程中流入污水管道的污水是均匀的。这种假定，一般不影响污水排水系统设计和运转的合理性。

污水量的变化程度通常用变化系数表示。变化系数分日、时及总变化系数。

一年中最大日污水量与平均日污水量的比值称为日变化系数（K_d）。

最大日中最大时污水量与最大日平均时污水量的比值称为时变化系数（K_h）。

最大日最大时污水量与平均日平均时污水量的比值称为总变化系数（K_z）。显然

$$K_z = K_d \cdot K_h$$

通常，污水管道的设计断面系根据最大日最大时污水流量确定，因此需要求出总变化系数。然而一般城市缺乏日变化系数和时变化系数的数据，要直接采用上式求总变化系数有困难。实际上，污水流量的变化情况随着人口数和污水定额的变化而定。若污水定额一

定，流量变化幅度随人口数增加而减小；若人口数一定，则流量变化幅度随污水定额增加而减小。因此，在采用同一污水定额的地区，上游管道由于服务人口少，管道中出现的最大流量与平均流量的比值较大。而在下游管道中，服务人口多，来自各排水地区的污水由于流行时间不同，高峰流量得到削减，最大流量与平均流量的比值较小，流量变化幅度小于上游管道。也就是说，总变化系数与平均流量之间有一定的关系，平均流量愈大，总变化系数愈小。表 2-1 是我国《室外排水设计规范》GB 50014—2006（2014 年版）采用的居住区生活污水量总变化系数值。

生活污水量总变化系数 **表 2-1**

污水平均日流量(L/s)	5	15	40	70	100	200	500	≥1000
总变化系数(K_z)	2.3	2.0	1.8	1.7	1.6	1.5	1.4	1.3

注：1. 当污水平均日流量为中间数值时，总变化系数用内插法求得。
2. 当居住区有实际生活污水量变化资料时，可按实际数据采用。

综合生活污水量总变化系数可根据当地实际综合生活污水量变化资料确定。无测定资料时，可按表 2-1 的规定取值。新建分流制排水系统的地区，宜提高综合生活污水量总变化系数；既有地区可结合城区和排水系统改建工程，提高综合生活污水量总弯化系数。

我国现行综合生活污水量总变化系数参考了全国各地 51 座污水处理厂总变化系数取值资料，按照污水平均日流量数值而制定。国外大多按照人口总数来确定综合生活污水量总变化系数，并设定最小值。例如，日本采用 Babbitt 公式，即 $K=5/(P/1000)\ 0.2$（P 为人口总数，下同），规定中等规模以上的城市，K 值取 1.3～1.8，小规模城市 K 值取 1.5 以上，也有超过 2.0 以上的情况；美国十州标准（Ten States Standards）采用 Baumann 公式确定综合生活污水量总变化系数，即 $K=1+14/[4+(P/1000)]\times0.5$，当人口总数超过 10 万时，$K$ 值取最小值 2.0；美国加利福尼亚州采用类似 Babbitt 公式，即 $K=5.453/P0.0963$，当人口总数超过 10 万时，K 值取最小值 1.8。与发达国家相比较，我国目前的综合生活污水量总变化系数取值偏低。本次修订提出，为有效控制降雨初期的雨水污染，针对新建分流制地区，应根据排水总体规划，参照国外先进和有效的标准，宜适当提高综合生活污水量总变化系数；既有地区，根据当地排水系统的实际改建需要，综合生活污水量总变化系数也可适当提高。

居住区生活污水量总变化系数值也可按综合分析得出的总变化系数与平均流量间的关系式求得，即

$$K_z=\frac{2.7}{Q^{0.11}} \tag{2-2}$$

式中 Q——平均日平均时污水流量（L/s）。当 $Q<5$L/s 时，$K_z=2.3$；$Q>1000$L/s 时，$K_z=1.3$。

2.2.2 设计工业废水量

包括工业企业生活污水量及淋浴污水和工业生产废水量两部分之和，即

$$Q_m=Q_{21}+Q_{22}$$

式中 Q_m——设计工业废水量（L/s）

1）工业企业生活污水及淋浴污水的设计流量按下式计算：

$$Q_{21}=\frac{A_1B_1K_1+A_2B_2K_2}{3600T}+\frac{C_1D_1+C_2D_2}{3600} \tag{2-3}$$

式中　Q_{21}——工业企业生活污水及淋浴污水设计流量（L/s）；

A_1——一般车间最大班职工人数（人）；

A_2——热车间最大班职工人数（人）；

B_1——一般车间职工生活污水定额，以 25（L/(人·班)）计；

B_2——热车间职工生活污水定额，以 35（L/(人·班)）计；

K_1——一般车间生活污水量时变化系数，以 3.0 计；

K_2——热车间生活污水量时变化系数，以 2.5 计；

C_1——一般车间最大班使用淋浴的职工人数（人）；

C_2——热车间最大班使用淋浴的职工人数（人）；

D_1——一般车间的淋浴污水定额，以 40（L/(人·班)）计；

D_2——高温、污染严重车间的淋浴污水定额，以 60（L/(人·班)）计；

T——每班工作时数（h）。

淋浴时间以 60min 计。

2）工业生产废水设计流量

工业生产废水设计流量按下式计算：

$$Q_{22}=\frac{m\cdot M\cdot K_z}{3600T} \tag{2-4}$$

式中　Q_{22}——工业废水设计流量（L/s）；

m——生产过程中每单位产品的废水量（L/单位产品）；

M——产品的平均日产量；

T——每日生产时数（h）；

K_z——总变化系数。

生产单位产品或加工单位数量原料所排出的平均废水量，也称做生产过程中单位产品的废水量定额。工业企业的工业废水量随各行业类型、采用的原材料、生产工艺特点和管理水平等有很大差异。近年来，随着国家对水资源开发利用和保护的日益重视，有关部门正在制定各工业的工业用水量等规定，排水工程设计时应与之协调。《污水综合排放标准》GB 8978—1996 对矿山工业、焦化企业（煤气厂）、有色金属冶炼及金属加工、石油炼制工业、合成洗涤剂工业、合成脂肪酸工业、湿法生产纤维板工业、制糖工业、皮革工业、发酵、酿造工业、铬盐工业、硫酸工业（水洗法）、苎麻脱胶工业、粘胶纤维工业（单纯纤维）、铁路货车洗刷、电影洗片、石油沥青工业等部分行业规定了最高允许排水量或最低允许水重复利用率。在排水工程设计时，可根据工业企业的类别，生产工艺特点等情况，按有关规定选用工业废水量定额。

在不同的工业企业中，工业废水的排出情况很不一致。某些工厂的工业废水是均匀排出的，但很多工厂废水排出情况变化很大，甚至一些个别车间的废水也可能在短时间内一次排放。因而工业废水量的变化取决于工厂的性质和生产工艺过程。工业废水量的日变化一般较少，其日变化系数为 1。时变化系数可实测，表 2-2 列出某印染厂废水量最大一天中各小时流量的实测值。

从实测资料看出，最大时废水流量为 412.28m^3，发生在 8～9h。变化系数 $K_h=\frac{412.28}{263.81}=1.57$。

以时间为横坐标，各小时流量占总流量的百分数为纵坐标，用表 2-2 的数据绘制成废水流量变化图，如图 2-1 所示。

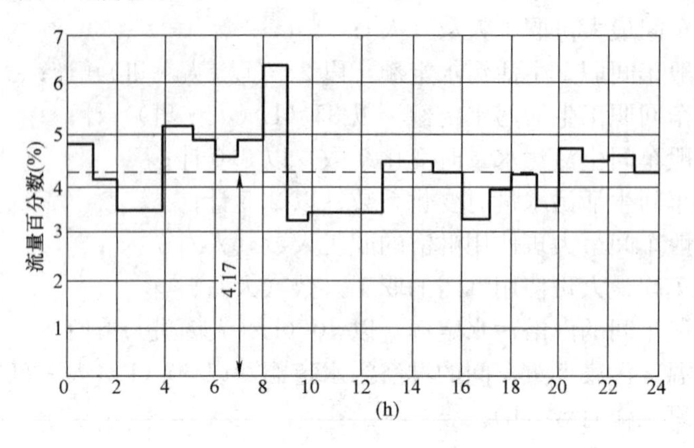

图 2-1 某印染厂废水流量变化

各小时废水流量的实测值 **表 2-2**

流量(m^3) 时间(h)	排出口			总出口	
	1号	2号	3号	流量(m^3)	%
0～1	114.64	182.05	5.86	302.55	4.80
1～2	75.57	173.62	5.41	254.60	4.02
2～3	40.35	165.45	12.25	218.05	3.46
3～4	43.92	165.45	10.62	219.99	3.48
4～5	135.04	190.70	9.12	334.86	5.26
5～6	64.57	237.64	6.53	308.74	4.86
6～7	121.23	157.50	7.77	286.50	4.50
7～8	121.23	182.05	7.77	311.05	4.90
8～9	157.50	247.77	7.01	412.28	6.50
9～10	45.24	147.79	6.48	201.11	3.18
10～11	40.35	160.70	5.41	206.46	3.27
11～12	41.05	160.70	5.41	207.16	3.28
12～13	36.99	163.84	5.41	206.24	3.26
13～14	45.39	227.76	6.53	279.68	4.40
14～15	69.28	199.60	5.41	274.29	4.34
15～16	20.14	239.84	6.08	266.06	4.20
16～17	30.17	157.50	6.53	194.74	3.07
17～18	85.72	149.79	9.12	244.63	3.87
18～19	79.56	173.62	7.77	260.95	4.14
19～20	60.06	157.50	6.53	224.09	3.56
20～21	74.20	218.29	7.77	300.26	4.76
21～22	74.20	190.70	9.12	274.02	4.35
22～23	55.74	218.29	8.55	282.58	4.44
23～24	45.39	208.74	6.53	260.66	4.12
合计	1678.07	4478.89	174.59	6331.55	100.00
平均	69.92	186.62	7.27	263.81	4.17

某些工业废水量的时变化系数大致如下，可供参考用：

冶金工业 1.0～1.1；化学工业 1.3～1.5；纺织工业 1.5～2.0；食品工业 1.5～2.0；皮革工业 1.5～2.0；造纸工业 1.3～1.8。

2.2.3　地下水渗入量

在地下水位较高地区，因当地土质、管道及接口材料，施工质量等因素的影响，一般均存在地下水渗入现象，设计污水管道系统时宜适当考虑地下水渗入量。地下水渗入量 Q_u 一般以单位管道延长米或单位服务面积公顷计算。日本规程（指针）规定采用经验数据：每人每日最大污水量的 10％～20％。

2.2.4　城市污水设计总流量计算

城市排水系统的设计规模应根据排水系统的规划和普及程度合理确定。

城市污水总的设计流量是综合生活污水、设计工业废水量二部分之和。在地下水位较高地区，还应加入地下水渗入量。因此，城市污水设计总流量在旱季时，污水设计流量为：

$$Q_{dr}=Q_d+Q_m$$

当地下水位较高时：

$$Q=Q_d+Q_m+Q_u \tag{2-5}$$

式中　Q_u——入渗地下水量（L/s）。

上述求污水总设计流量的方法，是假定排出的各种污水，都在同一时间内出现最大流量的。污水管道设计是采用这种简单累加法来计算流量的。但在设计污水泵站和污水处理厂时，如果也采用各项污水最大时流量之和作为设计依据，将不经济。因为各种污水最大时流量同时发生的可能性较少，各种污水流量汇合时，可能互相调节，而使流量高峰降低。因此，为了正确地、合理地决定污水泵站和污水处理厂各处理构筑物的最大污水设计流量，就必须考虑各种污水流量的逐时变化。即知道一天中各种污水每小时的流量，然后将相同小时的各种流量相加，求出一日中流量的逐时变化，取最大时流量作为总设计流量。按这种综合流量计算法求得的最大污水量，作为污水泵站和污水处理厂处理构筑物的设计流量，是比较经济合理的。但往往由于缺乏污水量逐时变化资料而不便采用。

当设计污水管道系统时，应分别列表计算各居民生活污水、工业废水设计流量，然后得出污水设计流量综合表。某城镇生活污水、生产污水、工厂内生活污水及淋浴污水设计流量的计算及城镇污水总流量的综合计算见表 2-3～表 2-6。

城镇居住区生活污水设计流量计算表　　　　**表 2-3**

居住区名称	排水流域编号	居住区面积 (hm^2)②	人口密度 (人/hm^2)	居民人数 (人)	生活污水定额 (L/(人·d))	平均污水量			总变化系数 (K_z)	设计流量	
						(m^3/d)	(m^3/h)	(L/s)		(m^3/h)	(L/s)
旧城区	Ⅰ	61.49	520	31964	100	3196.4	133.18	37	1.81	241.06	66.97
文教区	Ⅱ	41.19	440	18436	140	2581.04	107.54	29.87	1.86	200.02	55.56
工业区	Ⅲ	52.85	480	25363	120	3044.16	126.84	35.23	1.82	231.08	64.19
合计	—	155.51	—	75768	—	8821.60	367.56	102.10	1.62	595.44①	165.40①

① 此两项合计数字不是直接总计，而是合计平均流量与相对应的总变化系数的乘积。

② $1hm^2=10000m^2$。

城镇中生产污水设计流量计算表 **表 2-4**

工厂名称	班数	各班时数(h)	单位产品(lt)	日产量(t)	单位产品废水量(m^3/t)	平均流量			总变化系数	设计流量	
						(m^3/d)	(m^3/h)	(L/s)		(m^3/h)	(L/s)
酿酒厂	3	8	酒	15	18.6	279	11.63	3.23	3	34.89	9.69
肉类加工厂	3	8	牲畜	162	15	2430	101.25	28.13	1.7	172.13	47.82
造纸厂	3	8	白纸	12	150	1800	75	20.83	1.45	108.75	30.20
皮革厂	3	8	皮革	34	75	2550	106.25	29.51	1.4	148.75	41.31
印染厂	3	8	布	36	150	5400	225	62.5	1.42	319.5	88.75
合计						12459	519.13	144.2	—	784.02	217.77

城镇污水总流量综合表 **表 2-5**

排水工程对象	平均日污水流量(m^3/d)		最大时污水流量(m^3/h)		设计流量(L/s)	
	生活污水	进入城镇污水管道的生产污水	生活污水	进入城镇污水管道的生产污水	生活污水	进入城镇污水管道的生产污水
居住区	8821.60	—	595.44	—	165.40	—
工厂	368.90	12459	87.49	784.02	24.26	217.77
合计	9190.50	12459	682.93	784.02	189.66	217.77
总计	Q_{vd}=21649.5		Q_{maxh}=1466.95		Q_{maxs}=407.43	

注：Q_{vd}——平均日流量，Q_{maxh}——最大时流量，Q_{maxs}——最大平均流量。

各工厂生活污水及淋浴污水设计流量计算表 **表 2-6**

车间名称	班数	每班时数(h)	生活污水								淋浴污水						合计		
			职工人数		污水量标准	日流量	最大班流量	时变化系数	最大时流量	最大秒流量	使用淋浴的职工人数		污水量标准	日流量	最大时流量	最大秒流量	日流量	最大时流量	最大秒流量
			日(人)	最大班(人)	(L)	(m^3)	(m^3)	(K_h)	(m^3)	(L)	日(人)	最大班(人)	(L)	(m^3)	(m^3)	(L)	(m^3)	(m^3)	(L)
酿酒厂	3	8	418	156	35	14.63	5.46	2.5	1.71	0.47	292	109	60	17.52	6.54	1.82	32.15	8.25	2.29
			256	108	25	6.40	2.70	3.0	1.01	0.28	89	38	40	3.56	1.52	0.42	9.96	2.53	0.70
肉类加工厂	3	8	520	168	35	18.20	5.88	2.5	1.84	0.51	364	116	60	21.84	6.96	1.93	40.04	8.8	2.49
			234	92	25	5.85	2.33	3.0	0.87	0.24	90	35	40	3.6	1.40	0.39	11.94	2.27	0.63
造纸厂	3	8	440	150	35	15.40	5.25	2.5	1.64	0.46	300	105	60	18.00	6.30	1.75	33.40	7.94	2.21
			422	145	25	10.55	3.63	3.0	1.36	0.38	148	50	40	5.92	2.00	0.56	16.47	3.36	0.94
皮革厂	3	8	792	274	35	27.72	9.50	2.5	2.99	0.83	440	156	60	26.40	9.36	2.6	54.12	12.35	3.43
			864	324	25	21.60	8.10	3.0	3.04	0.84	372	80	40	14.88	3.20	0.89	36.48	6.24	1.64
印染厂	3	8	1330	450	35	46.55	15.75	2.5	4.92	1.37	930	315	60	55.80	18.9	5.25	102.35	23.82	6.62
			1390	470	25	9.75	11.75	3.0	4.41	1.22	556	188	40	22.24	7.52	2.09	31.99	11.93	3.31
合计	—	—	—	—	—	176.65	70.44	—	23.79	6.6	—	—	—	189.76	63.7	17.7	368.9	87.49	24.26

2.3 污水管道的水力计算

2.3.1 污水管道中污水流动的特点

污水由支管流入干管，由干管流入主干管，由主干管流入污水处理厂，管道由小到大，分布类似河流，呈树枝状，与给水管网的环流贯通情况完全不同。污水在管道中一般是靠管道两端的水面高差从高向低处流动。在大多数情况，管道内部是不承受压力的，即靠重力流动。

流入污水管道的污水中含有一定数量的有机物和无机物，其中相对密度小的漂浮在水面并随污水漂流；相对密度较大的分布在水流断面上并呈悬浮状态流动；相对密度最大的沿着管底移动或淤积在管壁上。这种情况与清水的流动略有不同。但总的说来，污水中水分一般在99%以上，所含悬浮物质的比例极少，因此可假定污水的流动按照一般液体流动的规律，并假定管道内水流是均匀流。

但在污水管道中实测流速的结果表明管内的流速是有变化的。这主要是因为管道中水流流经转弯、交叉、变径、变坡、跌水等地点时水流状态发生改变，流速也就不断变化，可能流量也在变化，因此在上述条件下污水管道内水流不是均匀流。但在除上述情况外的直线管段上，当流量没有很大变化又无沉淀物时，管内污水的水力要素（速度、压强、密度等）均不随时间变化，可视为恒定流（Steady flow），且管道的断面形状、尺寸不变，流线为相互平行的直线，其流动状态可视为均匀流（Uniform flow）。如果在设计与施工中，注意改善管道的水力条件，则可使管内水流尽可能接近均匀流。

2.3.2　水力计算的基本公式

污水管道水力计算的目的，在于合理地、经济地选择管道断面尺寸、坡度和埋深。由于这种计算是根据水力学规律，所以称做管道的水力计算。根据前面所述，如果在设计与施工中注意改善管道的水力条件，可使管内污水的流动状态尽可能地接近均匀流（图2-2），以及变速流公式计算的复杂性和污水流动的变化不定，即使采用变速流公式计算也很难保证精确。因此，为了简化计算工作，目前在排水管道的水力计算中仍采用均匀流公式。在恒定流条件下，排水管渠有压或无压均匀流公式为：

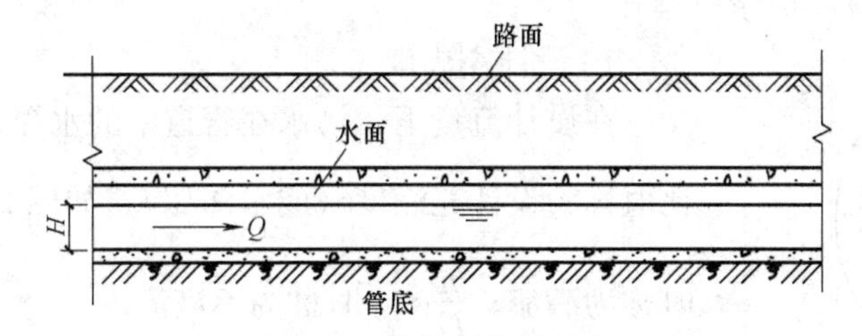

图2-2　均匀流管段示意

流量公式

$$Q=A \cdot v \tag{2-6}$$

流速公式

$$v=C \cdot \sqrt{R \cdot I} \tag{2-7}$$

式中　Q——流量（m^3/s）；

A——过水断面面积（m^2）；

v——流速（m/s）；

R——水力半径（过水断面面积与湿周的比值）(m)；

I——水力坡度（等于水面坡度，也等于管底坡度）；

C——流速系数或称谢才系数。

C 值一般按曼宁公式计算，即：

$$C=\frac{1}{n}\cdot R^{\frac{1}{6}} \tag{2-8}$$

将公式（2-8）代入式（2-7）和式（2-6），得：

$$v=\frac{1}{n}\cdot R^{\frac{2}{3}}\cdot I^{\frac{1}{2}} \tag{2-9}$$

$$Q=\frac{1}{n}\cdot A\cdot R^{\frac{2}{3}}\cdot I^{\frac{1}{2}} \tag{2-10}$$

式中　n——管壁粗糙系数。该值根据管渠材料而定，见表 2-7。

排水管渠粗糙系数表　　**表 2-7**

管 渠 种 类	n 值
UPVC 管、PE 管、玻璃钢管	0.009～0.011
混凝土和钢筋混凝土管、水泥砂浆抹面渠道	0.013～0.014
石棉水泥管、钢管	0.012
浆砌砖渠道	0.015
浆砌块石渠道	0.017
干砌块石渠道	0.020～0.025
土明渠(带或不带草皮)	0.025～0.030

2.3.3　污水管道水力计算的设计数据

从水力计算公式（2-6）和式（2-7）可知，设计流量与设计流速及过水断面积有关，而流速则是管壁粗糙系数、水力半径和水力坡度的函数。为了保证污水管道的正常运行，在《室外排水设计规范》（GB 50014—2006）（2014 年版）中对这些因素作了规定，在污水管道进行水力计算时应予以遵守。

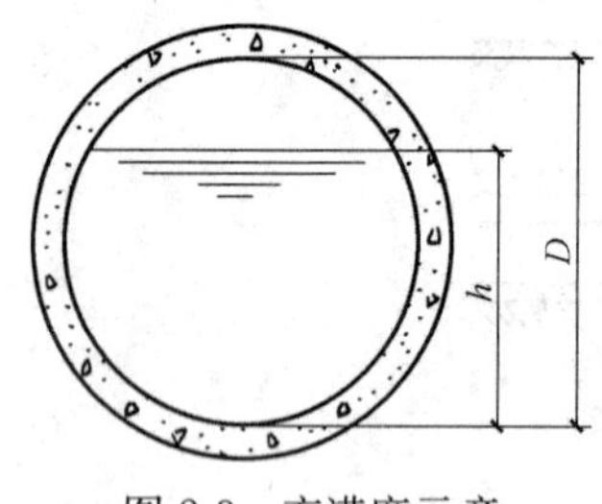

图 2-3　充满度示意

1. 设计充满度

在设计流量下，污水在管道中的水深 h 和管道直径 D 的比值称为设计充满度（或水深比），如图 2-3 所示。当 $\frac{h}{D}=1$ 时称为满流；$\frac{h}{D}<1$ 时称为不满流。

污水管道的设计有按满流和不满流两种方法。我国按不满流进行设计，其最大设计充满度的规定见表 2-8。

最大设计充满度　　**表 2-8**

管径 D 或暗渠高 H(mm)	最大设计充满度 $\left(\frac{h}{D}或\frac{h}{H}\right)$
200～300	0.55
350～450	0.65
500～900	0.70
≥1000	0.75

在计算污水管道充满度时，不包括淋浴或短时间内突然增加的污水量，但当管径小于或等于 300mm 时，应按满流复核。这样规定的原因是：

（1）污水流量时刻在变化，很难精确计算，而且雨水或地下水可能通过检查井盖或管道接口渗入污水管道。因此，有必要保留一部分管道断面，为未预见水量的增长留有余地，避免污水溢出妨碍环境卫生。

（2）污水管道内沉积的污泥可能分解析出一些有害气体。此外，污水中如含有汽油、苯、石油等易燃液体时，可能形成爆炸性气体。故需留出适当的空间，以利管道的通风，排除有害气体，对防止管道爆炸有良好效果。

（3）便于管道的疏通和维护管理。

2. 设计流速

和设计流量、设计充满度相应的水流平均速度叫做设计流速。污水在管内流动缓慢时，污水中所含杂质可能下沉，产生淤积；当污水流速增大时，可能产生冲刷现象，甚至损坏管道。为了防止管道中产生淤积或冲刷，设计流速不宜过小或过大，应在最大和最小设计流速范围之内。

最小设计流速是保证管道内不致发生淤积的流速。这一最低的限值与污水中所含悬浮物的成分和粒度有关；与管道的水力半径，管壁的粗糙系数有关。从实际运行情况看，流速是防止管道中污水所含悬浮物沉淀的重要因素，但不是唯一的因素。引起污水中悬浮物沉淀的决定因素是充满度，即水深。一般小管道水量变化大，水深变小时就容易产生沉淀。大管道水量大、动量大，水深变化小，不易产生沉淀。因此不需要按管径大小分别规定最小设计流速。根据国内污水管道实际运行情况的观测数据并参考国外经验，污水管道的最小设计流速定为0.6m/s。含有金属、矿物固体或重油杂质的生产污水管道，其最小设计流速宜适当加大，其值要根据试验或运行经验确定。

最大设计流速是保证管道不被冲刷损坏的流速。该值与管道材料有关，通常，金属管道的最大设计流速为10m/s，非金属管道的最大设计流速为5m/s。

3. 最小管径

一般在污水管道系统的上游部分，设计污水流量很小，若根据流量计算，则管径会很小。根据养护经验证明，管径过小极易堵塞，比如150mm支管的堵塞次数，有时达到200mm支管堵塞次数的两倍，使养护管道的费用增加。而200mm与150mm管道在同样埋深下，施工费用相差不多。此外，因采用较大的管径，可选用较小的坡度，使管道埋深减小。因此，为了养护工作的方便，常规定一个允许的最小管径。在街区和厂区内最小管径为200mm，在街道下为300mm。在进行管道水力计算时，上游管段由于服务的排水面积小，因而设计流量小，按此流量计算得出的管径小于最小管径，此时就采用最小管径值。因此，一般可根据最小管径在最小设计流速和最大充满度情况下能通过的最大流量值，从而进一步估算出设计管段服务的排水面积。若设计管段服务的排水面积小于此值，即直接采用最小管径和相应的最小坡度而不再进行水力计算。这种管段称为不计算管段。在这些管段中，当有适当的冲洗水源时，可考虑设置冲洗井。

4. 最小设计坡度

在污水管道系统设计时，通常使管道埋设坡度与设计地区的地面坡度基本一致，但管道坡度造成的流速应等于或大于最小设计流速，以防止管道内产生沉淀。这一点在地势平坦或管道走向与地面坡度相反时尤为重要。因此，将相应于管内流速为最小设计流速时的管道坡度叫做最小设计坡度。

从水力计算公式（2-9）看出，设计坡度与设计流速的平方成正比，与水力半径的2/

3 次方成反比。由于水力半径是过水断面积与湿周的比值，因此不同管径的污水管道应有不同的最小坡度。管径相同的管道，因充满度不同，其最小坡度也不同。当在给定设计充满度条件下，管径越大，相应的最小设计坡度值也就越小。所以只需规定最小管径的最小设计坡度值即可。如管径为 300mm 时最小设计坡度：塑料管为 0.002，其他管材为 0.003。

在给定管径和坡度的圆形管道中，满流与半满流运行时的流速是相等的，处于满流与半满流之间的理论流速则略大一些，而随着水深降至半满流以下，则其流速逐渐下降，详见表 2-9。故在确定最小管径的最小坡度时采用的设计充满度为 0.5。

圆形管道的承力因素 **表 2-9**

充满度	面积	水力半径		流速	流量
h/D	ω'/ω	R'/R	$(R'/R)^{\frac{1}{2}}$	v'/v	Q'/Q
1.00	1.000	1.000	1.000	1.000	1.000
0.90	0.949	1.190	1.030	1.123	1.065
0.80	0.856	1.214	1.033	1.139	0.976
0.70	0.746	1.183	1.029	1.119	0.835
0.60	0.625	1.110	1.018	1.072	0.671
0.50	0.500	1.000	1.000	1.000	0.500
0.40	0.374	0.856	0.974	0.902	0.337
0.30	0.253	0.635	0.939	0.777	0.196
0.20	0.144	0.485	0.886	0.618	0.080
0.10	0.052	0.255	0.796	0.403	0.021

2.3.4 污水管道的埋设深度

通常，污水管网占污水工程总投资的 50%～75%，而构成污水管道造价的挖填沟槽，沟槽支撑，湿土排水，管道基础，管道铺设各部分的比例，与管道的埋设深度及开槽支撑方式有很大关系。在实际工程中，同一直径的管道，采用的管材、接口和基础形式均相同，因其埋设深度不同，管道单位长度的工程费用相差较大。因此，合理地确定管道埋深对于降低工程造价是十分重要的。在土质较差、地下水位较高的地区，若能设法减小管道埋深，对于降低工程造价尤为明显。

管道埋设深度有两个意义：

(1) 覆土厚度——指管道外壁顶部到地面的距离（图 2-4）；

(2) 埋设深度——指管道内壁底到地面的距离（图 2-4）。

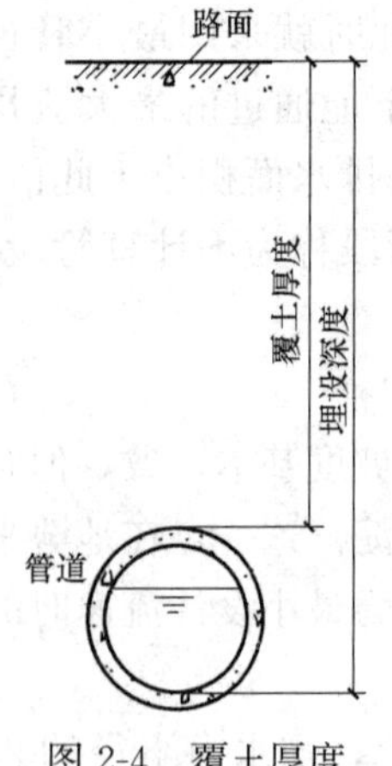

图 2-4 覆土厚度

这两个数值都能说明管道的埋深情况。为了降低造价，缩短施工期，管道埋设深度愈小愈好。但覆土厚度应有一个最小的限值，否则就不能满足技术上的要求。这个最小限值称为最小覆土厚度。

污水管道的最小覆土厚度，一般应满足下述三个因素的要求。

1. 必须防止管道内污水冰冻和因土壤冻胀而损坏管道

我国东北、西北、华北及内蒙古的部分地区气候比较寒冷，属于季节性冻土区。土壤冰冻深主要受气温和冻结期长短的影响，如海拉尔区最低气温−28.5℃，土壤冰冻深达 3.2m。当然，同一城市又会因地面覆盖的土壤种类不同以及阳面还是阴面、市区还是郊区的不同，冰冻深也会有所差别。

冰冻层内污水管道埋设深度或覆土厚度，应根据流量、水温、水流情况和敷设位置等因素确定。由于污水水温较高，即使在冬季，污水温度也不会低于4℃。比如，根据东北几个寒冷城市冬季污水管道情况的调查资料，满洲里市、齐齐哈尔市、哈尔滨市的出产污水管水温，经多年实测在4～15℃之间。齐齐哈尔市的街道污水管水温平均为5℃，一些测点的水温高达8～9℃。最寒冷的满州里市和海拉尔区的污水管道出口水温，在一月份实测为7～9℃。此外，污水管道按一定的坡度敷设，管内污水具有一定的流速，经常保持一定的流量不断地流动。因此，污水在管道内是不会冰冻的，管道周围的泥土也不冰冻。因此没有必要把整个污水管道都埋在土壤冰冻线以下。但如果将管道全部埋在冰冻线以上，则会因土壤冰冻膨胀可能损坏管道基础，从而损坏管道。

据国内有关地区经验，无保温措施的生活污水管道或水温与生活污水接近的工业废水管道，管底可埋设在冰冻线以上0.15m。有保温措施或水温较高的管道，管底在冰冻线以上的距离可以加大，其数值应根据该地区或条件相似地区的经验确定。

2. 必须防止管壁因地面荷载而受到破坏

埋设在地面下的污水管道承受着覆盖其上的土壤静荷载和地面上车辆运行产生的动荷载。为了防止管道因外部荷载影响而损坏，首先要注意管材质量，另外必须保证管道有一定的覆土厚度。因为车辆运行对管道产生的动荷载，其垂直压力随着深度增加而向管道两侧传递，最后只有一部分集中的轮压力传递到地下管道上。从这一因素考虑并结合各地埋管经验，车行道下污水管最小覆土厚度不宜小于0.7m。非车行道下的污水管道若能满足管道衔接的要求以及无动荷载的影响，其最小覆土厚度值也可适当减小。

3. 必须满足街区污水连接管衔接的要求

城市住宅、公共建筑内产生的污水要能顺畅排入街道污水管网，就必须保证街道污水管网起点的埋深大于或等于街区污水管终点的埋深。而街区污水管起点的埋深又必须大于或等于建筑物污水出户管的埋深。这对于确定在气候温暖又地势平坦地区街道管网起点的最小埋深或覆土厚度是很重要的因素。从安装技术方面考虑，要使建筑物首层卫生设备的污水能顺利排出，污水出户管的最小埋深一般采用0.5～0.7m，所以街坊污水管道起点最小埋深也应有0.7m。根据街区污水管道起点最小埋深值，可根据图2-5和公式（2-11）式计算出街道管网起点的最小埋设深度。

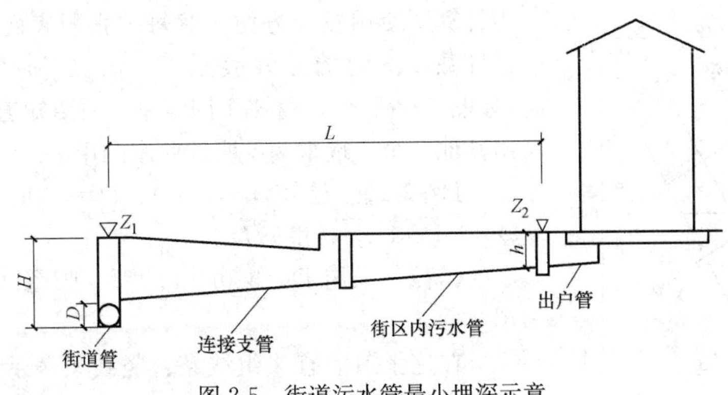

图2-5　街道污水管最小埋深示意

$$H=h+I\cdot L+Z_1-Z_2+\Delta h \qquad (2\text{-}11)$$

式中　H——街道污水管网起点的最小埋深（m）；

h——街区污水管起点的最小埋深（m）；

Z_1——街道污水管起点检查井处地面标高（m）；

Z_2——街区污水管起点检查井处地面标高（m）；

I——街区污水管和连接支管的坡度；

L——街区污水管和连接支管的总长度（m）；

Δh——连接支管与街道污水管的管内底高差（m）。

对每一个具体管道，从上述三个不同的因素出发，可以得到三个不同的管底埋深或管顶覆土厚度值，这三个数值中的最大一个值就是这一管道的允许最小覆土厚度或最小埋设深度。

除考虑管道的最小埋深外，还应考虑最大埋深问题。污水在管道中依靠重力从高处流向低处。当管道的坡度大于地面坡度时，管道的埋深就愈来愈大，尤其在地形平坦的地区更为突出。埋深愈大，则造价愈高，施工期也愈长。管道埋深允许的最大值称为最大允许埋深。该值的确定应根据技术经济指标及施工方法而定，一般在干燥土壤中，最大埋深不超过7～8m；在多水、流砂、石灰岩地层中，一般不超过5m。

2.3.5 污水管道水力计算的方法

在进行污水管道水力计算时，通常污水设计流量为已知值，需要确定管道的断面尺寸和敷设坡度。为使水力计算获得较为满意的结果，必须认真分析设计地区的地形等条件，并充分考虑水力计算设计数据的有关规定，所选择的管道断面尺寸，必须要在规定的设计充满度和设计流速的情况下，能够排泄设计流量。管道坡度应参照地面坡度和最小坡度的规定确定。一方面要使管道尽可能与地面坡度平行敷设，这样可不增大埋深；但同时管道坡度又不能小于最小设计坡度的规定，以免管道内流速达不到最小设计流速而产生淤积；当然也应避免若管道坡度太大而使流速大于最大设计流速，也会导致管壁受冲刷。

在具体计算中，已知设计流量 Q 及管道粗糙系数 n，需要求管径 D、水力半径 R、充满度 h/D、管道坡度 I 和流速 v。在两个方程式（式2-6、式2-9）中，有5个未知数，因此必须先假定3个求其他2个，这样的数学计算极为复杂。为了简化计算，常采用水力计算图（见附录2-2）。

这种将流量、管径、坡度、流速，充满度、粗糙系数各水力因素之间关系绘制成的水力计算图使用较为方便。对每一张图表而言，D 和 n 是已知数，图上的曲线表示 Q、v、I、h/D 之间的关系（如图2-6所示）。这4个因素中，只要知道2个就可以查出其他2个。现举例说明这些图的用法。

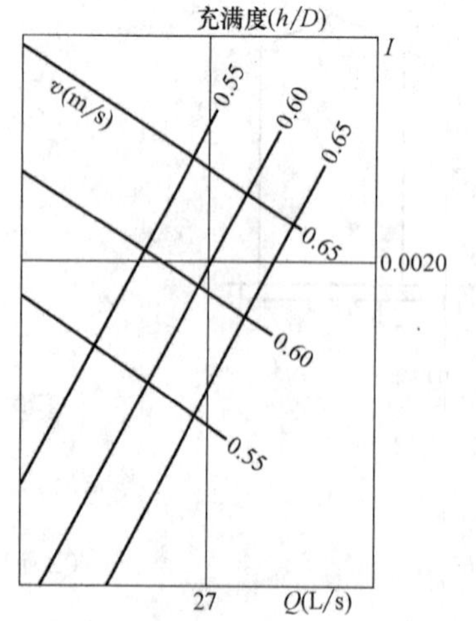

图2-6　水力计算示意图

【例2-1】 已知 $n=0.014$、$D=300\text{mm}$、$I=0.004$、$Q=30\text{L/s}$，求 v 和 h/D。

【解】 采用 $D=300\text{mm}$ 的那一张图（见附录2-2附图3）。

在这张图上有4组线条：竖线条表示流量，横线条表示水力坡度，从左向右下倾的斜线表示流速，从右向左下倾的斜线表示充满度。每条线上的数目字代表相应数量的值。

先在纵轴上找到0.004，从而找出代表 $I=0.004$ 的横线。从横轴上找出代表 Q=30L/s 的那条竖线，两条线相交得一点。这一点落在代表流速 v 为 0.8m/s 与 0.85m/s 两条斜线之间，估计 v=0.82m/s；落在 h/D=0.5 与 0.55 两条斜线之间，估计 h/D=0.52。

【例 2-2】 已知 n=0.014、D=400mm、Q=41L/s、v=0.9m/s，求 I 和 h/D。

【解】 采用 D=400mm 那一张图（附录 2-2 附图 5）。

找出 Q=41L/s 的那条竖线和 v=0.9m/s 的那条斜线。这两线的交点落在代表 I=0.0043 的那条横线上，I=0.0043；落在 h/D=0.35 与 0.4 两条斜线之间，估计 h/D=0.39。

【例 2-3】 已知 n=0.014、Q=32L/s、D=300mm，h/D=0.55，求 v 和 I。

【解】 采用 D=300mm 那一张图（附录 2-2 附图 3）。

在图中找出 Q=32L/s 的那条竖线和 h/D=0.55 的那条斜线。两线相交的交点落在 I=0.0038 那条横线上，I=0.0038；落在 v=0.8m/s 与 0.85m/s 两条斜线之间，估计 v=0.81m/s。

也可采用水力计算表进行计算。表 2-10 为摘录的圆形管道（不满流，n=0.014）D=300mm 水力计算表的部分数据。

每一张表的管径 D 和粗糙系数 n 是已知的，表中 Q、v、h/D、I 4 个因素，知道其中任意 2 个便可求出另外 2 个。

圆形断面 D=300mm **表 2-10**

$\frac{h}{D}$	I‰									
	2.5		3.0		4.0		5.0		6.0	
	Q	v	Q	v	Q	v	Q	v	Q	v
0.10	0.94	0.25	1.03	0.28	1.19	0.32	1.33	0.36	1.45	0.39
0.15	2.18	0.33	2.39	0.36	2.76	0.42	3.09	0.46	3.38	0.51
0.20	3.93	0.39	4.31	0.43	4.97	0.49	5.56	0.55	6.09	0.61
0.25	6.15	0.45	6.74	0.49	7.78	0.56	8.70	0.63	9.53	0.69
0.30	8.79	0.49	9.63	0.54	11.12	0.62	12.43	0.70	13.62	0.76
0.35	11.81	0.54	12.93	0.59	14.93	0.68	16.69	0.75	18.29	0.83
0.40	15.13	0.57	16.57	0.63	19.14	0.72	21.40	0.81	23.44	0.89
0.45	18.70	0.61	20.49	0.66	23.65	0.77	26.45	0.86	28.97	0.94
0.50	22.45	0.64	24.59	0.70	28.39	0.80	31.75	0.90	34.78	0.98
0.55	26.30	0.66	28.81	0.72	33.26	0.84	37.19	0.93	40.74	1.02
0.60	30.16	0.68	33.04	0.75	38.15	0.86	42.66	0.96	46.73	1.06
0.65	33.69	0.70	37.20	0.76	42.96	0.88	48.03	0.99	52.61	1.08
0.70	37.59	0.71	41.18	0.78	47.55	0.90	53.16	1.01	58.23	1.10
0.75	40.94	0.72	44.85	0.79	51.79	0.91	57.90	1.02	63.42	1.12
0.80	43.89	0.72	48.07	0.79	55.51	0.92	62.06	1.02	67.99	1.12
0.85	46.26	0.72	50.68	0.79	58.52	0.91	65.43	1.02	71.67	1.12
0.90	47.85	0.71	52.42	0.78	60.53	0.90	67.67	1.01	74.13	1.11
0.95	48.24	0.70	52.85	0.76	61.02	0.88	68.22	0.98	74.74	1.08
1.00	44.90	0.64	49.18	0.70	56.79	0.80	63.49	0.90	69.55	0.98

2.4 污水管道的设计

2.4.1 确定排水区界，划分排水流域

排水区界是污水排水系统设置的界限。凡是采用完善卫生设备的建筑区都应设置污水管道。它是根据城镇总体规划决定的。

在排水区界内，根据地形及城镇（地区）的竖向规划，划分排水流域。一般在丘陵及地形起伏的地区，可按等高线划出分水线，通常分水线与流域分界线基本一致。在地形平坦无显著分水线的地区，可依据面积的大小划分，使各相邻流域的管道系统能合理分担排水面积，使干管在最大合理埋深情况下，流域内绝大部分污水能以自流方式接入。每一个排水流域往往有1个或1个以上的干管，根据流域地势标明水流方向和污水需要抽升的地区。

某市排水流域划分情况如图2-7所示。该市被河流分隔为4个区域，根据自然地形，可划分为4个独立的排水流域。每个排水流域内有1条或1条以上的污水干管，Ⅰ、Ⅲ两区形成河北排水区，Ⅱ、Ⅳ两区为河南排水区，南北两区污水进入各区污水处理厂，经处理后排入河流。

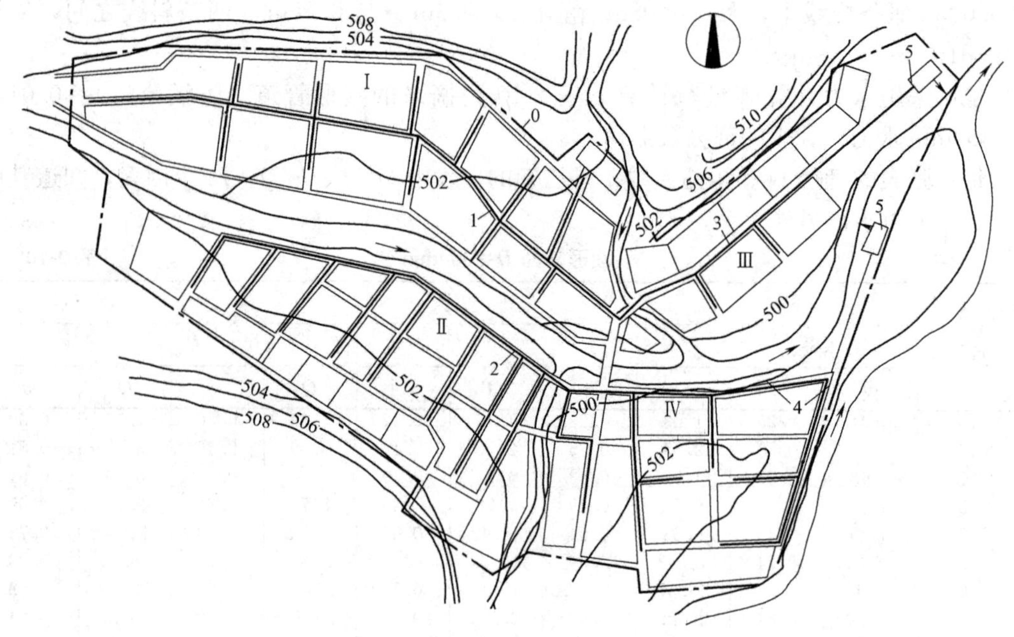

图2-7　某市污水排水系统平面

0—排水区界；Ⅰ、Ⅱ、Ⅲ、Ⅳ—排水流域编号；

1、2、3、4—各排水流域干管；5—污水处理厂

2.4.2 管道定线和平面布置的组合

在城镇（地区）总平面图上确定污水管道的位置和走向，称污水管道系统的定线。正确的定线是合理的、经济地设计污水管道系统的先决条件，是污水管道系统设计的重要环节。管道定线一般按主干管、干管、支管顺序依次进行。定线应遵循的主要原则是：应尽可能地在管线较短和埋深较小的情况下，让最大区域的污水能自流排出。为了实现这一原则，在定线时必须很好地研究各种条件，使拟定的路线能因地制宜地利用其有利因素而避免不利因素。定线时通常考虑的几个因素是：地形和用地布局；排水体制和线路数目；污水处理厂和出水口位置；水文地质条件；道路宽度；地下管线及构筑物的位置；工业企业和产生大量污水的建筑物的分布情况。

在一定条件下，地形一般是影响管道定线的主要因素。定线时应充分利用地形，使管道的走向符合地形趋势，一般宜顺坡排水。在整个排水区域较低的地方，例如集水线或河

岸低处敷设主干管及干管，这样便于支管的污水自流接入，而横支管的坡度尽可能与地面坡度一致。在地形平坦地区，应避免小流量的横支管长距离平行于等高线敷设，让其尽早接入干管。宜使干管与等高线垂直，主干管与等高线平行敷设（如图 1-11*a*）。由于主干管管径较大，保持最小流速所需坡度小，其走向与等高线平行是合理的。当地形倾向河道的坡度很大时，主干管与等高线垂直，干管与等高线平行（如图 1-11*c*），这种布置虽然主干管的坡度较大，但可设置为数不多的跌水井，而使干管的水力条件得到改善。有时，由于地形的原因还可以布置成几个独立的排水系统。例如，由于地形中间隆起而布置成两个排水系统，或由于地面高程有较大差异而布置成高低区两个排水系统。

污水管道中的水流靠重力流动，因此管道必须具有坡度。在地形平坦地区，管线虽然不长，埋深亦会增加很快，当埋深超过一定限值时，需设泵站抽升污水。这样便会增加基建投资和常年运转管理费用，是不利的。但不建泵站而过多地增加管道埋深，不但施工困难大而且造价也很高。因此，在管道定线时需作方案比较，选择最适当的定线位置，使之既能尽量减小埋深，又可少建泵站。

污水支管的平面布置取决于地形及街区建筑特征，并应便于用户接管排水。常用的三种形式：①低边式。当街区面积不太大，街区污水管网可采用集中出水方式时，街道支管敷设在服务街区较低侧的街道下，如图 2-8（*a*）所示，称为低边式布置。②周边式。当街区面积较大且地势平坦时，宜在街区四周的街道敷设污水支管，如图 2-8（*b*）所示。建筑物的污水排出管可与街道支管连接，称为周边式布置。③穿坊式。街区已按规划确定，街区内污水管网按各建筑的需要设计，组成一个系统，再穿过其他街区并与所穿街区的污水管网相连，如图 2-8（*c*）所示，称为穿坊式布置。

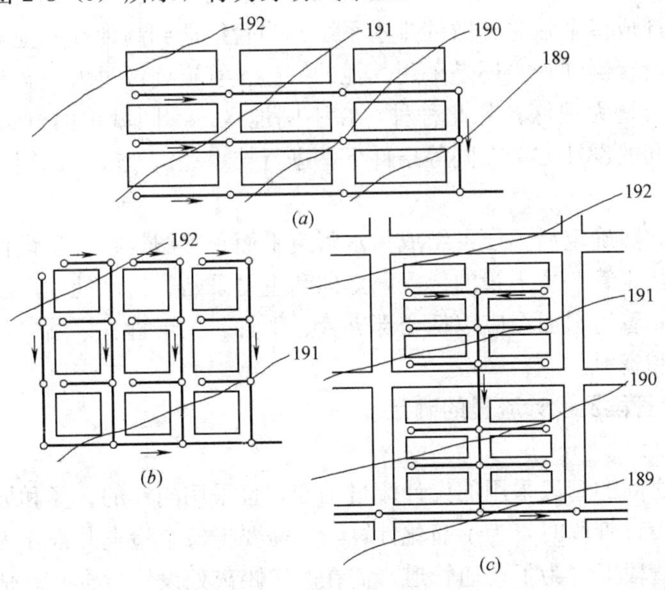

图 2-8　污水支管的布置形式

（*a*）低边式；（*b*）周边式；（*c*）穿坊式

污水主干管的走向取决于污水处理厂和出水口的位置。因此，污水处理厂和出水口的数目与布设位置，将影响主干管的数目和走向。例如，在大城市或地形复杂的城市，可能要建几个污水处理厂分别处理与利用污水，这就需要敷设几条主干管。在小城市或地形倾向一方的城市，通常只设一个污水处理厂，则只需敷设一条主干管。若相邻城市联合建造区域污水处理厂，则需相应的建造区域污水管道系统。

采用的排水体制也影响管道定线。分流制系统一般有两个或两个以上的管道系统，定线时必须在平面和高程上互相配合。采用合流制时要确定截流干管及溢流井的正确位置。若采用混合体制，则在定线时应考虑两种体制管道的连接方式。

考虑到地质条件，地下构筑物以及其他障碍物对管道定线的影响，应将管道，特别是主干管布置在坚硬密实的土壤中，尽量避免或减少管道穿越高地，基岩浅露地带，或基质土壤不良地带，尽量避免或减少与河道、山谷、铁路及各种地下构筑物交叉，以降低施工费用，缩短工期及减少日后养护工作的困难。管道定线时，若管道必须经过高地，可采用隧洞或设提升泵站；若须经过土壤不良地段，应根据具体情况采取不同的处理措施，以保证地基与基础有足够的承载能力。当污水管道无法避开铁路、河流、地铁或其他地下建（构）筑物时，管道最好垂直穿过障碍物，并根据具体情况采用倒虹管、管桥或其他工程设施。

管道定线时还需考虑街道宽度及交通情况。污水干管一般不宜敷设在交通繁忙而狭窄的街道下。若街道宽度超过 40m 时，为了减少连接支管的数目和减少与其他地下管线的交叉，可考虑设置两条平行的污水管道。

为了增大上游干管的直径，减小敷设坡度，以致能减少整个管道系统的埋深。将产生大流量污水的工厂或公共建筑物的污水排出口接入污水干管起端是有利的。

管道定线，不论在整个城市或局部地区都可能形成几个不同的布置方案。比如，常遇到由于地形或河流的影响，把城市分割成了几个天然的排水流域，此时是设计一个集中的排水系统还是设计成多个独立分散的排水系统？当管线遇到高地或其他障碍物时，是绕行或设置泵站，或设置倒虹管，还是采用其他的措施？管道埋深过大时，是设置中途泵站将管位提高还是继续增大埋深？凡此种种，在不同地区，不同城市的管道定线中都可能出现。因此应对不同的设计方案在同等条件下，进行技术经济比较，选用一个最好的管道定线方案。

管道系统的方案确定后，便可组成污水管道平面布置图。在初步设计时，污水管道系统的总平面图包括干管、主干管的位置，走向和主要泵站、污水处理厂、出水口等的位置等。技术设计时，管道平面图应包括全部支管、干管、主干管、泵站、污水处理厂、出水口等的具体位置和资料。

2.4.3 设计管段及设计流量的确定

1. 设计管段及其划分

两个检查井之间的管段采用的设计流量不变，且采用同样的管径和坡度，称它为设计管段。但在划分设计管段时，为了简化计算，不需要把每个检查井都作为设计管段的起讫点。因为在直线管段上，为了疏通管道，需在一定距离处设置检查井。估计可以采用同样管径和坡度的连续管段，就可以划作一个设计管段。根据管道平面布置图，凡有集中流量进入，有旁侧管道接入的检查井均可作为设计管段的起讫点。设计管段的起迄点应编上号码。

2. 设计管段的设计流量

每一设计管段的污水设计流量可能包括以下几种流量（图 2-9）。

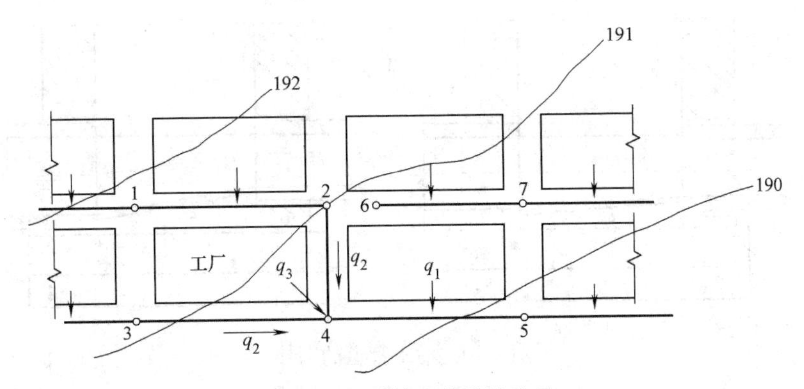

图 2-9　设计管段的设计流量

（1）本段流量 q_1——是从管段沿线街坊流来的污水量；

（2）转输流量 q_2——是从上游管段和旁侧管段流来的污水量；

（3）集中流量 q_3——是从工业企业或其他大型公共建筑物流来的污水量。

对于某一设计管段而言，本段流量沿线是变化的，即从管段起点的零增加到终点的全部流量，但为了计算的方便和安全，通常假定本段流量集中在起点进入设计管段。它接受本管段服务地区的全部污水流量。

本段流量可用下式计算：

$$q_1 = F \cdot q_0 \cdot K_z \tag{2-12}$$

式中　q_1——设计管段的本段流量（L/s）；

F——设计管段服务的街区面积（hm^2）；

K_z——生活污水量总变化系数；

q_0——单位面积的本段平均流量，即比流量（$L/(s \cdot hm^2)$）。可用下式求得：

$$q_0 = \frac{n \cdot p}{86400}$$

式中　n——居住区生活污水定额（L/(人·d)）；

p——人口密度（人/hm^2）。

从上游管段和旁侧管段流来的平均流量以及集中流量对这一管段是不变的。

初步设计时，只计算干管和主干管的流量。技术设计时，应计算全部管道的流量。

2.4.4　污水管道的衔接

污水管道在管径、坡度、高程、方向发生变化及支管接入的地方都需要设置检查井。在设计时必须考虑在检查井内上下游管道衔接时的高程关系问题。管道在衔接时应遵循两个原则：

（1）尽可能提高下游管段的高程，以减少管道埋深，降低造价；

（2）避免上游管段中形成回水而造成淤积。

管道衔接的方法，通常有水面平接和管顶平接两种，如图 2-10 所示。

水面平接是指在水力计算中，使上游管段终端和下游管段起端在指定的设计充满度下的水面相平，即上游管段终端与下游管段起端的水面标高相同。由于上游管段中的水面变化较大，水面平接时在上游管段内的实际水面标高有可能低于下游管段的实际水面标高，因此，在上游管段中易形成回水。

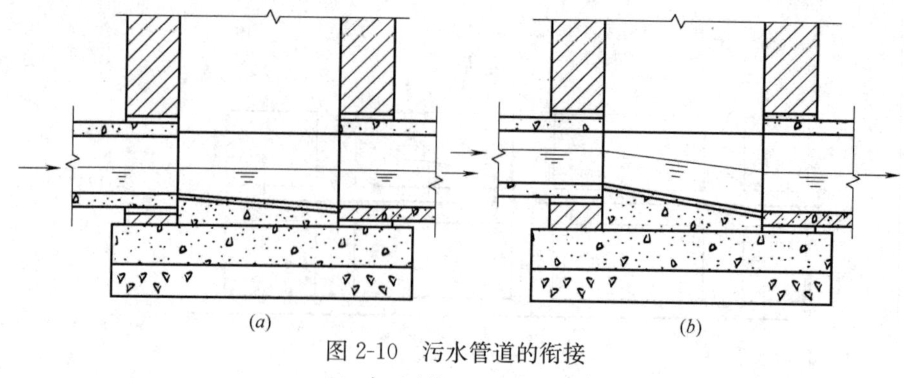

图 2-10　污水管道的衔接

（a）水面平接；（b）管顶平接

管顶平接是指在水力计算中，使上游管段终端和下游管段起端的管顶标高相同。采用管顶平接时，在上述情况下就不至于在上游管段产生回水，但下游管段的埋深将增加。这对于平坦地区或设置较深的管道，有时是不适宜的。这时为了尽可能减少埋深，而采用水面平接的方法。

此外，还有两类特殊的衔接方式：跌水衔接和提升衔接。

（1）跌水衔接：当管道敷设地区的地面坡度很大时，为了调整管内流速所采用的管道坡度将会小于地面坡度。为了保证下游管段的最小覆土厚度和减少上游管段的埋深，可根据地面坡度采用跌水连接，如图 2-11 所示。

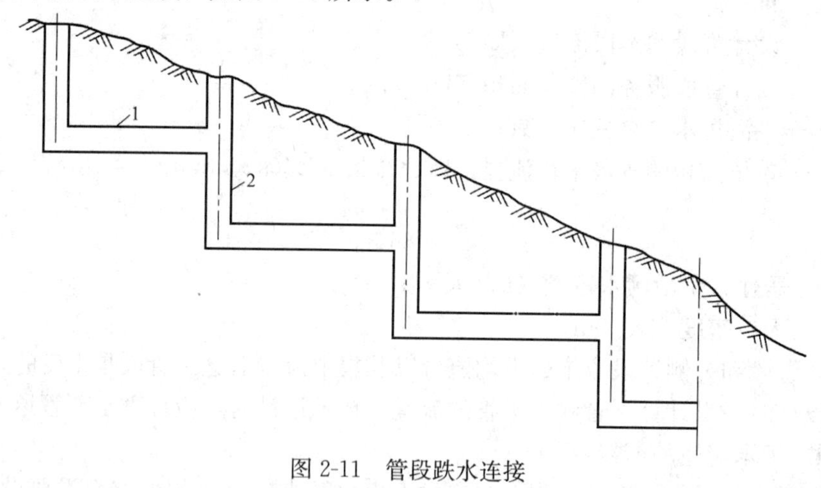

图 2-11　管段跌水连接

1—管段　2—跌水井

在旁侧管道与干管交汇处，若旁侧管道的管底标高比干管的管底标高大很多时，为保证干管有良好的水力条件，最好在旁侧管道上先设跌水井后再与干管相接。反之，若干管的管底标高高于旁侧管道的管底标高，为了保证旁侧管能接入干管，干管则在交汇处需设跌水井，增大干管的埋深。

（2）提升衔接：是指由于上游管段的末端埋深已较大，通过设置中途提升泵站，提升后与下游管段相连，以减少系统的埋深，降低工程投资。

2.4.5　控制点的确定和泵站的设置地点

在污水排水区域内，对管道系统的埋深起控制作用的地点称为控制点。如各条管道的起点大都是这条管道的控制点。这些控制点中离出水口最远的一点，通常就是整个系统的控制点。具有相当深度的工厂排出口或某些低洼地区的管道起点，也可能成为整个管道系统的控制点。这些控制点的管道埋深，影响整个污水管道系统的埋深。

确定控制点的标高，一方面应根据城市的竖向规划，保证排水区域内各点的污水都能够排出，并考虑发展，在埋深上适当留有余地。另一方面，不能因照顾个别控制点而增加整个管道系统的埋深。对此通常采取一些措施，例如，加强管材强度；填土提高地面高程以保证最小覆土厚度；设置泵站提高管位等方法，减小控制点管道的埋深，从而减小整个管道系统的埋深，降低工程造价。

在排水管道系统中，由于地形条件等因素的影响，通常可能需设置中途泵站，局部泵站和终点泵站。当管道埋深接近最大埋深时，为提高下游管道的管位而设置的泵站，称为中途泵站，如图 2-12（*a*）所示。若是将低洼地区的污水抽升到地势较高地区管道中；或是将高层建筑地下室、地铁、其他地下建筑的污水抽送到附近管道系统所设置的泵站称局部泵站，如图 2-12（*b*）所示。此外，污水管道系统终点的埋深通常很大，而污水处理厂的处理后出水因受受纳水体水位的限制，处理构筑物一般埋深很浅或设置在地面上，因此需设置泵站将污水抽升至第一个处理构筑物，这类泵站称为终点泵站或总泵站，如图 2-12（*c*）所示。

泵站设置的具体位置应考虑环境卫生、地质、电源和施工条件等因素，并应征询规划、环保、城建等部门的意见。

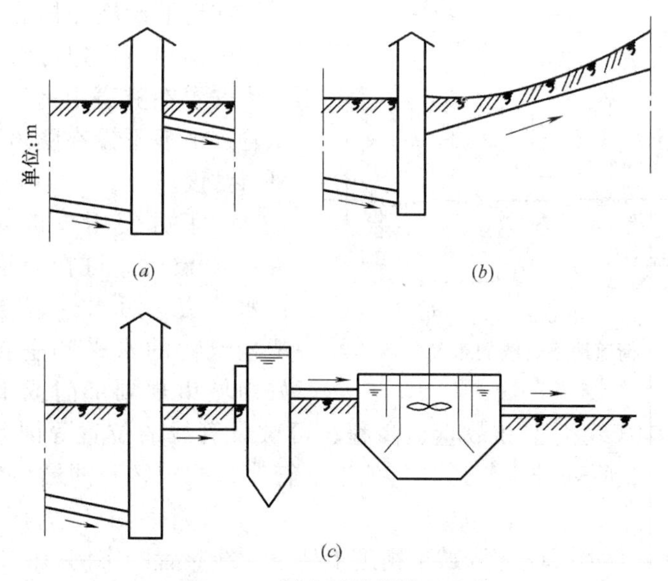

图 2-12　污水泵站的设置地点

（*a*）中途泵站；（*b*）局部泵站；（*c*）终点泵站

2.4.6　污水管道在街道上的位置

在城市道路下，有许多管线工程，如给水管、污水管、燃气管、热力管、雨水管、电力电缆、电信电缆等。在工厂的道路下，管线工程的种类会更多。此外，在道路下还可能有地铁、地下人行横道、工业用隧道等地下设施。为了合理安排其在空间的位置，必须在各单项管线工程规划的基础上，进行综合规划，统筹安排，以利施工和日后的维护管理。

由于污水管道为重力流管道，管道（尤其是干管和主干管）的埋设深度较其他管线大，且有很多连接支管，若管线位置安排不当，将会造成施工和维修的困难。加以污水管道难免渗漏、损坏，从而会对附近建筑物、构筑物的基础造成危害或污染生活饮用水。因此污水管道与建筑物间应有一定距离，当其与生活给水管道相交时，应敷设在生活给水管道下面。

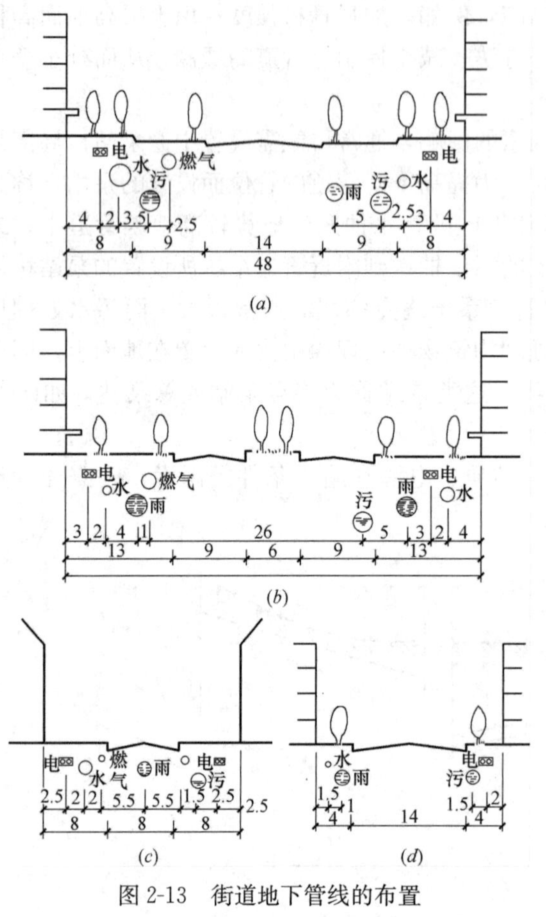

图 2-13　街道地下管线的布置

进行管线综合规划时，所有地下管线应尽量布置在人行道、非机动车道和绿带下，只有在不得已时，才考虑将埋深大，修理次数较少的污水、雨水管布置在机动车道下。管线布置的顺序一般是，从建筑红线向道路中心线方向为：电力电缆——电信电缆——燃气管道——热力管道——给水管道——污水管道——雨水管道。若各种管线布置发生矛盾时，处理的原则是，新建让已建的，临时让永久的，小管让大管，压力管让重力流管，可弯让不可弯的，检修次数少的让检修次数多的。

在地下设施拥挤的地区或车运极为繁忙的街道下，把污水管道与其他管线集中安置在隧道中是比较合适的，但雨水管道一般不设在隧道中，而是与隧道平行敷设。

为了方便用户接管，当路面宽度大于 40m 时，可在街道两侧各设一条污水管道。污水管道与其他地下管线或构筑物的水平和垂直最小净距，最好由城市规划部门或工业企业内部管道综合部门根据其管线类型和数量、高程、可敷设管线的位置等因素制订管线综合设计确定。附录 2-3 所列排水管道与其他地下管线（构筑物）的最小净距，可供管线综合时参考。

图 2-13 的（*a*）、（*b*）、（*d*）为城市街道下地下管线布置的实例。图 2-13（*c*）为工厂街道下各种管道的位置图。图中尺寸以“m”为单位。

2.5　污水管道的设计计算举例

图 2-14 为某市一个小区的平面图。居住区人口密度为 350 人/hm^2，居民生活污水定额为 120L/(人·d)。火车站和公共浴室的设计污水量分别为 3L/s 和 4L/s。工厂甲和工厂乙的工业废水设计流量分别为 25L/s 与 6L/s。生活污水及经过局部处理后的工业废水

全部送至污水处理厂处理。工厂甲废水排出口的管底埋深为2m。

设计方法和步骤如下：

2.5.1 在小区平面图上布置污水管道

从小区平面图可知该区地势自北向南倾斜，坡度较小，无明显分水线、可划分为一个排水流域。街道支管布置在街区地势较低一侧的道路下，干管基本上与等高线垂直布置，主干管则沿小区南面河岸布置，基本与等高线平行。整个管道系统呈截流式形式布置，如图2-15所示。

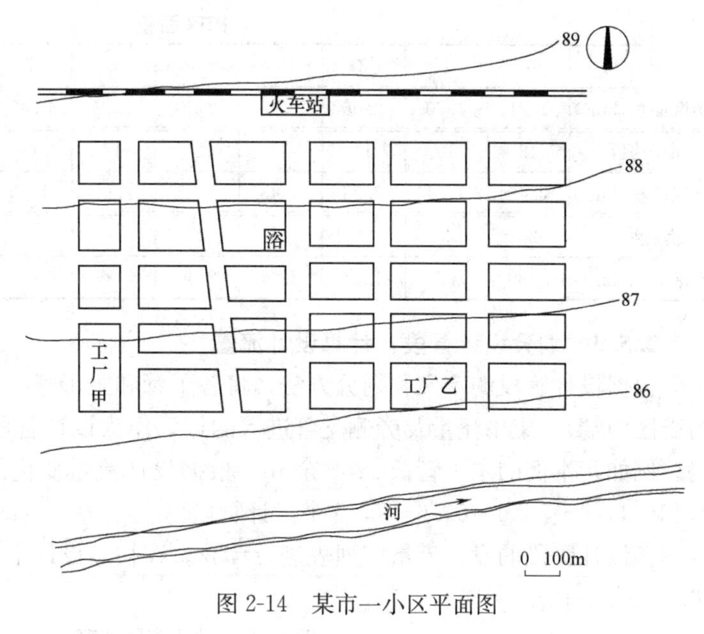

图2-14 某市一小区平面图

2.5.2 街区编号并计算其面积

将各街区编上号码，并按各街区的平面范围计算它们的面积，列入表2-11中。用箭头标出各街区污水排出的方向。

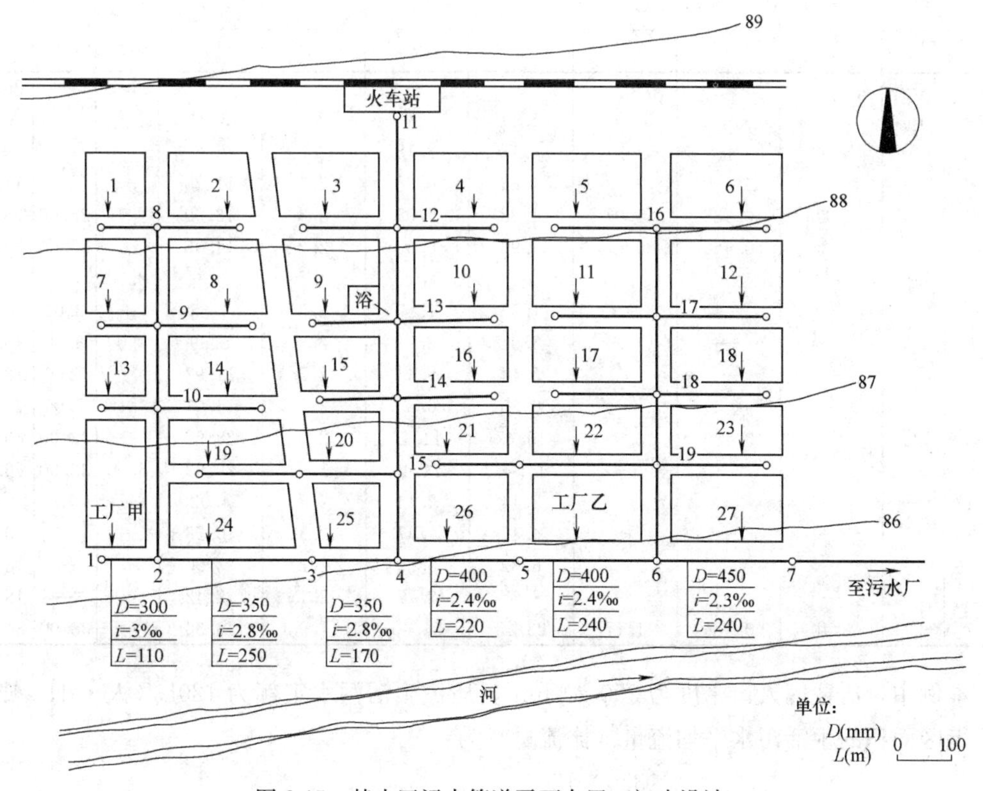

图2-15 某小区污水管道平面布置（初步设计）

街区面积 **表 2-11**

街区编号	1	2	3	4	5	6	7	8	9	10	11
街区面积(hm^2)	1.21	1.70	2.08	1.98	2.20	2.20	1.43	2.21	1.96	2.04	2.40
街区编号	12	13	14	15	16	17	18	19	20	21	22
街区面积(hm^2)	2.40	1.21	2.28	1.45	1.70	2.00	1.80	1.66	1.23	1.53	1.71
街区编号	23	24	25	26	27						
街区面积(hm^2)	1.80	2.20	1.38	2.04	2.40						

2.5.3 划分设计管段，计算设计流量

根据设计管段的定义和划分方法，将各干管和主干管中有本段流量进入的点（一般定为街区两端）、集中流量及旁侧支管进入的点，作为设计管段的起讫点的检查井并编上号码。例如，本例的主干管长 1200 余 m，根据设计流量变化的情况，可划分为 1～2，2～3，3～4，4～5，5～6，6～7，6 个设计管段。

各设计管段的设计流量应列表进行计算。在初步设计中只计算干管和主干管的设计流量，见表 2-12。

污水干管设计流量计算表 **表 2-12**

管段编号	居住区生活污水量 Q_1								集中流量		设计流量(L/s)
	本段流量				转输流量 q_2 (L/s)	合计平均流量 (L/s)	总变化系数 K_z	生活污水设计流量 Q_1 (L/s)	本段 (L/s)	转输 (L/s)	
	街区编号	街区面积 (hm^2)	比流量 q_0 (L/(s·hm^2))	流量 q_1 (L/s)							
1	2	3	4	5	6	7	8	9	10	11	12
1～2	—	—	—	—	—	—	—	—	25.00	—	25.00
8～9	—	—	—	—	1.41	1.41	2.3	3.24	—	—	3.24
9～10	—	—	—	—	3.18	3.18	2.3	7.31	—	—	7.31
10～2	—	—	—	—	4.83	4.88	2.3	11.23	—	—	11.23
2～3	24	2.20	0.486	1.07	4.88	5.95	2.2	13.09	—	25.00	38.09
3～4	25	1.38	0.486	0.67	5.95	6.62	2.2	14.56	—	25.00	39.56
11～12	—	—	—	—	—	—	—	—	3.00	—	3.00
12～13	—	—	—	—	1.97	1.97	2.3	4.53	—	3.00	7.53
13～14	—	—	—	—	3.91	3.91	2.3	8.99	4.00	3.00	15.99
14～15	—	—	—	—	5.44	5.44	2.2	11.97	—	7.00	18.97
15～4	—	—	—	—	6.85	6.85	2.2	15.07	—	7.00	22.07
4～5	26	2.04	0.486	0.99	13.47	14.46	2.0	28.92	—	32.00	60.92
5～6	—	—	—	—	14.46	14.46	2.0	28.92	6.00	32.00	66.92
16～17	—	—	—	—	2.14	2.14	2.3	4.92	—	—	4.92
17～18	—	—	—	—	4.47	4.47	2.3	10.28	—	—	10.28
18～19	—	—	—	—	6.32	6.32	2.2	13.90	—	—	13.90
19～6	—	—	—	—	8.77	8.77	2.1	18.42	—	—	18.42
6～7	27	2.40	0.486	1.17	23.23	24.40	1.9	46.36	—	38.00	84.36

本例中，居住区人口密度为 350 人/hm^2，居民生活污水定额为 120L/(人·d)，则每 hm^2 街区面积的生活污水平均流量（比流量）为：

$$q_0=\frac{350\times120}{86400}=0.486\text{L/(s}\cdot\text{hm}^2)$$

本例中有 4 个集中流量，在检查井 1、5、11、13 分别进入管道，相应的设计流量为 25L/s、6L/s、3L/s、4L/s。

如图 2-15 和表 2-12 所示，设计管段 1～2 为主干管的起始管段，只有集中流量（工厂甲经处理后排出的工业废水）25L/s 流入，故设计流量为 25L/s。设计管段 2～3 除转输管段 1～2 的集中流量 25L/s 外，还有本段流量 q_1 和转输流量 q_2 流入。该管段接纳街区 24 的污水，其面积为 2.2hm^2（见街区面积表），故本段流量 $q_1=q_0 \cdot F=0.486\times2.2=1.07$L/s；该管段的转输流量是从旁侧管段 8～9～10～2 流来的生活污水平均流量，其值为 $q_2=q_0 \cdot F=0.486\times(1.21+1.7+1.43+2.21+1.21+2.28)=0.486\times10.04=4.88$L/s。合计平均流量 $q_1+q_2=1.07+4.88=5.95$L/s。查表 2-1，$K_z=2.2$。该管段的生活污水设计流量 $Q_1=5.95\times2.2=13.09$L/s。总计设计流量 $Q=13.09+25=38.09$L/s。

其余管段的设计流量计算方法相同。

2.5.4 水力计算

在确定设计流量后，便可以从上游管段开始依次进行主干管各设计管段的水力计算。一般常列表进行计算，见表 2-13。水力计算步骤如下：

(1) 从管道平面布置图上量出每一设计管段的长度，列入表 2-13 第 2 项。

(2) 将各设计管段的设计流量列入表中第 3 项。设计管段起讫点检查井处的地面标高列入表中第 10、11 项。

(3) 计算每一设计管段的地面坡度$\left(地面坡度=\dfrac{地面高差}{距离}\right)$，作为确定管道坡度时参考。例如，管段 1～2 的地面坡度$=\dfrac{86.20-86.10}{110}=0.0009$。

(4) 确定起始管段的管径以及设计流速 v，设计坡度 I，设计充满度 h/D。首先拟采用最小管径 300mm，即查附录 2-2 附图 3。在这张计算图中，管径 D 和管道粗糙系数 n 为已知，其余 4 个水力因素只要知道 2 个即可求出另外 2 个。现已知设计流量，另 1 个可根据水力计算设计数据的规定设定。本例中由于管段的地面坡度很小，为不使整个管道系统的埋深过大，宜采用最小设计坡度为设定数据。相应于 300mm 管径的最小设计坡度为 0.003。当 $Q=25$L/s、$I=0.003$ 时，查表得出 $v=0.7$m/s（大于最小设计流速 0.6m/s），$h/D=0.51$（小于最大设计充满度 0.55），计算数据符合规范要求。将所确定的管径 D、坡度 I、流速 v、充满度 h/D 分别列入表 2-13 的第 4、5、6、7 项。

污水主干管水力计算表 **表 2-13**

管段编号	管道长度 L (m)	设计流量 Q (L/s)	管径 D (mm)	坡度 I	流速 v (m/s)	充满度		降落量 $I \cdot L$ (m)	标高(m)						埋设深度(m)	
						$\frac{h}{D}$	h (m)		地面		水面		管内底			
									上端	下端	上端	下端	上端	下端	上端	下端
1	2	3	4	5	6	7	8	9	10	11	12	13	14	15	16	17
1～2	110	25.00	300	0.0030	0.70	0.51	0.153	0.330	86.20	86.10	84.353	84.023	84.200	83.870	2.00	2.23
2～3	250	38.09	350	0.0028	0.75	0.52	0.182	0.700	86.10	86.05	84.002	83.302	83.820	83.120	2.28	2.93
3～4	170	39.56	350	0.0028	0.75	0.53	0.186	0.476	86.05	86.00	83.302	82.826	83.116	82.640	2.93	3.36
4～5	220	60.92	400	0.0024	0.80	0.58	0.232	0.528	86.00	85.90	82.822	82.294	82.590	82.062	3.41	3.84
5～6	240	66.92	400	0.0024	0.82	0.62	0.248	0.576	85.90	85.80	82.294	81.718	82.046	81.470	3.85	4.33
6～7	240	84.36	450	0.0023	0.85	0.60	0.270	0.552	85.80	85.70	81.690	81.138	81.420	80.868	4.38	4.83

注：管内底标高计算至小数后 3 位，埋设深度计算至小数后 2 位。

（5）确定其他管段的管径 D、设计流速 v、设计充满度 h/D 和管道坡度 I。通常随着设计流量的增加，下一个管段的管径一般会增大一级或两级（50mm 为一级），或者保持不变，这样便可根据流量的变化情况确定管径。然后可根据设计流速随着设计流量的增大而逐段增大或保持不变的规律设定设计流速。根据 Q 和 v 即可在确定 D 的那张水力计算图或表中查出相应的 h/D 和 I 值，若 h/D 和 I 值符合设计规范的要求，说明水力计算合理，将计算结果填入表 2-13 相应的项中。在水力计算中，由于Q、v、h/D、I、D 各水力因素之间存在相互制约的关系，因此在查水力计算图或表时实际存在一个试算过程。

（6）计算各管段上端、下端的水面、管底标高及其埋设深度：

1）根据设计管段长度和管道坡度求降落量。如管段 1～2 的降落量为 $I \cdot L=0.003\times 110=0.33$m，列入表中第 9 项。

2）根据管径和充满度求管段的水深。如管段 1～2 的水深为 $h=D \cdot h/D=0.3\times 0.51=0.153$m，列入表中第 8 项。

3）确定管网系统的控制点。本例中离污水处理厂最远的干管起点有 8、11、16 及工厂出水口 1 点，这些点都可能成为管道系统的控制点。8、11、16 三点的埋深可用最小覆土厚度的限值确定，因此至南地面坡度约 0.0035，可取干管坡度与地面坡度近似，因此干管埋深不会增加太多，整个管线上又无个别低洼点，故 8、11、16 三点的埋深不能控制整个主干管的埋设深度。对主干管埋深起决定作用的控制点则是 1 点。

1 点是主干管的起始点，它的埋设深度受工厂排出口埋深的控制，定为 2.0m，将该值列入表中第 16 项。

4）求设计管段上、下端的管内底标高，水面标高及埋设深度。

1 点的管内底标高等于 1 点的地面标高减 1 点的埋深，为 86.200－2.000＝84.200m，列入表中第 14 项。

2 点的管内底标高等于 1 点管内底标高减降落量，为 84.200－0.330＝83.870m，列入表中第 15 项。

2 点的埋设深度等于 2 点的地面标高减 2 点的管内底标高，为 86.100－83.870＝2.230m，列入表中第 17 项。

管段上下端水面标高等于相应点的管内底标高加水深。如管段 1～2 中 1 点的水面标高为 84.200＋0.153＝84.353m，列入表中第 12 项。2 点的水面标高为 83.870＋0.153＝84.023（m）列入表中第 13 项。

根据管段在检查井处采用的衔接方法，可确定下游管段的管内底标高。例如，管段 1～2 与 2～3 的管径不同，采用管顶平接。即管段 1～2 中的 2 点与 2～3 中的 2 点的管顶标高应相同。所以管段 2～3 中的 2 点的管内底标高为 83.870＋0.300－0.350＝83.820m。求出 2 点的管内底标高后，按照前面讲的方法即可求出 3 点的管内底标高，2、3 点的水面标高及埋设深度。又如管段 2～3 与 3～4 管径相同，可采用水面平接。即管段 2～3 与 3～4 中的 3 点的水面标高相同。然后用 3 点的水面标高减去降落量，求得 4 点的水面标高。将 3、4 点的水面标高减去水深求出相应点的管底标高。进一步求出 3、4 点的埋深。

（7）进行管道水力计算时，应注意的问题：

1）必须细致研究管道系统的控制点。这些控制点常位于本区的最远或最低处，它们的埋深控制该地区污水管道的最小埋深。各条管道的起点、低洼地区的个别街坊和污水出口较深的工业企业或公共建筑都是研究控制点的对象。

2）必须细致研究管道敷设坡度与管线经过地段的地面坡度之间的关系。使确定的管道坡度，在保证最小设计流速的前提下，又不使管道的埋深过大，以及便于支管的接入。

3）水力计算自上游依次向下游管段进行，一般情况下，随着设计流量逐段增加，设计流速也应相应增加。如流量保持不变，流速不应减小。只有在管道坡度由大骤然变小的情况下，设计流速才允许减小。另外，随着设计流量逐段增加，设计管径也应逐段增大，但当管道坡度骤然增大时，下游管段的管径可以减小，但缩小的范围不得超过50～100mm。

4）在地面坡度太大的地区，为了减小管内水流速度，防止管壁被冲刷，管道坡度往往需要小于地面坡度。这就有可能使下游管段的覆土厚度无法满足最小限值的要求，甚至超出地面，因此在适当的点可设置跌水井，管段之间采用跌水连接。跌水井的构造详见第6章。

5）水流通过检查井时，常引起局部水头损失。为了尽量降低这项损失，检查井底部在直线管道上要严格采用直线，在管道转弯处要采用匀称的曲线。通常直线检查井可不考虑局部损失。

6）在旁侧管与干管的连接点处，要考虑干管的已定埋深是否允许旁侧管接入。若连接处旁侧管的埋深大于干管埋深，则需在连接处的干管上设置跌水井，以使旁侧管能接入干管。另一方面，若连接处旁侧管的管底标高比干管的管底标高高出许多，为使干管有较好的水力条件，需在连接处前的旁侧管上设置跌水井。

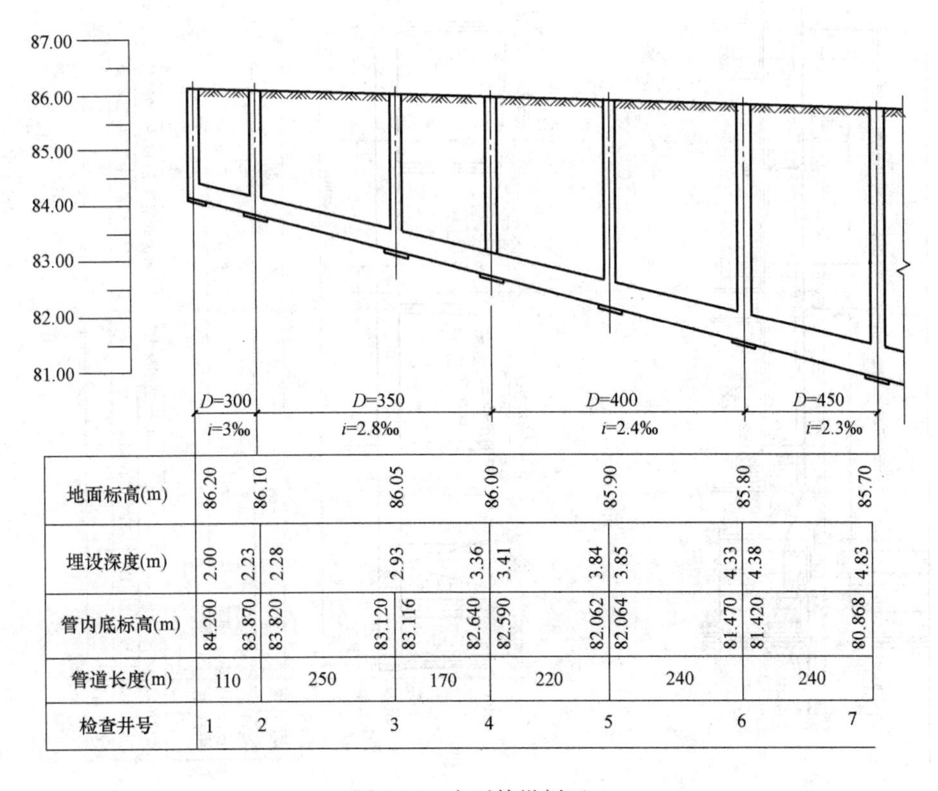

图 2-16　主干管纵剖面

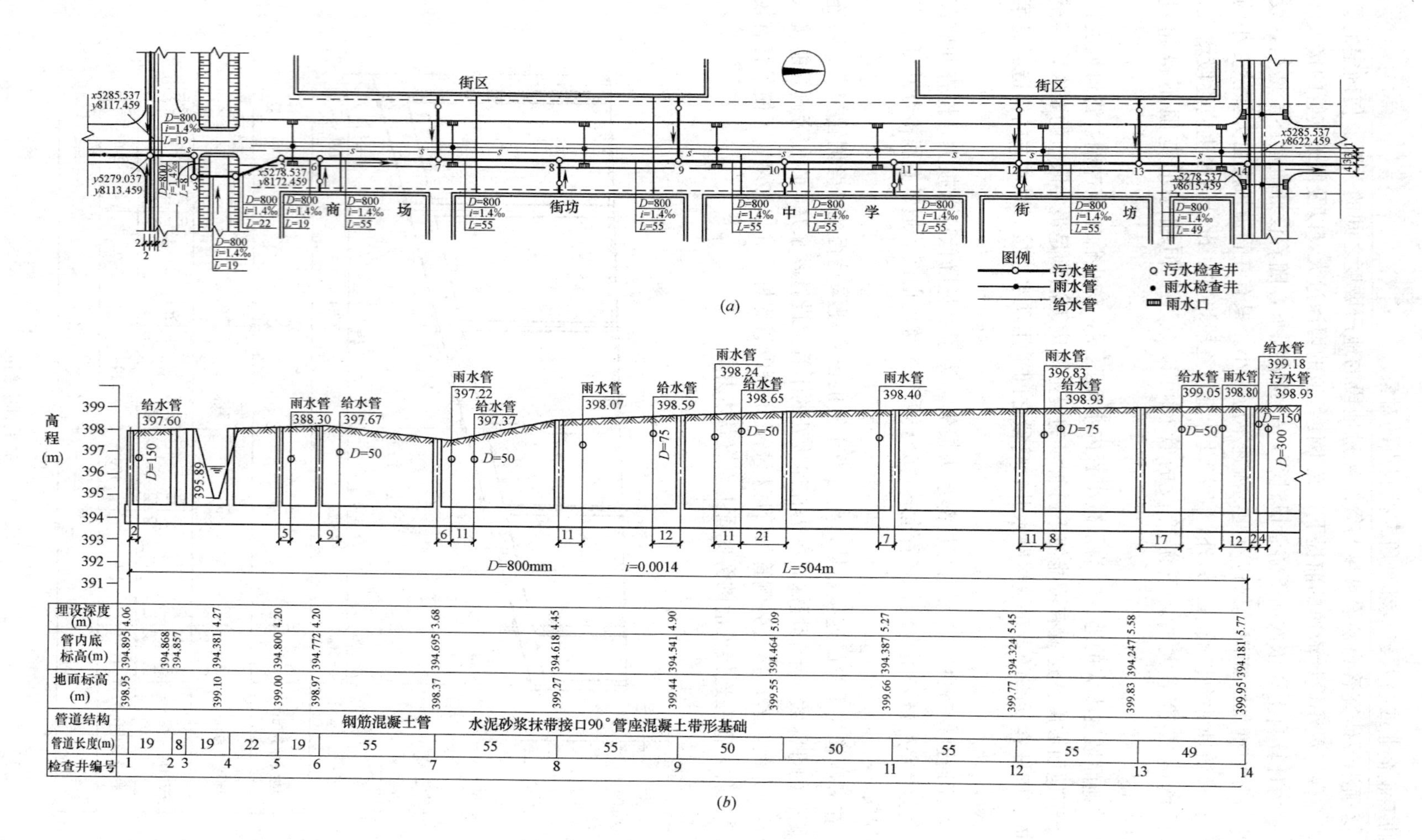

图 2-17　污水管道平、剖面（扩大初步设计）

2.5.5 绘制管道平面图和纵剖面图

污水管道平面图和纵剖面图的绘制方法见第 2.6 节。本例题的设计深度仅为初步设计，因此，在水力计算结束后将计算所得的管径、坡度等数据标注在图 2-15 上，该图即是本例题的管道平面图。

在进行水力计算的同时，绘制主干管的纵剖面图，本例题主干管的纵剖面图如图2-16所示。

2.6 污水管道平面图和纵剖面图的绘制

污水管道的平面图和纵剖面图，是污水管道设计的主要图纸。根据设计阶段的不同，图纸表现的深度亦有所不同。

初步设计阶段的管道平面图就是管道总体布置图。通常采用的比例尺 1：5000～1：10000，图上有地形、地物、河流、风玫瑰或指北针等。已有和设计的污水管道用粗线条表示，在管线上画出设计管段起讫点的检查井并编上号码，标出各设计管段的服务面积，可能设置的中途泵站，倒虹管或其他的特殊构筑物，污水处理厂，出水口等。初步设计的管道平面图上还应将主干管各设计管段的长度、管径和坡度在图上注明。此外，图上应有管道的主要工程项目表和说明。

施工图阶段的管道平面图比例尺常用 1：1000～1：5000，图上内容基本同初步设计，而要求更为详细确切。要求标明检查井的准确位置及污水管道与其他地下管线或构筑物交叉点的具体位置、高程，居住区街坊连接管或工厂废水排出管接入水干管或主干管的准确位置和高程。图上还应有图例、主要工程项目表和施工说明。图 2-17（a）为扩大初步设计阶段的一部分管道平面图。

污水管道的纵剖面图反映管道沿线的高程位置，它是和平面图相对应的，图上用单线条表示原地面高程线和设计地面高程线，用双线条表示管道高程线，用双竖线表示检查井。图中还应标出沿线支管接入处的位置、管径、高程；与其他地下管线、构筑物或障碍物交叉点的位置和高程；沿线地质钻孔位置和地质情况等。在剖面图的下方有一表格，表中列有检查井号、管道长度、管径、坡度、地面高程、管内底高程、埋深、管道材料、接口形式、基础类型。有时也将流量、流速、充满度等数据注明。采用比例尺，一般横向 1：500～1：2000；纵向 1：50～1：200。对工程量较小，地形、地物较简单的污水管道工程亦可不绘制纵剖面图，只需将管道的管径、坡度、管长、检查井的高程以及交叉点等注明在平面图上即可。图 2-17（*b*）为与图 2-17（*a*）对应的管道的纵剖面图。

2.7 排水工程投资估算[1]

2.7.1 概述

排水工程编制工程概预算的目的，是以货币形式反映工程造价，它是基本建设工作中

---

[1] 本节主要参考《给水排水工程概预算与经济评价手册》（1993 年中国建筑工业出版社）编写。

一项重要组成部分。建设项目的主管部门依此安排投资计划，合理使用建设基金，控制投资；设计单位依此促进优化设计，达到理想的经济效果；施工单位依此安排施工计划，加强经济核算，控制工程成本。关于概预算编制的具体详细内容，可参考有关专门书籍，本书不作介绍。本节主要介绍排水工程投资估算综合技术经济指标法，来估算排水工程的工程造价。

排水工程投资估算综合技术经济指标，可作为编制或审查排水工程建设项目建议书和设计任务书或可行性研究报告投资估算的依据，也可作为编制规划的参考。

排水工程综合技术经济指标，是基本建设中各项枢纽工程的综合投资指标。给出的综合指标，只适用于一般性城市排水工程项目，未考虑湿陷性黄土地区、永久性冻土地区和地质情况十分复杂等地区的特殊要求。指标中不包括修复路面和旧城市原有建筑加固措施等费用，也不适用于技术改造工程。

2.7.2 枢纽工程综合技术经济指标

枢纽工程综合指标包括直接费、施工管理费、临时设施费、劳保基金、法定利润、税金和独立费用及其他费用。指标中其他费用包括：建设单位管理费、生产单位职工培训费、科研试验费、办公及生活家具购置费、联合试运转费、勘察设计费、工器具及生产家具购置费和预备费等。其费率见《排水万元实物指标》。综合指标不包括枢纽工程的三通一平工程及土地征用安置费，租用及各项赔偿费。

综合投资指标中还包括了：设备指标、用地指标及人工、材料指标。综合投资指标是基本建设中的单位投资费用。

设备指标是按主要设备的功率计算（不包括备用设备）；用地指标是按生产所必需的土地面积，不包括预留远期发展及卫生防护地带用地；人工指标是指基本建设所需的实耗工日，即预算定额中规定的人工工日数；材料指标是按预算定额用量计算。

2.7.3 估算排水工程工程造价计算方法

根据综合指标估算排水工程工程造价时，其计算办法如下：

（1）排水工程综合指标：一般分为 3 种，（见附录 2-4）。

1）污水工程综合指标，其中分污水管道（见附录 2-4-1）和污水处理厂（见附录 2-4-4）。污水处理厂结构标准：构筑物及生产性建筑物为钢筋混凝土结构，辅助性建筑物及非生产性建筑物以混合结构为主、钢筋混凝土结构为辅。给水管道按金属管与非金属管综合考虑。

2）雨水管、渠综合指标（见附录 2-4-2）。

3）排水泵站综合指标，其中分污水泵站和雨水泵站（见附录 2-4-3）。

（2）指标的计算单位：污水处理厂工程指标单位以设计平均日污水量（m^3/d）计算；雨水工程以泄水面积（hm^2）计算；污、雨水泵站以设计最高时水量（L/s）计算；排水管、渠道工程由于长度不同时对投资影响较大，故以水量、长度综合指标计算（$m^3/(d \cdot km)$），各段水量不同时应分段计算。

（3）综合指标的数值：上限一般适用于工程地质条件较差、地形起伏变化较复杂、技术要求较高、施工条件差等情况；下限适用于工程比较简易、地质条件较好、地形变化不大、技术要求不高及施工条件较好的情况。

（4）因综合指标：系按北京地区 2004 年工料预算价格及费率标准编制的，各地在选用指标时必须进行价差调整，不得直接套用。综合指标按《排水工程万元实物指标》进行地区价差调整。

思　考　题

1. 什么叫居民生活污水定额？其值应如何确定？

2. 什么叫污水量的日变化、时变化、总变化系数？居住区生活污水量总变化系数为什么随污水平均日流量的增大而减小？

3. 通常采用什么方法计算城市污水设计总流量？这种计算方法有何优缺点？

4. 污水管道中的水流是否为均匀流？污水管道的水力计算为什么仍采用均匀流公式？

5. 在污水管道进行水力计算时，为什么要对设计充满度、设计流速、最小管径和最小设计坡度作出规定？是如何规定的？

6. 污水管道的覆土厚度和埋设深度是否为同一含义？污水管道设计时为什么要限定覆土厚度的最小值？

7. 污水管道定线的一般原则和方法是什么？

8. 何谓污水管道系统的控制点？通常情况下应如何确定其控制点的高程？

9. 当污水管道的埋设深度已接近最大允许埋深而管道仍需继续向前埋设时，一般应采取什么措施？

10. 什么叫设计管段？如何划分设计管段？每一设计管段的设计流量可能包括哪几部分？

11. 污水设计管段之间有哪些衔接方法？衔接时应注意些什么问题？

12. 试归纳总结污水管道水力计算的方法步骤，水力计算的目的是什么？水力计算要注意些什么问题？

习　　题

1. 某肉类联合加工厂每天宰杀活牲畜 258t，废水量定额 8.2m^3/t 活畜，总变化系数 1.8，三班制生产，每班 8h。最大班职工人数 560 人，其中在高温及污染严重车间工作的职工占总数的 50%，使用淋浴人数按 85%计，其余 50%的职工在一般车间工作，使用淋浴人数按 40%计。工厂居住区面积 9.5hm^2，人口密度 580 人/hm^2，生活污水定额 160L/(人·d)，各种污水由管道汇集送至污水处理站，试计算该厂的最大时污水设计流量。

2. 图 2-18 为某工厂工业废水干管平面图。图上注明各废水排出口的位置，设计流量以及各设计管段的长度，检查井处的地面标高。排出口 1 的管底标高为 218.9m，其余各排出口的埋深均不得小于 1.6m。该地区土壤无冰冻。要求列表进行干管的水力计算，并将计算结果标注在平面图上。

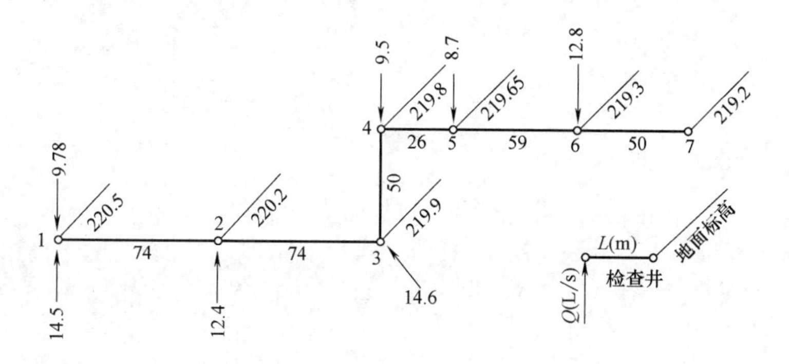

图 2-18　某工厂工业废水干管平面

3. 试根据图 2-19 所示的小区平面图，布置污水管道，并从工厂接管点至污水处理厂进行管段的水力计算，绘出管道平面图和纵断面图。已知：

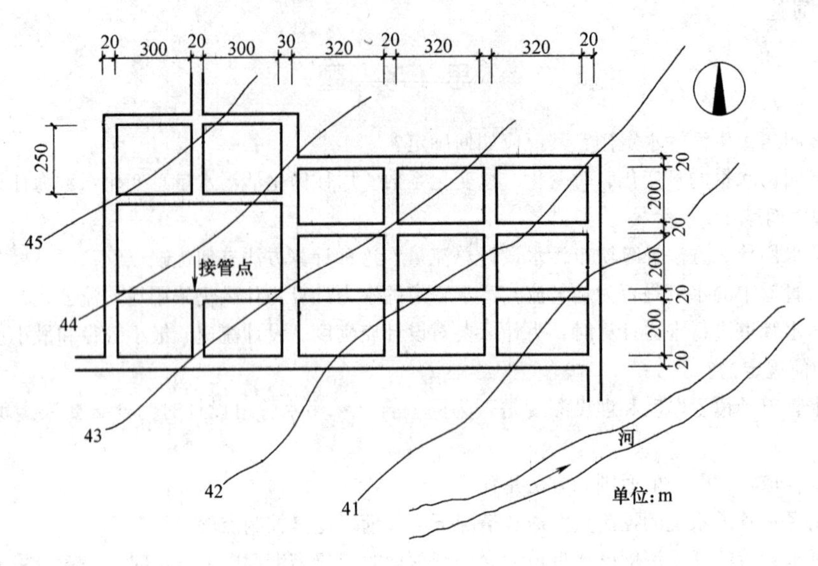

图 2-19　小区平面图

(1) 人口密度为 400 人/hm^2；

(2) 生活污水定额 140L/(人·d)；

(3) 工厂的生活污水和淋浴污水设计流量分别为 8.24L/s 和 6.84L/s，生产污水设计流量为 26.4L/s，工厂排出口地面标高为 43.5m，管底埋深不小于 2m，土壤冰冻深为 0.8m。

(4) 沿河岸堤坝顶标高 40m。

第3章　雨水管渠系统的设计

我国地域广阔，气候差异大，年降雨量分布很不均匀，大体上从东南沿海的年平均1600mm向西北内陆递减至200mm以下。长江以南地区，雨量充沛；年降雨量均在1000mm以上。但是全年雨水的绝大部分多集中在夏季降落，且常为大雨或暴雨，从而在极短时间内形成大量的地面径流，若不能及时地进行排除，便会造成巨大的危害。

雨水管渠系统是由雨水口、雨水管渠、检查井、出水口等构筑物所组成的一整套工程设施。雨水管渠系统的任务就是及时地汇集并排除暴雨形成的地面径流，防止城市居住区与工业企业受淹，以保障城市人民的生命安全和生活生产的正常秩序。

在雨水管渠系统设计中，管渠是主要的组成部分。所以合理、经济地进行雨水管渠设计具有很重要的意义。

雨水管渠设计的主要内容包括：

（1）确定当地暴雨强度公式；

（2）划分排水流域，进行雨水管渠的定线，确定可能设置的调蓄池、泵站位置；

（3）根据当地气象与地理条件，工程要求等确定设计参数；

（4）计算设计流量和进行水力计算，确定每一设计管段的断面尺寸、坡度、管底标高及埋深；

（5）绘制管渠平面图及纵剖面图。

3.1　雨量分析与暴雨强度公式

任何一场暴雨都可用自记雨量计记录中的两个基本数值（降雨量和降雨历时）表示其降雨过程。通过对降雨过程的多年（一般具有20年以上）资料的统计和分析，找出表示暴雨特征的降雨历时、暴雨强度与降雨重现期之间的相互关系，作为雨水管渠设计的依据。这就是雨量分析的目的。

3.1.1　雨量分析的几个要素

在水文学课程中，对雨量分析的诸要素如降雨量、降雨历时、暴雨强度、降雨面积、降雨重现期等已详细叙述，本课程只着重分析这些要素之间的相互关系及其应用。

1. 降雨量（rainfall）

降雨量是指降雨的绝对量，即降雨深度。用H表示，单位以“mm”计。也可用单位面积上的降雨体积（L/hm^2）表示。在研究降雨量时，很少以一场雨为对象，而常以单位时间表示。

年平均降雨量：指多年观测所得的各年降雨量的平均值。

月平均降雨量：指多年观测所得的各月降雨量的平均值。

年最大日降雨量：指多年观测所得的一年中降雨量最大一日的绝对量。

2. 降雨历时（duration of rainfall）

是指连续降雨的时段，可以指一场雨全部降雨的时间，也可以指其中个别的连续时段。

用 t 表示，以“min”或“h”计，从自记雨量记录纸（如图 3-1 所示）上读得。

3. 暴雨强度（rainfall intensity）

是指某一连续降雨时段内的平均降雨量，即单位时间的平均降雨深度，用 i 表示。

$$i=\frac{H}{t}(\mathrm{mm/min})$$

在工程上，常用单位时间内单位面积上的降雨体积 q（L/(s·hm²)）[1] 表示。q 与 i 之间的换算关系是将每分钟的降雨深度换算成每公顷面积上每秒钟的降雨体积，即：

$$q=\frac{10000\times1000i}{1000\times60}=167i$$

式中　q——暴雨强度（L/(s·hm²)）；

167——换算系数。

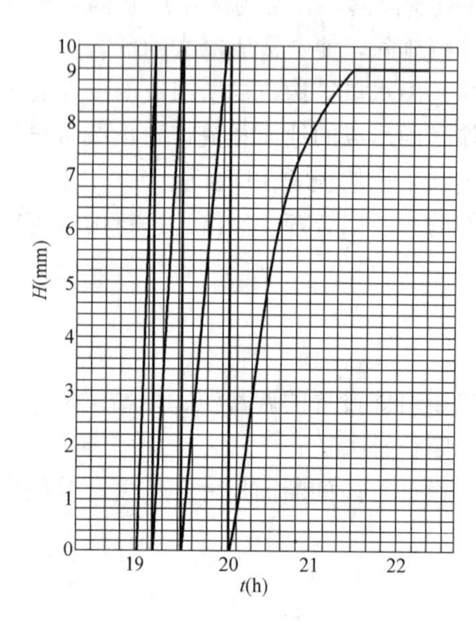

图 3-1　自记雨量记录

暴雨强度是描述暴雨特征的重要指标，也是决定雨水设计流量的主要因素。所以有必要研究暴雨强度与降雨历时之间的关系。在一场暴雨中，暴雨强度是随降雨历时变化的。如果所取历时长，则与这个历时对应的暴雨强度将小于短历时对应的暴雨强度。在推求暴雨强度公式时，降雨历时常采用 5、10、15、20、30、45、60、90、120、150、180min11 个时段。另外从图 3-1 可知，自记雨量曲线实际上是降雨量累积曲线。曲线上任一点的斜率表示降雨过程中任一瞬时的强度，称为瞬时暴雨强度。由于曲线上各点的斜率是变化的，表明暴雨强度是变化的。曲线愈陡，暴雨强度愈大。因此，在分析暴雨资料时，必须选用对应各降雨历时的最陡那段曲线，即最大降雨量。但由于在各降雨历时内每个时刻的暴雨强度也是不同的，因此计算出的各历时的暴雨强度称为最大平均暴雨强度。表 3-1 所列最大平均暴雨强度是根据图 3-1 整理的结果。

4. 降雨面积和汇水面积（rainfall area. catchment area）

降雨面积是指降雨所笼罩的面积，汇水面积是指雨水管渠汇集雨水的面积。用 F 表示，以公顷或平方公里为单位（hm^2 或 km^2）。

任一场暴雨在降雨面积上各点的暴雨强度是不相等的，就是说，降雨是非均匀分布的。但城镇或工厂的雨水管渠或排洪沟汇水面积较小，一般小于 $100km^2$，最远点的集水时间不至超过 60min 到 120min。在这种小汇水面积上降雨不均匀分布的影响较小。因此，可假定降雨在整个小汇水面积内是均匀分布，即在降雨面积内各点的 i 相等。从而可以认

[1] $1hm^2=10000m^2$。

为，雨量计所测得的点雨量资料可以代表整个小汇水面积的面雨量资料，即不考虑降雨在面积上的不均匀性。

最大平均暴雨强度 **表 3-1**

降雨历时 t(min)	降雨量 H(mm)	暴雨强度 i(mm/min)	所选时段	
			起	止
5	6	1.2	19：07	19：12
10	10.2	1.02	19：04	19：14
15	12.3	0.82	19：04	19：19
20	15.5	0.78	19：04	19：24
30	20.2	0.67	19：04	19：34
45	24.8	0.55	19：04	19：49
60	29.5	0.49	19：04	20：04
90	34.8	0.39	19：04	20：34
120	37.9	0.32	19：04	21：04

5. 降雨的频率和重现期

我们通常只研究自然现象的必然性规律，而概率论与数理统计学则研究自然现象的偶然规律。在一定条件下可能发生，也可能不发生，或按另外的样子发生的事情，叫做偶然事件。例如，每年夏季降雨最多这一现象几乎在大多数地方都存在，但具体到某地究竟降多大的雨，在对未来长期气象情势作出正确预报尚有困难的今天只能看成是偶然的。但是，通过大量观测知道，偶然事件也有一定的规律性，例如，通过观测可知，特大的雨和特小的雨一般出现的次数很少，即出现的可能性小。这样就可以利用以往观测的资料，用统计方法对未来的情况作出估计，找出偶然事件变化的规律，作为工程设计的依据。

（1）暴雨强度的频率

某一大小的暴雨强度出现的可能性，和水文现象中的其他特征值一样，一般不是预知的。因此，需通过对以往大量观测资料的统计分析，计算其发生的频率去推论今后发生的可能性。某特定值暴雨强度的频率是指等于或大于该值的暴雨强度出现的次数 m 与观测资料总项数 n 之比的百分数，即 $P_n=\frac{m}{n}\times100\%$。

观测资料总项数 n 为降雨观测资料的年数 N 与每年选入的平均雨样数 M 的乘积。若每年只选一个雨样（年最大值法选样），则 $n=N$。$P_n=\frac{m}{N}\times100\%$，称为年频率式。若平均每年选入 M 个雨样数（一年多次法选样），则 $n=NM$，$P_n=\frac{m}{NM}\times100\%$称为次频率式。从公式可知，频率小的暴雨强度出现的可能性小，反之则大。

这一定义的基础是假定降雨观测资料年限非常长，可代表降雨的整个历史过程。但实际上是不可能的，实际上只能取得一定年限内有限的暴雨强度值，因而 n 是有限的。因此，按上面公式计算得出的暴雨强度的频率，只能反映一定时期内的经验，不能反映整个降雨的规律，故称为经验频率。从公式看出，对最末项暴雨强度来说，其频率 $P_n=100\%$，这显然是不合理的，因为无论所取资料年限有多长，终不能代表整个降雨的历史过程，现在观测资料中的极小值，就不见得是整个历史过程的极小值。因此，水文计算常采用公式 $P_n=\frac{m}{N+1}\times100\%$计算年频率，用公式 $P_n=\frac{m}{NM+1}\times100\%$计算次频率。如果观测资料的年限愈长，经验频率出现的误差也就愈小。

《室外排水设计规范》规定，在编制暴雨强度公式时必须具有 20 年以上自记雨量记录。在自记雨量记录纸上，按降雨历时为 5、10、15、20、30、45、60、90、120、150、180min，每年选择 6～8 场最大暴雨记录，计算暴雨强度 i 值。将历年各历时的暴雨强度按大小次序排列，并不论年次选择年数的 3～4 倍的最大值作为统计的基础资料。例如，某市有 30 年自记雨量记录。按规定，每年选择了各历时的最大暴雨强度值 6～8 个，然后将历年各历时的暴雨强度不论年次而按大小排列，最后选取了资料年数 4 倍共 120 组各历时的暴雨强度排列成表 3-2。根据公式 $P_n=\frac{m}{NM+1}\times 100\%$ 计算各强度组的经验频率。式中的 m 为各强度组的序号数，也就是等于或大于该强度组的暴雨强度出现的次数。NM 值为参与统计的暴雨强度的序号总数，本例的序号总数 NM 为 120。

（2）暴雨强度的重现期

频率这个名词比较抽象，为了通俗起见，往往用重现期等效地代替频率一词。

某特定值暴雨强度的重现期是指等于或大于该值的暴雨强度可能出现一次的平均间隔时间，单位用年（a）表示。重现期 P 与频率互为倒数，即：$P=\frac{1}{P_n}$。

按年最大值法选样时，第 m 项暴雨强度组的重现期为其经验频率的倒数，即重现期 $P=\frac{1}{P_n}=\frac{N+1}{m}$（a）。按一年多次法选样时，第 m 项暴雨强度组的重现期 $P=\frac{NM+1}{mM}$（a）。

某市 1953～1983 年各历时暴雨强度统计表　　**表 3-2**

i(mm/min) 序号	t(min)									
	5	10	15	20	30	45	60	90	120	经验频率 P_n(%)
1	3.82	2.82	2.28	2.18	1.71	1.48	1.38	1.08	0.97	0.83
2	3.60	2.80	2.18	2.11	1.67	1.38	1.37	1.08	0.97	1.65
3	3.40	2.66	2.04	1.80	1.64	1.36	1.30	1.07	0.91	2.48
4	3.20	2.50	1.95	1.75	1.62	1.33	1.24	1.06	0.86	3.31
5	3.02	2.21	1.93	1.75	1.55	1.29	1.23	0.93	0.79	4.13
6	2.92	2.19	1.93	1.65	1.45	1.25	1.18	0.92	0.78	4.96
7	2.80	2.17	1.88	1.65	1.45	1.22	1.05	0.90	0.77	5.79
8	2.60	2.12	1.87	1.63	1.43	1.18	1.01	0.80	0.75	6.61
9	2.60	2.11	1.85	1.63	1.43	1.14	1.00	0.77	0.73	7.44
10	2.60	2.09	1.83	1.61	1.43	1.11	0.99	0.76	0.72	8.26
11	2.58	2.08	1.80	1.60	1.33	1.11	0.99	0.76	0.61	9.09
12	2.56	2.00	1.76	1.60	1.32	1.10	0.99	0.76	0.61	9.92
13	2.56	1.96	1.73	1.53	1.31	1.08	0.98	0.74	0.60	10.74
14	2.54	1.96	1.71	1.52	1.27	1.07	0.98	0.71	0.59	11.57
15	2.50	1.95	1.65	1.48	1.26	1.02	0.96	0.70	0.58	17.40
16	2.40	1.94	1.60	1.47	1.25	1.02	0.95	0.69	0.58	13.22
17	2.40	1.94	1.60	1.45	1.23	1.02	0.95	0.69	0.57	14.05
18	2.34	1.92	1.58	1.44	1.23	0.99	0.91	0.67	0.57	14.88
19	2.26	1.92	1.56	1.43	1.22	0.97	0.89	0.67	0.57	15.70
20	2.20	1.90	1.53	1.40	1.20	0.96	0.89	0.66	0.54	16.53
21	2.12	1.90	1.53	1.38	1.17	0.96	0.88	0.64	0.53	17.36
22	2.06	1.83	1.51	1.38	1.15	0.95	0.86	0.64	0.53	18.18

续表

i(mm/min) 序号	t(min)									
	5	10	15	20	30	45	60	90	120	经验频率 P_n(%)
23	2.04	1.81	1.51	1.36	1.15	0.94	0.85	0.63	0.53	19.00
24	2.02	1.79	1.50	1.36	1.15	0.94	0.83	0.63	0.53	19.53
25	2.02	1.79	1.50	1.36	1.15	0.93	0.83	0.63	0.53	20.66
26	2.00	1.78	1.49	1.35	1.12	0.92	0.83	0.61	0.53	21.49
27	2.00	1.74	1.47	1.34	1.12	0.91	0.81	0.61	0.52	22.31
28	2.00	1.67	1.45	1.31	1.11	0.91	0.80	0.61	0.52	23.14
29	2.00	1.66	1.43	1.31	1.11	0.90	0.78	0.60	0.51	23.97
30	2.00	1.65	1.40	1.27	1.11	0.90	0.78	0.59	0.50	24.79
31	2.00	1.60	1.38	1.26	1.10	0.90	0.77	0.59	0.50	25.62
⋮	⋮	⋮	⋮	⋮	⋮	⋮	⋮	⋮	⋮	⋮
58	1.60	1.35	1.13	0.99	0.88	0.70	0.61	0.48	0.40	47.93
59	1.60	1.32	1.13	0.99	0.86	0.70	0.60	0.47	0.40	48.76
60	1.60	1.30	1.13	0.99	0.85	0.68	0.60	0.47	0.40	49.59
⋮	⋮	⋮	⋮	⋮	⋮	⋮	⋮	⋮	⋮	⋮
90	1.24	1.06	0.92	0.84	0.70	0.58	0.51	0.40	0.34	74.38
91	1.24	1.05	0.90	0.83	0.69	0.58	0.50	0.40	0.34	75.21
⋮	⋮	⋮	⋮	⋮	⋮	⋮	⋮	⋮	⋮	⋮
118	1.10	0.95	0.77	0.71	0.61	0.50	0.44	0.33	0.28	97.52
119	1.08	0.95	0.77	0.70	0.60	0.50	0.44	0.33	0.28	98.35
120	1.08	0.94	0.76	0.70	0.60	0.50	0.44	0.33	0.27	99.17

按一年多次法选样统计暴雨强度时，一般可根据所要求的重现期，按上述公式算出该重现期的暴雨强度组的序号数 m。如表 3-2 所示的统计资料中，相应于重现期 30 年、15 年、10 年、5 年、3 年、2 年、1 年、0.5 年的暴雨强度组分别排列在表中的第 1、2、3、6、10、15、30、60 项。

3.1.2 暴雨强度公式

暴雨强度公式是在各地自记雨量记录分析整理的基础上，按一定的方法推求出来的。推求的方法参见附录 3-1。具体实例可参见《给水排水设计手册》第 5 册有关部分。暴雨强度公式是暴雨强度 i（或 q）、降雨历时 t、重现期 P 三者间关系的数学表达式，是设计雨水管渠的依据。我国常用的暴雨强度公式形式为：

$$q=\frac{167A_1(1+c\lg P)}{(t+b)^n} \tag{3-1}$$

式中　q——设计暴雨强度（$L/s \cdot hm^2$）；

P——设计重现期（a）；

t——降雨历时（min）；

A_1，c，b，n——地方参数，根据统计方法进行计算确定。

具有 20 年以上自动雨量记录的地区，排水系统设计暴雨强度公式，应采用年最大值法。

当 $b=0$ 时，

$$q=\frac{167A_1(1+c\lg P)}{t^n} \tag{3-2}$$

当 $n=1$ 时，

$$q=\frac{167A_1(1+c\lg P)}{t+b} \tag{3-3}$$

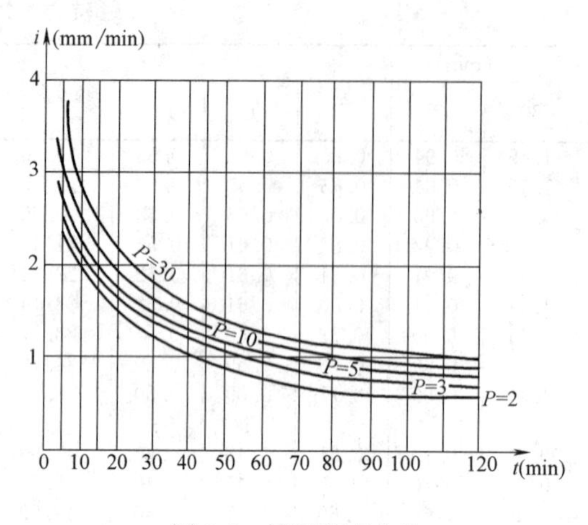

图 3-2 暴雨强度曲线

附录 3-2 收录了我国若干城市的暴雨强度公式，可供计算雨水管渠设计流量时选用。目前我国尚有一些城镇无暴雨强度公式，当这些城镇需设计雨水管渠时，可选用附近地区城市暴雨强度公式。或在当地气象台站收集自记雨量记录（一般不少于 20 年），按前述暴雨资料整理方法，最后得出如表 3-2 所示的该地各历时暴雨强度统计表，然后计算出各序号强度组的重现期。有了这一基础资料，可在普通坐标纸或对数坐标纸上作图。方法是以降雨历时 t 为横坐标，暴雨强度 i（或 q）为纵坐标，将所选用的几个重现期的各历时的暴雨强度值点出，然后将重现期相同的各历时的暴雨强度 i_5、i_{10}、i_{15}、i_{20}、i_{30}、i_{45}、i_{60}、i_{90}、i_{120}各点连成光滑的曲线。这些曲线表示暴雨强度 i、降雨历时 t 和重现期 P 三者之间的关系，称为暴雨强度曲线。每一条曲线上各历时对应的暴雨强度的重现期相同。图 3-2 的暴雨强度曲线就是根据表 3-2 的资料绘制的。这种经验频率强度曲线精度虽不太高，但方法简单，用于重现期要求不高的雨水管渠的设计，使用也较为方便。

目前我国各地已积累了完整的自动雨量记录资料，可采用数理统计法计算确定暴雨强度公式。水文统计学的取样方法有年最大值法和非年最大值法两类，国际上的发展趋势是采用年最大值法。日本在具有 20 年以上雨量记录的地区采用年最大值法，在不足 20 年雨量记录的地区采用非年最大值法，年多个样法是非年最大值法中的一种。由于以前国内自记雨量资料不多，因此多采用年多个样法。现在我国许多地区已具有 40 年以上的自记雨量资料，具备采用年最大值法的条件。所以，规定具有 20 年以上自动雨量记录的地区，应采用年最大值法。

3.2 雨水管渠设计流量的确定

雨水设计流量是确定雨水管渠断面尺寸的重要依据。城镇和工厂中排除雨水的管渠，由于汇集雨水径流的面积较小，所以可采用小汇水面积上其他排水构筑物计算设计流量的推理公式来计算雨水管渠的设计流量。

3.2.1 雨水管渠设计流量计算公式

雨水设计流量按下式计算：

$$Q=\Psi qF \tag{3-4}$$

式中 Q——雨水设计流量（L/s）；

Ψ——径流系数，其数值小于 1；

F——汇水面积（hm^2）；

q——设计暴雨强度（$L/(s\cdot hm^2)$）。

公式（3-4）是根据一定的假设条件，由雨水径流成因加以推导而得出的，是半经验半理论的公式，通常称为推理公式。该公式用于小流域面积计算暴雨设计流量已有一百多年的历史，至今仍被国内外广泛使用。

1. 地面点上产流过程

降雨发生后，部分雨水首先被植物截留。在地面开始受雨时，因地面比较干燥，雨水渗入土壤的入渗率（单位时间内雨水的入渗量）较大，而降雨起始时的强度还小于入渗率，这时雨水被地面全部吸收。随着降雨时间的增长，当降雨强度大于入渗率后，地面开始产生余水，待余水积满洼地后，这时部分余水产生积水深度，部分余水产生地面径流（称为产流）。在降雨强度增至最大时相应产生的余水率亦最大。此后随着降雨强度的逐渐减小，余水率亦逐渐减小，当降雨强度降至与入渗率相等时，余水现象停止。但这时有地面积水存在，故仍产生径流，入渗率仍按地面入渗能力渗漏，直至地面积水消失，径流才终止，而后洼地积水逐渐渗完。渗完积水后，地面实际渗水率将按降雨强度渗漏，直到雨终。以上过程可用图 3-3（a）表示。

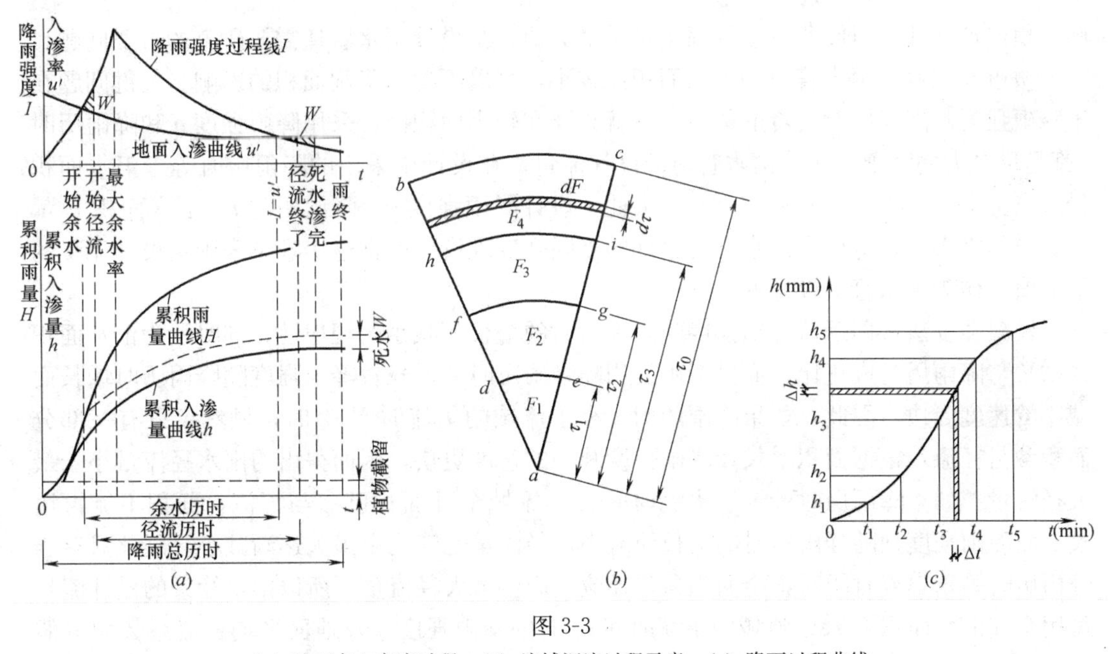

图 3-3

（a）地面点上产流过程；（b）流域汇流过程示意；（c）降雨过程曲线

2. 流域上汇流过程

流域中各地面点上产生的径流沿着坡面汇流至低处，通过沟、溪汇入江河。在城市中，雨水径流由地面流至雨水口，经雨水管渠最后汇入江河。通常将雨水径流从流域的最远点流到出口断面的时间称为流域的集流时间或集水时间。

图 3-3（b）所示一块扇形流域汇水面积，其边界线是 ab、ac 和 bc 弧，a 点为集流点（如雨水口，管渠上某一断面）。假定汇水面积内地面坡度均等，则以 a 点为圆心所划的圆弧线 de，fg，hi，…bc 称为等流时线，每条等流时线上各点的雨水径流流达 a 点的时间是相等的，它们分别为 τ_1，τ_2，τ_3，…τ_0，流域边缘线 bc 上各点的雨水径流流达 a 点的时间 τ_0 称为这块汇水面积的集流时间或集水时间。

在地面点上降雨产生径流开始后不久，在 a 点所汇集的流量仅来自靠近 a 点的小块面积上的雨水，离 a 点较远的面积上的雨水此时仅流至中途。随着降雨历时的增长，在 a 点汇集的流量中的汇水面积不断增加，当流域最边缘线上的雨水流达集流点 a 时，在 a 点汇集的流量中的汇水面积扩大到整个流域，即流域全部面积参与径流，此时集流点 a 产生最大流量。也就是说，相应于流域集流时间的全流域面积径流产生最大径流量。

由于各不同等流时线上的雨水流达 a 点的时间不等，那么同时降落在各条等流时线 τ_1，τ_2，τ_3，$\cdots\tau_0$ 上的雨水不可能同时流达 a 点。反之，各条等流时线上同时流达 a 点的雨水，并不是同时降落的。如来自 a 点附近的雨水是 x 时降落的，则来自流域边缘的雨水是（$x-\tau_0$）时降落的，因此，全流域径流在集流点出现的流量来自 τ_0 时段内的降雨量。

从公式（3-4）可知，雨水管道的设计流量 Q 随径流系数 Ψ、汇水面积 F 和设计暴雨强度 q 而变化。为了简化叙述，假定径流系数 Ψ 为 1。从前述可知，当在全流域产生径流之前，随着集水时间增加，集流点的汇水面积随着增加，直至增加到全部面积。而设计降雨强度 $q\left(q=\dfrac{167A_1\ (1+c\lg P)}{(t+b)^n}\right)$一般和降雨历时成反比，随降雨历时的增长而降低。因此，集流点在什么时间所承受的雨水量是最大值，是设计雨水管道需要研究的重要问题。

城市及工业区雨水管道的汇水面积比较小，可以不考虑降雨面积的影响。关键问题在于降雨强度和降雨历时两者的关系。也就是要在较小面积内，采用降雨强度 q 和降雨历时 t 都是尽量大的降雨，作为雨水管道的设计流量。在设计中采用的降雨历时等于汇水面积最远点雨水流达集流点的集流时间，因此，设计暴雨强度 q、降雨历时 t、汇水面积 F 都是相应的极限值，这便是雨水管道设计的极限强度理论。根据这个理论来确定设计流量的最大值，作为雨水管道设计的依据。

极限强度法，即承认降雨强度随降雨历时的增长而减小的规律性，同时认为汇水面积的增长与降雨历时成正比，而且汇水面积随降雨历时的增长较降雨强度随降雨历时增长而减小的速度更快。因此，如果降雨历时 t 小于流域的集流时间 τ_0 时，显然仅只有一部分面积参与径流，根据面积增长较降雨强度减小的速度更快，因而得出的雨水径流量小于最大径流量。如果降雨历时 t 大于集流时间 τ_0，流域全部面积已参与汇流，面积不能再增长，而降雨强度则随降雨历时的增长而减小，径流量也随之由最大逐渐减小。因此只有当降雨历时等于集流时间时，全面积参与径流，产生最大径流量。所以雨水管渠的设计流量可用全部汇水面积 F 乘以流域的集流时间 τ_0 时的暴雨强度 q 及地面平均径流系数 Ψ（假定全流域汇水面积采用同一径流系数）得到。

根据以上的分析，雨水管道设计的极限强度理论包括两部分内容：(1) 当汇水面积上最远点的雨水流达集流点时，全面积产生汇流，雨水管道的设计流量最大；(2) 当降雨历时等于汇水面积上最远点的雨水流达集流点的集流时间时，雨水管道需要排除的雨水量最大。

3. 公式推导

假定：降雨在整个汇水面积上的分布是均匀的，降雨强度在选定的降雨时段内均匀不变；汇水面积随集流时间增长的速度为常数。

公式推导中，为简化叙述，假定径流系数 $\Psi=1$，即降落到地面的雨水全部形成径流。

由图 3-3（b）知，汇水面积上各等流时线上雨水的集流时间分别为 τ_1，τ_2，τ_3，$\cdots$，

τ_0，τ_0 为汇水面积上最远点雨水流至集流点的集流时间。图 3-3（c）表示降雨过程线，t 为降雨历时。

假定 $t \geqslant \tau_0$

当 $t=0$ 时，降雨尚未开始，不发生径流。在降雨开始后的第一时段末 t_1，降雨量为 $h_1-0=\Delta h_1$，Δh_1 在汇水面积上产生的径流只有靠近集流点 a 的 F_1 面积上的那部分才能流达 a 点，集流时间为 τ_1，其雨水量为：

$$W_1=\Delta h_1 F_1$$

在降雨的第 2 时段末 t_2，第一时段（t_1-0）降落在 F_2 面积上的雨水和第 2 时段（t_2-t_1）降落在 F_1 面积上的雨水同时流达 a 点，集流时间为 τ_2，其雨水量为：

$$W_2=\Delta h_1 F_2+(h_2-h_1)F_1=\Delta h_1 F_2+\Delta h_2 F_1$$

在降雨的第 3 时段末 t_3，第一时段降落在 F_3 面积上的雨水和第二时段降落在 F_2 面积上的雨水和第 3 时段（t_3-t_2）降落在 F_1 面积上的雨水同时流达 a 点集流时间为 τ_3，其雨水量为：

$$W_3=\Delta h_1 F_3+\Delta h_2 F_2+(h_3-h_2)F_1=\Delta h_1 F_3+\Delta h_2 F_2+\Delta h_3 F_1$$

同理，在第 T 时段末流达 a 点的雨水量为：

$$W_{\mathrm{T}}=\Delta h_1 F_{\mathrm{T}}+\Delta h_2 F_{\mathrm{T-1}}+\cdots\cdots+\Delta h_{\mathrm{T}} F_1=\sum_{\mathrm{t=0}}^{\mathrm{T}} \Delta h_{\mathrm{t}} F_{\mathrm{T-t+1}}$$

当 $t=T=\tau_0$ 时，全面积产生径流，集流点的雨水量最大，即为降雨时段 t 内总的降雨量 h 与整个汇水面积 F 的乘积。

在 T 时段末任一时段 $\Delta\tau$ 流到集流点的雨水径流量为：

$$Q_{\mathrm{T}}=\Delta h_{\mathrm{t}} \frac{F_{\mathrm{T-t+1}}}{\Delta\tau}$$

如果 $\Delta\tau \rightarrow 0$，Q_{T} 代表那一瞬间的流量。

从图 3-3（c）的降雨过程线可知，Δh 是在 Δt 内降雨量的增值。当 $\Delta t \rightarrow 0$ 时，Δh 将表示瞬时降雨强度 $I=\lim\limits_{\Delta t \rightarrow 0} \frac{\Delta h}{\Delta t}=\frac{\mathrm{d}h}{\mathrm{d}t}=\frac{\mathrm{d}}{\mathrm{d}t}\left[\frac{A}{(t+b)^{\mathrm{n}}} \cdot t\right]=(1-n) \frac{A}{(t+b)^{\mathrm{n}}}+\frac{nAb}{(t+b)^{\mathrm{n+1}}}$

从图 3-3（b）的汇水面积径流过程可知，ΔF 是在时段 $\Delta\tau$ 内汇水面积的增值。当 $\Delta\tau \rightarrow 0$ 时，ΔF 将等于面积增长速度 $f=\lim \frac{F_{\mathrm{T-t+1}}}{\Delta\tau}$。因此，某一瞬间的流量 $\mathrm{d}Q=I\mathrm{d}t \cdot f$。$T$ 时段的总流量为：

$$Q_{\mathrm{T}}=\int_0^{\mathrm{T}} \mathrm{d}Q=\int_0^{\mathrm{T}} I\mathrm{d}t \cdot f \tag{3-5}$$

根据假定 f 为常数$\left(f=\frac{F}{\tau_0}\right)$，所以

$$Q_{\mathrm{T}}=f\int_0^{\mathrm{T}} I\mathrm{d}t$$

而 $\int_0^{\mathrm{T}} I\mathrm{d}t$ 为降雨历时 $t=T$ 时段的总降雨量 h。由于雨水管道所研究的暴雨强度 i 是指在一定重现期下，各不同降雨历时的最大平均暴雨强度，因而 $\int_0^{\mathrm{T}} I\mathrm{d}t$ 也就成为相应于各不同降雨历时 t 内的最大降雨量 $h_{\max}$。

将面积增长速度 $f=\frac{F}{\tau_0}$ 代入（3-5）式中，得出 T 时段的最大雨水设计流量：

$$Q_T=\frac{F}{\tau_0}\int_0^T I\mathrm{d}t=\frac{F}{\tau_0}h_{max}=F\frac{h_{max}}{\tau_0}=Fi_{max}$$

式中 i_{max} 为 $t=\tau_0$ 时的最大平均暴雨强度。根据假定，在 t 时段内，i_{max} 是均匀不变的。

若以 L/s 表示流量的单位，则 t 时雨水最大流量为：

$$Q_T=167Fi_{max}=Fq_{max}(\mathrm{L/s}) \tag{3-6}$$

4. 雨水管段的设计流量计算

（1）面积叠加法

在图 3-4 中，A、B、C 为 3 块互相毗邻的区域，设面积 $F_A=F_B=F_C$，雨水从各块面积上最远点分别流入设计断面 1、2、3 所需的集水时间均为 τ_1（min）。并假设：

① 汇水面积随降雨历时的增加而均匀的增加；

② 降雨历时 t 等于或大于汇水面积最远点的雨水流达设计断面的集水时间 τ；

③ 径流系数 Ψ 为确定值，为讨论方便假定其值等于 1。

1）管段 1～2 的雨水设计流量

该管段是收集汇水面积 F_A 的雨水，当降雨开始时，只有邻近雨水口 a 面积的雨水能流入雨水口进入 1 断面；降雨继续不停，就有越来越大的 F_A 面积上的雨水逐渐流达 1 断面，管段 1～2 内流量逐渐增加，这时 Q 将随 F_A 的增加而增大，直到 $t=\tau_1$ 时，F_A 全部面积的雨水均已流到 1 断面，这时管段 1～2 内流量达最大值。

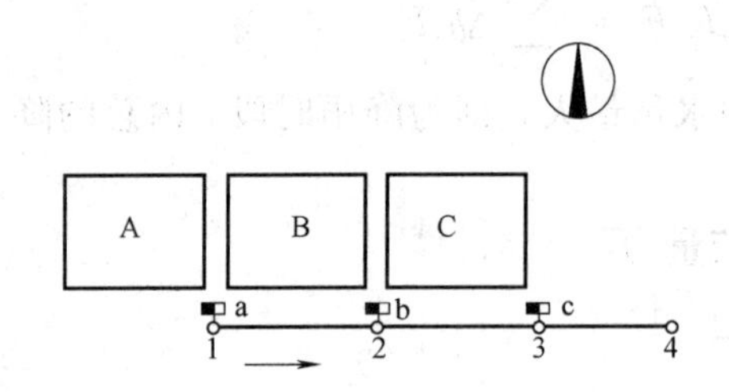

图 3-4 雨水管段设计流量计算

若降雨仍继续下去，即 $t>\tau_1$ 时，由于面积已不能再增加，而暴雨强度则随着降雨时间的增加而降低，则管段所排除的流量会比 $t=\tau_1$ 时减少。因此，管段 1～2 的设计流量应为：

$$Q_{1-2}=F_A\cdot q_1 \quad (\mathrm{L/s})$$

式中 q_1——管段 1～2 的设计暴雨强度，即相应于降雨历时 $t=\tau_1$ 的暴雨强度（L/(s·hm²)）。

2）管段 2～3 的雨水设计流量

同上述，当 $t=\tau_1$ 时，全部 F_B 面积和部分 F_A 面积上的雨水流达 2 断面，管段 2～3 的雨水流量不是最大。只有当 $t=\tau_1+t_{1-2}$ 时，这时 F_A 和 F_B 全部面积上的雨水均流到 2 断面，管段 2～3 的流量达最大值。

即：

$$Q_{2-3}=(F_A+F_B)\cdot q_2 \quad (\mathrm{L/s})$$

式中 q_2——管段 2～3 的设计暴雨强度，即相应于 $t=\tau_1+t_{1-2}$ 的暴雨强度（L/(s·hm²))；

t_{1-2}——管段 1～2 的管内雨水流行时间（min）。

3）管段 3～4 的雨水设计流量

同理得到：

$$Q_{3-4}=(F_A+F_B+F_C)\cdot q_3 \qquad (L/s)$$

式中　q_3——管段3～4的设计暴雨强度，即相应于$t=\tau_1+t_{1-2}+t_{2-3}$的暴雨强度（$L/(s\cdot hm^2)$）。

由上可知，各设计管段的雨水设计流量等于该管段承担的全部汇水面积和设计暴雨强度的乘积。而各管段的设计暴雨强度则是相应于该管段设计断面的集水时间的暴雨强度。由于各管段的集水时间不同，所以各管段的设计暴雨强度亦不同。

采用推理公式法计算雨水设计流量，应按式（3-4）计算。当汇水面积超过2km^2时，宜考虑降雨在时空分布的不均匀性和管网汇流过程，采用数学模型法计算雨水设计流量。当有允许排入雨水管道的生产废水排入雨水管道时，应将其水量计算在内。

我国目前采用恒定均匀流推理公式，即用式（3-4）计算雨水设计流量。恒定均匀流推理公式基于以下假设：降雨在整个汇水面积上的分布是均匀的；降雨强度在选定的降雨时段内均匀不变；汇水面积随集流时间增长的速度为常数，因此推理公式适用于较小规模排水系统的计算，当应用于较大规格排水系统的计算时会产生较大误差。随着技术的进步，管渠直径的放大、水泵能力的提高，排水系统汇水流域面积逐步扩大应该修正推理公式的精确度。发达国家已采用数学模型模拟降雨过程，把排水管渠作为一个系统考虑并用数学模型对管网进行管理。美国一些城市规定的推理公式适用范围分别为：奥斯汀4km^2，芝加哥0.8km^2，纽约1.6km^2，丹佛6.4km^2，且汇流时间小于10min；欧盟的排水设计规范要求当排水系统面积大于2km^2或汇流时间大于15min时，应采用非恒定流模拟进行城市雨水管网水力计算。在总结国内外资料的基础上，2014年版《室外排水设计规范》提出当汇水面积超过2km^2时，雨水设计流量宜采用数学模型进行确定。

（2）流量叠加法

1）管段1～2的雨水设计流量

分析、计算同面积叠加法。

2）管段2～3的雨水设计流量

同样，当$t=\tau_1$时，全部F_B面积和部分F_A面积上的雨水流达2断面，管段2～3的雨水流量不是最大。只有当$t=\tau_1+t_{1-2}$时，这时F_A和F_B全部面积上的雨水均流到2断面，管段2～3的流量达最大值。F_B面积上产生的流量为$F_B\cdot q_2$，直接汇到2断面，但是，F_A面积上产生的流量为$F_A\cdot q_1$，则是通过管段1～2汇流到2断面的，因而，管段2～3的流量为：

$$Q_{2-3}=F_A q_1+F_B q_2$$

式中符号含义同上。

如果，按$Q_{2-3}=(F_A+F_B)q_2$计算，即面积叠加，把F_A面积上产生的流量通过管道汇集，看成了通过地面汇集，其相应的暴雨强度采用q_2，由于暴雨强度随降雨历时而降低，q_2小于q_1，计算所得流量$F_A\cdot q_2$小于该面积的最大流量$F_A\cdot q_1$，设计流量偏小，设计管道偏不于安全。

3）管段3～4的雨水设计流量

同理得到：

$$Q_{3-4}=F_A q_1+F_B q_2+F_C q_3$$

式中符号含义同上。

这样，流量叠加法雨水设计流量公式的一般形式为：

$$Q_k = \sum_{i=1}^{k}(F_i\Psi_i q_i)$$

由上可知，各设计管段的雨水设计流量等于其上游管段转输流量加上本管段产生的流量之和，即流量叠加，而各管段的设计暴雨强度则是相应于该管段设计断面的集水时间的暴雨强度。由于各管段的集水时间不同，所以各管段的设计暴雨强度亦不同。

面积叠加法计算雨水设计流量，方法简便，但其所得的设计流量偏小，一般用于雨水管渠的规划设计计算。

3.2.2 径流系数 ψ 的确定

降落在地面上的雨水，一部分被植物和地面的洼地截留，一部分渗入土壤，其余部分沿地面流入雨水管渠，这部分雨水量称做径流量。径流量与降雨量的比值称径流系数 Ψ，其值常小于1。

径流系数的值因汇水面积的地面覆盖情况、地面坡度、地貌、建筑密度的分布、路面铺砌等情况的不同而异。如屋面为不透水材料覆盖，Ψ 值大；沥青路面的 Ψ 值也大；而非铺砌的土路面 Ψ 值就较小。地形坡度大，雨水流动较快，其 Ψ 值也大；种植植物的庭园，由于植物本身能截留一部分雨水，其 Ψ 值就小等等。但影响 Ψ 值的主要因素则为地面覆盖种类的透水性。此外，还与降雨历时、暴雨强度及暴雨雨型有关。如降雨历时较长，由于地面渗透损失减小，Ψ 就大些；暴雨强度大，其 Ψ 值也大；最大强度发生在降雨前期的雨型，前期雨大的，Ψ 值也大。

由于影响因素很多，要精确地求定其值是很困难的。目前在雨水管渠设计中，径流系数通常采用按地面覆盖种类确定的经验数值。Ψ 值见表3-3，综合径流系数见表3-4。

径流系数　　表3-3

地 面 种 类	Ψ
各种屋面、混凝土或沥青路面	0.85～0.95
大块石铺砌路面或沥青表面处理的碎石路面	0.55～0.65
级配碎石路面	0.40～0.50
干砌砖石或碎石路面	0.35～0.40
非铺砌路面	0.25～0.35
公园或绿地	0.10～0.20

综合径流系数　　表3-4

区 域 情 况	Ψ
城镇建筑密集区	0.60～0.85
城镇建筑较密集区	0.45～0.60
城镇建筑稀疏区	0.20～0.45

通常汇水面积是由各种性质的地面覆盖所组成，随着它们占有的面积比例变化，Ψ 值也各异，所以整个汇水面积上的平均径流系数 Ψ_{av} 值是按各类地面面积用加权平均法计算而得到，即：

$$\Psi_{av} = \frac{\sum F_i \cdot \Psi_i}{F} \tag{3-7}$$

F_i——汇水面积上各类地面的面积（hm^2）；

Ψ_i——相应于各类地面的径流系数；

F——全部汇水面积（hm^2）。

小区的开发，应体现低影响开发的理念，应在小区内进行源头控制，应严格执行规划控制的综合径流系数，还提出了综合径流系数高于 0.7 的地区应采用渗透、调蓄等措施。径流系数，可按表 3-3 和表 3-4 的规定取值，汇水面积的综合径流系数应按地面种类加权平均计算，可按表 3-3 和表 3-4 的规定取值，还应核实地面种类的组成和比例的规定，可以采用的方法包括遥感监测、实地勘测等。

【例 3-1】 已知某小区内（系居住区内的典型街区）各类地面的面积 F_i 值见表 3-4。求该小区内的平均径流系数 Ψ_{av} 值。

【解】 计算如下：

按表 3-3 定出各类 F_i 的 Ψ_i 值，填入表 3-5 中，F 共为 $4hm^2$。则

$$=\frac{\sum F_i \cdot \Psi_i}{F}=\frac{1.2\times0.9+0.6\times0.9+0.6\times0.4+0.8\times0.3+0.8\times0.15}{4}$$

$\Psi_{av}=0.555$

某小区典型街坊各类面积 **表 3-5**

地面种类	面积 F_i(ha)	采用 Ψ_i 值
屋面	1.2	0.9
沥青道路及人行道	0.6	0.9
圆石路面	0.6	0.4
非铺砌土路面	0.8	0.3
绿地	0.8	0.15
合计	4	0.555

在设计中，也可采用区域综合径流系数。一般市区的综合径流系数 $\Psi=0.5\sim0.8$，郊区的 $\Psi=0.4\sim0.6$。我国各地区采用的综合径流系数 Ψ 值见表 3-6，《日本下水道设计指南》推荐的综合径流系数参见表 3-7。随着城市化的进程，不透水面积相应增加，为适应这种变化对径流系统值产生的影响，设计时径流系数 Ψ 值可取较大值。

国内一些地区采用的综合径流系数 **表 3-6**

城市	综合径流系数	城市	综合径流系数
北京	0.5～0.7	扬州	0.5～0.8
上海	0.5～0.8	宜昌	0.65～0.8
天津	0.45～0.6	南宁	0.5～0.75
乌兰浩特	0.5	柳州	0.4～0.8
南京	0.5～0.7	深圳	旧城区：0.7～0.8 新城区：0.6～0.7
杭州	0.6～0.8		

日本下水道设计指南推荐的综合径流系数 **表 3-7**

区 域 情 况	Ψ
空地非常少的商业区或类似的住宅区	0.80
有若干室外作业场等透水地面的工厂或有若干庭院的住宅区	0.65
房产公司住宅区之类的中等住宅区或单户住宅多的地区	0.50
庭院多的高级住宅区或夹有耕地的郊区	0.35

3.2.3 设计重现期 *P* 的确定

从暴雨强度公式可知，暴雨强度随着重现期的不同而不同。在雨水管渠设计中，若选用较高的设计重现期，计算所得设计暴雨强度大，相应的雨水设计流量大，管渠的断面相应大。这对防止地面积水是有利的，安全性高，但经济上则因管渠设计断面的增大而增加了工程造价；若选用较低的设计重现期，管渠断面可相应减小，这样虽然可以降低工程造价，但可能会经常发生排水不畅、地面积水而影响交通，甚至给城市人民的生活及工业生产造成危害。因此，必须结合我国国情，从技术和经济方面统一考虑。

雨水管渠设计重现期的选用，应根据汇水面积的地区建设性质（广场、干道、厂区、居住区）、城镇类型地形特点、汇水面积和气象特点等因素确定，一般选用 0.5～3a，对于重要干道，立交道路的重要部分，重要地区或短期积水即能引起较严重损失的地区，宜采用较高的设计重现期，一般选用 2～5a，并应和道路设计协调。对于特别重要的地区可酌情增加，而且在同一排水系统中也可采用同一设计重现期或不同的设计重现期。

雨水管渠设计重现期规定的选用范围，是根据我国各地目前实际采用的数据，经归纳综合后确定的。我国地域辽阔，各地气候、地形条件及排水设施差异较大。因此，在选用雨水管渠的设计重现期时，必须根据当地的具体条件合理选用。我国部分城市采用的雨水管渠的设计重现期见表 3-8，可供参考。

雨水管渠设计重现期（年） **表 3-8**

城区类型 / 城镇类型	中心城区	非中心城区	中心城区的重要地区	中心城区地下通道和下沉式广场等
特大城市	3～5	2～3	5～10	30～50
大城市	2～5	2～3	5～10	20～30
中等城市和小城市	2～3	2～3	3～5	10～20

注：1. 按表中所列重现期设计暴雨强度公式时，均采用年最大值法；
2. 雨水管渠应按重力流、满管流计算；
3. 特大城市指市区人口在 500 万以上的城市；大城市指市区人口在 100 万～500 万的城市；中等城市和小城市指市区人口在 100 万以下的城市。

雨水管渠设计重现期，应根据汇水地区性质、城镇类型、地形特点和气候特征等因素，经技术经济比较后按表 3-8 的规定取值，并应符合下列规定：①经济条件较好，且人口密集、内涝易发的城镇，宜采用规定的上限；②新建地区应按表 3-8 规定执行，既有地区应结合地区改建、道路建设等更新排水系统，并按表 3-8 规定执行；③同一排水系统可采用不同的设计重现期。

我国目前雨水管渠设计重现期与发达国家和地区的对比情况。美国、日本等国在城镇内涝防治设施上投入较大，城镇雨水管渠设计重现期一般采用 5～10 年。美国各州还将排水干管系统的设计重现期规定为 100 年，排水系统的其他设施分别具有不同的设计重现期。日本也将设计重现期不断提高，《日本下水道设计指南》（2009 年版）中规定，排水系统设计重现期在 10 年内应提高到 10～15 年。所以 2014 年版《室外排水设计规范》提出按照地区性质和城镇类型，并结合地形特点和气候特征等因素，经技术经济比较后，适当提高我国雨水管渠的设计重现期，并与发达国家标准基本一致。

选用表 3-8 规定值时，还应注意以下两点：

(1) 城镇类型：是指人口数量划分为“特大城市”、“大城市”和“中等城市和小城市”。根据住房和城乡建设部编制的《2010年中国城市建设统计年鉴》，市区人口大于500万的特大城市有12个，市区人口在100万～500万的大城市有287个，市区人口在100万以下的中等城市和小城市有457个。

（2）城区类型：分为“中心城区”、“非中心城区”、“中心城区的重要地区”和“中心城区的地下通道和下沉式广场”。其中，中心城区重要地区主要指行政中心、交通枢纽、学校、医院和商业聚集区等。将“中心城区地下通道和下沉式广场等”单独列出，主要是根据我国目前城市发展现状，并参照国外相关标准，以德国、美国为例，德国给水废水和废弃物协会（ATV-DVWK）推荐的设计标准（ATV-A118）中规定：地下铁道/地下通道的设计重现期为5～20年。我国上海市虹桥商务区的规划中，将下沉式广场的设计重现期规定为50年。由于中心城区地下通道和下沉式广场的汇水面积可以控制，且一般不能与城镇内涝防治系统相结合，因此采用的设计重现期应与内涝防治设计重现期相协调。

3.2.4 集水时间 t 的确定

前面已经说明，只有当降雨历时等于集水时间时，雨水流量为最大。因此，计算雨水设计流量时，通常用汇水面积最远点的雨水流达设计断面的时间 τ 作为设计降雨历时 t。为了与设计降雨历时的表示符号 t 相一致，故在下面叙述中集水时间的符号亦用 t 表示。

对管道的某一设计断面来说，集水时间 t 由地面集水时间 t_1 和管内雨水流行时间 t_2 两部分组成（见图3-5）。可用公式表述如下：

$$t=t_1+t_2 \tag{3-8}$$

式中 t_1——地面集水时间（min）。

t_2——管渠内雨水流行时间（min）。

1. 地面集水时间 t_1 的确定

地面集水时间是指雨水从汇水面积上最远点流到第1个雨水口 a 的时间

以图3-5为例。图中→→表示水流方向。雨水从汇水面积上最远点的房屋屋面分水线 A 点流到雨水口 a 的地面集水时间 t_1 通常是由下列流行路程的时间所组成：

从屋面 A 点沿屋面坡度经屋檐下落到地面散水坡的时间，通常为0.3～0.5min；

从散水坡沿地面坡度流入附近道路边沟的时间；沿道路边沟到雨水口 a 的时间。

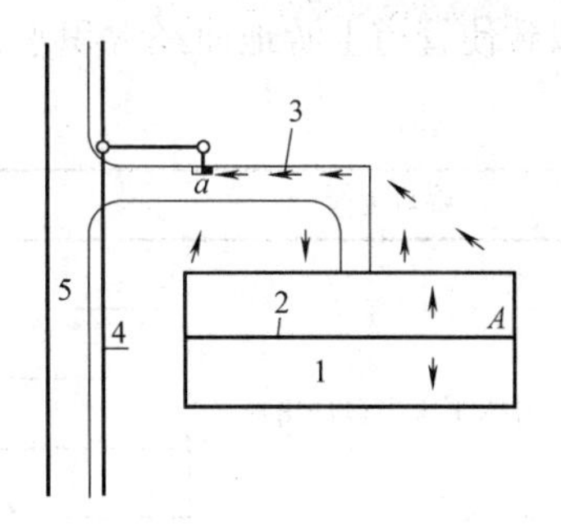

图3-5 地面集水时间 t_1 示意
1—房屋；2—屋面分水线；3—道路边沟；4—雨水管；5—道路

地面集水时间受地形坡度、地面铺砌、地面种植情况、水流路程、道路纵坡和宽度等因素的影响，这些因素直接决定着水流沿地面或边沟的速度。此外，也与暴雨强度有关，因为暴雨强度大，水流时间就短。但在上述各因素中，地面集水时间主要取决于雨水流行距离的长短和地面坡度。

为了寻求地面集水时 t_1 的通用计算方法，不少学者作了大量的研究工作，其研究成果也在有关刊物发表。但在实际的设计工作中，要准确地计算 t_1 值是困难的，故一般不进行计算，而采用经验数值。根据《室外排水设计规范》规定：地面集水时间视距离长短和地形坡度及地面覆盖情况而定，一般采用 $t_1=5\sim15$min。这一经验值是根据国内外的资料确定的。国内外采用的 t_1 值分别见表 3-9 和表 3-10。

国内一些城市采用的 t_1 值 **表 3-9**

城市	t_1(min)	城市	t_1(min)
北京	5～15	重庆	5
上海	5～15,某工业区 25	哈尔滨	10
无锡	23	吉林	10
常州	10～15	营口	10～30
南京	10～15	白城	20～40
杭州	5～10	兰州	10
宁波	5～15	西宁	15
广州	15～20	西安	＜100m,5;＜200m,8
天津	10～15		＜300m,10;＜400m,13
武汉	10	太原	10
长沙	10	唐山	15
成都	10	保定	10
贵阳	12	昆明	12

根据国内资料，地面集水时间采用的数据，大多不经计算。按照经验，一般对在建筑密度较大、地形较陡、雨水口分布较密的地区或街区内设置的雨水暗管，宜采用较小的 t_1 值，可取 $t_1=5\sim8$min 左右。而在建筑密度较小、汇水面积较大、地形较平坦、雨水口布置较稀疏的地区，地面集水距离决定集水时间的长短，地面集水距离的合理范围：起点井上游地面流行距离以不超过 120～150m 为宜，一般可取 $t_1=10\sim15$min。

在设计工作中，应结合具体条件恰当地选定。如 t_1 选用过大，将会造成排水不畅，以致使管道上游地面经常积水；选用过小，又将使雨水管渠尺寸加大而增加工程造价。

国外采用的 t_1 值 **表 3-10**

资料来源	工程情况	t_1(min)
日本下水道设计指针	人口密度大的地区	5
	人口密度小的地区	10
	平均	7
	干线	5
	支线	7～10
美国土木工程学会	全部铺装,下水道完备的密集地区	5
	地面坡度较小的发展区	10～15
	平坦的住宅区	20～30
苏联规范	待道内部无雨水管网	由计算确定,居住区采用不小于 10
	待道内部有雨水管网	5

2. 管渠内雨水流行时间 t_2 的确定

t_2 是指雨水在管渠内的流行时间，即：

$$t_2=\sum\frac{L}{60v}(\text{min}) \tag{3-9}$$

式中 L——各管段的长度（m）；

v——各管段满流时的水流速度（m/s）；

60——单位换算系数，1min=60s。

综上所述，在得知确定设计重现期 P、设计降雨历时 t 的方法后，计算雨水管渠设计流量所用的设计暴雨强度公式及流量公式可写成：

$$q=\frac{167A_1(1+c\lg P)}{(t_1+t_2+b)^n} \tag{3-10}$$

$$Q=\frac{167A_1(1+c\lg P)}{(t_1+t_2+b)^n}\Psi\cdot F \tag{3-11}$$

或当 $b=0$ 时

$$q=\frac{167A_1(1+c\lg P)}{(t_1+t_2)^n} \tag{3-12}$$

$$Q=\frac{167A_1(1+c\lg P)}{(t_1+t_2)^n}\Psi\cdot F \tag{3-13}$$

或当 $n=1$ 时

$$q=\frac{167A_1(1+c\lg P)}{t_1+t_2+b}F \tag{3-14}$$

$$Q=\frac{167A_1(1+c\lg P)}{t_1+t_2+b}\Psi\cdot F \tag{3-15}$$

式中 Q——雨水设计流量（L/s）；

Ψ——径流系数，其数值小于1；

F——汇水面积（hm^2）；

q——设计暴雨强度（$L/(s\cdot hm^2)$）；

P——设计重现期（a）；

t_1——地面集水时间（min）；

t_2——管渠内雨水流行时间（min）；

A_1、c、b、n——地方参数。

3.2.5 特殊情况雨水设计流量的确定

推理公式的基本假定只是近似的概括，实际上暴雨强度在受雨面积上的分布是不均匀的。它在面积上的分布情况与地形条件，汇水面积形状、降雨历时、降雨中心强度的位置等因素有关。由于雨水管渠的汇水面积较小，地形地貌较为一致，故可按均匀情况计算。对于暴雨强度在时间上的分布，根据国内外大量的实测资料表明，暴雨强度的平均过程是先小、继大、又小的过程，当降雨历时较短时，可近似地看做等强度的过程。当降雨历时较长时，按等强度过程考虑将会产生一定偏差。对于径流面积的增长情况则取决于汇水面积形状和管线布置，一般把矩形的面积增长视为均匀增长。在实际计算中，为简化计算，常把那些面积增长虽不完全均匀，但还不是畸形的面积都当成径流面积均匀增长计算。因此，在一般情况下，按极限强度法计算雨水管渠的设计流量是合理的。但当汇水面积的轮廓形状很不规则，即汇水面积呈畸形增长时（包括几个相距较远的独立区域雨水的交汇）；汇水面积地形坡度变化较大或汇水面积各部分径流系数有显著差异时，就可能发生管道的最大流量不是发生在全部面积参与径流时，而发生在部分面积参与径流时。在设计中也应注意这种特殊情况。现举例说明两个有一定距离的独立排水流域的雨水干管交汇处，最大设计流量计算的一种方法。

【例 3-2】 有一条雨水干管接受两个独立排水流域的雨水径流，如图 3-6 所示。图中 F_A 为城市中心区汇水面积，F_B 为城市近郊工业区汇水面积，试求 B 点的设计流量 Q 是多少?

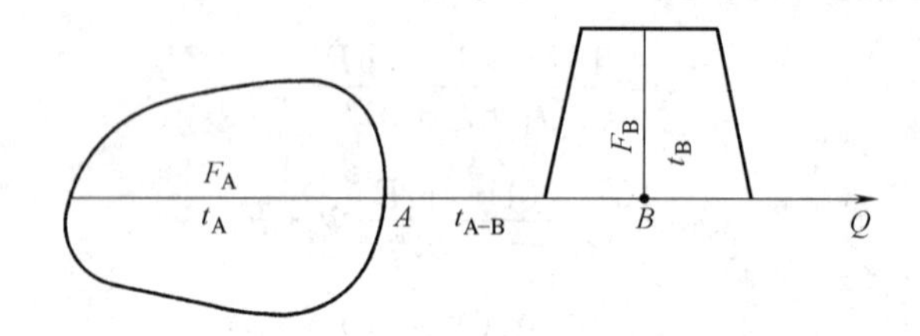

图 3-6　两个独立排水面积雨水汇流示意

已知：(1) P=la 时的暴雨强度公式为 $q=\frac{1625}{(t+4)^{0.57}}$ (L/(s·hm²))；

(2) 径流系数取 $\Psi=0.5$；

(3) $F_A=30\text{hm}^2$，$t_A=25\text{min}$；$F_B=15\text{hm}^2$，$t_B=15\text{min}$；雨水管道 AB 的 $t_{A-B}=10\text{min}$。

【解】 根据已知条件，F_A 面积上产生的最大流量：$Q_A=\Psi qF=0.5\times\frac{1652}{(t_A+4)^{0.57}}\times F_A=\frac{812.5}{(t_A+4)^{0.57}}\times F_A$。$F_B$ 面积上产生的最大流量：$Q_B=\frac{812.5}{(t_B+4)^{0.57}}\times F_B$。$F_A$ 面积上的最大流量流到 B 点的集水时间为 t_A+t_{A-B}，F_B 面积上的最大流量流到 B 点的集水时间为 t_B。如果 $t_A+t_{A-B}=t_B$，则 B 点的最大流量 $Q=Q_A+Q_B$。但 $t_A+t_{A-B}\neq t_B$，故 B 点的最大流量可能发生在 F_A 面积或 F_B 面积单独出现最大流量时。据已知条件 $t_A+t_{A-B}>t_B$，B 点的最大流量按下面两种情况分别计算。

(1) 第一种情况：最大流量可能发生在全部 F_B 面积参与径流时。这时 F_A 中仅部分面积的雨水能流达 B 点参与同时径流，B 点的最大流量为：

$$Q=\frac{812.5F_B}{(t_B+4)^{0.57}}+\frac{812.5F'_A}{(t_B-t_{A-B}+4)^{0.57}}$$

式中 F'_A 为在 t_B-t_{A-B} 时间内流到 B 点的 F_A 上的那部分面积。$\frac{F_A}{t_A}$ 为 1min 的汇水面积，所以 $F'_A=\frac{F_A}{t_A}\times(t_B-t_{A-B})=\frac{30\times(15-10)}{25}=6$ (hm²)

代入上式得出：

$$Q=\frac{812.5\times15}{(15+4)^{0.57}}+\frac{812.5\times6}{(5+4)^{0.57}}=2275.2+1393.3=3668.5\ (\text{L/s})$$

(2) 第二种情况：最大流量可能发生在全部 F_A 面积参与径流时。这时 F_B 的最大流量已流过 B 点，B 点的最大流量为：

$$Q=\frac{812.5F_A}{(t_A+4)^{0.57}}+\frac{812.5F_B}{(t_A+t_{A-B}+4)^{0.57}}=\frac{812.5\times30}{(25+4)^{0.57}}+\frac{812.5\times15}{(25+10+4)^{0.57}}$$

$$=3575.8+1510.1=5085.9\ (L/s)$$

按上述两种情况计算的结果，选择其中最大流量 $Q=5085.9L/s$ 作为 B 点处所求的设计流量。

有关特殊地区雨水管道最大设计流量的另一些计算方法，国内已有一些研究。本书对这一问题就不再详述，请参见有关资料文献。

3.2.6 雨水管渠设计流量计算的其他方法

前面介绍的雨水设计流量计算公式是国内外广泛采用的推理公式。该公式使用简便，所需资料不多，并已积累了丰富的实际应用经验。但是，由于公式推导的理论基础是假定降雨强度在集流时间内均匀不变，即降雨为等强度过程，假定汇水面积按线性增长，即汇水面积随集流时间增长的速度为常数。而事实上降雨强度是随时间变化的，汇水面积随时间的增长是非线性的。另外，参数选用比较粗糙，如径流系数取值仅考虑了地表的性质。地面集水时间的取值一般也是凭经验。因此在计算雨水管道设计流量时，如未根据汇水面积的形状及特点合理布置管道系统时，计算结果会产生较大误差。

雨水设计流量计算的其他方法有：

1. 推理公式的改进法

结合本地区的气象条件等因素，对推理公式进行补充、改进，使计算结果更符合实际。如目前德国采用的时间系数法和时间径流因子法计算雨水管道的设计径流量，都是在推理公式的基础上产生的。

2. 过程线方法

过程线方法较多，如瞬时单线方法，典型暴雨法，英国运输与道路研究实验室（TRRL）水文曲线法等。如 TRRL 方法分为两部分，首先第一步假设径流来自城市内不透水面积，并根据指定的暴雨分配过程由等流时线推求径流过程线；其次对第一步得出的过程线进行通过雨水系统的流量演算，从而得出雨水系统出流管的径流过程线。过程线的高峰值一般就作为雨水管道系统的最大径流量。

3. 计算机模型

国外在 20 世纪 70 年代，随着计算机广泛运用和计算机功能的增强，一批城市水文模型得到发展，其中包括非常复杂而详尽的城市径流计算模型。

（1）Wallingford 水文曲线法

这是由英国在 TRRL 程序的基础上发展起来的，包含几种计算程序的方法。其中各程序的名称及功能如下。

1）Wallingford 改进型理论径流公式：主要功能是利用改进后的理论径流公式计算排水管规格及排水量。

2）Wallingford 水文曲线：主要为观测或设计暴雨量，计算排水管规格及建立模拟排水水文图。

3）Wallingford 最优化方法：运用改进后的理论径流公式计算管径、埋深和坡度，以使系统建造费用最低。

4）Wallingford 模拟模型：主要用于模拟流量与时间的变化关系，以观测或设计降雨量。

(2) Illinois 城市排水模拟装置

这种装置运用 TRRL 方法估算径流量、流速，并且为排水系统管道规格的设计提供最佳选择。

(3) 暴雨雨水管理模型（SWMM）

此模型是由美国环保局发展的，包括 4 个工作块。“径流块”建立径流水文曲线及计算有关的污染负荷；“传输块”将有关的水文曲线及污染直方图运用于排污管渠及整个排水系统的设计；“贮存/处理块”模拟一些存贮和去除污染物的设施的运行情况；“接收块”模拟研究受纳水体接受从排水系统排出的混合污水后的反应。由于 SWMM 可对整个城市降雨、径流过程进行较为准确的量和质的模拟，并由计算机根据模拟的结果，进行城市的排水规划、管道设计和运行管理，具有功能多、精度高的优点。

此外，西方国家还发展有许多此类模型，以满足各种不同应用水平和要求，因此，西方国家城市排水工程的设计管理中计算机的应用已非常普遍。

3.3 雨水管渠系统的设计和计算

雨水管渠系统设计的基本要求是能通畅地及时地排走城镇或工厂汇水面积内的暴雨径流量。为防止暴雨径流的危害，设计人员应深入现场进行调查研究，踏勘地形，了解排水走向，搜集当地的设计基础资料，作为选择设计方案及设计计算的可靠依据。

3.3.1 雨水管渠系统平面布置的特点

(1) 充分利用地形，就近排入水体。雨水管渠应尽量利用自然地形坡度以最短的距离靠重力流排入附近的池塘、河流、湖泊等水体中，如图 3-7 所示。

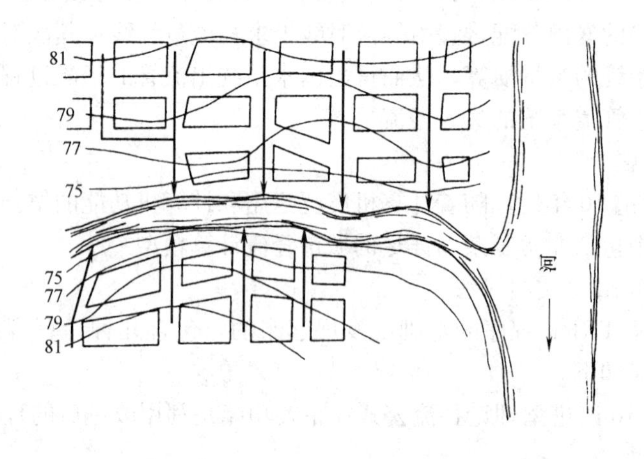

图 3-7　分散出水口式雨水管布置

一般情况下，当地形坡度变化较大时，雨水干管宜布置在地形较低处或溪谷线上；当地形平坦时，雨水干管宜布置在排水流域的中间，以便于支管接入，尽可能扩大重力流排除雨水的范围。

当管道排入池塘或小河时，由于出水口的构造比较简单，造价不高，因此雨水干管的平面布置宜采用分散出水口式的管道布置形式，且就近排放，管线较短，管径也较小，这在技术上、经济上都是合理的。

但当河流的水位变化很大，管道出口离常水位较远时，出水口的构造比较复杂，造价较高，就不宜采用过多的出水口，这时宜采用集中出水口式的管道布置形式，如图 3-8 所示。当地形平坦，且地面平均标高低于河流常年的洪水位标高时，需将管道出口适当集中，在出水口前设雨水泵站，暴雨期间雨水经抽升后排入水体。这时，为尽可能使通过雨水泵站的流量减少到最小，以节省泵站的工程造价和经常运转费用。宜在雨水进泵站前的适当地点设置调节池。

（2）根据城市规划布置雨水管道。通常，应根据建筑物的分布，道路布置及街区内部的地形等布置雨水管道，使街区内绝大部分雨水以最短距离排入街道低侧的雨水管道。

雨水管道应平行道路布设，且宜布置在人行道或草地带下，而不宜布置在快车道下，以免积水时影响交通或维修管道时破坏路面，若道路宽度大于 40m 时，可考虑在道路两侧分别设置雨水管道。

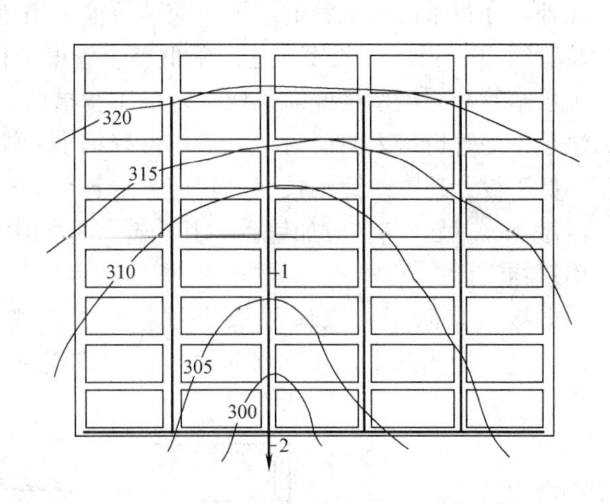

图 3-8　集中出水口式雨水管布置

雨水干管的平面和竖向布置应考虑与其他地下构筑物（包括各种管线及地下建筑物等）在相交处相互协调，雨水管道与其他各种管线（构筑物）在竖向布置上要求的最小净距见附录 2-3。在有池塘、坑洼的地方，可考虑雨水的调蓄。在有连接条件的地方，应考虑两个管道系统之间的连接。

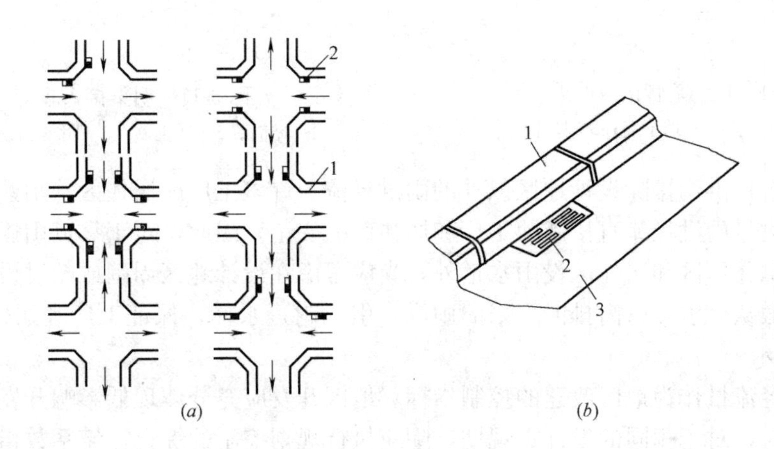

图 3-9　雨水口布置

(*a*) 道路交叉路口雨水口布置；(*b*) 雨水口位置

1—路边石；2—雨水口；3—道路路面

（3）合理布置雨水口，以保证路面雨水排除通畅。雨水口布置应根据地形及汇水面积确定，一般在道路交叉口的汇水点，低洼地段均应设置雨水口。以便及时收集地面径流，避免因排水不畅形成积水和雨水漫过路口而影响行人安全。道路交叉口处雨水口的布置可参见图 3-9。雨水口的构造以及在道路直线段上设置雨水口的距离详见第 6 章。

（4）雨水管道采用明渠或暗管应结合具体条件确定。在城市市区或工厂内，由于建筑密度较高，交通量较大，雨水管道一般应采用暗管。在地形平坦地区，埋设深度或出水口深度受限制地区，可采用盖板渠排除雨水。从国内一些城市采用盖板渠排除雨水的经验来看，此种方法经济有效。

在城市郊区，当建筑密度较低，交通量较小的地方，可考虑采用明渠，以节省工程费用，降低造价。但明渠容易淤积，滋生蚊蝇，影响环境卫生。

此外，在每条雨水干管的起端，应尽可能采用道路边沟排除路面雨水。这样通常可以减少暗管约 100～150m 长度。这对降低整个管渠工程造价是很有意义的。

雨水暗管和明渠衔接处需采取一定的工程措施，以保证连接处良好的水力条件。通常的做法是：当管道接入明渠时，管道应设置挡土的端墙，连接处的土明渠应加铺砌；铺砌高度不低于设计超高，铺砌长度自管道末端算起 3～10m。宜适当跌水，当跌差 0.3～2m 时，需做 45°斜坡，斜坡应加铺砌，其构造尺寸如图 3-10 所示。当跌差大于 2m 时，应按水工构筑物设计。

明渠接入暗管时，除应采取上述措施外，尚应设置格栅，栅条间距采用 100～150mm。也宜适当跌水，在跌水前 3～5m 处即需进行铺砌，其构造尺寸见图 3-11。

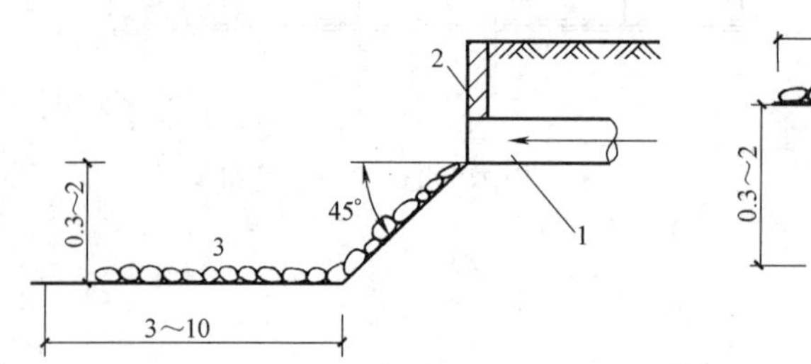

图 3-10 暗管接入明渠

1—暗管；2—挡土墙；3—明渠

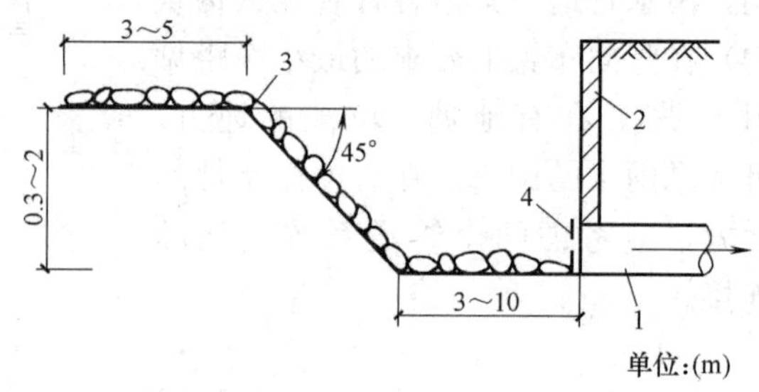

图 3-11 明渠接入暗管

1—暗管；2—挡土墙；3—明渠；4—格栅

（5）设置排洪沟排除设计地区以外的雨洪径流。许多工厂或居住区傍山建设，雨季时设计地区外大量雨洪径流直接威胁工厂和居住区的安全。因此，对于靠近山麓建设的工厂和居住区，除在厂区和居住区设雨水道外，尚应考虑在设计地区周围或超过设计区设置排洪沟，以拦截从分水岭以内排泄下来的雨洪，引入附近水体，保证工厂和居住区的安全。如图 3-12 所示。

（6）以径流量作为地区改建的控制指标。地区开发应充分体现低影响开发理念，当地区整体改建时，对于相同的设计重现期，除应执行规划控制的综合径流系数指标外，还应执行径流量控制指标。2014 版《室外排水设计规范》规定整体改建地区应采取措施，确保改建后的径流量不超过原有径流量。可采取的综合措施包括建设下凹式绿地，设置植草沟、渗透池等，人行道、停车场、广场和小区道路等可采用渗透性路面，促进雨水下渗，

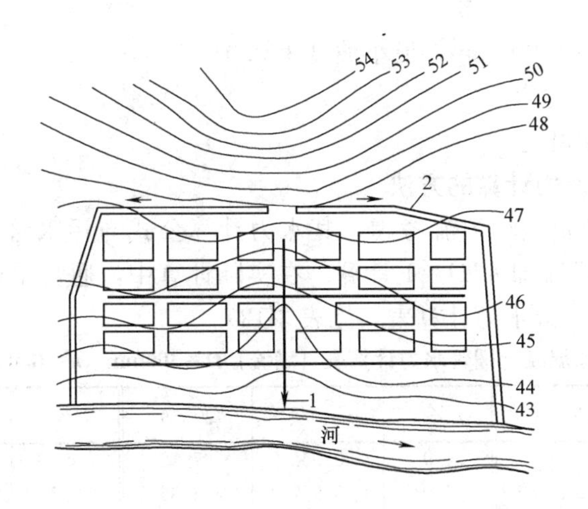

图 3-12 某居住区雨水管及排洪沟布置

1—雨水管；2—排洪沟

既达到雨水资源综合利用的目的，又不增加径流量。

3.3.2 雨水管渠水力计算的设计数据

为使雨水管渠正常工作，避免发生淤积，冲刷等现象，对雨水管渠水力计算的基本数据作如下的技术规定。

1. 设计充满度

雨水中主要含有泥砂等无机物质，不同于污水的性质，加以暴雨径流量大，而相应较高设计重现期的暴雨强度的降雨历时一般不会很长。故管道设计充满度按满流考虑，即 $h/D=1$。明渠则应有等于或大于 0.2m 的超高。待道边沟应有等于或大于 0.03m 的超高。

2. 设计流速

为避免雨水所挟带的泥砂等无机物质在管渠内沉淀下来而堵塞管道，雨水管渠的最小设计流速应大于污水管道，雨水管和合流管在满流时管道内最小设计流速为 0.75m/s；明渠内最小设计流速为 0.40m/s。

为防止管壁受到冲刷而损坏，影响及时排水，对雨水管渠的最大设计流速规定为：金属管最大流速为 10m/s；非金属管最大流速为 5m/s；明渠中水流深度为 0.4～1.0m 时，最大设计流速宜按表 3-11 采用。

明渠最大设计流速 **表 3-11**

明渠类别	最大设计流速(m/s)	明渠类别	最大设计流速(m/s)
粗砂或低塑性粉质黏土	0.80	草皮护面	1.60
粉质黏土	1.00	干砌块石	2.00
黏土	1.20	浆砌块石或浆砌砖	3.00
石灰岩及中砂岩	4.00	混凝土	4.00

注：h 为水流深度，当水流深度 h 在 0.4～1.0m 范围以外时，表列流速应乘以下列系数：
$h<0.4$m，系数 0.85；
2.0m$>h>$1m，系数 1.25；
$h\geqslant 2$m，系数 1.40。

因此，管渠设计流速应在最小流速与最大流速范围内。

3. 最小管径和最小设计坡度

雨水管道的最小管径为 300mm，相应的最小坡度塑料管为 0.002，其他管为 0.003，雨水口连接管最小管径为200mm，最小坡度为0.01。

4. 最小埋深与最大埋深

具体规定同污水管道。

3.3.3 雨水管渠水力计算的方法

雨水管渠水力计算仍按均匀流考虑，其水力计算公式与污水管道相同，见公式（2-9）、式（2-10），但按满流即 $h/D=1$ 计算。在实际计算中，通常采用根据公式制成的水力计算图（见附录2-2）或水力计算表（见表3-12）。

钢筋混凝土圆管水力计算表（满流）$D=300$mm　$n=0.013$　　表3-12

I(‰)	V(m/s)	Q(L/s)	I(‰)	V(m/s)	Q(L/s)	I(‰)	V(m/s)	Q(L/s)
0.6	0.335	23.68	4.9	0.958	67.72	9.2	1.312	92.75
0.7	0.362	25.59	5.0	0.967	68.36	9.3	1.319	93.24
0.8	0.387	27.36	5.1	0.977	69.06	9.4	1.326	93.73
0.9	0.410	28.98	5.2	0.987	69.77	9.5	1.333	94.23
1.0	0.433	30.61	5.3	0.996	70.41	9.6	1.340	94.72
1.1	0.454	32.09	5.4	1.005	71.04	9.7	1.347	95.22
1.2	0.474	33.51	5.5	1.015	71.75	9.8	1.354	95.71
1.3	0.493	34.85	5.6	1.024	72.39	9.9	1.361	96.21
1.4	0.512	36.19	5.7	1.033	73.02	10.0	1.368	96.70
1.5	0.530	37.47	5.8	1.042	73.66	11	1.435	101.44
1.6	0.547	38.67	5.9	1.051	74.30	12	1.499	105.96
1.7	0.564	39.87	6.0	1.060	74.93	13	1.560	110.28
1.8	0.580	41.00	6.1	1.068	75.50	14	1.619	114.45
1.9	0.596	42.13	6.2	1.077	76.13	15	1.675	118.41
2.0	0.612	43.26	6.3	1.086	76.77	16	1.730	122.29
2.1	0.627	44.32	6.4	1.094	77.33	17	1.784	126.11
2.2	0.642	45.38	6.5	1.103	77.97	18	1.835	129.72
2.3	0.656	46.37	6.6	1.111	78.54	19	1.886	133.32
2.4	0.670	47.36	6.7	1.120	79.17	20	1.935	136.79
2.5	0.684	48.35	6.8	1.128	79.74	21	1.982	140.11
2.6	0.698	49.34	6.9	1.136	80.30	22	2.029	143.43
2.7	0.711	50.26	7.0	1.145	80.94	23	2.075	146.68
2.8	0.724	51.18	7.1	1.153	81.51	24	2.119	149.79
2.9	0.737	52.10	7.2	1.161	82.07	25	2.163	152.90
3.0	0.749	52.95	7.3	1.169	82.64	26	2.206	155.94
3.1	0.762	53.87	7.4	1.177	83.20	27	2.248	158.01
3.2	0.774	54.71	7.5	1.185	88.77	28	2.289	161.81
3.3	0.786	55.56	7.6	1.193	84.33	29	2.330	164.71
3.4	0.798	56.41	7.7	1.200	84.88	30	2.370	167.54
3.5	0.809	57.19	7.8	1.208	85.39	35	2.559	180.90
3.6	0.821	58.04	7.9	1.216	85.96	40	2.736	193.41
3.7	0.832	58.81	8.0	1.224	86.52	45	2.902	205.14
3.8	0.843	59.59	8.1	1.231	87.02	50	3.059	216.24
3.9	0.854	60.37	8.2	1.239	87.58	55	3.208	226.77
4.0	0.865	61.15	8.3	1.246	88.08	60	3.351	236.88
4.1	0.876	61.92	8.4	1.254	88.65	65	3.488	246.57
4.2	0.887	62.70	8.5	1.261	89.14	70	3.619	255.83
4.3	0.897	63.41	8.6	1.269	89.71	75	3.747	264.88
4.4	0.907	64.12	8.7	1.276	90.20	80	3.869	273.50
4.5	0.918	64.89	8.8	1.283	90.70	85	3.988	281.91
4.6	0.928	66.60	8.9	1.291	91.26	90	4.104	290.11
4.7	0.938	66.31	9.0	1.298	91.76	95	4.217	298.10
4.8	0.948	67.01	9.1	1.305	92.25	100	4.326	305.80

在工程设计中，通常在选定管材之后，n 即为已知数值。而设计流量 Q 也是经计算后求得的已知数。所以剩下的只有 3 个未知数 D、v 及 I。

这样，在实际应用中，就可以参照地面坡度 i，假定管底坡度 I，从水力计算图或表中求得 D 及 v 值，并使所求得的 D、v、I 各值符合水力计算基本数据的技术规定。

下面举例说明其运用。

【例 3-3】 已知：$n=0.013$，设计流量经计算为 $Q=200\text{L/s}$，该管段地面坡度为 $i=0.004$，试计算该管段的管径 D、管底坡度 I 及流速 v。

【解】 设计采用 $n=0.013$ 的水力计算图，如图 3-13 所示。

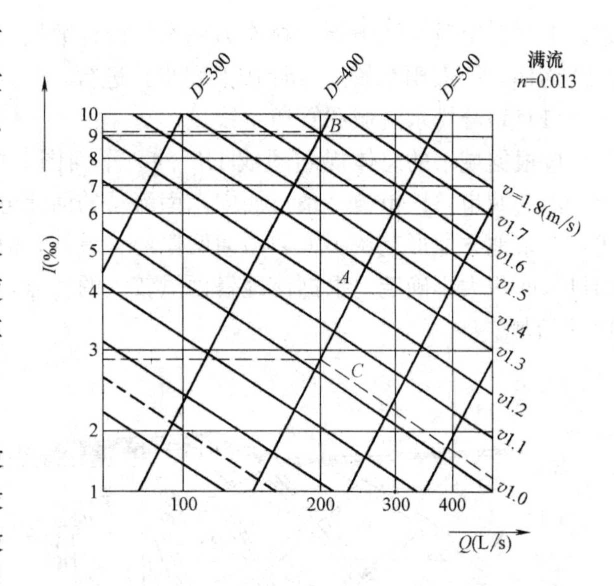

图 3-13 钢筋混凝土圆管水力计算图

图中 D 以 mm 计

先在横坐标轴上找到 $Q=200\text{L/s}$ 值，作竖线；在纵坐标轴上找到 $I=0.004$ 值，作横线。将此两线相交于 A 点，找出该点所在的 v 及 D 值。得到 $v=1.17\text{m/s}$，符合水力计算的设计数据的规定；而 D 值则界于 $D=400\sim500\text{mm}$ 两斜线之间，显然不符合管材统一规格的规定，因此管径 D 必需进行调整。

设采用 $D=400\text{mm}$ 时，则将 $Q=200\text{L/s}$ 的竖线与 $D=400\text{mm}$ 的斜线相交于 B 点，从图中得出交点处的 $I=0.0092$ 及 $v=1.60\text{m/s}$。此结果 v 符合要求，而 I 与原地面坡度相差很大，势必增大管道的埋深，不宜采用。

若采用 $D=500\text{mm}$ 时，则将 $Q=200\text{L/s}$ 的竖线与 $D=500\text{mm}$ 的斜线相交于 C 点，从图中得出交点处的 $I=0.0028$ 及 $v=1.02\text{m/s}$。此结果合适，故决定采用。

雨水管道中常用的断面形式大多为圆形，但当断面尺寸较大时，宜采用矩形、马蹄形或其他形式。

明渠和盖板渠的底宽，不宜小于 0.3m。无铺砌的明渠边坡，应根据不同的地质按表 3-13 采用；用砖石或混凝土块铺砌的明渠可采用 1∶0.75～1∶1 的边坡。

明渠边坡 **表 3-13**

地质	边坡	地质	边坡
粉砂	1∶3～1∶3.5	半岩性土	1∶0.5～1∶1
松散的细砂、中砂和粗砂	1∶2～1∶2.5	风化岩石	1∶0.25～1∶0.5
密实的细砂、中砂、粗砂或黏质粉土	1∶1.5～1∶2	岩石	1∶0.1～1∶0.25
粉质黏土或黏土砾石或卵石	1∶1.25～1∶1.5		

3.3.4 雨水管渠系统的设计步骤和水力计算

首先要收集和整理设计地区的各种原始资料，包括地形图，城市或工业区的总体规划，水文、地质、暴雨等资料作为基本的设计数据。然后根据具体情况进行设计。现以图3-14为例，一般雨水管道设计按下列步骤进行。

(1) 划分排水流域和管道定线。

应根据城市的总体规划图或工厂的总平面图，按实际地形划分排水流域。如图3-14示一沿江城市，该市被一条自西向东南流动的河流分为南、北两区。南区可见一明显分水线，其余地方地形起伏不大，沿河两岸地势最低，故排水流域的划分基本按雨水干管服务的排水面积大小确定。根据该地暴雨量较大的特点，每条干管承担面积不宜太大，故划为12个流域。

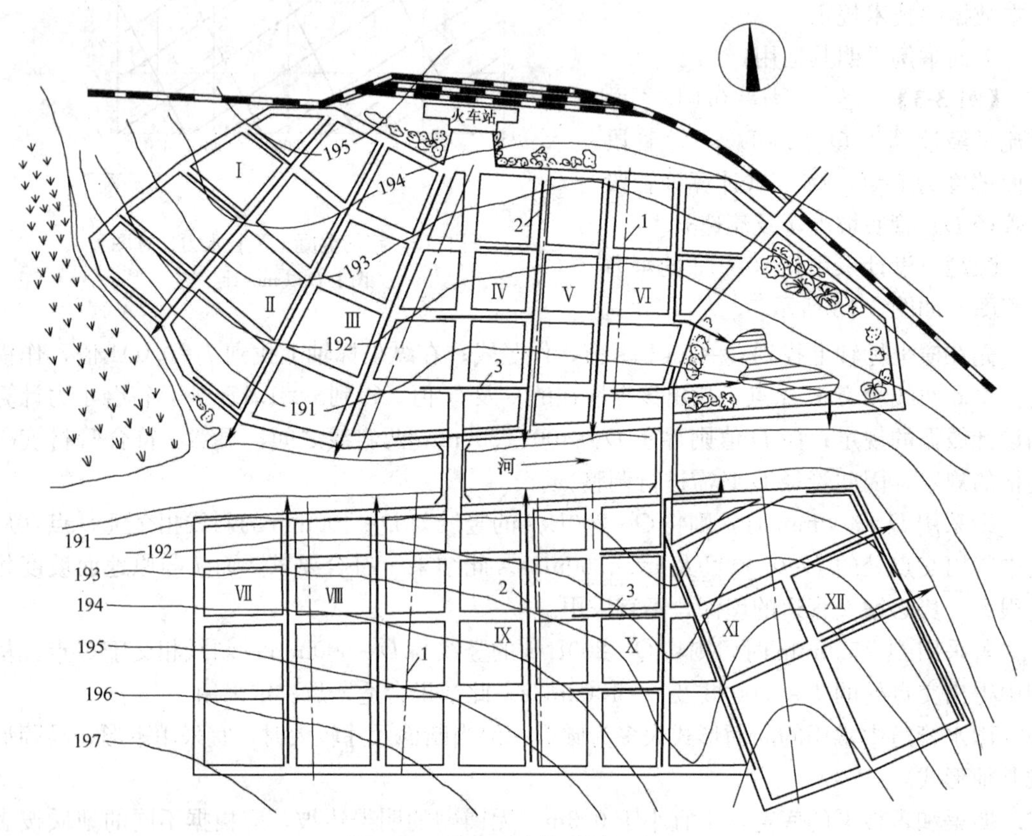

图 3-14 某地雨水管道平面布置

1—流域分界线；2—雨水干管；3—雨水支管

由于地形对排除雨水有利，拟采用分散出口的雨水管道布置形式。雨水干管基本垂直于等高线，布置在排水流域地势较低一侧，这样雨水能以最短距离靠重力流分散就近排入水体。为了充分利用街道边沟的排水能力，每条干管起端100m左右可视具体情况不设雨水暗管。雨水支管一般设在街坊较低侧的道路下。

(2) 划分设计管段。

根据管道的具体位置，在管道转弯处、管径或坡度改变处，有支管接入处或两条以上管道交汇处以及超过一定距离的直线管段上都应设置检查井。把两个检查井之间流量没有变化且预计管径和坡度也没有变化的管段定为设计管段。并从管段上游往下游按顺序进行检查井的编号。详见图3-15。

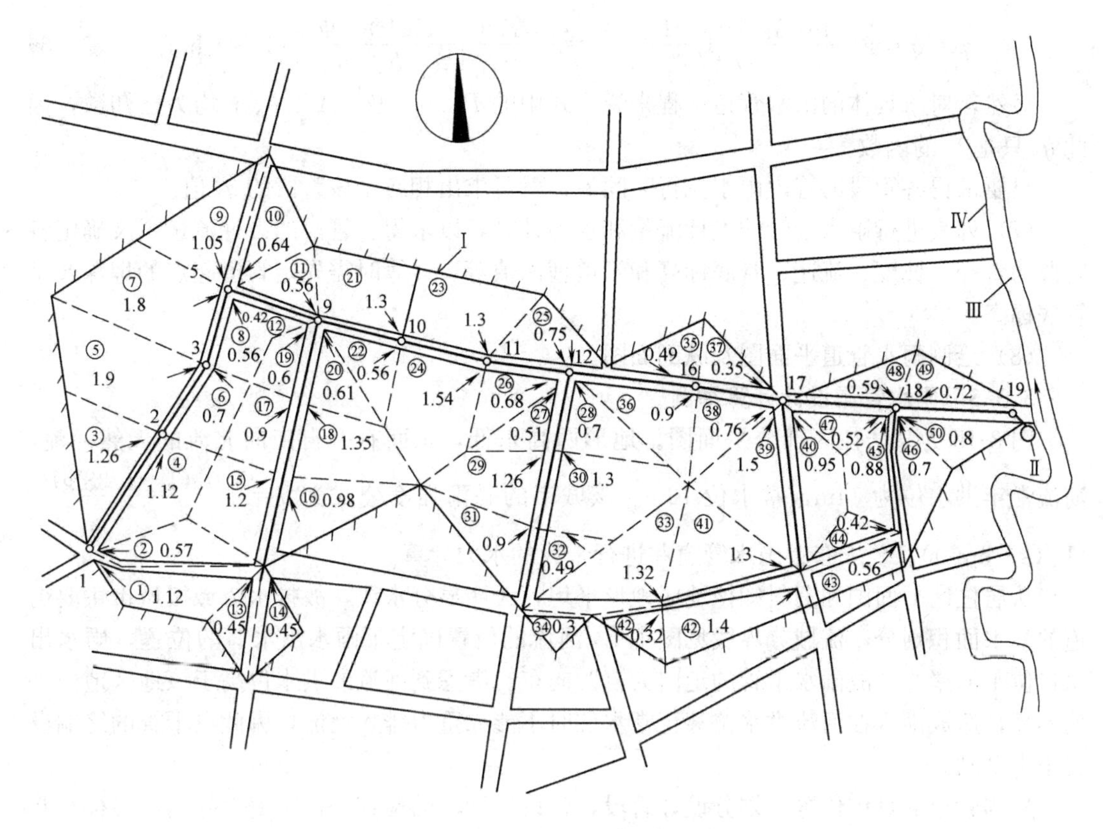

图 3-15　设有雨水泵站的雨水管布置

Ⅰ—排水分界线；Ⅱ—雨水泵站；Ⅲ—河流；Ⅳ—河堤岸

图中圆圈内数字为汇水面积编号；其旁数字为面积数值；以 $10^4 m^2$ 计

(3) 划分并计算各设计管段的汇水面积。

各设计管段汇水面积的划分应结合地形坡度、汇水面积的大小以及雨水管道布置等情况而划定。地形较平坦时，可按就近排入附近雨水管道的原则划分汇水面积；地形坡度较大时，应按地面雨水径流的水流方向划分汇水面积。并将每块面积进行编号，计算其面积的数值注明在图中，详见图 3-15。汇水面积除街区外，还包括街道、绿地。

(4) 确定各排水流域的平均径流系数值。

通常根据排水流域内各类地面的面积数或所占比例，计算出该排水流域的平均径流系数；也可根据规划的地区类别，采用区域综合径流系数。

(5) 确定设计重现期 P、地面集水时间 t_1。

前面已叙述过确定雨水管渠设计重现期的有关原则和规定。设计时应结合该地区的地形特点、汇水面积的地区建设性质和气象特点选择设计重现期。各个排水流域雨水管道的设计重现期可选用同一值，也可选用不同的值。

根据该地建筑密度情况，地形坡度和地面覆盖种类，街区内设置雨水暗管与否等，确定雨水管道的地面集水时间。

(6) 求单位面积径流量 q_0。

q_0 是暴雨强度 q 与径流系数 Ψ 的乘积，称单位面积径流量。即

$$q_0=q\cdot\Psi=\frac{167A_1(1+c\lg P)\cdot\Psi}{(t+b)^n}=\frac{167A_1(1+c\lg P)\cdot\Psi}{(t_1+t_2+b)^n}\quad(\mathrm{L/s\cdot hm^2})\qquad(3\text{-}16)$$

显然，对于具体的雨水管道工程来说，式中的 P、t_1、Ψ、A_1、b、c 均为已知数，因此 q_0 只是 t_2 的函数。

只要求得各管段的管内雨水流行时间 t_2，就可求出相应于该管段的 q_0 值。

（7）列表进行雨水干管的设计流量和水力计算，以求得各管段的设计流量，及确定各管段的管径、坡度、流速、管底标高和管道埋深值等。计算时需先定管道起点的埋深或是管底标高。

（8）绘制雨水管道平面图及纵剖面图。

3.3.5 雨水管渠设计计算举例

图 3-15 为某居住区部分平面图。地形西高东低，东面有一自南向北流的天然河流，河流常年洪水位为 14m，常水位 12m。该城市的暴雨强度公式为 $q=\frac{500\ (1+1.38\lg P)}{t^{0.65}}$ (L/(s · hm²))。要求布置雨水管道并进行干管的水力计算。

从居住区平面图和资料知该地区地形平坦，无明显分水线，故排水流域按城市主要街道的汇水面积划分，流域分界线见图中 I。河流的位置确定了雨水出水口的位置，雨水出水口位于河岸边，故雨水干管的走向为自西向东。考虑到河流的洪水位高于该地区地面平均标高，造成雨水在河流洪水位甚至常水位时不能靠重力排入河流，因此在干管的终端设置雨水泵站。

根据管道的具体位置，划分设计管段，将设计管段的检查井依次编上号码，各检查井的地面标高见表 3-14。每一设计管段的长度在 200m 以内为宜，各设计管段的长度见表 3-15。每一设计管段所承担的汇水面积可按就近排入附近雨水管道的原则划分。将每块汇水面积的编号、面积数、雨水流向标注在图中（见图 3-16）。表 3-16 为各设计管段的汇水面积计算表。

由于市区内建筑分布情况差异不大，可采用统一的平均径流系数值。经计算 $\Psi=0.50$。

本例中地形平坦，建筑密度较稀，地面集水时间采用 $t_1=10\text{min}$。设计重现期选用 $P=1\text{a}$。管道起点埋深根据支管的接入标高等条件，采用 1.30m。列表进行干管的水力计算。见表 3-14。

图 3-15 中地面标高表　　　　表 3-14

检查井编号	地面标高(m)	检查井编号	地面标高(m)
1	14.03	11	13.60
2	14.06	12	13.60
3	14.06	16	13.58
5	14.04	17	13.57
9	13.60	18	13.57
10	13.60	19(泵站前)	13.55

图 3-15 中管道长度表　　表 3-15

管道编号	管道长度(m)	管段编号	管道长度(m)
1～2	150	11～12	120
2～3	100	12～16	150
3～5	100	16～17	120
5～9	140	17～18	150
9～10	100	18～19	150
10～11	100	19～泵站	

汇水面积计算表　　表 3-16

设计管段编号	本段汇水面积编号	本段汇水面积(hm^2)	转输汇水面积(hm^2)	总汇水面积(hm^2)
1～2	1、2	1.69	0	1.69
2～3	3、4	2.38	1.69	4.07
3～5	5、6	2.60	4.07	6.67
5～9	7～10	4.05	6.67	10.72
9～10	11～20	7.52	10.72	18.24
10～11	21、22	1.86	18.24	20.10
11～12	23、24	2.84	20.10	22.94
12～16	25～32、34	6.89	22.94	29.83
16～17	35、36	1.39	29.83	31.22
17～18	33、37～42	7.90	31.22	39.12
18～19	43～50	5.19	39.12	44.31

(1) 面积叠加法水力计算说明：

1) 表 3-17 中第 1 项为需要计算的设计管段，从上游至下游依次写出。第 2、3、13、14 项从表 3-15、表 3-16、表 3-14 中取得。其余各项经计算后得到。

2) 计算中假定管段的设计流量均从管段的起点进入，即各管段的起点为设计断面。因此，各管段的设计流量是按该管段起点，即上游管段终点的设计降雨历时（集水时间）进行计算的。也就是说在计算各设计管段的暴雨强度时，用的 t_2 值应按上游各管段的管内雨水流行时间之和$\sum t_2\left(\sum\frac{L}{v}\right)$求得。如管段 1～2，是起始管段，故$\sum t_2=0$，将此值列入表 3-17 中第 4 项。

也有采用管段终点为设计断面进行计算的。但这种方法是用管段终点的集水时间对应的暴雨强度来计算雨水设计流量，而在未进行水力计算之前，未求出管段满流时的设计流速，也就无法求出管段起点至终点的雨水管内流行时间 t_2。因此，必须先要预设管内流速，算出管内流行时间、进而算出单位面积径流量 q_0、设计流量 Q，再由 Q 确定管段的管径 D、坡度 I、流速 v 及管底标高等。最后检查计算得出的流速与预设的流速是否相近，如果相差较大需重新预设再算。这种方法计算出的管径虽比以管段起点为设计断面的方法算出的管径小一些，但计算较烦琐，因此在实际工程中用得不多。

3) 根据确定的设计参数、求单位面积径流量 q_0。

$$q_0=\Psi q=0.5\times\frac{500(1-1.38LgP)}{(10+\sum t_2)^{0.65}}=\frac{250}{(10+\sum t_2)^{0.65}}\quad (\mathrm{L/(s\cdot hm^2)})$$

q_0 为管内雨水流行时间$\sum t_2$ 的函数，只要知道各设计管段内雨水流行时间$\sum t_2$，即可求出该设计管段的单位面积径流量 q_0。如管段 1～2 的$\sum t_2=0$，代入上式得$q_0=\frac{250}{10^{0.65}}=55.97$ ($\mathrm{L/(s\cdot hm^2)}$)。而管段 5～9 的$\sum t_2=t_{1-2}+t_{2-3}+t_{3-5}=3.29+1.67+1.64=6.60\mathrm{min}$，

雨水干管水力计算表（面积叠加法） 表 3-17

设计管段编号	管长 L (mm)	汇水面积 F (hm^2)	管内雨水流行时间(min)		单位面积径流量 q_0(L/(s·hm^2))	设计流量 Q_j (L/s)	管径 D (mm)	坡度 l (%)	流速 v (m/s)	管道输水能力 Q' (L/s)	坡降 IL (m)	设计地面标高(m)		设计管内底标高(m)		埋深(m)	
			$\sum t_2=\sum L/v$	$t_2=L/v$								起点	终点	起点	终点	起点	终点
1	2	3	4	5	6	7	8	9	10	11	12	13	14	15	16	17	18
1～2	150	1.69	0	3.29	55.98	94.58	400	2.1	0.76	96.0	0.315	14.030	14.060	12.730	12.415	1.30	1.45
2～3	100	4.07	3.29	1.67	46.52	189.33	500	2.7	0.999	196.15	0.270	14.060	14.060	12.315	12.045	1.75	2.015
3～5	100	6.67	4.96	1.64	43.07	287.32	600	2.2	1.019	288.11	0.220	14.060	14.060	11.945	11.725	2.115	2.335
5～9	140	10.72	6.60	2.01	40.25	431.48	700	2.3	1.154	444.11	0.322	14.060	13.600	11.625	11.403	2.415	2.197
9～10	100	18.24	8.61	1.11	37.38	681.81	900	1.5	1.50	701.66	0.150	13.600	13.600	11.203	11.053	2.397	2.547
10～11	100	20.10	9.72	1.46	36.00	723.60	900	1.6	1.138	723.96	0.160	13.600	13.600	11.053	10.893	2.547	2.757
11～12	120	22.94	11.18	1.61	34.56	788.22	900	1.9	1.24	798.85	0.228	13.600	13.600	10.893	10.665	2.707	2.935
12～16	150	29.83	12.79	1.99	33.05	985.88	1000	1.7	1.259	988.34	0.255	13.600	13.580	10.665	10.410	2.935	3.17
16～17	120	31.22	14.78	1.69	31.03	968.76	1000	1.7	1.259	988.82	0.204	13.580	13.570	10.310	10.106	3.27	3.464
17～18	150	39.12	16.47	1.67	29.72	1162.65	1000	2.4	1.498	1174.46	0.360	13.570	13.570	10.106	9.746	3.464	3.824
18～19	150	44.31	18.14	1.81	28.56	1265.49	1100	1.8	1.380	1311.46	0.270	13.570	13.550	9.646	9.376	3.924	4.174

表 3-18

雨水干管水力计算表（流量叠加法）

设计管段编号	管长 L (mm)	汇水面积 F (hm^2)	管内雨水流行时间(min)		单位面积径流量 q_0(L/(s·hm^2))	本段流量 Q_6 (L/s)	设计流量 Q_j (L/s)	管径 D (mm)	坡度 l (%)	流速 v (m/s)	管道输水能力 Q' (L/s)	坡降 IL (m)	设计地面标高(m)		设计管内底标高(m)		埋深(m)	
			$\sum t_2=\sum L/v$	$t_2=L/v$									起点	终点	起点	终点	起点	终点
1	2	3	4	5	6	7	8	9	10	11	12	13	14	15	16	17	18	19
1～2	150	1.69	0	3.29	55.98	94.58	94.58	400	2.1	0.76	96.0	0.315	14.030	14.060	12.730	12.415	1.30	1.45
2～3	100	2.38	3.29	1.58	46.52	110.71	205.58	500	3.0	1.053	206.76	0.300	14.060	14.060	12.315	12.015	1.745	2.045
3～5	100	2.6	4.87	1.48	43.25	112.45	318.03	600	2.7	1.128	318.93	0.270	14.060	14.060	11.915	11.645	2.145	2.415
5～9	140	4.05	6.35	1.83	40.66	164.67	482.70	700	2.8	1.275	489.90	0.392	14.060	13.600	11.545	11.153	2.515	2.447
9～10	100	7.52	8.18	1.01	37.95	285.38	768.08	900	1.9	1.240	788.85	0.190	13.600	13.600	10.953	10.763	2.647	2.837
10～11	100	1.86	9.19	1.51	36.64	68.15	836.23	1000	1.3	1.101	864.73	0.130	13.600	13.600	10.663	10.533	2.937	3.067
11～12	120	2.84	10.7	1.64	34.88	99.06	935.29	1000	1.6	1.221	958.97	0.192	13.600	13.600	10.553	10.341	3.067	3.259
12～16	150	6.89	12.34	1.67	33.19	228.69	1163.98	1000	2.4	1.496	1236.38	0.360	13.600	13.580	10.341	9.981	3.259	3.599
16～17	120	1.39	14.01	1.54	31.67	44.03	1208.01	1100	1.6	1.301	1474.96	0.192	13.580	13.570	9.881	9.789	3.699	3.789
17～18	150	7.9	15.55	1.74	30.42	240.31	1448.32	1200	1.4	1.290	1558.95	0.210	13.570	13.570	9.689	9.479	3.881	4.091
18～19	150	5.19	17.49	1.76	29.01	150.54	1598.86	1200	1.7	1.421	1607.11	0.255	13.570	13.550	9.479	9.224	4.091	4.326

代入 $q_0=\frac{250}{(10+6.60)^{0.65}}=40.25$ (L/(s・hm²))。将 q_0 列入表 3-17 中第 6 项。

4）用各设计管段的单位面积径流量乘以该管段的总汇水面积得设计流量。如管段1～2 的设计流量 $Q=55.98\times1.69=94.58$L/s，列入表 3-15 中第 7 项。

5）在求得设计流量后，即可进行水力计算，求管径，管道坡度和流速。在查水力计算图或表时，Q、v、I、D 4 个水力因素可以相互适当调整，使计算结果既要符合水力计算设计数据的规定，又应经济合理。本例地面坡度较小，甚至地面坡向与管道坡向正好相反，为不使管道埋深增加过多，管道坡度宜取小值。但所取坡度应能使管内水流速度不小于最小设计流速。计算采用钢筋混凝土圆管（满流，$n=0.013$）水力计算表。

将确定的管径、坡度、流速各值列入表 3-15 中第 8、9、10 项。第 11 项管道的输水能力 Q 是指在水力计算中管段在确定的管径、坡度、流速的条件下，实际通过的流量。该值等于或略大于设计流量 Q。

6）根据设计管段的设计流速求本管段的管内雨水流行时间 t_2。例如管段 1～2 的管内雨水流行时间 $t_2=\frac{L_{1-2}}{v_{1-2}}=\frac{150}{0.76\times60}=3.29$min。将该值列入表 3-15 中第 5 项。此值便是下一个管段 2～3 的 $\sum t_2$ 值。

7）管段长度乘以管道坡度得到该管段起点与终点之间的高差，即降落量。如管段1～2 的降落量 $Il=0.0021\times150=0.315$m。列入表 3-15 中 12 项。

8）根据冰冻情况、雨水管道衔接要求及承受荷载的要求，确定管道起点的埋深或管底标高。本例起点埋深定为 1.3m，将该值列入表 3-15 中第 17 项。用起点地面标高减去该点管道埋深得到该点管底标高，即 14.030－1.30＝12.730m。列入表 3-15 中第 15 项。用该值减去 1、2 两点的降落量得到终点 2 的管底标高，即 12.730－0.315＝12.415m。列入表 3-15 中第 16 项。用 2 点的地面标高减去该点的管底标高得该点的埋设深度，即 14.060－12.415＝1.65m。列入表 3-15 中第 18 项。

雨水管道各设计管段在高程上采用管顶平衔接。

9）在划分各设计管段的汇水面积时，应尽可能使各设计管段的汇水面积均匀增加，否则会出现下游管段的设计流量小于上一管段设计流量的情况。如管段 16～17 的设计流量小于 12～16 的设计流量。这是因为下游管段的集水时间大于上一管段的集水时间，故下游管段的设计暴雨强度小于上一管段的暴雨强度，而总汇水面积只有很小增加的缘故。若出现了这种情况，应取上一管段的设计流量作为下游管段的设计流量。

10）本例只进行了干管的水力计算，实际上在设计中，干管与支管是同时进行计算的。在支管与干管相接的检查井处，必然会有两个 $\sum t_2$ 值和两个管底标高值。再继续计算相交后的下一个管段时，应采用大的那一个 $\sum t_2$ 值和小的那个管底标高值。

11）绘制雨水干管平面图及纵剖面图。图 3-16 及图 3-17 为初步设计的雨水干管平面图及纵剖面图。

（2）流量叠加法水力计算说明：

流量叠加水力计算法在程序上与面积叠加水力计算法基本相同，但有三点不同：

1）一是汇水面积：每一个计算管段汇水面积的取值，面积叠加采用的是该段之前所有管段汇水面积的累加值，作为该段的汇水面积，见表 3-17 中第 3 项；而流量叠加水力

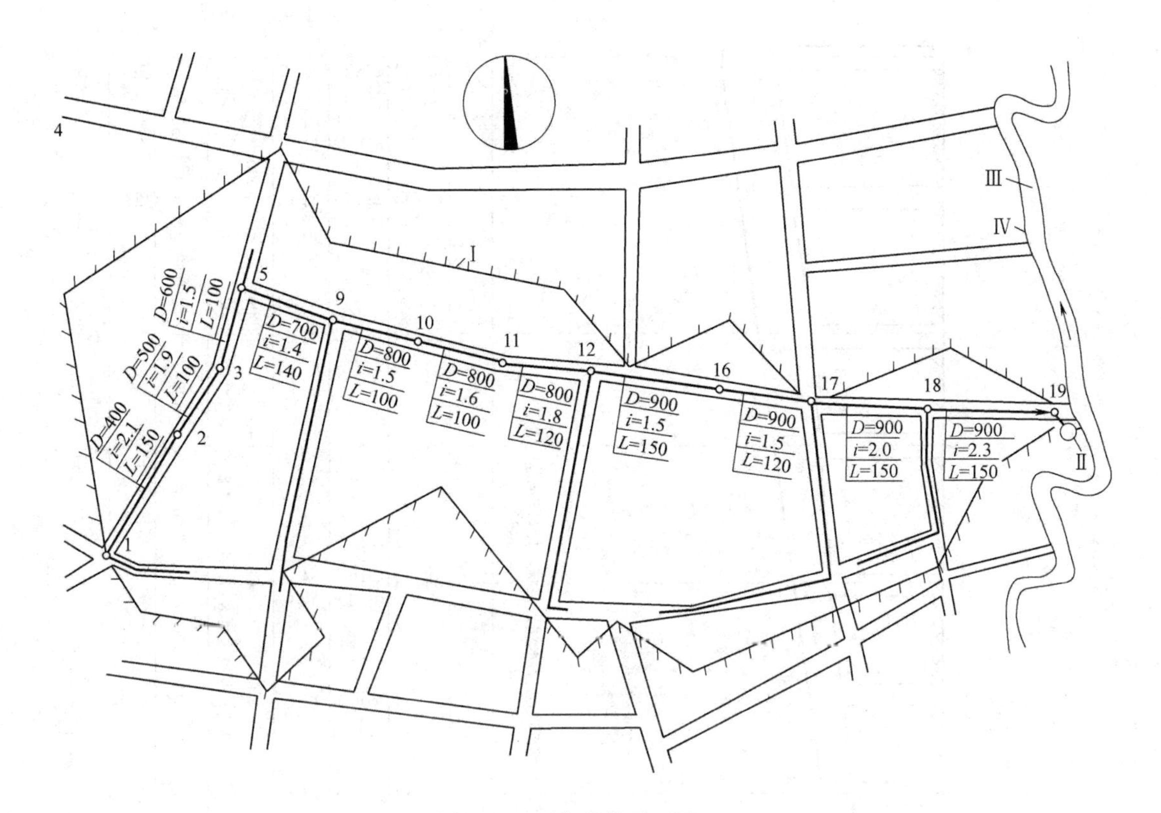

图 3-16　雨水干管平面图

Ⅰ—排水分界线；Ⅱ—雨水泵站；Ⅲ—河流；Ⅳ—河堤岸

注：图中尺寸管径 D 以 mm 计，坡度 i 以‰计，长度 L 为 m 计。

计算法，该段的本段的汇水面积作为汇水面积，见表 3-18 中第 3 项。

2）二是计算流量：面积叠加法计算设计流量为表 3-17 中第 3 项×第 6 项，即得管段设计流量即表 3-18 中第 7 项；而流量叠加法计算设计流量为表 3-18 中第 3 项×第 6 项，即得该管段本段设计流量即表 3-18 中第 7 项，再累加前一段的设计流量，即得该管段设计流量即表 3-18 中第 8 项。

3）流量叠加法计算雨水设计流量，须逐段计算叠加，过程较繁复，但其所得的设计流量比面积叠加法大，偏于安全，一般用于雨水管渠的工程设计计算。

3.3.6　立体交叉道路排水

随着国民经济的飞速发展，全国各地修建的公路、铁路立交工程逐日增多。立交工程多设在交通繁忙的主要干道上，车辆多，速度快。而立交工程中位于下边的道路的最低点，往往比周围干道约低 2～3m，形成盆地，加以纵坡很大，立交范围内的雨水径流很快就汇集至立交最低点，极易造成严重的积水。若不及时排除雨水，便会影响交通，甚至造成事故。

立交道路排水主要解决降雨在汇水面积内形成的地面径流和必要排除的地下水。雨水设计流量的计算公式同一般雨水管渠。但设计时与一般道路排水相比具有下述特点：

（1）要尽量缩小汇水面积，以减少设计流量。立交的类别和形式较多，每座立交的组

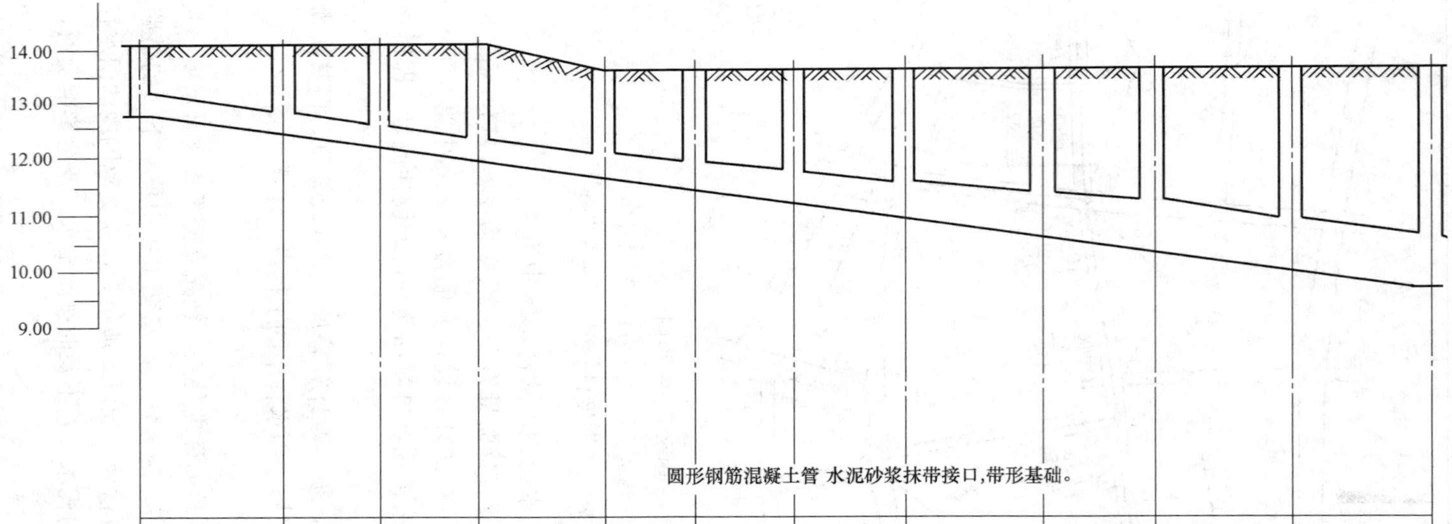

圆形钢筋混凝土管 水泥砂浆抹带接口，带形基础。

检查井编号	1	2	3	5	9	10	11	12	16	17	18	19
设计地面标高(m)	14.030	14.060	14.060	14.040	13.600	13.600	13.600	13.600	13.580	13.570	13.570	13.550
设计管内底标高(m)	12.730	12.415 12.315	12.125 12.025	11.875 11.775	11.579 11.479	11.329	11.169	10.953 10.853	10.637	10.457	10.157	9.812
埋深 H(m)	1.30	1.65 1.75	1.94 2.04	2.27 2.37	2.02 2.12	2.27	2.43	2.65 2.75	2.94	3.11	3.41	3.74

管段（检查井编号）	1—2	2—3	3—5	5—9	9—10	10—11	11—12	12—16	16—17	17—18	18—19
D(mm)	400	500	600	700	800	800	800	900	900	900	900
i(‰)	2.1	1.9	1.5	1.4	1.5	1.5	1.8	1.5	1.5	2.0	2.3
管道长度 L(m)	150	100	100	140	100	100	120	150	120	150	150

图 3-17 雨水干管纵剖面图

成部分也不完全相同。但其汇水面积一般应包括引道、坡道、匝道、跨线桥、绿地以及建筑红线以内的适当面积（约 10m 左右）如图 3-18 所示。在划分汇水面积时，如果条件许可，应尽量将属于立交范围的一部分面积划归附近另外的排水系统；或采取分散排放的原则，将地面高的水接入较高的排水系统，自流排出；地面低的雨水接入另一较低的排水系统，若不能自流排出，设置排水泵站提升。这样可避免所有雨水都汇集到最低点造成排泄不及而积水。同时还应有防止地面高的水进入低水系统的可靠措施。

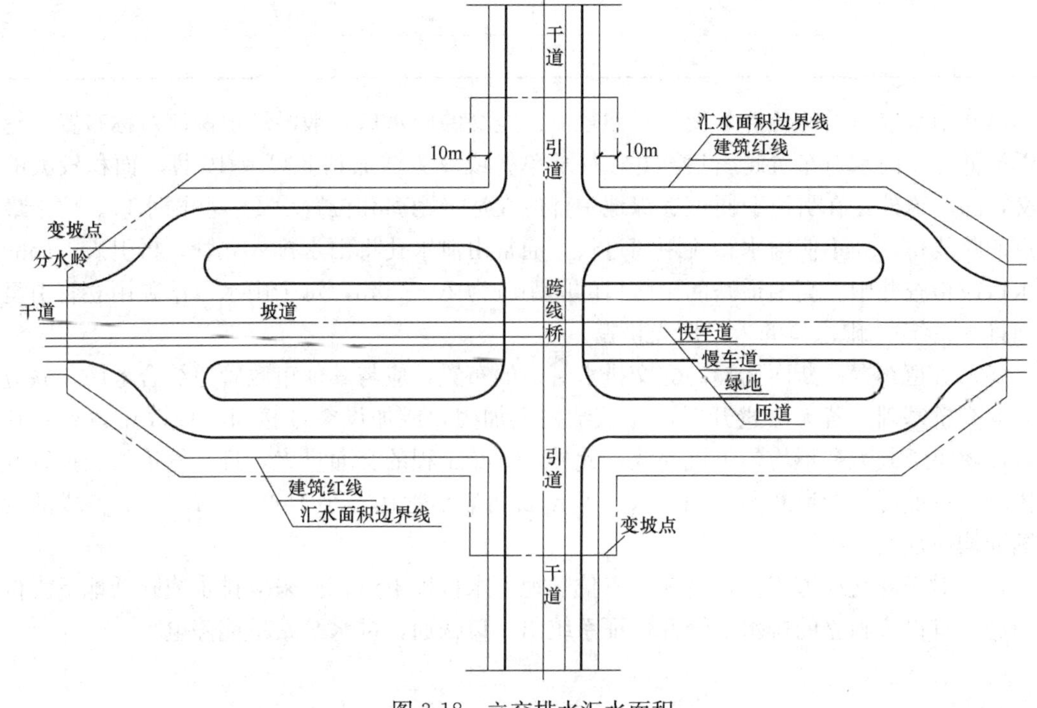

图 3-18 立交排水汇水面积

（2）注意地下水的排除。当立交工程最低点低于地下水位时，为保证路基经常处于干燥状态，使其具有足够的强度和稳定性，需要采取排除或控制地下水的措施。通常可埋设渗渠或花管，以吸收、汇集地下水，使其自流入附近排水干管或河湖。若高程不允许自流排出时，则设泵站抽升。

（3）排水设计标准高于一般道路。由于立交道路在交通上的特殊性，为保证交通不受影响，畅通无阻，排水设计标准应高于一般道路。根据各地经验，暴雨强度的设计重现期一般采用不小于 3a，重要区域其标准可适当提高，同一立体交叉工程的不同部位可采用不同的重现期。地面集水时间宜取 5～10min。径流系数 Ψ 值根据地面种类分别计算，一般取 0.8～1.0。国内几个城市立交排水的设计参数见表 3-19，可供参考。

国内几个城市立交排水设计参数 **表 3-19**

城市	P(a)	t_1(min)	Ψ
北京	1 般 1～2 特殊 3(或变重现期) 郊区 1	5～8	0.9(或按覆盖情况分别计算)
天津	一般 2,特殊 1、3	5～10	0.9(或加权平均)

续表

城市	P(a)	t_1(min)	Ψ
上海	1～2	7	0.9
石家庄	5		0.9～1.0
无锡	5		0.9
郑州	5	10	0.9
太原	3～5		0.9～1.0
济南	5～6	5	0.9

(4) 雨水口布设的位置要便于拦截径流。立交的雨水口一般沿坡道两侧对称布置，越接近最低点，雨水口布置越密集，并往往从单箅或双箅增加到 8 箅或 10 箅。面积较大的立交，除坡道外，在引道、匝道、绿地中都应在适当距离和位置设置一些雨水口。位于最高点的跨线桥，为不使雨水径流距离过长，通常由泄水孔将雨水排入立管，再引入下层的雨水口或检查井中。高架道路的雨水口的间距应为 20～30m，每个雨水口单独用立管引至地面排水系统 。雨水口的入口应设格栅。

(5) 管道布置及断面选择。立交排水管道的布置，应与其他市政管道综合考虑，并应避开立交桥基础。若无法避开时，应从结构上加固，或加设柔性接口，或改用铸铁管材等，以解决承载力和不均匀下沉问题。此外，立交工程的交通量大，排水管道的维护管理较困难。一般可将管道断面适当加大，起点断面最小管径不小于 400mm，以下各段的设计断面均应加大一级。

(6) 对于立交地道工程，当最低点位于地下水位以下时，应采取排水或降低地下水位的措施。宜设置独立的排水系统并保证系统出水口畅通，排水泵站不能停电。

3.4 内涝防治设施

为保障城市在内涝防治设计重现期标准下不受灾，应根据内涝风险评估结果，在排水能力较弱或径流量较大的地方设置内涝防治设施。目前国外发达国家普遍制订了较为完善的内涝灾害风险管理策略，在编制内涝风险评估的基础上，确定内涝防治设施的布置和规模。内涝风险评估采用数学模型，根据地形特点、水文条件、水体状况、城镇雨水管渠系统等因素，评估不同降雨强度下，城镇地面产生积水灾害的情况。

根据我国内涝防治整体现状，各地区应采取渗透、调蓄、设置行泄通道和内河整治等措施，积极应对可能出现的超过雨水管渠设计重现期的暴雨，保障城镇安全运行。城镇内涝防治设计重现期和水利排涝标准应有所区别。水利排涝标准中一般采用 5～10 年，且根据作物耐淹水深和耐淹历时等条件，允许一定的受淹时间和受淹水深，而城镇不允许长时间积水，否则将影响城镇正常运行。

内涝防治设施应与城镇平面规划、竖向规划和防洪规划相协调，根据当地地形特点、水文条件、气候特征、雨水管渠系统、防洪设施现状和内涝防治要求等综合分析后确定。应根据城镇自然蓄排水设施数量、规划蓝线保护和水面率的控制指标要求，并结合城镇竖向规划中的相关指标要求进行合理布置。

3.4.1 城镇内涝防治系统设计重现期

城镇内涝防治的主要目的是将降雨期间的地面积水控制在可接受的范围。城镇内涝防治系统设计重现期选用应根据城镇类型、积水影响程度和内河水位变化等因素，经技术经济比较后确定，按表 3-20 的规定取值，并应符合下列规定：①经济条件较好，且人口密集、内涝易发的城市，宜采用规定的上限；②目前不具备条件的地区可分期达到标准；③当地面积水不满足表 3-20 的要求时，应采取渗透、调蓄、设置雨洪行泄通道和内河整治等措施；④对超过内涝设计重现期的暴雨，应采取综合控制措施。

内涝防治设计重现期 **表 3-20**

城镇类型	重现期(年)	地面积水设计标准
特大城市	50～100	1 居民住宅和工商业建筑物的底层不进水； 2 道路中一条车道的积水深度不超过 15cm
大城市	30～50	
中等城市和小城市	20～30	

注：1. 按表中所列重现期设计暴雨强度公式时，均采用年最大值法。
2. 特大城市指市区人口在 500 万以上的城市；大城市指市区人口在 100 万～500 万的城市；中等城市和小城市指市区人口在 100 万以下的城市。

根据内涝防治设计重现期校核地面积水排除能力时，应根据当地历史数据合理确定用于校核的降雨历时及该时段内的降雨量分布情况，有条件的地区宜采用数学模型计算。如校核结果不符合要求，应调整设计，包括放大管径、增设渗透设施、建设调蓄段或调蓄池等。执行表 3-20 标准时，雨水管渠按压力流计算，即雨水管渠应处于超载状态。

表 3-20“地面积水设计标准”中的道路积水深度是指该车道路面标高最低处的积水深度。当路面积水深度超过 150mm 时，车道可能因机动车熄火而完全中断，因此，表 3-20规定每条道路至少应有一条车道的积水深度不超过 150mm。发达国家和我国部分城市已有类似的规定，如美国丹佛市规定：当降雨强度不超过 10 年一遇时，非主干道路(collector) 中央的积水深度不应超过 150mm，主干道路和高速公路的中央不应有积水；当降雨强度为 100 年一遇时，非主干道路中央的积水深度不应超过 300mm，主干道路和高速公路中央不应有积水。上海市关于市政道路积水的标准是：路边积水深度大于 150mm（即与道路侧石齐平），或道路中心积水时间大于 1h，积水范围超过 $50m^2$。

发达国家和地区的城市内涝防治系统包含雨水管渠、坡地、道路、河道和调蓄设施等所有雨水径流可能流经的地区。美国和澳大利亚的内涝防治设计重现期为 100 年或大于 100 年，英国为 30～100 年，香港城市主干管为 200 年，郊区主排水渠为 50 年。

当采用雨水调蓄设施中的排水管道调蓄应对措施时，该地区的设计重现期可达 10 年一遇，可排除 50mm/h 的降雨；当采用雨水调蓄设施和利用内河调蓄应对措施时，设计重现期可进一步提高到 40 年一遇；在此基础上再利用流域调蓄时，可应对 150 年一遇的降雨。欧盟室外排水系统排放标准（BS EN 752：2008）。该标准中，“设计暴雨重现期(Design Storm Frequency)”与我国雨水管渠设计重现期相对应；“设计洪水重现期（Design Flooding Frequency)”与我国的内涝防治设计重现期概念相近。

3.4.2 内涝防治设施

内涝防治设施应包括源头控制设施、雨水管渠设施和综合防治设施。

源头控制设施包括雨水渗透、雨水收集利用等，在设施类型上与城镇雨水利用一致，但当用于内涝防治时，其设施规模应根据内涝防治标准确定。

综合防治设施包括调蓄池、城市水体（包括河、沟渠、湿地等）、绿地、广场、道路和大型管渠等。当降雨超过雨水管渠设计能力时，城镇河湖、景观水体、下凹式绿地和城市广场等公共设施可作为临时雨水调蓄设施；内河、沟渠、经过设计预留的道路、道路两侧局部区域和其他排水通道可作为雨水行泄通道；在地表排水或调蓄无法实施的情况下，可采用设置于地下的大型管渠、调蓄池和调蓄隧道等设施。

当采用绿地和广场等作为雨水调蓄设施时，不应对设施原有功能造成损害；应专门设计雨水的进出口，防止雨水对绿地和广场造成严重冲刷侵蚀或雨水长时间滞留。当采用绿地和广场等作为雨水调蓄设施时，应设置指示牌，标明该设施成为雨水调蓄设施的启动条件、可能被淹没的区域和目前的功能状态等，以确保人员安全撤离。

3.5 雨水综合利用

城镇化和经济的高速发展，我国水资源不足、内涝频发和城市生态安全等问题日益突出，雨水利用逐渐受到关注，因此，水资源缺乏、水质性缺水、地下水位下降严重、内涝风险较大的城市和新建开发区等应优先雨水利用。

雨水利用包括直接利用和间接利用。雨水直接利用是指雨水经收集、贮存、就地处理等过程后用于冲洗、灌溉、绿化和景观等；雨水间接利用是指通过雨水渗透设施把雨水转化为土壤水，其设施主要有地面渗透、埋地渗透管渠和渗透池等。雨水利用、污染控制和内涝防治是城镇雨水综合管理的组成部分，在源头雨水径流削减、过程蓄排控制等阶段的不少工程措施是具有多种功能的，如源头渗透、回用设施，既能控制雨水径流量和污染负荷，起到内涝防治和控制污染的作用，又能实现雨水利用。

3.5.1 雨水综合利用的原则

雨水综合利用应根据当地水资源情况和经济发展水平合理确定，综合利用的原则是：

(1) 水资源缺乏、水质性缺水、地下水位下降严重、内涝风险较大的城市和新建开发区等宜进行雨水综合利用；

(2) 雨水经收集、贮存、就地处理后可作为冲洗、灌溉、绿化和景观用水等，也可经过自然或人工渗透设施渗入地下，补充地下水资源；

(3) 雨水利用设施的设计、运行和管理应与城镇内涝防治相协调。

3.5.2 雨水收集利用系统汇水面的选择

选择污染较轻的汇水面的目的是减少雨水渗透和净化处理设施的难度和造价，因此应选择屋面、广场、人行道等作为汇水面，对屋面雨水进行收集时，宜优先收集绿化屋面和采用环保型材料屋面的雨水；不应选择工业污染场地和垃圾堆场、厕所等区域作为汇水面，不宜选择有机污染和重金属污染较为严重的机动车道路的雨水径流。当不同汇水面的雨水径流水质差异较大时，可分别收集和贮存。

3.5.3 初期雨水的弃流

由于降雨初期的雨水污染程度高，处理难度大，因此应弃流。对屋面、场地雨水进行收集利用时，应将降雨初期的雨水弃流。弃流的雨水可排入雨水管道，条件允许时，也可就近排入绿地。弃流装置有多种设计形式，可采用分散式处理，如在单个落水管下安装分离设备；也可采用在调蓄池前设置专用弃流池的方式。一般情况下，弃流雨水可排入市政雨水管道，当弃流雨水污染物浓度不高，绿地土壤的渗透能力和植物品种在耐淹方面条件允许时，弃流雨水也可排入绿地。

3.5.4 雨水的利用方式

雨水利用应根据雨水的收集利用量和相关指标要求综合考虑，在确定雨水利用方式时，应首先考虑雨水调蓄设施应对城镇内涝的要求，不应干扰和妨碍其防治城镇内涝的基本功能。应根据收集量、利用量和卫生要求等综合分析后确定。雨水水质受大气和汇水面的影响，含有一定量的有机物、悬浮物、营养物质和重金属等，可按污水系统设计方法，采取防腐、防堵措施。

3.6 排洪沟的设计与计算

3.6.1 概述

我国大部分地区江河水系密布，在平原地区和山区沿江（河）两岸逐渐形成了规模大小不等的沿江（河）城市和沿江（河）山地城市。随着建设的不断发展，为了不占或少占良田沃土，工业与民用建筑不断向山洪沟区域内发展，并已逐步形成了新的工业区和新的城镇。

这些沿江（河）的城市，当市区地面标高低于江（河）的洪水位时，将受到河洪的威胁；而沿江山地城市，除受河洪威胁外，还将受到山洪的威胁；位于山坡或山脚下的工厂和城镇主要受到山洪的威胁。

由于洪水泛滥造成的灾害，在国内外都有惨痛的教训。为了尽量减少洪水造成的危害，保护城市、工厂的工业生产和人民生命财产安全，必须要根据城市或工厂的总体规划和流域的防洪规划，认真做好城市或工厂的防洪规划。根据城市或工厂的具体条件，合理选用防洪标准，整治已有的防洪设施和新建防洪工程，以提高城市或工厂的抗洪能力。

防洪工程的内容很多，涉及面广，由于篇幅有限，本节只概略介绍排洪沟的设计与计算。

位于山坡或山脚下的工厂和城镇，除了应及时排除建成区内的暴雨径流外，还应及时拦截并排除建成区以外、分水线以内沿山坡倾泻而下的山洪流量。由于山区地形坡度大，集水时间短，洪水历时也不长，所以水流急，流势猛，且水流中还夹带着砂石等杂质，冲刷力大，容易使山坡下的工厂和城镇受到破坏而造成严重损失。因此，必须在工厂和城镇受山洪威胁的外围开沟以拦截山洪，并通过排洪沟道将洪水引出保护区，排入附近水体。排洪沟设计的任务就在于开沟引洪，整治河沟，修建构筑物等，以便有组织地及时地拦截并排除山洪径流，保护山坡下的工厂和城镇的安全。

3.6.2 设计防洪标准

在进行防洪工程设计时，首先要确定洪峰设计流量，然后根据该流量拟定工程规模。为了准确、合理地拟定某项工程规模，需要根据该工程的性质、范围以及重要性等因素，选定某一频率作为计算洪峰流量的标准，称为防洪设计标准。实际工作中一般常用重现期衡量设计标准的高低，即重现期越大，则设计标准就越高，工程规模也就越大；反之，设计标准低，工程规模小。

根据我国现有山洪防治标准及工程运行情况，山洪防治标准见表 3-21。

根据我国城市防洪工程的特点和防洪工程运行的实践，城市防洪标准见表 3-22。

此外，我国的水利电力，铁路，公路等部门，根据所承担的工程性质、范围和重要性，制定了部门的防洪标准。

山洪防治标准　　表 3-21

工程等别	防护对象	防洪标准	
		频率(%)	重现期(a)
二	大型工业企业、重要中型工业企业	2～1	50～100
三	中小型工业企业	5～2	20～50
四	工业企业生活区	10～5	10～20

城市防洪标准　　表 3-22

工程等别	保护对象			防洪标准	
	城市等级	人口(万人)	重要性	频率(%)	重现期(a)
一	大城市重要城市	>50	重要的政治、经济、国防中心及交通枢纽，特别重要的大型工业企业	<1	>100
二	中等城市	20～50	比较重要的政治、经济中心，大型工业企业，重要中型工业企业	2～1	50～100
三	小城市	<20	一般性小城市、中小型工业企业	5～2	20～50

3.6.3 设计洪峰流量的计算

排洪沟属于小汇水面积上的排水构筑物。一般情况下，小汇水面积没有实测的流量资料，所需的设计洪水往往用实测暴雨资料间接推求。并假定暴雨与其所形成的洪水流量同频率。同时考虑山区河沟流域面积一般只有几平方公里至几十平方公里，平时水小，甚至干枯；汛期水量急增，集流快（几十分钟即达到被保护区）。因此以推求洪峰流量为主，对洪水总量及过程线不作研究。

目前我国各地区计算小汇水面积的山洪洪峰流量一般有 3 种方法。

1. 洪水调查法

洪水调查法包括形态调查法和直接类比法两种。

形态调查法主要是深入现场，勘察洪水位的痕迹，推导它发生的频率，选择和测量河槽断面，按公式 $v=\frac{1}{n}R^{\frac{2}{3}}I^{\frac{1}{2}}$ 计算流速，然后按公式 $Q=Av$ 计算出调查的洪峰流量。式中 n 为河槽的粗糙系数；R 为河槽的过水断面与湿周之比，即水力半径；I 为水面比降，可用河底平均比降代替。最后通过流量变差系数和模比系数法，将调查得到的某一频率的流量换算成设计频率的洪峰流量。

2. 推理公式法

推理公式有水科院水文研究所公式、小径流研究组公式和林平一公式 3 种。3 种公式各有假定条件和适用范围。如水科院水文研究所的公式形式为：

$$Q=0.278\times\frac{\Psi\cdot S}{\tau^{n}}\cdot F \tag{3-17}$$

式中　Q——设计洪峰流量（m^3/s）；

Ψ——洪峰径流系数；

S——暴雨雨力，即与设计重现期相应的最大的一小时降雨量（mm/h）；

τ——流域的集流时间（h）；

n——暴雨强度衰减指数；

F——流域面积（km^2）。

用这种推理公式求设计洪峰流量时，需要较多的基础资料，计算过程也较繁琐。详细的计算过程可参见有关书刊。当流域面积为 40～50km^2 时，此公式的适用效果最好。

3. 经验公式法

常用的经验公式计算方法有：

（1）一般地区性经验公式；

（2）公路科学研究所简化公式；

（3）第二铁路设计院等值线法；

（4）第三铁路设计院计算方法。

下面仅介绍应用最普遍的以流域面积 F 为参数的一般地区性经验公式：

$$Q=K\cdot F^n \tag{3-18}$$

式中 Q——设计洪峰流量（m^3/s）；

F——流域面积（km^2）；

K、n——随地区及洪水频率而变化的系数和指数。

该法使用方便，计算简单，但地区性很强，相邻地区采用时，必须注意各地区的具体条件是否一致，否则不宜套用。地区经验公式可参阅各省（区）水文手册。

上述各公式中的各项参数的确定详见水文学课程中有关内容或参阅有关文献。

对于以上 3 种方法，应特别重视洪水调查法。在此法的基础上，再结合其他方法进行。

3.6.4 排洪沟的设计要点

排洪沟的设计涉及面广，影响因素复杂。因此应深入现场，根据城镇或工厂总体规划布置、山区自然流域划分范围、山坡地形及地貌条件、原有天然排洪沟情况、洪水走向、洪水冲刷情况、当地工程地质及水文地质条件、当地气象条件等各种因素综合考虑，合理布置排洪沟。排洪沟包括明渠、暗渠、截洪沟等。

1. 排洪沟布置应与厂区总体规划密切配合，统一考虑

在选厂及总图设计中，必须重视排洪问题。应根据总图的规划，合理布置排洪沟，避免把厂房建筑或居住建筑设在山洪口上，让开山洪，不与洪水主流顶冲。

排洪沟布置还应与铁路、公路、排水等工程相协调，尽量避免穿越铁路、公路，以减少交叉构筑物。排洪沟应布置在厂区、居住区外围靠山坡一侧，避免穿绕建筑群。以免因沟道转折过多而增加桥、涵加大投资外，还会造成沟道水流不倾畅、转弯处小水淤，大水冲的状况。排洪沟与建筑物之间应留有 3m 以上的距离，以防水流冲刷建筑物基础。

2. 排洪沟应尽可能利用原有山洪沟，必要时可作适当整修

原有山洪沟是洪水若干年来冲刷形成的，其形状、底板都比较稳定，因此应尽量利用原有的天然沟道作排洪沟。当利用原有沟不能满足设计要求而必须加以整修时，应注意不宜大改大动，尽量不要改变原有沟道的水力条件，而要因势利导，畅通下泄。

3. 排洪沟应尽量利用自然地形坡度

排洪沟的走向，应沿大部分地面水流的垂直方向，因此应充分利用地形坡度，使截流

的山洪水能以最短距离重力流排入受纳水体。一般情况下，排洪沟是不设中途泵站的。同时当排洪沟截取几条截流沟的水流时，其交汇处应尽可能斜向下游，并成弧线连接，以使水流能平缓进入排洪沟内。

4. 排洪沟采用明渠或暗渠应视具体条件确定

一般排洪沟最好采用明渠，但当排洪沟通过市区或厂区时，由于建筑密度较高、交通量大，应采用暗渠。

5. 排洪明渠平面布置的基本要求

(1) 进口段

为使洪水能顺利进入排洪沟，进口形式和布置是很重要的。常用的进口形式有：1) 排洪沟直接插入山洪沟，接点的高程为原山洪沟的高程。适用于排洪沟与山沟夹角小的情况，也适用于高速排洪沟。2) 以侧流堰形式作为进口，将截流坝的顶面作成侧流堰渠与排洪沟直接相接。此形式适用于排洪沟与山洪沟夹角较大且进口高程高于原山洪沟沟底高程的情况。进口段的形式应根据地形、地质及水力条件进行合理的选择。

通常进口段的长度一般不小于 3m。并在进口段上段一定范围内进行必要的整治，以使衔接良好，水流通畅，具有较好的水流条件。

为防止洪水冲刷，进口段应选择在地形和地质条件良好的地段。

(2) 出口段

排洪沟出口段布置应不致冲刷排放地点（河流、山谷等）的岸坡，因此出口段应选择在地质条件良好的地段，并采取护砌措施。

此外，出口段宜设置渐变段，逐渐增大宽度，以减少单宽流量，降低流速；或采用消能、加固等措施。出口标高宜在相应的排洪设计重现期的河流洪水位以上，一般应在河流常水位以上。

(3) 连接段

1) 当排洪沟受地形限制走向无法布置成直线时，应保证转弯处有良好的水流条件，不应使弯道处受到冲刷。平面上转弯处的弯曲半径一般不应小于 5～10 倍的设计水面宽度。

由于弯道处水流因离心力作用，使水流轴线偏向弯曲段外侧，造成弯曲段外侧水面升高，内侧水面降低，产生了外侧与内侧的水位差，故设计时外侧沟高应大于内侧沟高，即弯道外侧沟高除考虑沟内水深及安全超高外，尚应增加水位差 h 值的 1/2。h 按下式计算：

$$h=\frac{v^2 \cdot B}{Rg} \quad (\mathrm{m}) \tag{3-19}$$

式中 v——排洪沟水流平均流速（m/s）；

B——弯道处水面宽度（m）；

R——弯道半径（m）；

g——重力加速度（$\mathrm{m/s^2}$）。

同时应加强弯道处的护砌。

排洪沟的安全超高一般采用 0.3～0.5m。

2) 排洪沟的宽度发生变化，自一个宽度变到另一个宽度时，应设渐变段。渐变段的长度为 5～10 倍两段沟底宽度之差。

3）排洪沟穿越道路一般应设桥涵。涵洞的断面尺寸应根据计算确定，并考虑养护方便。进口处是否设置格栅应慎重考虑。在含砂量较大地区，为避免堵塞，最好采用单孔小桥。

6. 排洪沟纵坡的确定

排洪沟的纵坡应根据地形、地质、护砌、原有排洪沟坡度以及冲淤情况等条件确定，一般不小于 1%，设计纵坡时，要使沟内水流速度均匀增加，以防止沟内产生淤积。当纵坡很大时，应考虑设置跌水或陡槽，但不得设在转弯处。一次跌水高度通常为 0.2～1.5m。西南地区多采用条石砌筑的梯级渠道，每级高 0.3～0.6m，有的多达 20～30 级，消能效果很好。陡槽也称急流槽，纵坡一般为 20%～60%，多采用片石、块石或条石砌筑，也有采用钢筋混凝土浇筑的。陡槽终端应设消力设备。

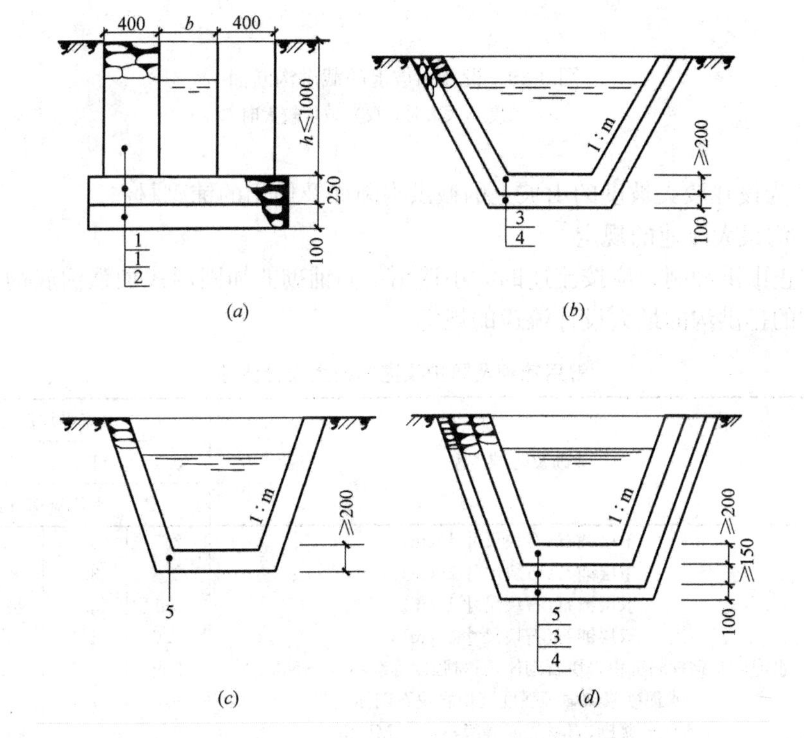

图 3-19　常用排洪明渠断面及其加固形式

(*a*) 矩形片石沟；(*b*) 梯形单层干砌片石沟；

(*c*) 梯形单层浆砌片石沟；(*d*) 梯形双层浆砌片石沟

1—M5 砂浆砌块石；2—三七灰土或碎（卵）石层；

3—单层干砌片石；4—碎石垫层；5—M5 水泥砂浆砌片（卵）石

7. 排洪沟的断面形式、材料及其选择

排洪明渠的断面形式常用矩形或梯形断面，最小断面 $B \times H = 0.4\text{m} \times 0.4\text{m}$ 排洪沟的材料及加固形式应根据沟内最大流速、当地地形及地质条件、当地材料供应情况确定。排洪沟一般常用片石、块石铺砌。土明沟不宜采用。

图 3-19 为常用排洪明渠断面及其加固形式。

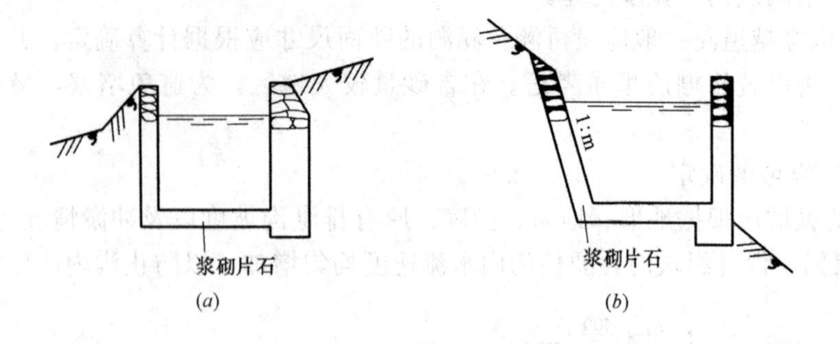

图 3-20　设在山坡上的截洪沟断面
(*a*) 坡度不太大时；(*b*) 坡度较大时

图 3-20 为设在较大坡度的山坡上的截洪沟断面及使用的铺砌材料。

8. 排洪沟最大流速的规定

为了防止山洪冲刷，应按流速的大小选用不同铺砌的加固形式加强沟底沟壁。表3-23为不同铺砌的排洪沟的最大设计流速的规定。

常用铺砌及防护渠道的最大设计流速　　表 3-23

序号	铺砌及防护类型	水流平均深度(m)			
		0.4	1.0	2.0	3.0
		平均流速(m/s)			
1	单层铺石(石块尺寸 15cm)	2.5	3.0	3.5	3.8
2	单层铺石(石块尺寸 20cm)	2.9	3.5	4.0	4.3
3	双层铺石(石块尺寸 15cm)	3.1	3.7	4.3	4.6
4	双层铺石(石块尺寸 20cm)	3.6	4.3	5.0	5.4
5	水泥砂浆砌软弱沉积岩块石砌体,石材强度等级不低于 MU10	2.9	3.5	4.0	4.4
6	水泥砂浆砌中等强度沉积岩块石砌体	5.8	7.0	8.1	8.7
7	水泥砂浆砌,石材强度等级不低于 MU15	7.1	8.5	9.8	11.0

3.6.5　排洪沟的水力计算

水力计算公式见式 (2-9)、式 (2-10)。

公式中的过水断面 A 和湿周 χ 的求法为：

梯形断面：

$$A=Bh+mh^2 \tag{3-20}$$

$$\chi=B+2h\sqrt{1+m^2} \tag{3-21}$$

式中　h——水深 (m)；

B——底宽 (m)；

m——沟侧边坡水平宽度与深度之比。

矩形断面：

$$A=Bh \tag{3-22}$$

$$\chi=2h+B \tag{3-23}$$

进行排洪沟道水力计算时，常遇到下述情况：

(1) 已知设计流量，渠底坡度，确定渠道断面。

(2) 已知设计流量或流速，渠道断面及粗糙系数，求渠道底坡。

(3) 已知渠道断面、渠壁粗糙系数及渠道底坡，要求渠道的输水能力。

3.6.6 排洪沟的设计计算示例

已知条件：

某工厂已有天然梯形断面砂砾石河槽（图 3-21）的排洪沟总长为 620m。

沟纵向坡度 $I=4.5‰$；

沟粗糙系数 $n=0.025$；

沟边坡为 $1:m=1:1.5$；

沟底宽度 $b=2\text{m}$；

沟顶宽度 $B=6.5\text{m}$；

沟深　$H=1.5\text{m}$。

当采用重现期 $P=50\text{a}$ 时，洪峰流量为 $Q=15\text{m}^3/\text{s}$。

试复核已有排洪沟的通过能力。

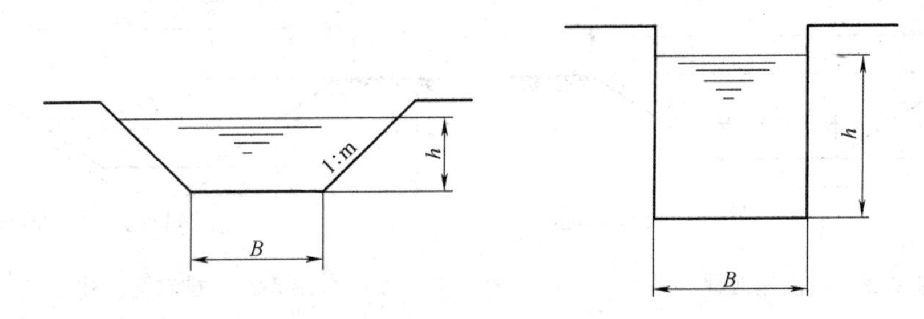

图 3-21　梯形和矩形断面的排洪沟计算草图

计算如下：

1. 复核已有排洪沟断面能否满足 Q 的要求

按公式
$$Q=A\cdot v=A\cdot C\sqrt{RI}$$

而
$$C=\frac{1}{n}\cdot R^{1/6}$$

对于梯形断面
$$A=bh+mh^2(\text{m}^2)$$

其水力半径
$$R=\frac{bh+mh^2}{b+2h\sqrt{1+m^2}}(\text{m})$$

设原有排洪沟的有效水深为 $h=1.3\text{m}$，安全超高为 0.2m，则：

$$R=\frac{bh+mh^2}{b+2h\sqrt{1+m^2}}=\frac{2\times1.3+1.5\times1.3^2}{2+2\times1.3\sqrt{1+1.5^2}}=0.77\text{m}$$

当 $R=0.77\text{m}$，$n=0.025$ 时：

$$C=\frac{1}{n}R^{1/6}=\frac{1}{0.025}\times0.77^{1/6}=39.5$$

而原有排洪沟的水流断面积为：

$$A=bh+mh^2=2\times1.3+1.5\times1.3^2=5.13\text{m}^2$$

因此原有排洪沟的通过能力为：

$$Q'=A\cdot C\sqrt{RI}=5.13\times39.5\sqrt{0.77\times0.0045}=11.9\text{m}^3/\text{s}$$

显然，Q'小于洪峰流量$Q=15\text{m}^3/\text{s}$，故原沟断面略小，不敷使用，需适当加以整修后予以利用。

2. 原有排洪沟的整修改造方案

(1) 第一方案

在原沟断面充分利用的基础上，增加排洪沟的深度至$H=2\text{m}$，其有效水深$h=1.7\text{m}$，如图 3-22 所示。这时

$$A=bh+mh^2=0.5\times1.7+1.5\times1.7^2=5.2\text{m}^2$$

$$R=\frac{5.2}{0.5+2\times1.7\sqrt{1+1.5^2}}=0.785\text{m}$$

当$R=0.785\text{m}$，$n=0.025$时，

$$C=\frac{1}{0.025}\times0.785^{1/6}=39.9$$

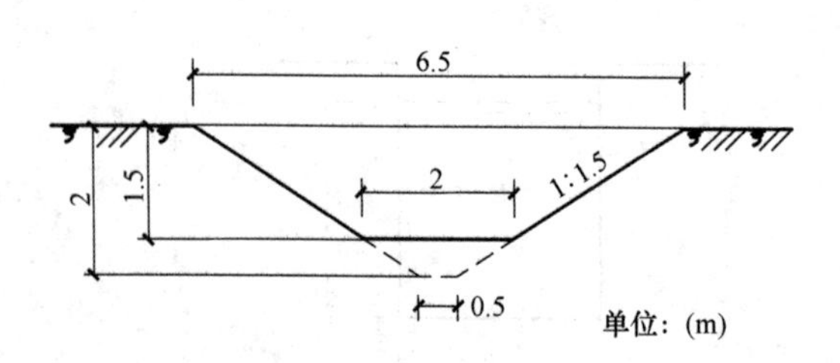

图 3-22　排洪沟改建（一）

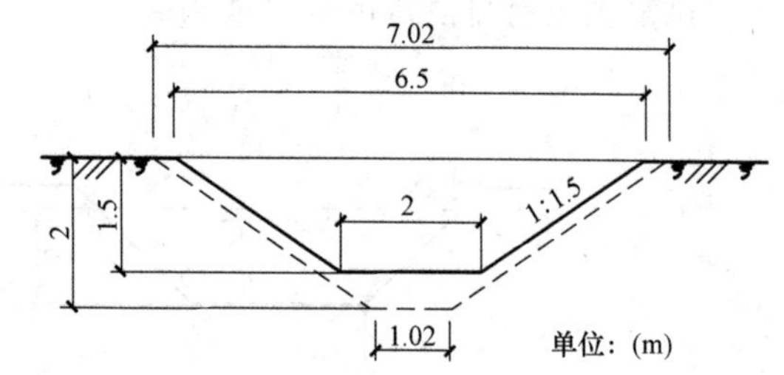

图 3-23　排洪沟改建（二）

则$Q'=A\cdot C\sqrt{RI}=5.2\times39.9\sqrt{0.785\times0.0045}=12.23\text{m}^3/\text{s}$

显然，仍不能满足洪峰流量的要求。若再增加深度，由于底宽过小，不便维护；且增加的能力极为有限，故不宜采用这个改造方案。

(2) 第二方案

适当挖深并略为扩大其过水断面，使之满足排除洪峰流量的要求。扩大后的断面采用浆砌片石铺砌，加固沟壁沟底，以保证沟壁的稳定，如图 3-23 所示。按水力最佳断面进行设计，其梯形断面的宽深比为：

$$\beta=\frac{b}{n}=2(\sqrt{1+m^2}-m)$$

$$=2(\sqrt{1+1.5^2}-1.5)=0.6$$

$$b=\beta\cdot h=0.6\times1.7=1.02\text{m}$$

$$A=bh+mh^2=1.02\times1.7+1.5\times1.7^2=6.07^2\text{m}$$

$$R=\frac{A}{b+2h\sqrt{1+m^2}}=\frac{6.07}{1.02+2\times1.7\sqrt{1+1.5^2}}=0.85\text{m}$$

当$R=0.85\text{m}$，$n=0.02$（人工渠道粗糙系数n值见表 3-17）时，

$$C=\frac{1}{0.02}\times0.85^{1/6}=49.5$$

$$Q'=A\cdot C\sqrt{RI}=6.07\times49.5\sqrt{0.85\times0.0045}=18.5\text{m}^3/\text{s}$$

此结果已能满足排除洪峰流量 $15m^3/s$ 的要求。

此外，复核沟内水流速度 v：

$$v=C\sqrt{RI}=49.5\sqrt{0.85\times0.0045}=3.05m/s$$

而加固后的沟底沟壁，其最大设计流速按表 3-24 查得为 3.5m/s。故此方案不会受到冲刷，决定采用。

人工渠道的粗糙系数 n 值 **表 3-24**

序号	渠道表面的性质	粗糙系数 n
1	细砾石(d=10～30mm)渠道	0.022
2	粗砾石(d=20～60mm)渠道	0.025
3	粗砾石(d=50～150mm)渠道	0.03
4	中等粗糙的凿岩渠	0.033～0.04
5	细致爆开的凿岩渠	0.04～0.05
6	粗糙的极不规则的凿岩渠	0.05～0.065
7	细致浆砌碎石渠	0.013
8	一般的浆砌碎石渠	0.017
9	粗糙的浆砌碎石渠	0.02
10	表面较光的夯打混凝土	0.0155～0.0165
11	表面干净的旧混凝土	0.0165
12	粗糙的混凝土衬砌	0.018
13	表面不整齐的混凝土	0.02
14	坚实光滑的土渠	0.017
15	掺有少量黏土或石砾的砂土渠	0.02
16	砂砾底砌石坡的渠道	0.02～0.022

3.7 计算机在排水管道设计计算中的应用

前面介绍的污水、雨水管道设计计算方法是查图查表的手工计算方法。这种传统的设计计算方法是凭经验进行的，费时费力，计算精度不高，不利于设计方案的优化。

自 20 世纪 60 年代开始，美、日和一些欧洲国家，在给水排水工程设计、施工、运行和管理的经验总结和数理分析的基础上，逐渐建立了各种给水排水工程系统或过程的数学模式。与此同时，随着系统分析方法、计算技术和电子计算机的发展，开展了最优化的研究与实践。到 20 世纪 70 年代，这些国家在给水排水管道和处理等工程系统方面，不仅在方法学和计算机程序上取得了各种研究结果，而且日益广泛地将研究成果运用于工程设计与运行管理等方面。国内从事市政工程设计的单位也已采用了计算机辅助设计，这不仅把设计人员从繁杂的手工计算过程中解脱出来，加快了设计进度，更主要的是提高了设计质量。今后，随着给水排水工程计算机软件的进一步开发和应用，排水管道工程的设计计算将会更快更好。

污水、雨水管道水力计算程序是在完成污水、雨水管道系统定线的基础上进行设计的，现将计算程序设计中有关的问题简述如下：

3.7.1 污水管道设计程序

1. 主要计算公式

（1）流量计算

1）比流量 $q_0=\dfrac{b\cdot p}{86400}$

2）本段平均流量 $q_1=q_0F$

3）合计平均流量 $q=q_1+q_2$

4）总变化系数 $K_Z=2.75/q^{0.112}$

5）生活污水设计流量 $Q_1=qK_Z$

6）管段污水设计流量 $Q=Q_1+Q_2+Q_3$

（2）水力计算

1）设计流速 $v=\dfrac{1}{n}R^{\frac{2}{3}}I^{\frac{1}{2}}$

2）充满度 $h/D=f(\theta)$（图 3-24）

3）水力半径 $R=\dfrac{D}{4}\ (1-\sin\theta/\theta)$

4）水力坡度 $I=\left(\dfrac{v\cdot n}{R^{\frac{2}{3}}}\right)^2$

5）水面与管中心夹角 $\theta=f\ (Q,\ D,\ v,\ \theta)$

$$\theta=\frac{8Q}{D^2v}+\sin\theta$$

或 $\theta=f(Q,D,I,\theta)=\dfrac{8nQ}{R^{\frac{2}{3}}I^{\frac{1}{2}}D^2}+\sin\theta$（$\theta$ 以弧度计）

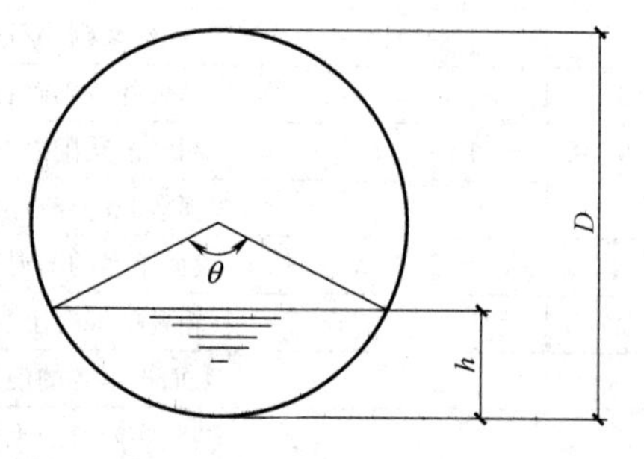

图 3-24　h/D 与 θ 关系

（3）高程计算

1）地面坡度 $i=\dfrac{h_1-h_2}{L}$

2）管段起端管内底标高 $h_3=h_1-H_1$

3）管段终端管内底标高 $h_4=h_3-IL$

4）管段起端水面标高 $h_5=h_3+h$

5）管段终端水面标高 $h_6=h_4+h$

6）管段起端管顶标高 $h_7=h_3+D$

7）管段终端管顶标高 $h_8=h_4+D$

8）管段起端埋深 $H_1=h_1-h_3$

9）管段终端埋深 $H_2=h_2-h_4$

式中　b——人口密度（人/hm^2）；

p——居住区生活污水定额（L/(人·d)）；

F——本管段服务的排水面积（hm^2）；

q_2——本段转输平均流量（L/s）；

Q_2——本段集中污水设计流量（L/s）；

Q_3——本段转输集中污水设计流量（L/s）；

n——管壁粗糙系数；

D——管径（m）；

L——管段长度（m）；

IL——管段起端至终端的降落量（m）；

h——水深（$h/D\times D$）（m）；

h_1——管段起端地面标高（m）；

h_2——管段终端地面标高（m）。

2. 约束条件

在污水管道水力计算过程中，可能涉及的约束条件可归纳为以下几方面：

（1）管径 D

管径对污水管道水力计算的约束反映在两个方面，其一是规定了最小管径（即可选管径的下限），具体规定是：街区或厂区内为 200mm，街道下面为 300mm。其二是管径的递增或递减方式，由于管道规格的限制，在计算过程中，管径的递增或递减是非连续非均匀的。当管径小于 500mm 时，管径的递增或递减以 50mm 为一级，当管径大于 500mm 时，则以 10mm 为一级递增或递减。

（2）流量 Q

在计算中确定管径时，应避免小流量选大管径，故应明确各种管径对应最小流速（最小充满度）时所通过的流量为最小流量，见表 3-25。当管段设计流量小于某一管径的最小流量时，只能选小一级的管径。但当管段设计流量小于 12.5L/s 时，其管径只能选 200mm。

D—Q_{min}的关系 **表 3-25**

D(mm)	Q_{min}(L/s)	D(mm)	Q_{min}(L/s)	D(mm)	Q_{min}(L/s)	D(mm)	Q_{min}(L/s)
200	12.50	450	47.73	900	205.88	1800	1193.34
250	15.12	500	59.00	1000	248.91	2000	1580.47
300	21.06	600	85.52	1200	404.75	2200	2037.84
350	30.29	700	115.74	1400	610.54	2400	2570.04
400	37.45	800	150.38	1600	871.68	2600	3181.55

（3）充满度 h/D

为适应污水流量的变化及利于管道通风，污水管道按部分满流计算。各种管径相应的最大设计充满度的规定见表 2-8，这为设计确定了充满度的上限值。为合理利用管道断面，减少投资，应考虑确定一个最小充满度为设计的下限值，各种管径的最小充满度建议不宜小于 0.25。以最大和最小充满度为约束条件，选用设计充满度，可以最佳地确定管径，达到优化的目的。

（4）流速 v

管段的设计流速介于最小流速（0.6m/s）和最大流速（金属管 10m/s，非金属管 5m/s）之间。不同管径的圆形钢筋混凝土管，在相应的最大充满度下的最大流速是不同的，见表 3-26。在程序设计中最大流速不宜过高，应根据地形而定，地形坡度大时可取高值，反之取低值。

$D-V_{max}$的关系 **表 3-26**

D(mm)	v_{max}(L/s)	D(mm)	v_{max}(L/s)	D(mm)	v_{max}(L/s)	D(mm)	v_{max}(L/s)
200	3.19	500	3.46	1000	4.54	2000	4.97
250	3.09	600	3.57	1200	4.87	2200	4.95
300	2.95	700	3.96	1400	4.92	2400	4.99
350 400	3.48 3.78	800	4.33	1600	4.81	2600	4.90
450	4.09	900	4.68	1800	4.99		

（5）坡度 I

规范只规定了最小管径的最小设计坡度。实际上各种管径都有对应的最小设计坡度，见表 3-27。为保证管道的运行和维护管理，也应考虑确定各种管径的最大设计坡度。最大设计坡度应为各种管径的管道，当其充满度达到最大值且流速接近和小于最大流速时所对应的坡度，见表 3-28。在平坦地区污水管道的水力坡度应用最小设计坡度约束，而地形坡度大的地区则应用最大设计坡度约束。

$D-I_{min}$的关系 **表 3-27**

D(mm)	I_{min}(‰)	D(mm)	I_{min}(‰)	D(mm)	I_{min}(‰)
200	4.0	600	0.9	1600	0.5
250	3.0	700	0.725	1800	0.5
300	2.2	800	0.6	2000	0.5
350	2.0	900	0.6	2200	0.5
400	1.5	1000	0.5	2400	0.5
450	1.3	1200	0.5	≥2600	0.5
500	1.13	1400	0.5		

$D-I_{max}$的关系 **表 3-28**

D(mm)	I_{max}(‰)	D(mm)	I_{max}(‰)	D(mm)	I_{max}(‰)
200	100	600	25	1600	12
250	70	700	25	1800	11
300	50	800	25	2000	9.5
350	50	900	25	2200	8.5
400	50	1000	20	2400	7.5
450	50	1200	18	2600	6.5
500	30	1400	15		

（6）连接方式

污水管道在检查处的连接方式，一般有水面平接和管顶平接两种方式。无论采用哪种方式连接，均不应出现下游管段上端的水面、管底标高高于上游管段下端的水面、管底标高，且应尽量减少下游管段的埋深，这在高程计算部分是重要的约束条件之一。

(7) 埋深 H

有关埋深的约束可从三方面考虑。1）管道起点的最小埋深。根据地面荷载、土壤冰冻深度和支管衔接要求确定。2）管道最大埋深值。根据管道通过地区的地质条件设定。当管道计算埋深达到或超过该值时，应设中途泵站，提升后的管道埋深仍按最小埋深考虑。3）当管道坡度小于地面坡度时，为保证下游管段的最小覆土厚度和减少上游管段的埋深，应采用跌水连接，即设跌水井。

由于污水管道水力计算涉及的影响因素多，因而程序设计的约束条件亦多，而有些约束条件之间是相互制约的。如流速—坡度—管径之间的关系是，流速与坡度成正比，在流量一定时，流速则与管径成反比，因而如何协调二者之间的关系而做到优选管径，在程序设计中是必须考虑的。充满度与流速之间也是相互制约的，流速增加，充满度减少，反之亦然。因此，如何优选流速、充满度满足约束条件的要求，达到优化设计的目的也是必须考虑的。再管径—设计坡度—充满度也是一组相互制约的关系。在流量一定时，管径增加，坡度减小，充满度亦减小；在相同管径下，坡度减小，充满度则增大；在相同坡度下，管径增加，充满度减小。在设计和应用程序时，若最小充满度、最大坡度、最小坡度设置不当，就可能在试运行程序中出现死循环。综上所述，在研制和应用污水管道水力计算程序时，应充分理解约束条件之间的相互制约关系。

根据以上的思路，编制污水管道水力计算程序框图如下：

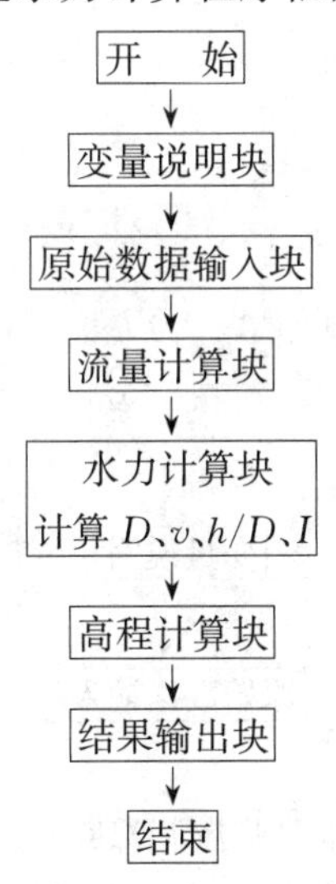

3.7.2 雨水管道设计程序

1. 主要计算公式

(1) 暴雨强度 $q=\dfrac{167A_1\ (1+c\lg P)}{(t_1+t_2+b)^n}$

(2) 雨水设计流量 $Q=\Psi qF$

(3) 管内雨水流行时间 $t_2=\sum\dfrac{L}{60v}$

(4) 雨水在管内的设计流速 $v=\frac{1}{n}R^{2/3}I^{\frac{1}{2}}$

公式中符号含义在前面已有介绍，不再重述，其中 A_1、c、b、n 为已知。设计重现期 P、地面集水时间 t_1、径流系数 Ψ 可计算或选用。F 为管段服务的全部汇水面积。可计算水力半径 $R=\frac{D}{4}$。

2. 约束条件

(1) 管径 D

最小管径为 300mm，即为可选管径的下限。当管径小于 500mm，管径的递增或递减以 50mm 为一级；当管径大于 500mm 时，以 100mm 为一级。

(2) 流量 Q

假定设计流量均从管段起端进入。当设计降雨历时很长，计算中若出现下游管段设计流量小于上一管段流量时，仍采用上一管段的设计流量。

(3) 充满度 h/D

设计充满度 $h/D=1$，即按满流设计。

(4) 流速 v

最小设计流速 0.75m/s，最大设计流速的规定同污水管道，设计流速介于最小和最大流速之间。

(5) 坡度 I

相应于最小管径 300mm 的最小设计坡度为 0.003。管径增大，坡度相应减少。当管道坡度小于地面坡度时设跌水井。

(6) 连接方式

采用管顶平连接。

(7) 埋深 H。

规定同污水管道。

编制雨水管道水力计算程序框图如下：

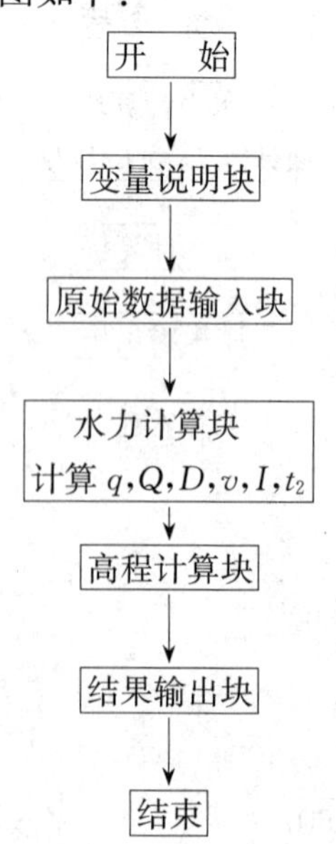

3.8 “海绵城市”的设计

3.8.1 “海绵城市”的概念

改革开放以来，我国城市数量从1978年的193个增加到2014年的658个，城镇化率达到54.77%，城市已成为人们生产生活的主要组成部分。近年来，许多城市都面临内涝频发、径流污染、雨水资源大量流失、生态环境破坏等诸多雨水问题，在城市建设中构建完善雨洪管理系统刻不容缓，据国家防汛抗旱总指挥部统计，2012～2014年分别有184座、234座和125座城市发生内涝，“城市看海”屡见不鲜，其中相当一部分是严重内涝，人员伤亡的现象时有发生，财产损失重大。究其原因，很大程度上是雨水利用系统不完善或城市排水体系不达标。内涝问题与当前城市建设切割地面、硬化面积大量增加等有直接关系。与此同时，城市也面临资源约束趋紧、环境污染加重、生态系统退化等一系列问题，其中又以城市水问题表现最为突出。

(1) 水安全问题。一方面，受“重地上、轻地下”等习惯思维的影响，城市排水设施建设不足，“逢雨必涝”成为城市顽疾，据统计，全国62%的城市发生过水涝。另一方面，传统城市到处都是水泥硬地面，城市绿地等“软地面”在竖向设计上又高于硬地面，雨水下渗量很小，也未考虑“滞”和“蓄”的空间，容易造成积水内涝，更严重的是，阻碍地下水补给，造成地下水水位下降、形成漏斗区。

(2) 水生态问题。传统城市建设造成大量湖河水系、湿地等城市蓝线受到侵蚀，据调查，我国湿地面积比10年前减少3.4万km^2，土壤、气候等生态环境质量下降。另一方面，城市河、湖、海等水岸被大量水泥硬化，甚至这种城市化水岸修筑模式已向乡村田园蔓延，人为割裂了水与土壤、水与水之间的自然联系，导致水的自然循环规律被干扰，水生物多样性减少，水生态系统被破坏。

(3) 水污染问题。降雨挟带空气中的尘埃，降落到地面，同时，形成地表径流，冲刷作用，造成城市径流，初期雨水污染，对城镇水体造成一定的污染。

(4) 水短缺问题。降雨量在时间、空间上分布不均衡，传统的雨水排水模式水来得急、去得也快，而位于城市的自然调蓄空间大量被挤占，人工蓄水设施又不足，导致大量雨水白白流走。据调查，我国有300多个属于联合国人居环境署评价标准的“严重缺水”和“缺水”城市，在缺水的城市发生内涝显得格外突出。

因此，要解决城市雨水问题，不能局限在建筑本身，一定要看成是整个城市建设的一个系统工程，才能解决城市水环境的生态问题。建设“海绵城市”就是系统地解决城市水安全、水资源、水环境问题，减少城市洪涝灾害，缓解城市水资源短缺问题，改善城市水质量和水环境，调节小气候、恢复生物多样性，使城市再现“鸟语、蝉鸣、鱼跃、蛙叫”等生态景象，形成人与自然和谐相处的生态环境。

“海绵城市”就是使城市像海绵一样，在适应环境变化和应对自然灾害等方面有良好的“弹性”，通过下雨时吸水、蓄水、渗水、净水，需要时将蓄存的水“释放”并加以利用，可实现“自然积存、自然渗透、自然净化”三大功能。让城市回归自然。“海绵城市”建设可有效地解决城市水安全、水污染、水短缺、生态退化等问题。2013年12月12日，习近平总书记在中央城镇化工作会议上，强调指出“城市要优先考虑把有限的雨水保留下来、优先考虑更多的利用自然力量排水，建设自然积存、自然渗透、自然净化的海绵城市”。这表明，海绵城市建设是落实生态文明建设的重要举措，是实现修复城市水生态、改善城市水环境、提高城市水安全等多重目标的有效手段，应科学谋划并将其付诸实施。

3.8.2 国内外“海绵城市”的建设经验

“海绵城市”概念的产生源自于行业内和学术界习惯用“海绵”来比喻城市的某种吸附功能，最早是澳大利亚人口研究学者 Budge（2006）应用海绵来比喻城市对人口的吸附现象。近年来，更多的是将海绵用以比喻城市或土地的雨涝调蓄能力。“海绵城市”是从城市雨洪管理角度来描述的一种可持续的城市建设模式，其内涵是：现代城市应该具有像海绵一样吸纳、净化和利用雨水的功能，以及应对气候变化、极端降雨的防灾减灾、维持生态功能的能力。很大程度上，海绵城市与国际上流行的城市雨洪管理理念与方法非常契合，如低影响开发（LID）、绿色雨水基础设施（GSI）及水敏感性城市设计（WSUD）等，都是将水资源可持续利用、良性水循环、内涝防治、水污染防治、生态友好等作为综合目标。

“海绵城市”建设的重点是构建“低影响开发雨水系统”，强调通过源头分散的小型控制设施，维持和保护场地自然水文功能，有效缓解城市不透水面积增加造成的洪峰流量增加、径流系数增大、面源污染负荷加重等城市问题。德国、美国、日本和澳大利亚等国是较早开展雨水资源利用和管理的国家，经过几十年的发展，已取得了较为丰富的实践经验。国外“海绵城市”的建设典型经验简介如下：

1. 德国

德国是最早对城市雨水采用政府管制制度的国家，目前已经形成针对低影响开发的雨水管理较为系统的法律法规、技术指引和经济激励政策。在政府的引导下，目前德国的雨洪利用技术已经进入标准化。

（1）通过制定各级法律法规引导水资源保护与雨水综合运用。德国的联邦水法、建设法规和地区法规以法律条文或规定的形式，对自然环境的保护和水的可持续利用提出明晰的要求。联邦水法以优化生态环境，保持生态平衡为政策导向，成为各州制定相关法规的基本依据。1986 年的水法将供水技术的可靠性和卫生安全性列为重点，并在第一章中提出“每一用户有义务节约用水，以保证水供应的总量平衡”以约束公民行为。1995 年德国颁布了欧洲首个标准《室外排水沟和排水管道标准》，提出通过雨水收集系统尽可能地减少公共地区建筑物底层发生洪水的危险性。1996 年，在水法的补充条款中增加了“水的可持续利用”理念，强调“为了保证水的利用效率，要避免排水量增加”，实现“排水量零增长”。在此背景下，德国建设规划导则规定：“在建设项目的用地规划中，要确保雨水下渗用地，并通过法规进一步落实。”虽各州的具体落实方式不同，但都规定：除了特定情况外，降水不能排放到公共管网中；新建项目的业主必须对雨水进行处置和利用。

（2）积极推广雨水利用的三种方式。德国的雨水利用技术经过多年发展已经日渐成熟，目前德国的城市雨水利用方式主要有：一是屋面雨水集蓄系统，收集的雨水经简单处理后，达到杂用水水质标准，主要用于家庭、公共场所和企业的非饮用水，如街区公寓的厕所冲洗和庭院浇洒。如法兰克福一个苹果榨汁厂，把屋顶收集下来的雨水作为工业冷却循环用水，成为工业项目雨水利用的典范。二是雨水截污与渗透系统。道路雨洪通过下水道排入沿途大型蓄水池或通过渗透补充地下水。德国城市街道雨洪管道口均设有截污挂篮，以拦截雨洪径流携带的污染物；城市地面使用可渗透地砖，以减小径流；行道树周围以疏松的树皮、木屑、碎石、镂空金属盖板覆盖。三是生态小区雨水利用系统。小区沿着排水道修建可渗透浅沟，表面植有草皮，供雨水径流时下渗。超过渗透能力的雨水则进入雨洪池或人工湿地，作为水景或继续下渗。

（3）采用经济手段控制排污量。为了实现排入管网的径流量零增长的目标，在国家法律法规和技术导则的指引下，各城市根据生态法、水法、地方行政费用管理等相关法规，制定了各自的雨水费用（也称为管道使用费）征收标准。并结合各地降水状况、业主所拥有的不透水地面面积，由地方行政主管部门核算并收取业主应缴纳的雨水费。此项资金主要用于雨水项目的投资补贴，以鼓励雨水利用项目的建设。雨水费用的征收有力地促进了雨水处置和利用方式的转变，对雨水管理理念的贯彻有重要意义。

（4）建立统一的水资源管理机制。德国对水资源实施统一的管理制度，即由水务局统一管理与水务有关的全部事项，包括雨水、地表水、地下水、供水和污水处理等水循环的各个环节，并以市场模式运作，接受社会的监督。这种管理模式保证了水务管理者对水资源的统一调配，有利于管理好水循环的每个环节，同时又促使用水者合理、有效地用好每一滴水，使水资源和水务管理始终处在良性发展中。

2. 美国

美国的城市雨水管理总体上经历了排放、水量控制、水质控制、生态保护等阶段，雨水管理理念和技术重点逐渐向低影响开发（LID）源头控制转变，逐步构建污染防治与总量削减相结合的多目标控制和管理体系。

（1）立法严控雨水下泄量。美国国会积极立法保障雨水的调蓄及利用，1972 年的《联邦水污染控制法》（FWPCA）、1987 年的《水质法案》（WQA）和 1997 年的《清洁水法》（CWA）均强调了对雨水径流及其污染控制系统的识别和管理利用。联邦法律要求对所有新开发区强制实行“就地滞洪蓄水”，即改建或新建开发区的雨水下泄量不得超过开发前的水平。在联邦法律基础上，各州相继制定了《雨水利用条例》，保证雨水的资源化利用。同时，美国联邦和各州还通过总税收控制、发行义务债券、联邦和州给予补贴与贷款等一系列的经济手段来鼓励雨水的合理处理及资源化利用。

（2）强调非工程的生态技术开发与综合应用。美国的雨水资源管理以提高天然入渗能力为宗旨，最为显著的特色是对城市雨水资源管理和雨水径流污染控制实施“最佳管理方案（Best Management Practices，BMP）”，通过工程和非工程措施相结合的方法，进行雨水的控制和处理，强调源头控制、强调自然与生态措施、强调非工程方法。

在城市雨水利用处理技术应用上，强调非工程的生态技术开发与综合运用。在城市雨水资源管理和雨水径流污染控制第二代“最佳管理方案（BMP）”中强调与植物、绿地、水体等自然条件和景观结合的生态设计，如植被缓冲带、植物浅沟、湿地等，大量应用由屋顶蓄水或入渗池、井、草地、透水地面组成的地表回灌系统，以获得环境、生态、景观等多重效益。20 世纪 90 年代，美国东部马里兰州的乔治王子郡及西北地区的西雅图和波特兰市共同提出的基于微观尺度景观控制措施发展而来的“低影响开发”雨水管理技术，通过分散的、均匀分布的、小规模的雨水源头控制机制，用渗透、过滤、存贮、蒸发，以及在接近源头的地方截取径流等设计技术，来实现对暴雨所产生的径流和污染的控制，缓解或修复开发造成的难以避免的水文扰动，减少开发行为活动对场地水文状况的冲击。

3. 日本

日本是个水资源较缺乏的国家，政府十分重视对雨水的收集和利用，早在1980年日本建设省就开始推行雨水贮留渗透计划，近年来随着雨水渗透设施的推广和应用，带动了相关领域内的雨水资源化利用的法律、技术和管理体系逐渐完善。

（1）发挥规划和社会组织作用。日本建设省在1980年通过推广雨水贮留渗透计划来推进雨水资源的综合利用，1992年颁布的“第二代城市下水总体规划”正式将雨水渗沟、渗塘及透水地面作为城市总体规划的组成部分，要求新建和改建的大型公共建筑群必须设置雨水就地下渗设施，要求在城市中的新开发土地每公顷土地应附设500m^3的雨洪调蓄池。1988年还成立了民间组织“日本雨水贮留渗透技术协会”。这些计划、规划和非政府性的组织为日本城市雨水资源的控制及利用奠定了基础，保障了雨水资源化的实施。

（2）注重雨水调蓄设施的多功能应用。日本的雨水利用的具体技术措施包括：降低操场、绿地、公园、花坛、楼间空地的地面高程；在停车场、广场铺设透水路面或碎石路面，并建设渗水井，加速雨水渗流；在运动场下修建大型地下水库，并利用高层建筑的地下室作为水库调蓄雨洪；在东京、大阪等特大城市建设地下河将低洼地区雨水导入地下河；在城市上游侧修建分洪水路；在城市河道狭窄处修筑旁通水道；在低洼处建设大型泵站排水等等。其中，最具特色的技术手段是建设雨水调节池，在传统的、功能单一的雨水调节池的基础上发展了多功能调蓄设施，具有设计标准高、规模大、效益投资高的特点。在非雨季或没有大暴雨时，多功能调蓄设施还可以全部或部分地发挥城市景观、公园、绿地、停车场、运动场、市民休闲集会和娱乐场所等多种功能。

（3）加大雨水利用的政府补助。日本对雨水利用实行补助金制度，各个地区和城市的补助政策不一。例如东京都墨田区1996年开始建立促进雨水利用补助金制度，对地下储雨装置、中型储雨装置和小型储雨装置给予一定的补助，水池每立方米补40～120美元，雨水净化器补1/3～2/3的设备价，以此促进雨水利用技术的应用以及雨水资源化。

日本雨水管理围绕多功能调蓄设施推广应用经历了以下阶段：准备期（20世纪70年代），政府对多功能调蓄设施进行了一些研究和示范性的应用；发展期（20世纪80年代），政府对多功能调蓄设施开展广泛的应用并进行经验总结；飞跃期（20世纪90年代），多功能调蓄设施得以广泛应用，在多方面取得了显著成效。

4. 澳大利亚

维多利亚州首府墨尔本是澳大利亚的文化、商业、教育、娱乐、体育及旅游中心，在2011年、2012年和2013年连续3年的世界宜居城市评比中均摘得桂冠。墨尔本地区人口约400万人，面积8800km^2，城市绿化面积比率高达40%，以花园城市而闻名。和世界其他大城市一样，在城市发展中，墨尔本也面临城市防洪、水资源短缺和水环境保护等方面的挑战。作为城市水环境管理尤其现代雨洪管理领域的新锐，墨尔本倡导的水敏性城市设计（Water Sensitive Urban Design，WSUD）和相关持续的前沿研究，使其逐渐成为城市雨洪管理领域的世界领军城市。目前澳大利亚要求，2hm^2以上的城市开发必须采用WSUD技术进行雨洪管理设计，其主要设计内容包括：控制径流量——开发后防洪排涝系统（河道、排水管网等）上、下游的设计洪峰流量、洪水位和流速不超过现状；保护受纳水体水质——项目建成后的场地初期雨水需收集处理，通过雨水水质处理设施使污染物含量达到一定百分比的消减，比如一般要求总磷量45%，总氮量45%和总悬浮颗粒（泥砂颗粒及附着其上的重金属和有机物物质等）80%，后方可排入下游河道或水体。水质处理目标要根据下游水体的敏感性程度来确定；雨洪处理设施融入城市景观，力求功能和景观的融合，将雨水作为一种景观要素。

近年来，我国的雨水资源化利用与管理逐渐起步，深圳、福建等地也开始规划推动海绵城市建设工作。国内“海绵城市”的建设典型经验简介如下：

1. 深圳

早在2004年，深圳市就引入低冲击开发理念，积极探索在城市发展转型和南方独特气候条件下的规划建设新模式。十年来，通过创建低冲击开发示范区、出台相关标准规范和政策法规，以及加强低冲击开发基础研究和国际交流，低冲击开发模式在深圳市的应用已初见成效。

（1）开展相关技术交流与研究。2004年深圳市举办了第四届流域管理与城市供水国际学术研讨会，深圳市水务局与美国土木工程师协会和美国联邦环保局签署包括流域管理、面源污染控制和低冲击开发的技术交流与合作协议框架。深圳市光明新区低冲击开发示范区成为国家水体污染控制与治理科技重大专项“低影响开发城市雨水系统研究与示范”项目的基础研究与示范基地。通过将课题研究、国际交流与自身实践相结合，促进城市雨水系统建设理念从快排为主到“渗、滞、蓄、用、排”相结合的转变，为探索“自身可持续、成本可接受、形式可复制”的低冲击开发模式奠定基础。

（2）编制完善地方相关导则规范。在国家标准《建筑与小区雨水利用工程技术规范》GB 50400—2006的基础上，深圳编制了一系列关于低冲击开发的地方技术规范。包括：①《雨水利用工程技术规范》，适用于深圳市的建筑与小区、市政道路、工商业区、城中村、城市绿地等雨水利用工程的规划、设计、管理与维护，规定了雨水利用工程的系统组成、设施种类以及设计准则，比较详细地给出了径流污染控制、雨水入渗和雨水收集利用的设计方法，并以附录形式给出径流污染控制设施示意图；②《深圳市再生水、雨水利用水质规范》，规定了深圳市再生水、雨水利用的水源要求、利用水水质标准以及水质监测方法；③《深圳市低冲击开发技术基础规范》（在编），适用于深圳市低冲击开发及雨水综合利用工程的规划、设计、施工、管理和维护，规范要求低冲击开发设施应与项目主体工程同时设计，同时施工，同时使用。

2. 武汉

武汉市发布了《海绵城市规划设计导则》，新建建筑与小区中高度不超过50m的平顶房屋宜采用屋顶绿化。新建公园透水铺装率应不低于55%，改建公园不低于45%。新建城市广场透水铺装率应不低于50%，改建城市广场不低于40%。导则还图文并茂地将各种透水铺装、下沉绿地等设施的建设方法、技术规格要求做了描述，如图3-25所示。

3.8.3 我国“海绵城市”示范城市建设内容

为了大力推进建设“海绵城市”，节约水资源，保护和改善城市生态环境，促进生态文明建设，国家颁布了一系列的法规政策，如《城镇排水与污水处理条例》（国务院令第641号）、《国务院办公厅关于做好城市排水防涝设施建设工作的通知》（国办发〔2013〕23号）、《国务院关于加强城市基础设施建设的意见》（国发〔2013〕36号）等，并与《城市排水工程规划规范》GB 50318—2000、《室外排水设计规范》GB 50014—2006（2014年版）、《绿色建筑评价标准》GB/T 50378—2014等国家标准规范有效衔接，住房和城乡

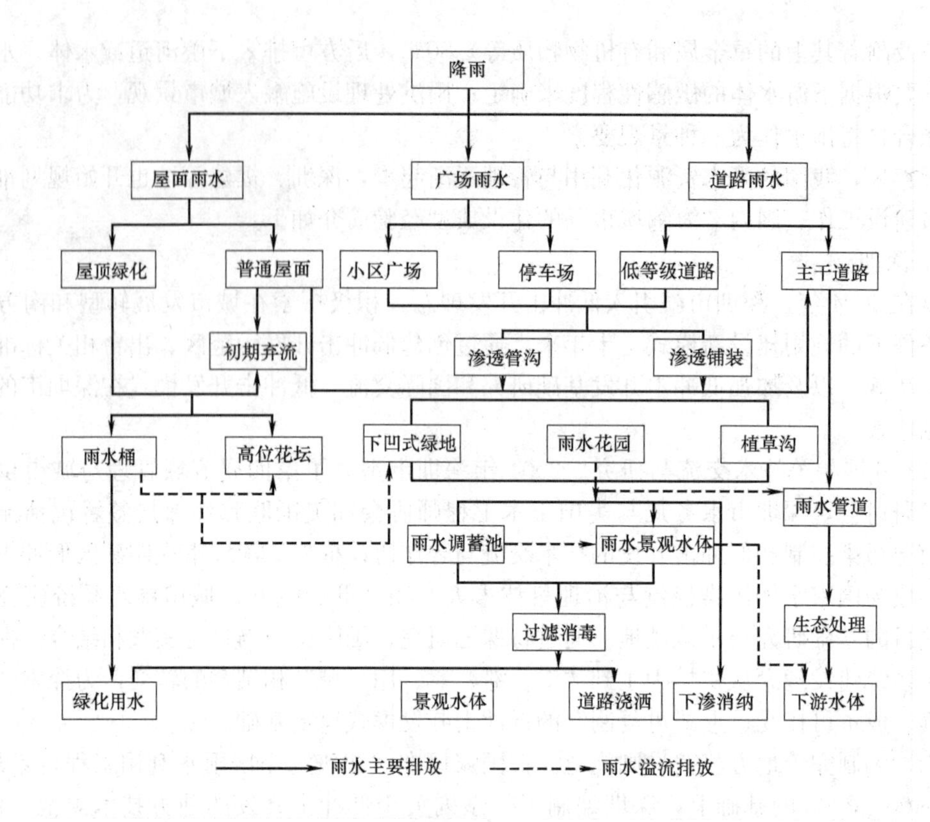

图 3-25 海绵城市规划设计技术路线

建设部于 2014 年 10 月发布了《海绵城市建设技术指南——低影响开发雨水系统构建（试行）》。

1. “海绵城市”的建设理念

（1）海绵城市的本质——解决城镇化与资源环境的协调和谐

海绵城市的本质是改变传统城市建设理念，实现与资源环境的协调发展。在“成功的”工业文明达到顶峰时，人们习惯于战胜自然、超越自然、改造自然的城市建设模式，结果造成严重的城市病和生态危机；而海绵城市遵循的是顺应自然、与自然和谐共处的低影响发展模式。传统城市利用土地进行高强度开发，海绵城市实现人与自然、土地利用、水环境、水循环的和谐共处；传统城市开发方式改变了原有的水生态，海绵城市则保护原有的水生态；传统城市的建设模式是粗放式的，海绵城市对周边水生态环境则是低影响的；传统城市建成后，地表径流量大幅增加，海绵城市建成后地表径流量能保持不变。因此，海绵城市建设又被称为低影响设计和低影响开发（Low impact design or development，LID）。

（2）海绵城市的目标——让城市“弹性适应”环境变化与自然灾害

一是保护原有水生态系统。通过科学合理划定城市的蓝线、绿线等开发边界和保护区域，最大限度地保护原有河流、湖泊、湿地、坑塘、沟渠、树林、公园草地等生态体系，维持城市开发前的自然水文特征。

二是恢复被破坏水生态。对传统粗放城市建设模式下已经受到破坏的城市绿地、水体、湿地等，综合运用物理、生物和生态等的技术手段，使其水文循环特征和生态功能逐步得以恢复和修复，并维持一定比例的城市生态空间，促进城市生态多样性提升。我国很多地方结合点源污水治理的同时，改善水生态。

三是推行低影响开发。在城市开发建设过程中，合理控制开发强度，减少对城市原有水生态环境的破坏。留足生态用地，适当开挖河湖沟渠，增加水域面积。此外，从建筑设计始，全面采用屋顶绿化、可渗透路面、人工湿地等促进雨水积存净化。

四是通过种种低影响开发措施及其系统组合有效减少地表雨水径流量，减轻暴雨对城市运行的影响。

(3) 改变传统的排水模式

传统城市建设模式，处处是硬化路面。每逢大雨，主要依靠管渠、泵站等“灰色”设施来排水，以“快速排除”和“末端集中”控制为主要规划设计理念，往往造成逢雨必涝，旱涝急转。根据《海绵城市建设技术指南》，今后城市建设将强调优先利用植草沟、雨水花园、下沉式绿地等“绿色”措施来组织排水，以“慢排缓释”和“源头分散”控制为主要规划设计理念。

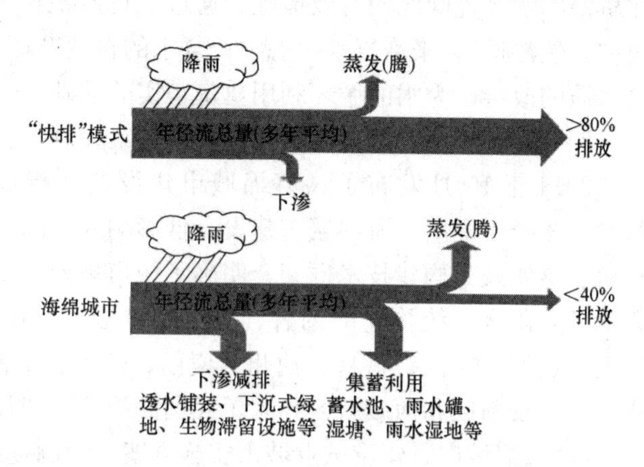

图 3-26 “海绵城市”转变排水防涝思路

传统的市政模式认为，雨水排得越多、越快、越通畅越好，这种“快排式”（图 3-26）的传统模式没有考虑水的循环利用。海绵城市遵循“渗、滞、蓄、净、用、排”的六字方针，把雨水的渗透、滞留、集蓄、净化、循环使用和排水密切结合，统筹考虑内涝防治、径流污染控制、雨水资源化利用和水生态修复等多个目标。具体技术方面，有很多成熟的工艺手段，可通过城市基础设施规划、设计及其空间布局来实现。总之，只要能够把上述六字方针落到实处，城市地表水的年径流量就会大幅下降。经验表明：在正常的气候条件下，典型海绵城市可以截流 80%以上的雨水。

目前（2014 年）中国 99%的城市都是快排模式，雨水落到硬化地面只能从管道里集中快排。强降雨一来就感觉修多大的管道都不够用，而且许多严重缺水的城市就这么让 70%的雨水白白流失了。以深圳光明新区举例，这个年均降雨量 1935mm、汛期暴雨集中的城区，一方面有 26 个易涝点，内涝严重；另一方面又严重缺水，70%以上的用水靠从区外调水。这说明城市排涝抗旱的思路必须调整，把雨水这个包袱变成城市解渴的财富。根据《海绵城市建设技术指南》，城市建设将强调优先利用植草沟、雨水花园、下沉式绿地等“绿色”措施来组织排水，以“慢排缓释”和“源头分散”控制为主要规划设计理念。

(4) 保持水文特征基本稳定

通过海绵城市的建设，可以实现开发前后径流量总量和峰值流量保持不变（图3-27），在渗透、调节、储存等诸方面的作用下，径流峰值的出现时间也可以基本保持不变。可以

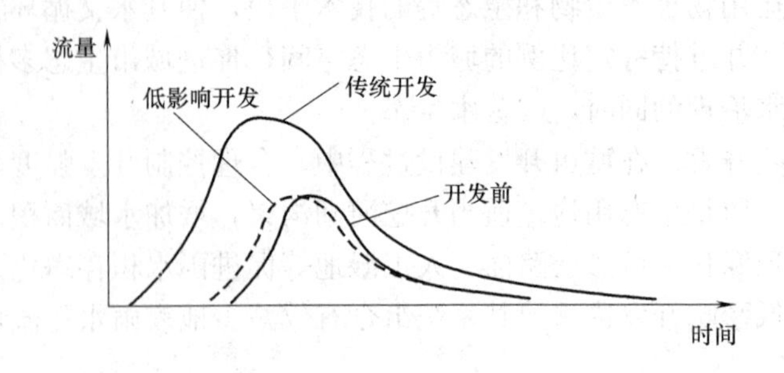

图 3-27　低影响开发水文原理

通过对源头削减、过程控制和末端处理来实现城市化前后水文特征的基本稳定。

总之，通过建立尊重自然、顺应自然的低影响开发模式，是系统地解决城市水安全、水资源、水环境问题的有效措施。通过“自然积存”，来实现削峰调蓄，控制径流量；通过“自然渗透”，来恢复水生态，修复水的自然循环；通过“自然净化”，来减少污染，实现水质的改善，为水的循环利用奠定坚实的基础。

2.“海绵城市”建设试点城市实施方案编制

2014 年 10 月发布了《海绵城市建设技术指南——低影响开发雨水系统构建（试行)》。该指南提出了海绵城市建设一低影响开发雨水系统构建的基本原则，规划控制目标分解、落实及其构建技术框架，明确了城市规划、工程设计、建设、维护及管理过程中低影响开发雨水系统构建的内容、要求和方法，并提供了我国部分实践案例。16 个城市：迁安、白城、镇江、嘉兴、池州、厦门、萍乡、济南、鹤壁、武汉、常德、南宁、重庆、遂宁、贵安新区和西咸新区列入了我国海绵城市建设的试点城市。

《“海绵城市”建设试点城市实施方案》编制提纲见附录 3-3。编制“海绵城市”建设试点城市实施方案的技术路线框图如图 3-28 所示。

3. 我国“海绵城市”的建设控制及考核指标

海绵城市以构建低影响开发雨水系统为目的，其规划控制目标一般包括径流总量控制、径流峰值控制、径流污染控制、雨水资源化利用等。各地应结合水环境现状、水文地质条件等特点，合理选择其中一项或多项目标作为规划控制目标。

鉴于径流污染控制目标、雨水资源化利用目标大多可通过径流总量控制实现，各地低影响开发雨水系统构建可选择径流总量控制作为首要的规划控制目标。

1）径流总量控制目标。低影响开发雨水系统的径流总量控制一般采用年径流总量控制率作为控制目标。年径流总量控制率与设计降雨量为一一对应关系，及部分城市年径流总量控制率及其对应的设计降雨量，参见《海绵城市建设技术指南——低影响开发雨水系统构建（试行)》附录 2。理想状态下，径流总量控制目标应以开发建设后径流排放量接近开发建设前自然地貌时的径流排放量为标准。自然地貌往往按照绿地考虑，一般情况下，绿地的年径流总量外排率为 15％～20％（相当于年雨量径流系数为 0.15～0.20)，因此，借鉴发达国家实践经验，年径流总量控制率最佳为 80％～85％这一目标主要通过控制频率较高的中、小降雨事件来实现。以北京市为例，当年径流总量控制率为 80％和 85％时，对应的设计降雨量为 27.3mm 和 33.6mm，分别对应约 0.5 年一遇和 1 年一遇的

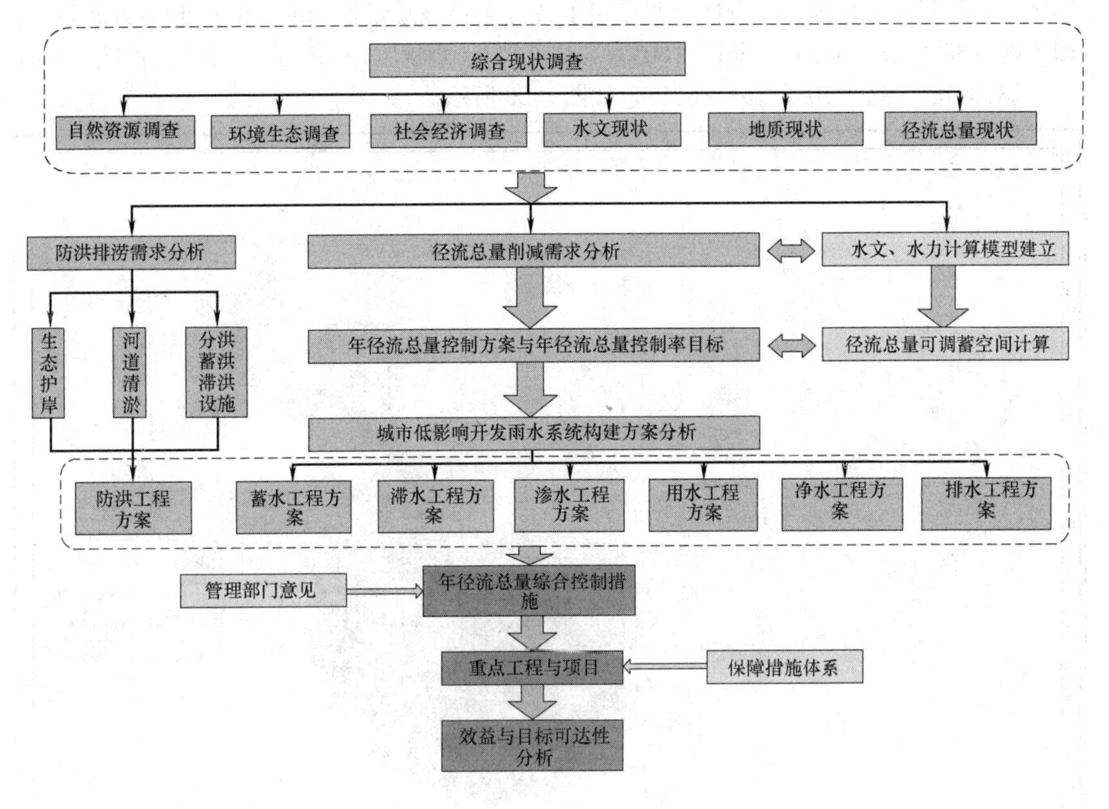

图 3-28 “海绵城市”建设方案编制技术路线框图

1 小时降雨量。

实践中，应在确定年径流总量控制率时，需要综合考虑多方面因素。一方面，开发建设前的径流排放量与地表类型、土壤性质、地形地貌、植被覆盖率等因素有关，应通过分析综合确定开发前的径流排放量，并据此确定适宜的年径流总量控制率。另一方面，要考虑当地水资源禀赋情况、降雨规律、开发强度、低影响开发设施的利用效率以及经济发展水平等因素；具体到某个地块或建设项目的开发，要结合本区域建筑密度、绿地率及土地利用布局等因素确定。因此，综合考虑以上因素基础上，当不具备径流控制的空间条件或者经济成本过高时，可选择较低的年径流总量控制目标。同时，从维持区域水环境良性循环及经济合理性角度出发，径流总量控制目标也不是越高越好，雨水的过量收集、减排会导致原有水体的萎缩或影响水系统的良性循环；从经济性角度出发，当年径流总量控制率超过一定值时，投资效益会急剧下降，造成设施规模过大、投资浪费的问题。

我国地域辽阔，气候特征、土壤地质等天然条件和经济条件差异较大，城市径流总量控制目标也不同。有特殊排水防涝要求的区域，可根据经济发展条件适当提高径流总量控制目标；对于广西、广东及海南等部分沿海地区，由于极端暴雨较多导致设计降雨量统计值偏差较大，造成投资效益及低影响开发设施利用效率不高，可适当降低径流总量控制目标。住房和城乡建设部出台的《海绵城市建设技术指南——低影响开发雨水系统构建（试行）》对我国近 200 个城市 1983～2012 年日降雨量统计分析，将我国大陆地区大致分为五个区，即年径流总量控制率分区。并给出了各区年径流总量控制率 α 的最低和最高限值，即Ⅰ区（$85\% \leqslant \alpha \leqslant 90\%$）、Ⅱ区（$80\% \leqslant \alpha \leqslant 85\%$）、Ⅲ区（$75\% \leqslant \alpha \leqslant 85\%$）、Ⅳ区（$70\% \leqslant \alpha \leqslant 85\%$）、Ⅴ区（$60\% \leqslant \alpha \leqslant 85\%$），如图 3-29 所示。

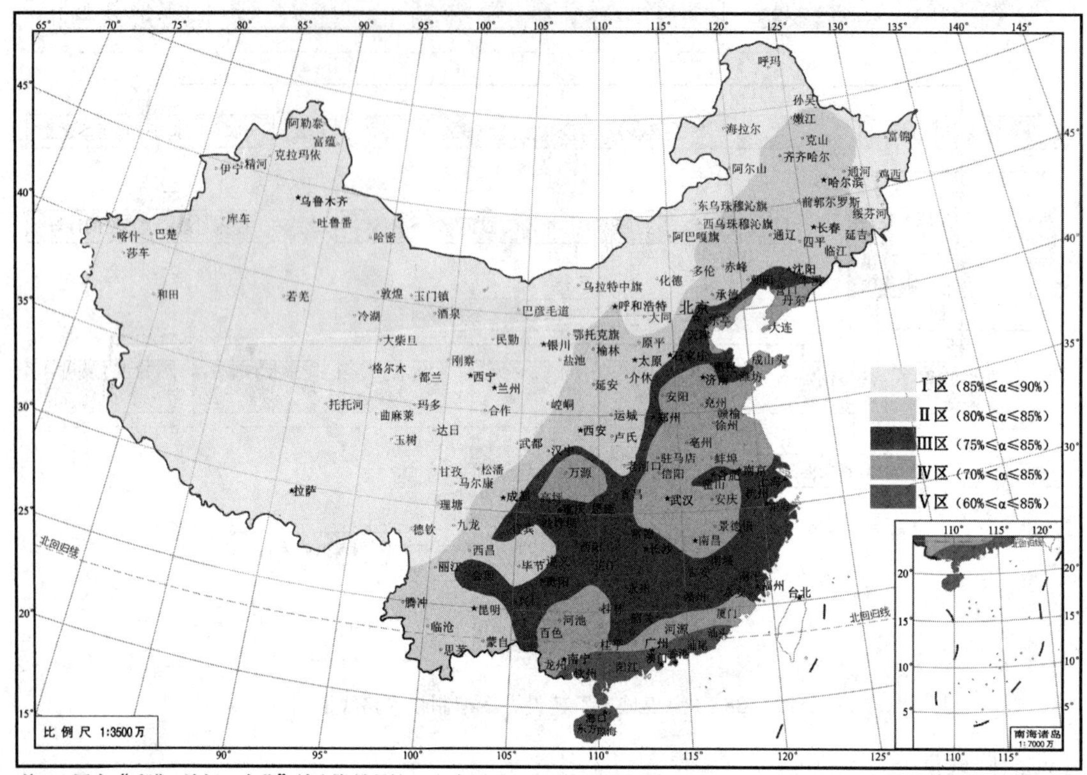

注：1.图中“香港、澳门、台北”站点资料暂缺。 2.审图号：GS (2015) 1755号

图 3-29　我国大陆地区年径流总量控制率分区

如《厦门海绵城市建设方案》，根据低影响开发理念，最佳雨水控制量应以雨水排放量接近自然地貌为标准，不宜过大。在自然地貌或绿地的情况下，径流系数为 0.15，故径流总量控制率不宜大于 85%。根据试点区当地水文站的降雨资料，统计得出降雨量比

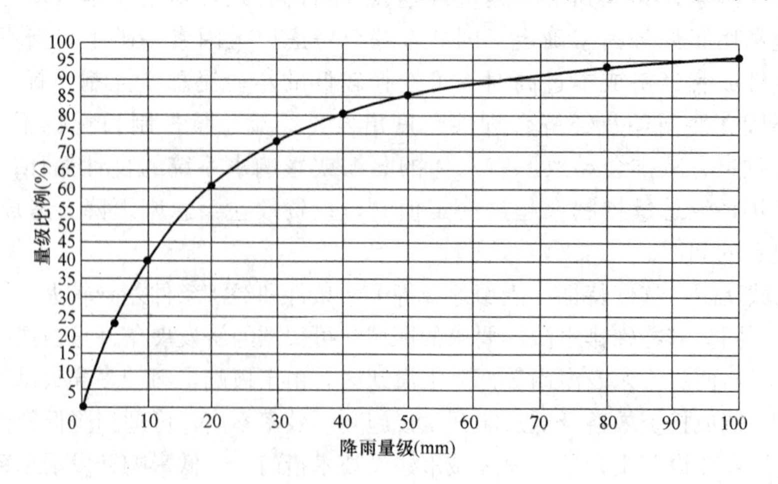

图 3-30　厦门不同降雨量对应的降雨量所占比例图

例如图 3-30 所示，综合考虑厦门市具体情况，结合《海绵城市建设技术指南（试行）》，确定径流总量控制目标为 70%，对应的设计降雨量为 26.8mm。

2）径流峰值控制目标。径流峰值流量控制是低影响开发的控制目标之一。低影响开发设施受降雨频率与雨型、低影响开发设施建设与维护管理条件等因素的影响，一般对中、小降雨事件的峰值削减效果较好，对特大暴雨事件，虽仍可起到一定的错峰、延峰作用，但其峰值削减幅度往往较低。因此，为保障城市安全，在低影响开发设施的建设区域，城市雨水管渠和泵站的设计重现期、径流系数等设计参数仍然应当按照《室外排水设计规范》GB 50014—2006（2014 年版）中的相关标准执行。同时，低影响开发雨水系统是城市内涝防治系统的重要组成，应与城市雨水管渠系统及超标雨水径流排放系统相衔接，建立从源头到末端的全过程雨水控制与管理体系，共同达到内涝防治要求，城市内涝防治设计重现期应按《室外排水设计规范》GB 50014—2000（2014 年版）中内涝防治设计重现期的标准执行。

3）径流污染控制目标。径流污染控制是低影响开发雨水系统的控制目标之一，既要控制分流制径流污染物总量，也要控制合流制溢流的频次或污染物总量。各地应结合城市水环境质量要求、径流污染特征等确定径流污染综合控制目标和污染物指标，污染物指标可采用悬浮物（SS）、化学需氧量（COD）、总氮（TN）、总磷（TP）等。

城市径流污染物中，SS 往往与其他污染物指标具有一定的相关性，因此，一般可采用 SS 作为径流污染物控制指标，低影响开发雨水系统的年 SS 总量去除率一般可达到 40%～60%。年 SS 总量去除率可用下述方法进行计算：

年 SS 总量去除率＝年径流总量控制率×低影响开发设施对 SS 的平均去除率

城市或开发区域年 SS 总量去除率，可通过不同区域、地块的年 SS 总量去除率经年径流总量（年均降雨量×综合雨量径流系数×汇水面积）加权平均计算得出。考虑到径流污染物变化的随机性和复杂性，径流污染控制目标一般也通过径流总量控制来实现，并结合径流雨水中污染物的平均浓度和低影响开发设施的污染物去除率确定。

4）控制目标的选择。各地应根据当地降雨特征、水文地质条件、径流污染状况、内涝风险控制要求和雨水资源化利用需求等，并结合当地水环境突出问题、经济合理性等因素，有所侧重地确定低影响开发径流控制目标。

水资源缺乏的城市或地区，可采用水量平衡分析等方法确定雨水资源化利用的目标；雨水资源化利用一般应作为径流总量控制目标的一部分；对于水资源丰沛的城市或地区，可侧重径流污染及径流峰值控制目标；径流污染问题较严重的城市或地区，可结合当地水环境容量及径流污染控制要求，确定年 SS 总量去除率等径流污染物控制目标，实践中，一般转换为年径流总量控制率目标；对于水土流失严重和水生态敏感地区，宜选取年径流总量控制率作为规划控制目标，尽量减小地块开发对水文循环的破坏；易涝城市或地区可侧重径流峰值控制，并达到《室外排水设计规范》GB 50014—2006（2014 年版）中内涝防治设计重现期标准；面临内涝与径流污染防治、雨水资源化利用等多种需求的城市或地区，可根据当地经济情况、空间条件等，选取年径流总量控制率作为首要规划控制目标，综合实现径流污染和峰值控制及雨水资源化利用目标。

3.8.4 “海绵城市”关键技术

低影响开发技术按主要功能一般可分为渗透、贮存、调节、转输、截污净化等几类。

通过各类技术的组合应用，可实现径流总量控制、径流峰值控制、径流污染控制、雨水资源化利用等目标。实践中，应结合不同区域水文地质、水资源等特点及技术经济分析，按照因地制宜和经济高效的原则选择低影响开发技术及其组合系统。

对于小区建筑，可以让屋顶绿起来，在滞留雨水的同时起到节能减排、缓解热岛效应的功效。小区绿地应“沉下去”，让雨水进入下沉式绿地进行调蓄、下渗与净化，而不是直接通过下水道排放。小区的景观水体作为调蓄、净化与利用雨水的综合设施。人行道可采用透水铺装，道路绿化带可下沉，若绿化带空间不足，还可将路面雨水引入周边公共绿地进行消纳。

城市绿地与广场应建成具有雨水调蓄功能的多功能“雨洪公园”城市水系应具备足够的雨水调蓄与排放能力，滨水绿带应具备净化城市所汇入雨水的能力，水系岸线应设计为生态驳岸，提高水系的自净能力。

各类低影响开发技术又包含若干不同形式的低影响开发设施，主要有：透水铺装、绿色屋顶、下沉式绿地、生物滞留设施、渗透塘、渗井、湿塘、雨水湿地、蓄水池、雨水罐、调节塘、调节池、植草沟、渗管（渠）、植被缓冲带、初期雨水弃流设施、人工土壤渗滤等。

（1）透水铺装：按照面层材料不同可分为透水砖铺装、透水水泥混凝土铺装和透水沥青混凝土铺装，嵌草砖、园林铺装中的鹅卵石、碎石铺装等。当透水铺装设置在地下室顶板上时，顶板覆土厚度不应小于 600 mm，并应设置排水层。其典型构造如图 3-31 所示。

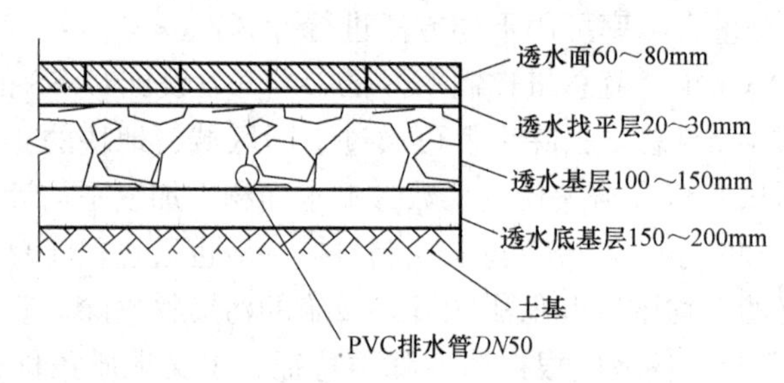

图 3-31　透水砖铺装典型结构示意图

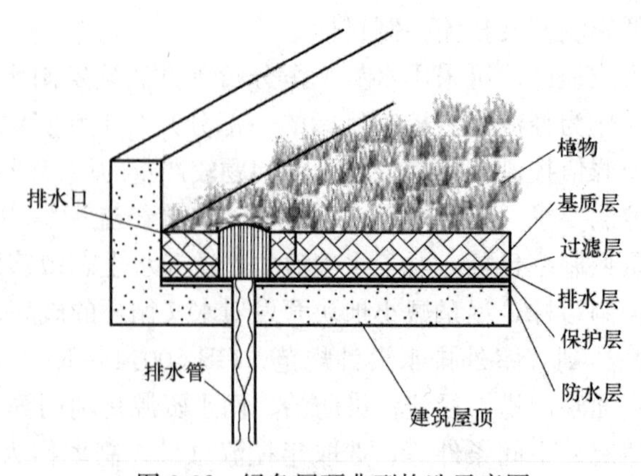

图 3-32　绿色屋顶典型构造示意图

（2）绿色屋顶：也称种植屋面，屋顶绿化等，根据种植基质的深度和景观的复杂程度，又分为简单式和花园式，基质深度根据种植植物需求和屋面荷载确定，简单式绿色屋顶的基质深度一般不大于 150mm，花园式的基质深度一般不大于 600mm，典型构造如图 3-32 所示。

（3）下沉式绿地：具有狭义和广义之分，狭义的下沉式绿地指低于周边铺砌地面或道路在 200 mm 以内的绿地；广义的下沉式绿地泛指具有一定的调蓄容积（在以径流总量控制为目标进行目标分解或设计计算时，不包括调节容积），且可用于调蓄和净化径流雨水的绿地，包括生物滞留设施、渗透塘、湿塘、雨水湿地、调节塘等。狭义的下沉式绿地应满足以下要求：1）下沉式绿地的下凹深度应根据植物耐淹性能和土壤渗透性能确定，一般为 100～200mm。2）下沉式绿地内一般应设置溢流口（如雨水口），保证暴雨时径流的溢流排放，溢流口顶部标高一般应高于绿地 50～100mm。下沉式绿地典型构造如图 3-33 所示。

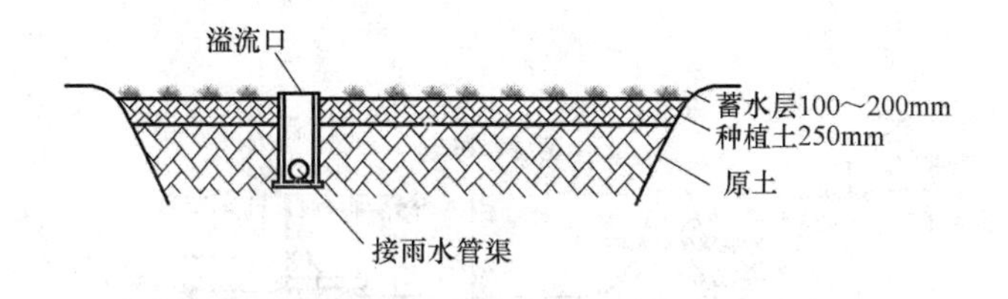

图 3-33　狭义的下沉式绿地典型构造示意图

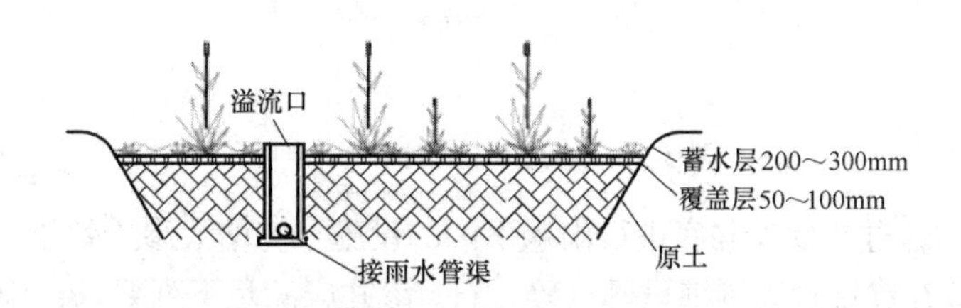

图 3-34　简易型生物滞留设施典型构造示意图

（4）生物滞留设施：指在地势较低的区域，通过植物、土壤和微生物系统蓄渗、净化径流雨水的设施。生物滞留设施分为简易型生物滞留设施和复杂型生物滞留设施，按应用位置不同又称做雨水花园、生物滞留带、高位花坛、生态树池等。生物滞留设施内应设置溢流设施，可采用溢流竖管、盖箅溢流井或雨水口等，溢流设施顶一般应低于汇水面 100mm。生物滞留设施的蓄水层深度应根据植物耐淹性能和土壤渗透性能来确定，一般为 200～300mm，并应设 100mm 的超高；换土层介质类型及深度应满足出水水质要求，还应符合植物种植及园林绿化养护管理技术要求；为防止换土层介质流失，换土层底部一般设置透水土工布隔离层，也可采用厚度不小于 100 mm 的砂层（细砂和粗砂）代替；砾石层起到排水作用，厚度一般为 250～300mm，可在其底部埋置管径为 100～150mm 的穿孔排水管，砾石应洗净且粒径不小于穿孔管的开孔孔径；为提高生物滞留设施的调蓄作用，在穿孔管底部可增设一定厚度的砾石调蓄层。生物滞留设施典型构造如图 3-34、图 3-35 所示。

（5）渗透塘：是一种用于雨水下渗补充地下水的洼地，具有一定的净化雨水和削减峰值流量的作用。渗透塘边坡坡度（垂直：水平）一般不大于 1∶3，塘底至溢流水位一般不小于0.6m。渗透塘底部构造一般为200～300mm的种植土、透水土工布及300～500mm的过滤介质层。渗透塘典型构造如图3-36所示。

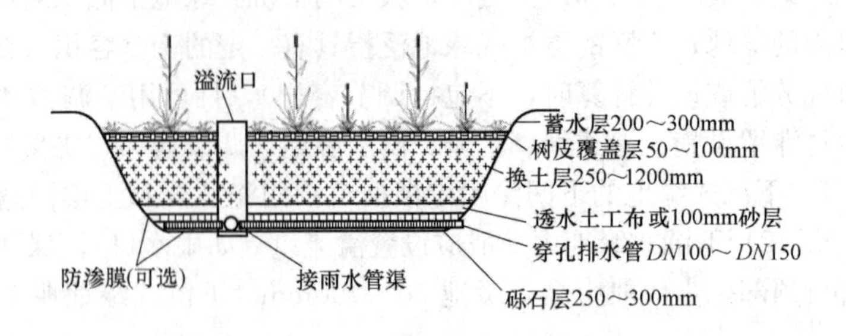

图3-35 复杂型生物滞留设施典型构造示意图

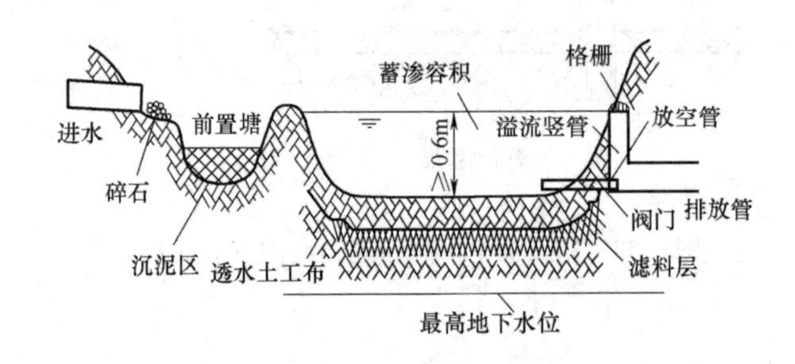

图3-36 渗透塘典型构造示意图

（6）渗井：指通过井壁和井底进行雨水下渗的设施，为增大渗透效果，可在渗井周围设置水平渗排管，并在渗排管周围铺设砾（碎）石。渗井应满足下列要求：雨水通过渗井下渗前应通过植草沟、植被缓冲带等设施对雨水进行预处理。渗井的出水管的内底高程应高于进水管管内顶高程，但不应高于上游相邻井的出水管管内底高程。渗井调蓄容积不足时，也可在渗井周围连接水平渗排管，形成辐射渗井。辐射渗井的典型构造如图3-37所示。

（7）湿塘：指具有雨水调蓄和净化功能的景观水体，雨水同时作为其主要的补水水源。湿塘有时可结合绿地、开放空间等场地条件设计为多功能调蓄水体，即平时发挥正常的景观及休闲、娱乐功能，暴雨发生时发挥调蓄功能，实现土地资源的多功能利用。湿塘一般由进水口、前置塘、主塘、溢流出水口、护坡及驳岸、维护通道等构成。主塘一般包括常水位以下的永久容积和储存容积，永久容积水深一般为0.8～2.5m。其典型构造如图3-38所示。

（8）雨水湿地：利用物理、水生植物及微生物等作用净化雨水，是一种高效的径流污染控制设施，雨水湿地分为雨水表流湿地和雨水潜流湿地，一般设计成防渗型以便维持雨水湿地植物所需要的水量，雨水湿地常与湿塘合建并设计一定的调蓄容积。雨水湿地与湿塘的构造相似，一般由进水口、前置塘、沼泽区、出水池、溢流出水口、护坡及驳岸、维护通道等构成。雨水湿地典型构造如图3-38和图3-39所示。

（9）蓄水池：指具有雨水贮存功能的集蓄利用设施，同时也具有削减峰值流量的作用，主要包括钢筋混凝土蓄水池，砖、石砌筑蓄水池及塑料蓄水模块拼装式蓄水池，用地

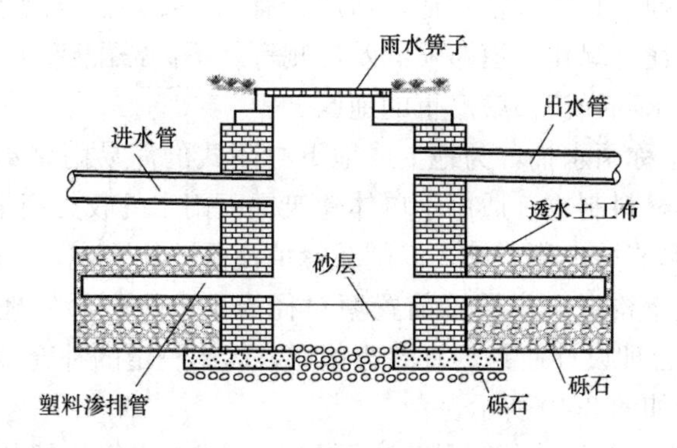

图 3-37　辐射渗井构造示意图

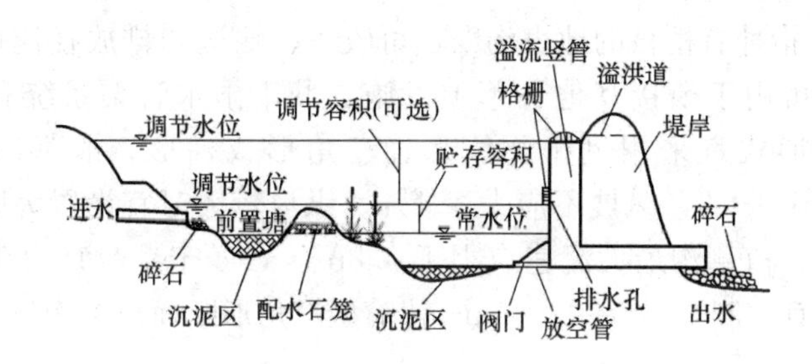

图 3-38　湿塘典型构造示意图

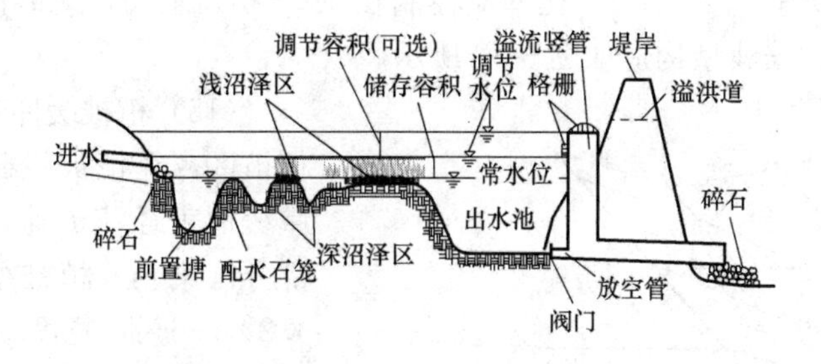

图 3-39　雨水湿地典型构造示意图

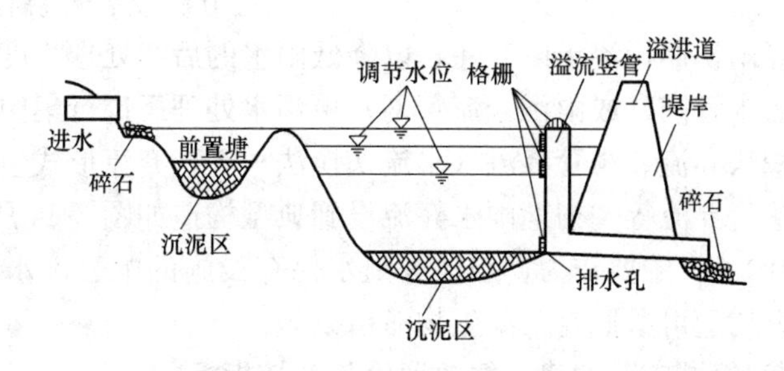

图 3-40　调节塘典型构造示意图

紧张的城市大多采用地下封闭式蓄水池。适用于有雨水回用需求的建筑与小区、城市绿地等，根据雨水回用用途（绿化、道路喷洒及冲厕等）不同需配建相应的雨水净化设施；不适用于无雨水回用需求和径流污染严重的地区。

（10）雨水罐：也称雨水桶，为地上或地下封闭式的简易雨水集蓄利用设施，可用塑料、玻璃钢或金属等材料制成。适用于单体建筑屋面雨水的收集利用。

（11）调节塘：调节塘也称干塘，以削减峰值流量功能为主，一般由进水口、调节区、出口设施、护坡及堤岸构成，应设置前置塘对径流雨水进行预处理。调节区深度一般为0.6～3m，也可通过合理设计使其具有渗透功能，起到一定的补充地下水和净化雨水的作用。调节塘典型构造如图3-40所示。

（12）调节池：为调节设施的一种，主要用于削减雨水管渠峰值流量，一般常用溢流堰式或底部流槽式，可以是地上敞口式调节池或地下封闭式调节池，适用于城市雨水管渠系统中，削减管渠峰值流量。

（13）植草沟：指种有植被的地表沟渠，可收集、输送和排放径流雨水，并具有一定的雨水净化作用，可用于衔接其他各单项设施、城市雨水管渠系统和超标雨水径流排放系统。浅沟断面形式宜采用倒抛物线形、三角形或梯形。植草沟的边坡坡度（垂直：水平）不宜大于1∶3，纵坡不应大于4%。纵坡较大时宜设置为阶梯形植草沟或在中途设置消能台坎。植草沟最大流速应小于0.8m/s，曼宁系数宜为0.2～0.3。转输型植草沟内植被高度宜控制在100～200mm。转输型三角形断面植草沟的典型构造如图3-41所示。

（14）渗管/渠：指具有渗透功能的雨水管/渠，可采用穿孔塑料管、无砂混凝土管/渠和砾（碎）石等材料组合而成。渗管/渠应满足以下要求：渗管/渠应设置植草沟、沉淀（砂）池等预处理设施；渗管/渠开孔率应控制在1%～3%之间，无砂混凝土管的孔隙率应大于20%。渗管/渠典型构造如图3-42所示。

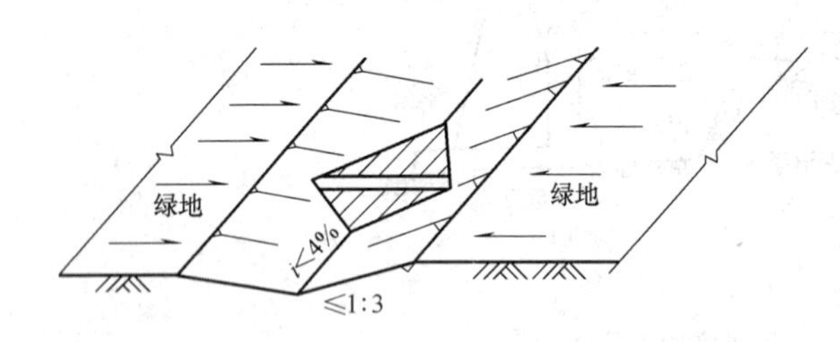

图3-41 转输型三角形断面植草沟典型构造示意图

（15）植被缓冲带：为坡度较缓的植被区，经植被拦截及土壤下渗作用减缓地表径流流速，并去除径流中的部分污染物，植被缓冲带坡度一般为4.2%～6%，宽度不宜小于2m。植被缓冲带典型构造如图3-43所示。

（16）初期雨水弃流设施：指通过一定方法或装置将存在初期冲刷效应、污染物浓度较高的降雨初期径流予以弃除，以降低雨水的后续处理难度。弃流雨水应进行处理，如排入市政污水管网（或雨污合流管网）由污水处理厂进行集中处理等。常见的初期弃流方法包括容积法弃流、小管弃流（水流切换法）等，弃流形式包括自控弃流、渗透弃流、弃流池、雨落管弃流等。初期雨水弃流设施典型构造如图3-44所示。

（17）人工土壤渗滤：主要作为蓄水池等雨水储存设施的配套雨水设施，以达到回用水水质指标，其典型构造可参照复杂型生物滞留设施。

3.8.5 我国“海绵城市”的建设绩效评价与考核指标

海绵城市建设绩效评价与考核指标分为水生态、水环境、水资源、水安全、制度建设

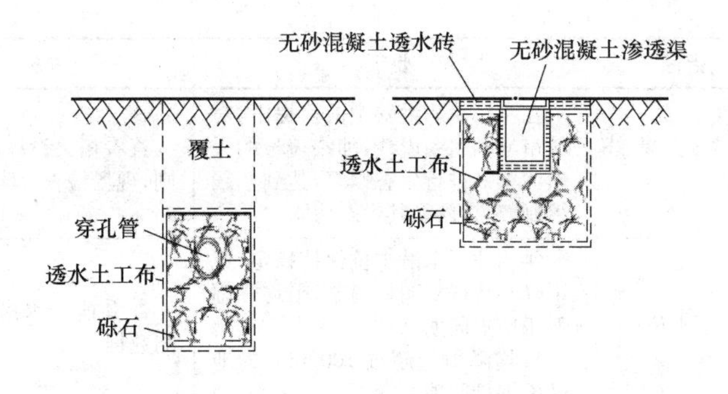

图 3-42　渗管/渠典型构造示意图

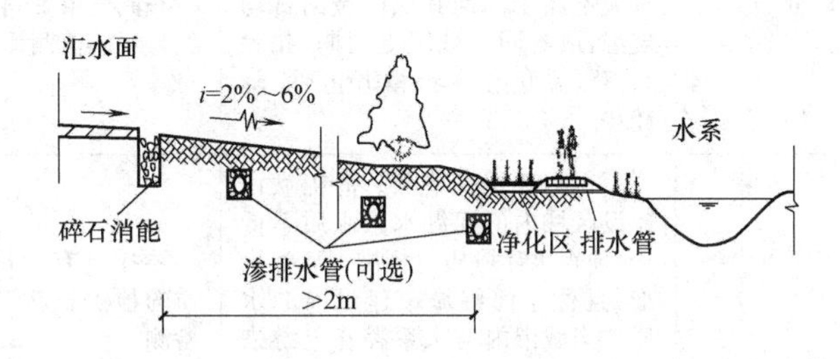

图 3-43　植被缓冲带典型构造示意图

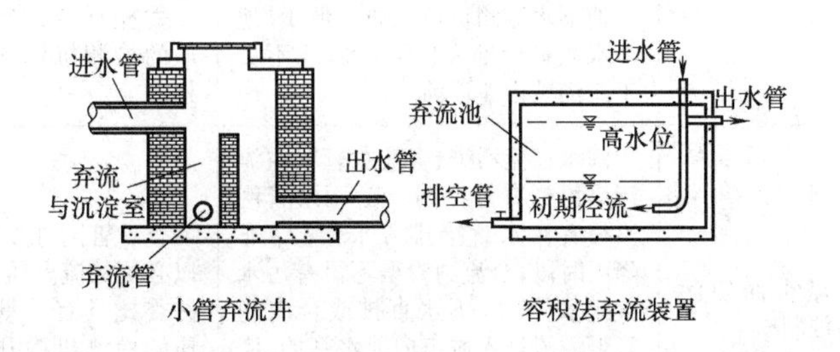

图 3-44　初期雨水弃流设施示意图

及执行情况、显示度六个方面，具体指标、要求和方法见表 3-29（海绵城市建设绩效评价与考核指标）和表 3-30（LID 设施及相应指标）。

海绵城市建设绩效评价与考核指标（试行）　　**表 3-29**

类别	项	指标	要求	方法	性质
一、水生态	1	年径流总量控制率	当地降雨形成的径流总量，达到《海绵城市建设技术指南》规定的年径流总量控制要求。在低于年径流总量控制率所对应的降雨量时，海绵城市建设区域不得出现雨水外排现象	根据实际情况，在地块雨水排放口、关键管网节点安装观测计量装置及雨量监测装置，连续（不少于一年、监测频率不低于 15 分钟/次）进行监测；结合气象部门提供的降雨数据、相关设计图纸、现场勘测情况、设施规模及衔接关系等进行分析，必要时通过模型模拟分析计算	定量（约束性）

续表

类别	项	指标	要求	方法	性质
一、水生态	2	生态岸线恢复	在不影响防洪安全的前提下，对城市河湖水系岸线、加装盖板的天然河渠等进行生态修复，达到蓝线控制要求，恢复其生态功能	查看相关设计图纸、规则，现场检查等	定量（约束性）
	3	地下水位	年均地下水潜水位保持稳定，或下降趋势得到明显遏制，平均降幅低于历史同期。 年均降雨量超过1000mm的地区不评价此项指标	查看地下水潜水位监测数据	定量(约束性，分类指导)
	4	城市热岛效应	热岛强度得到缓解。海绵城市建设区域夏季(按6～9月)日平均气温不高于同期其他区域的日均气温，或与同区域历史同期(扣除自然气温变化影响)相比呈现下降趋势	查阅气象资料，可通过红外遥感监测评价	定量（鼓励性）
二、水环境	5	水环境质量	不得出现黑臭现象。海绵城市建设区域内的河湖水系水质不低于《地表水环境质量标准》IV类标准，且优于海绵城市建设前的水质。当城市内河水系存在上游来水时，下游断面主要指标不得低于来水指标	委托具有计量认证资质的检测机构开展水质检测	定量（约束性）
			地下水监测点位水质不低于《地下水质量标准》Ⅲ类标准，或不劣于海绵城市建设前	委托具有计量认证资质的检测机构开展水质检测	定量（鼓励性）
	6	城市面源污染控制	雨水径流污染、合流制管梁溢流污染得到有效控制。1. 雨水管网不得有污水直接排入水体；2. 非降雨时段，合流制管渠不得有污水直排水体；3. 雨水直排或合流制管渠溢流进入城市内河水系的，应采取生态治理后入河，确保海绵城市建设区域内的河湖水系水质不低于地表Ⅳ类	查看管网排放口，辅助以必要的流量监测手段，并委托具有计量认证资质的检测机构开展水质检测	定量（约束性）
三、水资源	7	污水再生利用率	人均水资源最低于500立方米和城区内水体水环境质量低于Ⅳ类标准的城市，污水再生利用率不低于20%，再生水包括污水经处理后，通过管道及输配设施、水车等输送用于市政杂用、工业农业、园林绿地灌溉等用水，以及经过人工湿地、生态处理等方式，主要指标达到或优于地表Ⅳ类要求的污水处理厂尾水	统计污水处理厂（再生水厂、中水站等）的污水再生利用量和污水处理	定量(约束性，分类指导)
	8	雨水资源利用率	雨水收集并用于道路浇洒、园林绿地灌溉、市政杂用、工农业生产、冷却等的雨水总量（按年计算，不包括汇入景观、水体的雨水量和自然渗透的雨水量），与年均降雨量（折算成毫米数）的比值，或雨水利用量替代的自来水比例等。达到各地根据实际确定的目标	查看相应计量装置、计量统计数据和计算报告等	定量(约束性，分类指导)

续表

类别	项	指标	要求	方法	性质
三、水资源	9	管网漏损控制	供水管网漏损率不高于12%	查看相关统计数据	定量（鼓励性）
四、水安全	10	城市暴雨内涝灾害防治	历史积水点彻底消除或明显减少，或者在同等降雨条件下积水程度显著减轻。城市内涝得到有效防范，达到《室外排水设计规范》规定的标准	查看降雨记录、监测记录等，必要时通过模型辅助判断	定量（约束性）
	11	饮用水安全	饮用水水源地水质达到国家标准要求：以地表水为水源的，一级保护区水质达到《地表水环境质量标准》Ⅱ类标准和饮用水源补充、特定项目的要求，二级保护区水质达到《地表水环境质量标准》Ⅲ类标准和饮用水源补充、特定项目的要求。以地下水为水源的，水质达到《地下水质标准》Ⅲ类标准的要求。自来水厂出厂水、管网水和龙头水达到《生活饮用水卫生标准》的要求	查看水源地水质检测报告和自来水厂出厂水、管网水、龙头水水质检测报告。 检测报告须由有资质的检测单位出具	定量（鼓励性）
五、制度建设及执行情况	12	规划建设管控制度	建立海绵城市建设的规则（土地出让、两证一书）、建设（施工图审查、竣工验收等）方面的管理制度和机制	查看出台的城市控详规、相关法规、政策文件等	定性（约束性）
	13	蓝线、绿线划定与保护	在城市规划中划定蓝线、绿线并制定相应管理规定	查看当地相关城市规划及出台的法规、政策文件	定性（约束性）
	14	技术规范与标准建设	制定较为健全、规范的技术文件，能够保障当地海绵城市建设的顺利实施	查看地方出台的海绵城市工程技术、设计施工相关标准、技术规范、图集、导则、指南等	定性（约束性）
	15	投融资机制建设	制定海绵城市建设投融资、PPP管理方面的制度机制	查看出台的政策文件等	定性（约束性）
	16	绩效考核与奖励机制	1. 对于吸引社会资本参与的海绵城市建设项目，须建立按效果付费的绩效考评机制，与海绵城市建设成效相关的奖励机制等； 2. 对于政府投资建设、运行、维护的海绵城市建设项目，须建立与海绵城市建设成效相关的责任落实与考核机制等	查看出台的政策文件等	定性（约束性）
	17	产业化	制定促进相关企业发展的优惠政策等	查看出台的政策文件、研发与产业基地建设等情况	定性（鼓励性）
六、显示度	18	连片示范效应	60%以上的海绵城市建设区域达到海绵城市建设要求，形成整体效应	查看规划设计文件、相关工程的竣工验收资料。现场查看	定性（约束性）

低影响开发设施比选一览表 **表 3-30**

单项设施	功能					控制目标			处置方式		经济性		污染物去除率（以SS计，%）	景观效果
	集蓄利用雨水	补充地下水	削减峰值流量	净化雨水	转输	径流总量	径流峰值	径流污染	分散	相对集中	建造费用	维护费用		
透水砖铺装	○	●	◎	◎	○	●	◎	◎	√	—	低	低	80～90	—
透水水泥混凝土	○	○	◎	◎	○	◎	◎	◎	√	—	高	中	80～90	—
透水沥青混凝土	○	○	◎	◎	○	◎	◎	◎	√	—	高	中	80～90	—
绿色屋顶	○	○	◎	◎	○	●	◎	◎	√	—	高	中	70～80	好
下沉式绿地	○	●	◎	◎	○	●	◎	◎	√	—	低	低	—	一般
简易型生物滞留设施	○	●	◎	◎	○	●	◎	◎	√	—	低	低	—	好
复杂型生物滞留设施	○	●	◎	●	○	●	◎	●	√	—	中	低	70～95	好
渗透塘	○	●	◎	◎	○	●	◎	◎	—	√	中	中	70～80	一般
渗井	○	●	◎	◎	○	●	◎	◎	√	√	低	低	—	—
湿塘	●	○	●	◎	○	●	●	◎	—	√	高	中	50～80	好
雨水湿地	●	○	●	●	○	●	●	●	√	√	高	中	50～80	好
蓄水池	●	○	◎	◎	○	●	◎	◎	—	√	高	中	80～90	—
雨水罐	●	○	◎	◎	○	●	◎	◎	√	—	低	低	80～90	—
调节塘	○	○	●	◎	○	○	●	◎	—	√	高	中	—	一般
调节池	○	○	●	○	○	○	●	○	—	√	高	中	—	—
转输型植草沟	◎	○	○	◎	●	◎	○	◎	√	—	低	低	35～90	一般
干式植草沟	○	●	○	◎	●	●	○	◎	√	—	低	低	35～90	好
湿式植草沟	○	○	○	●	●	○	○	●	√	—	中	低	—	好
渗管/渠	○	◎	○	○	●	◎	○	◎	√	—	中	中	35～70	—
植被缓冲带	○	○	○	●	—	○	○	●	√	—	低	低	50～75	一般
初期雨水弃流设施	○	○	○	●	—	○	○	●	√	—	低	中	40～60	—
人工土壤渗滤	●	○	○	●	—	○	○	◎	—	√	高	中	75～95	好

注：1. ●—强；◎—较强；○—弱或很小。
2. SS去除率数据来自美国流域保护中心（Center For Watershed Protection，CWP）的研究数据。

3.8.6 “海绵城市”建设设施规模计算

（1）计算原则

1）低影响开发设施的规模应根据控制目标及设施在具体应用中发挥的主要功能，选择容积法、流量法或水量平衡法等方法通过计算确定；按照径流总量、径流峰值与径流污染综合控制目标进行设计的低影响开发设施，应综合运用以上方法进行计算，并选择其中较大的规模作为设计规模；有条件的可利用模型模拟的方法确定设施规模。

2）当以径流总量控制为目标时，地块内各低影响开发设施的设计调蓄容积之和，即总调蓄容积（不包括用于削减峰值流量的调节容积），一般不应低于该地块“单位面积控制容积”的控制要求（详见3.4节）。计算总调蓄容积时，应符合以下要求：

① 顶部和结构内部有蓄水空间的渗透设施（如复杂型生物滞留设施、渗管/渠等）的渗透量应计入总调蓄容积。

② 调节塘、调节池对径流总量削减没有贡献，其调节容积不应计入总调蓄容积；转输型植草沟、渗管/渠、初期雨水弃流、植被缓冲带、人工土壤渗滤等对径流总量削减贡献较小的设施，其调蓄容积也不计入总调蓄容积。

③ 透水铺装和绿色屋顶仅参与综合雨量径流系数的计算，其结构内的空隙容积一般不再计入总调蓄容积。

④ 受地形条件、汇水面大小等影响，设施调蓄容积无法发挥径流总量削减作用的设施（如较大面积的下沉式绿地，往往受坡度和汇水面竖向条件限制，实际调蓄容积远远小于其设计调蓄容积），以及无法有效收集汇水面径流雨水的设施具有的调蓄容积不计入总调蓄容积。

（2）“海绵城市”的一般计算

1）容积法

低影响开发设施以径流总量和径流污染为控制目标进行设计时，设施具有的调蓄容积一般应满足“单位面积控制容积”的指标要求。设计调蓄容积一般采用容积法进行计算，如式（3-24）所示。

$$V=10H\phi F \tag{3-24}$$

式中 V——设计调蓄容积（m^3）；

H——设计降雨量（mm），参照《海绵城市建设技术指南》附录 2；

ϕ——综合雨量径流系数，可参照《海绵城市建设技术指南》表 4-3 进行加权平均计算；

F——汇水面积，hm^2。

用于合流制排水系统的径流污染控制时，雨水调蓄池的有效容积可参照《室外排水设计规范》GB50014—2006（2014 年版）进行计算。

2）流量法

植草沟等转输设施，其设计目标通常为排除一定设计重现期下的雨水流量，可通过推理公式来计算一定重现期下的雨水流量，如式（3-25）所示。

$$Q=\psi qF \tag{3-25}$$

式中 Q——雨水设计流量（L/s）；

ψ——流量径流系数，可参见《海绵城市建设技术指南》表 4-3；

q——设计暴雨强度（$L/(s\cdot hm^2)$）；

F——汇水面积（hm^2）。

城市雨水管渠系统设计重现期的取值及雨水设计流量的计算等还应符合《室外排水设计规范》GB 50014—2006（2014 年版）的有关规定。

3）水量平衡法

水量平衡法主要用于湿塘、雨水湿地等设施贮存容积的计算。设施贮存容积应首先按照“容积法”进行计算，同时为保证设施正常运行（如保持设计常水位），再通过水量平衡法计算设施每月雨水补水水量、外排水量、水量差、水位变化等相关参数，最后通过经济分析确定设施设计容积的合理性并进行调整，水量平衡计算过程可参照《海绵城市建设技术指南》表 4-4。

（3）以渗透为主要功能的设施规模计算

对于生物滞留设施、渗透塘、渗井等顶部或结构内部有蓄水空间的渗透设施，设施规模应按照以下方法进行计算。对透水铺装等仅以原位下渗为主、顶部无蓄水空间的渗透设施，其基层及垫层空隙虽有一定的蓄水空间，但其蓄水能力受面层或基层渗透性能的影响很大，因此透水铺装可通过参与综合雨量径流系数计算的方式确定其规模。

1）渗透设施有效调蓄容积按式（3-26）进行计算

$$V_s = V - W_p \tag{3-26}$$

式中 V_s——渗透设施的有效调蓄容积，包括设施顶部和结构内部蓄水空间的容积（m^3）；

V——渗透设施进水量（m^3），参照“1）容积法”计算；

W_p——渗透量（m^3）。

2）渗透设施渗透量按式（3-27）进行计算

$$W_p = KJA_s t_s \tag{3-27}$$

式中 W_p——渗透量（m^3）；

K——土壤（原土）渗透系数（m/s）；

J——水力坡降，一般可取 $J=1$；

A_s——有效渗透面积（m^2）；

t_s——渗透时间（s），指降雨过程中设施的渗透历时，一般可取 2h。渗透设施的有效渗透面积 A_s 应按下列要求确定：

① 水平渗透面按投影面积计算；

② 竖直渗透面按有效水位高度的 1/2 计算；

③ 斜渗透面按有效水位高度的 1/2 所对应的斜面实际面积计算；

④ 地下渗透设施的顶面积不计。

（4）以贮存为主要功能的设施规模计算

雨水罐、蓄水池、湿塘、雨水湿地等设施以贮存为主要功能时，其贮存容积应通过“容积法”及“水量平衡法”计算，并通过技术经济分析综合确定。

（5）以调节为主要功能的设施规模计算

调节塘、调节池等调节设施，以及以径流峰值调节为目标进行设计的蓄水池、湿塘、雨水湿地等设施的容积应根据雨水管渠系统设计标准、下游雨水管道负荷（设计过流流量）及入流、出流流量过程线，经技术经济分析合理确定，调节设施容积按式（3-28）进行计算。

$$V = \mathrm{Max}\left[\int_0^T (Q_{in} - Q_{out})\,dt\right] \tag{3-28}$$

式中 V——调节设施容积（m^3）；

Q_{in}——调节设施的入流流量（m^3/s）；

Q_{out}——调节设施的出流流量（m^3/s）；

t——计算步长（s）；

T——计算降雨历时（s）。

（6）调蓄设施规模计算

具有贮存和调节综合功能的湿塘、雨水湿地等多功能调蓄设施，其规模应综合贮存设施和调节设施的规模计算方法进行计算。

(7) 以转输与截污净化为主要功能的设施规模计算

植草沟等转输设施的计算方法如下：

1) 根据总平面图布置植草沟并划分各段的汇水面积。

2) 根据《室外排水设计规范》GB 50014—2006（2014 年版）确定排水设计重现期，参考“流量法”计算设计流量 Q。

3) 根据工程实际情况和植草沟设计参数取值，确定各设计参数。弃流设施的弃流容积应按“容积法”计算；绿色屋顶的规模计算参照透水铺装的规模计算方法；人工土壤渗滤的规模根据设计净化周期和渗滤介质的渗透性能确定；植被缓冲带规模根据场地空间条件确定。

3.8.7 “海绵城市”建设国内外典型案例

(1) 深圳光明小区

深圳光明新区的低影响开发建设于 2008 年开始，一直在住房和城乡建设部的直接领导下开展工作，现已成为全国低影响开发的示范区。以下介绍这一示范区实现雨水综合利用的实践经验，为更多城市建设成为“自然积存、自然渗透、自然净化”的海绵城市提供借鉴。

光明新区位于深圳市西北部，面积 156km²，人口 48 万人。区域年均降雨量 1935mm，汛期暴雨集中，一方面极易产生城市内涝，全区有 26 个易涝点；另一方面严重缺水，70%以上的用水依靠境外调水。为此，深圳市光明新区管委会调整了雨水控制思路，遵循“源头控制、生态治理”的原则，将原来的“快排”转向“渗、滞、蓄、用、排”，利用透水铺装，下凹绿地、人工湿地、地下蓄水池等措施，建设海绵城市，提高雨水径流控制率，扭转城市“逢雨必涝、雨后即旱”的困境。明确了年径流控制率为 70%、初期雨水污染控制总量削减不低于 40%的总体要求，并在此基础上，细化了控制指标：建筑面积超过 2 万 m² 的项目，必须配套建设雨水综合利用设施；新建项目在 2 年一遇 24 小时降雨条件下，与开发前相比，不得增加雨水外排总量；改扩建项目，采取低影响开发措施后，不改变既有雨水管网的情况下，排水能力由 1～2 年一遇提升至 3 年一遇；按表 3-31 控制各类建设用地进行径流控制。

不同用地类型及相应的径流系数 **表 3-31**

用地类型	径流系数	用地类型	径流系数
居住	≤0.4～0.45	道路	≤0.6
商业	≤0.4～0.5	交通设施	≤0.4
公建	≤0.4～0.45	公园	≤0.1～0.15
工业	≤0.4～0.5	广场	≤0.2～0.3
物流仓储	≤0.5		

具体措施是：①公共建筑示范项目的主要措施：采用绿色屋顶、雨水花园、透水铺装、生态停车场等工程措施，其成效为：累计年雨水利用量超过 1 万 m³，综合径流系数由 0.7～0.8 下降到 0.4 以下；②市政道路示范项目的主要措施：下凹绿地（耐旱耐涝的美人蕉、黄昌、再力花、菖蒲等）、透水道路等，其成效为：径流系数控制在 0.5。道路

排水能力由2年一遇提升至4年一遇，中小雨不产生汇流；③公园绿地示范项目的主要措施：植草沟、滞留塘（耐旱耐涝的美人蕉、黄昌、再力花、菖蒲等）、地下蓄水池等，其成效为：径流系数控制在0.1。年收集回用雨水1.5万m^3、回补地下水25万m^3；④水系湿地示范项目的主要措施：自然水体、调蓄池、人工湿地（美人蕉，再力花，菖蒲）、稳定塘等，其成效为：确保湖体水质达到地表Ⅳ类水标准。

（2）北京奥林匹克森林公园

奥林匹克森林公园广场雨水收集系统，是北京市公园绿地第一个大规模雨水利用工程，也是系统规划设计综合措施利用的案例。此工程年利用雨水量约40万m^3。该工程现成为我国“海绵城市”建设的实践工程典范。

该工程规划总用地面积84.7hm^2，由于雨洪利用系统和外排水系统的综合作用，使该区域总的排水能力远大于10年一遇。雨洪利用工程投资33.76元/m^2。奥林匹克公园中心区包括：树阵区、广场铺装区、中轴大道、下沉花园、休闲花园、水系边绿地及非机动车道等区域。考虑到承重的问题，奥林匹克公园的中轴路、庆典广场等重要区域采用不透水（石材）铺装，非透水铺装面积19.13hm^2；绿化面积22.64hm^2；透水铺装面积17.16hm^2；水系面积16.47hm^2；雨洪集水池9个，容积7200m^3。在设计上，排水的雨水口高程低于硬化路面，高于绿地。根据实测数据，2009年该工程雨洪利用总量为402173m^3，雨洪利用率高达98%，达到了预期标准，即：1年一遇降雨外排水量的综合径流系数不超过0.15；2年一遇降雨外排水量的综合径流系数不超过0.3；雨水综合利用率98%。示范工程控制范围内，67mm以下日降雨可实现无径流外排，全部滞蓄在区域内；小于33.55mm的次降雨量时，雨水大部分进行下渗；区域综合径流系数由0.675减小为0.357。

地面景观雨水利用的几种方式。如混凝土透水砖：以碎石、水泥为主要原料，经成型工艺处理后制成，具有较强的渗透性能；植草地坪：是通过钢筋将用模具制作出来的混凝土块连接起来，形成一个整体，再在空隙中填满种植土，播种或栽种草苗的施工工艺；风积沙透水砖：主要是靠破坏水的表面张力来透水。透水砖和结合层材料完全采用沙漠中的风积沙，是一种变废为宝的新技术，这种材料的使用在雨水下渗的过程中还能起到很好的净化过滤作用；下凹式绿地：比周围路面或广场下凹50～100mm，路面和广场多余的雨水可经过绿地入渗或外排。增渗设施采用PP透水片材、PP透水型材、PP透水管材以及渗滤框、渗槽、渗坑等多种形式；下沉花园：地下土层建设了蓄洪排水综合涵道。南段蓄洪涵高2.5m，宽7m；北段高3.5m，宽4m，涵道上部为蓄洪空间，下部为排水渠，蓄洪排水涵道总的容积为11823m^3，蓄洪涵两侧设雨水集水沟。

思 考 题

1. 暴雨强度与最大平均暴雨强度的含义有何区别？

2. 暴雨强度公式是哪几个表示暴雨特征的因素之间关系的数学表达式？推求暴雨强度公式有何意义？我国常用的暴雨强度公式有哪些形式？

3. 计算雨水管渠的设计流量时，应该用与哪个历时t相应的暴雨强度q？为什么？

4. 试述地面集水时间的含义。一般应如何确定地面集水时间？

5. 设计降雨历时确定后，设计暴雨强度q是否也就确定了？为什么？

6. 进行雨水管道设计计算时，在什么情况下会出现下游管段的设计流量小于上一管段设计流量的现象？若出现应如何处理？

7. 雨水管渠平面布置与污水管道平面布置相比有何特点？

8. 从表 2-9 可看出，圆形管道的最大流速和最大流量均不是在 $h/D=1$ 时出现，那为什么圆形断面的雨水管道要按 $h/D=1$ 设计呢？

9. 排洪沟的设计标准为什么比雨水管渠的设计标准高得多？

习　　题

1. 从某市一场暴雨自记雨量记录中求得 5、10、15、20、30、45、60、90、120min 的最大降雨量分别是 13、20.7、27.2、33.5、43.9、45.8、46.7、47.3、47.7mm。试计算各历时的最大平均暴雨强度 i (mm/min) 及 q (L/(s·hm²)) 值。

2. 某地有 20 年自记雨量记录资料，每年取 20min 暴雨强度值 4～8 个，不论年次而按大小排列，取前 100 项为统计资料。其中 $i_{20}=2.12$mm/min 排在第 2 项，试问该暴雨强度的重现期为多少年？如果雨水管渠设计中采用的设计重现期分别为 2a，1a，0.5a 的 20min 的暴雨强度，那么这些值应排列在第几项？

3. 北京市某小区面积共 22hm²，其中屋面面积占该区总面积的 30%，沥青道路面积占 16%。级配碎石路面的面积占 12%，非铺砌土路面占 4%，绿地面积占 38%。试计算该区的平均径流系数。当采用设计重现期为 $P=5$a、2a、1a 及 0.5a 时，试计算：设计降雨历时 $t=20$min 时的雨水设计流量各是多少？

4. 雨水管道平面布置如图 3-45 所示。图中各设计管段的本段汇水面积标注在图上，单位以 hm² 计，假定设计流量均从管段起点进入。已知当重现期 $P=1$a 时，暴雨强度公式为：

$$i=\frac{20.154}{(t+18.768)^{0.784}}(\text{mm/min})$$

经计算，径流系数 $\Psi=0.6$。取地面集水时间 $t_1=10$min。各管段的长度以“m”计，管内流速以 m/s 计。数据如下：$L_{1-2}=120$，$L_{2-3}=130$，$L_{4-3}=200$，$L_{3-5}=200$；$v_{1-2}=1.0$，$v_{2-3}=1.2$，$v_{4-3}=0.85$，$v_{3-5}=1.2$。

试求各管段的雨水设计流量为多少 L/s？(计算至小数后一位)

5. 试进行某研究所西南区雨水管道（包括生产废水在内）的设计和计算。并绘制该区的雨水管道平面图及纵剖面图。

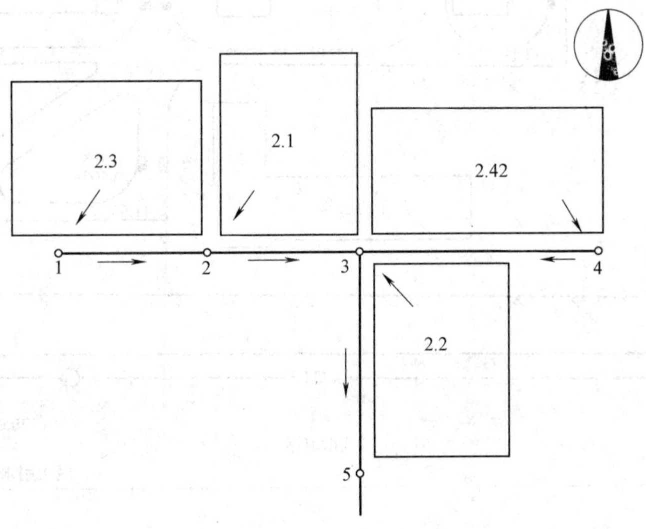

图 3-45　雨水管道平面布置

已知条件如下：

（1）如图 3-46 所示该区总平面图；

（2）当地暴雨强度公式为：

$$q=\frac{700(1+0.8\lg P)}{t^{0.5}}(\mathrm{L/(s\cdot hm^2)})$$

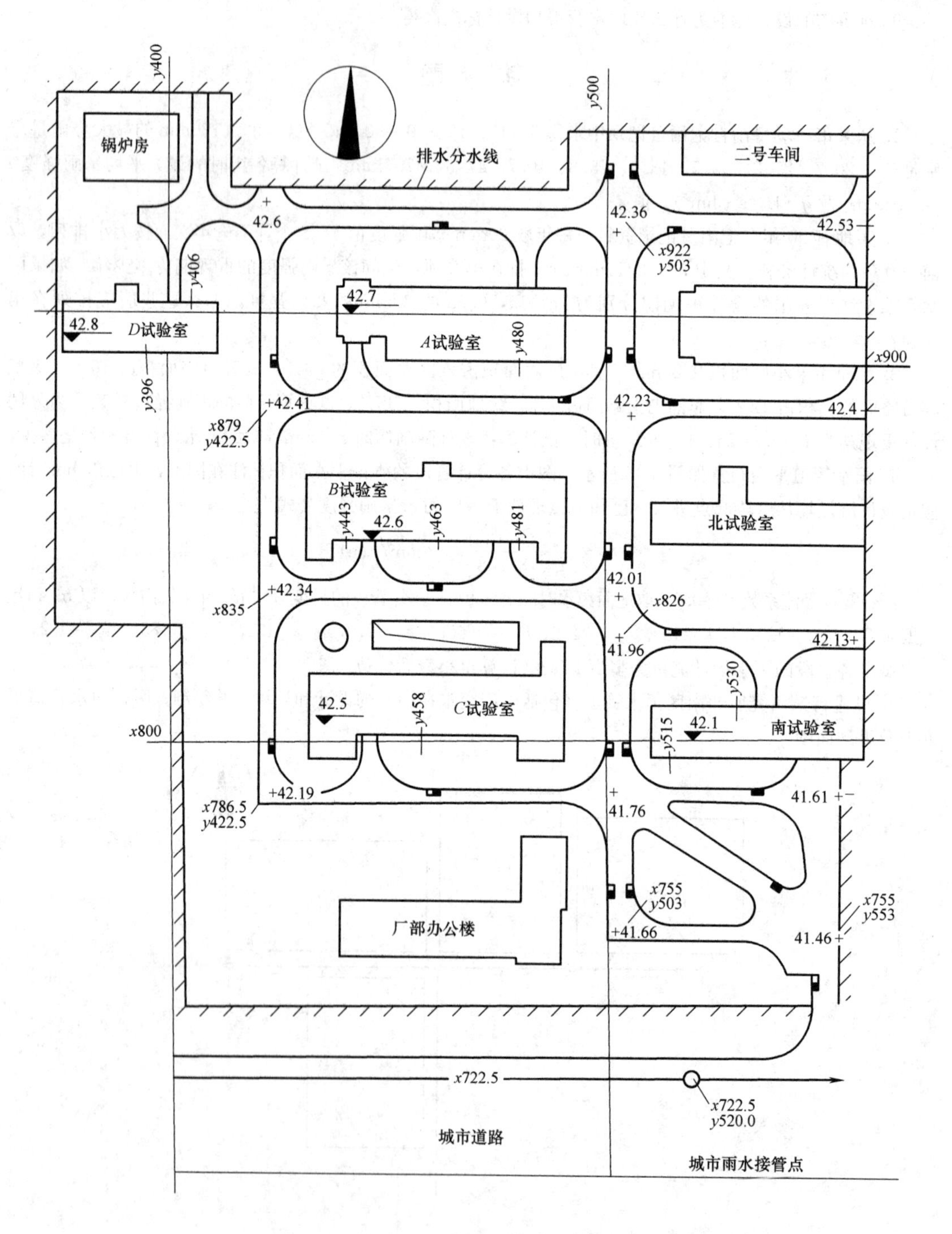

图 3-46　某研究所西南区总平面（单位，m）

（3）采用设计重现期 $P=1a$，地面集水时间 $t_1=10min$；

（4）厂区道路主干道宽 6m，支干道宽 3.5m，均为沥青路面；

（5）各试验室生产废水量见表 3-32，排水管出口位置如图 3-46 所示；

（6）生产废水允许直接排入雨水管道，各车间生产废水管出口埋深均为 1.50m（指室内地面至管内底的高度）；

（7）厂区内各车间及试验室均无室内雨水道。

（8）厂区地质条件良好。冰冻深度较小，可不予考虑。

（9）厂区雨水出口接入城市雨水道，接管点位置在厂南面，坐标为 $x=722.50$，$y=520.00$，城市雨水道为砖砌拱形方沟，沟宽 1.2m，沟高（至拱内顶）1.8m，该点处的沟内底标高为 37.70m，地面标高为 41.10m。

各车间生产废水量表 **表 3-32**

试验室名称	废水量(L/s)	试验室名称	废水量(L/s)
A 试验室	2.5	南试验楼	
B 试验室		*y*530 出口	8
*y*443 出口	5	*y*515 出口	3
*y*463 出口	10	*D* 试验室	
*y*481 出口	5	*y*406 出口	15
C 试验室	6.5	*y*396 出口	2.5

第4章 合流制管渠系统的设计

4.1 合流制管渠系统的使用条件和布置特点

合流制管渠系统是在同一管渠内排除生活污水、工业废水及雨水的管渠系统。常用的有截流式合流制管渠系统，它是在临河的地方设置截流管，并在截流管上设置溢流井。晴天时，截流管以非满流将生活污水和工业废水送往污水处理厂处理。雨天时，随着雨水量的增加，截流管以满流将生活污水、工业废水和雨水的混合污水送往污水处理厂处理。当雨水径流量继续增加到混合污水量超过截流管的设计输水能力时，溢流井开始溢流，并随雨水径流量的增加，溢流量增大。当降雨时间继续延长时，由于降雨强度的减弱，溢流井处的流量减少，溢流量减小。最后，混合污水量又重新等于或小于截流管的设计输水能力，溢流停止。

合流制管渠系统因在同一管渠内排除所有的污水，所以管线单一，管渠的总长度减少。但合流制截流管、提升泵站以及污水处理厂都较分流制大，截流管的埋深也因为同时排除生活污水和工业废水而要求比单设的雨水管渠的埋深大。在暴雨天，有一部分带有生活污水和工业废水的混合污水溢入水体，使水体受到一定程度的污染。我国及其他某些国家，由于合流制排水管渠的过水断面很大，晴天流量很小，流速很低，往往在管底造成淤积，降雨时雨水将沉积在管底的大量污物冲刷起来带入水体，形成污染。因此，排水体制的选择，应根据城镇和工业企业的规划、环境保护要求、污水利用情况、原有排水设施、水质、水量、地形、气候和水体等条件，从全局出发，通过经济技术比较，综合考虑确定。一般地说，在下述情形下可考虑采用合流制：

（1）排水区域内有一处或多处水源充沛的水体，其流量和流速都足够大，一定量的混合污水排入后对水体造成的污染危害程度在允许的范围以内。

（2）街坊和街道的建设比较完善，必须采用暗管渠排除雨水，而街道横断面又较窄，管渠的设置位置受到限制时，可考虑选用合流制。

（3）地面有一定的坡度倾向水体，当水体高水位时，岸边不受淹没。污水在中途不需要泵汲。

显然，上述条件的第一条是主要的，也就是说，在采用合流制管渠系统时，首先应满足环境保护的要求，即保证水体所受的污染程度在允许范围内，只有在这种情况下才可根据当地城市建设及地形条件合理地选用合流制管渠系统。

当合流制管渠系统采用截流式时，其布置特点是：

（1）管渠的布置使所有服务面积上的生活污水、工业废水和雨水都能合理地排入管渠，并能以可能的最短距离坡向水体。

（2）沿水体岸边布置与水体平行的截流干管，在截流干管的适当位置上设置溢流井，使超过截流干管设计输水能力的那部分混合污水能顺利地通过溢流井就近排入水体。

（3）必须合理地确定溢流井的数目和位置，以便尽可能减少对水体的污染、减小截流干管的尺寸和缩短排放渠道的长度。从对水体的污染情况看，合流制管渠系统中的初期雨水虽被截留处理，但溢流的混合污水总比一般雨水脏，为改善水体卫生，保护环境，溢流井的数目宜少，且其位置应尽可能设置在水体的下游。从经济上讲，为了减小截流干管的尺寸，溢流井的数目多一点好，这可使混合污水及早溢入水体，降低截流干管下游的设计流量。但是，溢流井过多，会增加溢流井和排放渠道的造价，特别在溢流井离水体较远、施工条件困难时更是如此。当溢流井的溢流堰口标高低于水体最高水位时，需在排放渠道上设置防潮门、闸门或排涝泵站，为减少泵站造价和便于管理，溢流井应适当集中，不宜过多。

(4) 在合流制管渠系统的上游排水区域内，如果雨水可沿地面的街道边沟排泄，则该区域可只设置污水管道。只有当雨水不能沿地面排泄时，才考虑布置合流管渠。

目前，我国许多城市的旧市区多采用合流制，而在新建区和工矿区则一般多采用分流制，特别是当生产污水中含有毒物质，其浓度又超过允许的卫生标准时，则必须采用分流制，或者必须预先对这种污水单独进行处理到符合要求后，再排入合流制管渠系统。

4.2 合流制排水管渠的设计流量

截流式合流制排水管渠的设计流量，在溢流井上游和下游是不同的。现分述如下：

4.2.1 第一个溢流井上游管渠的设计流量

如图 4-1 所示，第一个溢流井上游管渠（1～2 管段）的设计流量为生活污水设计流量（Q_d）、工业废水设计流量（Q_m）与雨水设计流量（Q_s）之和

$$Q=Q_d+Q_m+Q_s \quad (4\text{-}1)$$

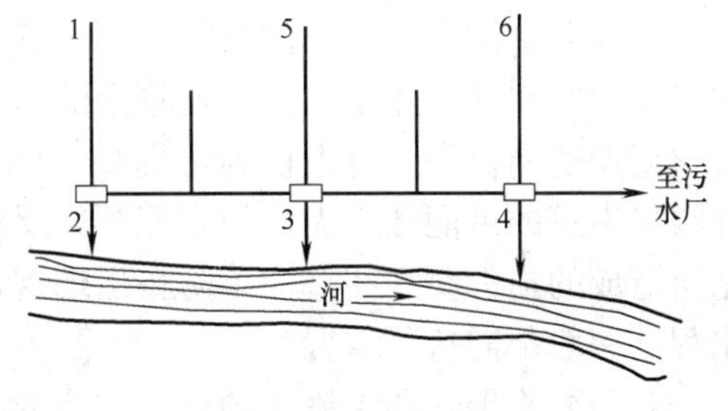

图 4-1 设有溢流井合流管渠

在实际进行水力计算中，当生活污水与工业废水量之和比雨水设计流量小得很多，例如有人认为，生活污水量与工业废水量之和小于雨水设计流量的 5%时，其流量一般可以忽略不计，因为它们的加入与否往往不影响管径和管道坡度的决定。

这里，生活污水的设计流量是指对于居住区而言，总变化系数采用 K_z；对于工业企业内生活污水量和淋浴污水量而言，采用最大班的秒流量，即时变化系数采用 1。

在公式（4-1）中，Q_d+Q_m 为晴天的设计流量，它有时称旱流流量 Q_{dr}，由于 Q_{dr} 相对较小，因此按该式 Q 计算所得的管径、坡度和流速，应用晴天的旱流流量 Q_{dr} 进行校核，检查管道在输送旱流流量时是否满足不淤的最小流速要求。

4.2.2 溢流井下游管渠的设计流量

合流制排水管渠在截流干管上设置了溢流井后，对截流干管的水流情况影响很大。不从溢流井泄出的雨水量，通常按旱流流量 Q_{dr} 的指定倍数计算，该指定倍数称为截流倍数 n_0，如果流到溢流井的雨水流量超过 n_0Q_{dr}，则超过的水量由溢流井溢出，并经排放渠道泄入水体。

这样，溢流井下游管渠（如图 4-1 中的 2～3 管段）的雨水设计流量即为：

$$Q'=n_0(Q_d+Q_m)+Q_s' \quad (4\text{-}2)$$

式中 Q'——溢流井下游管渠内（2-3管段）的雨水量（L/s）；

Q'_s——溢流井下游排水面积上的雨水设计流量，按相当于此排水面积的集水时间计算而得。

溢流井下游管渠的设计流量是上述雨水设计流量与生活污水平均流量及工业废水最大班流量之和，即：

$$Q = n_0(Q_d + Q_m) + Q'_s + Q_d + Q_m + Q'_{dr} \quad (4\text{-}3)$$
$$= (n_0 + 1)(Q_d + Q_m) + Q'_s + Q'_{dr}$$
$$= (n_0 + 1)Q_{dr} + Q'_s + Q'_{dr}$$

式中 Q'_{dr}——溢流井下游排水面积上的生活污水设计流量与工业废水最大班流量之和。

为节约投资和减少水体的污染点，往往不在每条合流管渠与截流干管的交汇点处都设置溢流井。

4.3 合流制排水管渠的水力计算要点

合流制排水管渠一般按满流设计。水力计算的设计数据，包括设计流速、最小坡度和最小管径等，基本上和雨水管渠的设计相同。合流制排水管渠的水力计算内容包括：

（1）溢流井上游合流管渠的计算；

（2）截流干管和溢流井的计算；

（3）晴天旱流情况校核。

溢流井上游合流管渠的计算与雨水管渠的计算基本相同，只是它的设计流量要包括雨水、生活污水和工业废水。合流管渠的雨水设计重现期一般应比同一情况下雨水管渠的设计重现期适当提高，有人认为可提高10%～25%，因为虽然合流管渠中混合废水从检查井溢出街道的可能性不大，但合流管渠泛滥时溢出的混合污水比雨水管渠泛滥时溢出的雨水所造成的损失要大些，为了防止出现这种可能情况，合流管渠的设计重现期和允许的积水程度一般都需从严掌握。

对于截流干管和溢流井的计算，主要是要合理地确定所采用的截流倍数 n_0。根据 n_0 值，可按式（4-3）决定截流干管的设计流量和通过溢流井泄入水体的流量，然后即可进行截流干管和溢流井的水力计算。从环境保护的角度出发，为使水体少受污染，应采用较大的截流倍数。但从经济上考虑，截流倍数过大，会大大增加截流干管、提升泵站以及污水处理厂的造价，同时造成进入污水处理厂的污水水质和水量在晴天和雨天的差别过大，给运行管理带来相当大的困难。为使整个合流管渠排水系统的造价合理和便于运行管理，不宜采用过大的截流倍数。通常，截流倍数 n_0 应根据旱流污水的水质和水量以及总变化系数，水体的卫生要求，水文、气象条件等因素确定。我国《室外排水设计规范》GB 50014—2006（2014年版）规定采用2～5，并规定，采用的截流倍数必须经当地卫生主管部门的同意。在工作实践中，我国多数城市一般都采用截流倍数 $n_0=3$。美国、日本及西欧各国，多采用截流倍数 $n_0=3$～5；苏联则按排放条件的不同来规定 n_0 值，见表4-1。目前，由于人们越来越关心水体的保护，采用的 n_0 值有逐渐增大的趋势，例如美国，对于供游泳和游览的河段，采用的 n_0 值甚至高达30以上。

截流倍数的设置直接影响环境效益和经济效益，其取值应综合考虑受纳水体的水质要求、受纳水体的自净能力、城市类型、人口密度和降雨量等因素。当合流制排水系统具有

不同排放条件下的 n_0 值 **表 4-1**

排放条件	n_0
在居住区内排入大河流	1～2
在居住区内排入小河流	3～5
在区域泵站和总泵站前及排水总管的端部，根据居住区内水体的不同特性	0.5～2
在处理构筑物前根据不同的处理方法与不同构筑的组成	0.5～1
工厂区	1～3

排水能力较大的合流管渠时，可采用较小的截流倍数，或设置一定容量的调蓄设施。根据国外资料，英国截流倍数为 5，德国为 4，美国一般为 1.5～5。我国的截流倍数与发达国家相比偏低，有的城市截流倍数仅为 0.5。

关于晴天旱流流量的校核，应使旱流时的流速能满足污水管渠最小流速的要求。当不能满足这一要求时，可修改设计管段的管径和坡度。应当指出，由于合流管渠中旱流流量相对较小，特别是在上游管段，旱流校核时往往不易满足最小流速的要求，此时可在管渠底设低流槽以保证旱流时的流速，或者加强养护管理，利用雨天流量刷洗管渠，以防淤塞。

4.4 合流制排水管渠的水力计算示例

图 4-2 系某市一个区域的截流式合流干管的计算平面图。其计算原始数据如下：

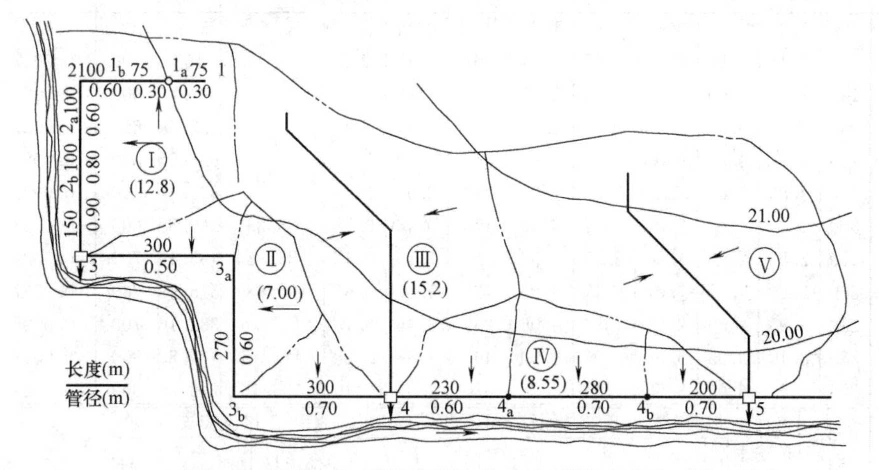

图 4-2 某市一个区域的截流式合流干管计算平面图

（1）设计雨水量计算公式。

该市的暴雨强度公式为：

$$q=\frac{167(47.17+41.66\lg P)}{t+33+9\lg(P-0.4)}$$

式中 P——设计重现期，采用 $1a$；

t——集水时间，地面集水时间按 10min 计算，管内流行时间为 t_2，则 $t=10+2t_2$。

该设计区域平均径流系数经计算为 0.45，则设计雨水量为：

$$Q_r=\frac{167\times(47.17+41.66\lg 1)\times 0.45}{10+\sum t_2+33+9\lg(1-0.4)}\cdot F=\frac{3544.8}{41.003+\sum t_2}\cdot F \quad (\mathrm{L/s})$$

式中 F——设计排水面积（hm^2）。

当 $\sum t_2=0$ 时，单位面积的径流量 $q_V=87.5\mathrm{L/(s\cdot hm^2)}$。

(2) 设计人口密度按 200 人/hm² 计算，生活污水量标准按 100L/(人·d) 计，故生活污水比流量为

$$q_S = 0.231\text{L}/(\text{s}\cdot\text{hm}^2)$$

(3) 截流干管的截流倍数 n_0 采用 3。

(4) 街道管网起点埋深 1.70m。

(5) 河流最高月平均洪水位为 12.00m。

计算时，先划分各设计管段及其排水面积，计算每块面积的大小，如图 4-2 中括号内所示数据；再计算设计流量，包括雨水量、生活污水量及工业废水量；然后根据设计流量查水力计算表（满流）得出设计管径和坡度，本例中采用的管道粗糙系数 $n=0.013$；最后校核旱流情况。

表 4-2 系管段 1～5 的水力计算结果。现对其中部分计算说明如下：

截流式合流干管计算表 **表 4-2**

管段编号	管长 (m)	排水面积 (hm²)			管内流行时间 (min)		设计流量(L/s)					设计管径 (mm)	设计坡度	管道坡降 (m)
		本段	转输	总计	累计 $\sum t_2$	本段 t_2	雨水	生活污水	工业废水	溢流井转输水量	总计			
1	2	3	4	5	6	7	8	9	10	11	12	13	14	15
$1\sim1_a$	75	0.60		0.60	0	1.67	52.4	0.14	1.5		52.4	300	0.0028	0.21
$1_a\sim1_b$	75	1.40	0.60	2.00	1.67	1.54	162	0.46	3.1		162	500	0.0017	0.13
$1_b\sim2$	100	1.80	2.00	3.80	3.21	1.65	288	0.88	6.4		288	600	0.0021	0.21
$2\sim2_a$	80	0.70	3.80	4.50	4.86	1.16	318	1.04	8.5		327.54	600	0.0027	0.22
$2_a\sim2_b$	120	4.50	4.50	9.00	6.02	1.60	610	2.08	14.5		626.58	800	0.0022	0.26
$2_b\sim3$	150	3.80	9.00	12.80	7.62	1.90	817	2.97	18.5		838.47	900	0.0021	0.31
$3\sim3_a$	300	2.00		2.00	0	5.25	175	0.46	0.18	85.88	260.88	600	0.0018	0.54
$3_a\sim3_b$	270	2.80	2.00	4.80	5.25	3.92	368	1.15	0.43	85.88	455.46	700	0.0022	0.59
$3_b\sim4$	300	2.20	4.80	7.00	9.17	3.95	422	1.61	0.61	85.88	515.59	700	0.0027	0.81
$4\sim4_a$	230	2.95		2.95	0	3.06	259	0.46	0.13	123.16	382.16	700	0.0025	0.57
$4_a\sim4_b$	280	3.10	2.95	6.05	3.06	4.00	460	1.38	0.28	123.16	584.82	800	0.0018	0.51
$4_b\sim5$	200	2.50	6.05	8.55	7.06	2.25	620	1.98	0.40	123.16	745.54	800	0.0029	0.58

管段编号	设计流速 (m/s)	设计管道输水能力 (L/s)	地面标高(m)		管内底标高(m)		埋深(m)		旱流校核			备注
			起点	终点	起点	终点	起点	终点	旱流流量 (L/s)	充满度	流速 (m/s)	
1	16	17	18	19	20	21	22	23	24	25	26	27
$1\sim1_a$	0.75	53	20.20	20.00	18.50	18.29	1.70	1.71	1.64			
$1_a\sim1_b$	0.81	165	20.00	19.80	18.09	17.96	1.91	1.84	3.56			
$1_b\sim2$	1.01	290	19.80	19.55	17.86	17.65	1.94	1.90	7.28			
$2\sim2_a$	1.15	330	19.55	19.55	17.65	17.43	1.90	2.12	9.54	0.12	0.52	
$2_a\sim$2b	1.23	630	19.55	19.50	17.23	16.97	2.32	2.53	16.58	0.11	0.52	
$2_b\sim3$	1.32	840	19.50	19.45	16.87	16.56	2.63	2.89	21.47	0.11	0.54	3 点设溢流井
$3\sim3_a$	0.95	262	19.45	19.50	16.56	16.02	2.89	3.48	22.11	0.23	0.62	
$3_a\sim3_b$	1.15	460	19.50	19.45	15.92	15.33	3.58	4.12	22.97	0.18	0.66	
$3_b\sim4$	1.27	515	19.45	19.45	15.33	14.52	4.12	4.93	23.69	0.16	0.59	4 点设溢流井
$4\sim4_a$	1.25	385	19.45	19.45	14.52	13.95	4.93	5.50	31.50	0.24	0.61	7～4 管段转输
$4_a\sim4_b$	1.17	600	19.45	19.50	13.85	13.34	5.60	6.16	32.39	0.21	0.62	$q_s=7.10$L/s
$4_b\sim5$	1.48	750	19.50	19.50	13.34	12.76	6.16	6.74	33.11	0.19	0.68	

(1) 为简化计算，有些管段如 1～2、3～3_a、4～4_a 的生活污水量及工业废水量未计入总设计流量，因为其数值太小，不影响设计管径及坡度的确定。

(2) 表中第 17 项设计管道输水能力系设计管径在设计坡度条件下的实际输水能力，该值应接近或略大于第 12 项的设计总流量。

(3) 1～2 管段因旱流流量太小，未进行旱流校核，在施工设计时或在养护管理中应采取适当措施防止淤塞。

(4) 3 点及 4 点均设有溢流井。

对于 3 点而言，由 1～3 管段流来的旱流流量为 21.47L/s。在截流倍数 $n_0=3$ 时，溢流井转输的雨水量为

$$Q_s=n_0\cdot Q_{dr}=3\times21.47=64.41\text{L/s}$$

经溢流井转输的总设计流量为

$$Q=Q_s+Q_{dr}=(n_0+1)Q_f=(3+1)\times21.47=85.88\text{L/s}$$

经溢流井溢流入河道的混合废水量为

$$Q_0=838.47-85.88=752.59\text{L/s}$$

对于 4 点而言，由 3～4 管段流来的旱流流量为 23.69L/s；由 7～4 管段流来的总设计流量为 713.10L/s，其中旱流流量为 7.10L/s。故到达 4 点的总旱流流量为

$$Q_{dr}=23.69+7.10=30.79\text{L/s}$$

经溢流井转输的雨水量为

$$Q_s=n_0\cdot Q_{dr}=3\times30.79=92.37\text{L/s}$$

经溢流井转输的总设计流量为

$$Q=Q_s+Q_{dr}=(n_0+1)Q_{dr}=(3+1)\times30.79=123.16\text{L/s}$$

经溢流井溢入河道的混合污水量为

$$Q_0=515.59+713.10-123.16=1105.53\text{L/s}$$

(5) 截流管 3～3_a、4～4_a 的设计流量分别为

$$Q_{(3\sim3a)}=(n_0+1)Q_{dr}+Q_{s(3\sim3a)}+Q_{d(3\sim3a)}+Q_{m(3\sim3a)}$$

$$=85.88+175+0.46+0.18\approx260.88\text{L/s}$$

$$Q_{(4\sim4a)}=(n_0+1)Q_{dr}+Q_{s(4\sim4a)}+Q_{d(4\sim4a)}+Q_{m(4\sim4a)}$$

$$=123.16+259+0.64+0.13\approx382.16\text{L/s}$$

因为两管段的 Q_d 及 Q_m 相对较小，计算中都忽略未计。

(6) 3 点和 4 点溢流井的堰顶标高按设计计算分别为 17.16m 和 15.22m，均高于河流最高月平均洪水位 12.00m，故河水不会倒流。

4.5 城市旧合流制排水管渠系统的改造

城市排水管渠系统一般随城市的发展而相应地发展。最初，城市往往用合流明渠直接排除雨水和少量污水至附近水体。随着工业的发展和人口的增加与集中，为保证市区的卫生条件，便把明渠改为暗管渠，污水仍基本上直接排入附近水体，也就是说，大多数的大

城市，旧的排水管渠系统一般都采用直排式的合流制排水管渠系统。有关资料，城市排水管道中，合流制排水系统占排水管道总长度的比例，德国、英国、日本为70%左右，丹麦约占45%，日本东京高达90%，德国科隆市高达94%。我国绝大多数的大城市也采用这种系统。但随着工业与城市的进一步发展，直接排入水体的污水量迅速增加，势必造成水体的严重污染，为保护水体，理所当然地提出了对城市已建旧合流制排水管渠系统的改造问题。

目前，对城市旧合流制排水管渠系统的改造，通常有如下几种途径：

1. 改合流制为分流制

将合流制改为分流制可以完全杜绝溢流混合污水对水体的污染，因而是一个比较彻底的改造方法。现有合流制排水系统，应按城镇排水规划的要求，实施雨污分流改造。由于雨水、污水分流，需处理的污水量将相对减少，污水在成分上的变化也相对较小，所以污水处理厂的运转管理较易控制。通常，在具有下列条件时，可考虑将合流制改造为分流制：1）住房内部有完善的卫生设备，便于将生活污水与雨水分流；2）工厂内部可清浊分流，便于将符合要求的生产污水接入城市污水管道系统，将生产废水接入城市雨水管渠系统，或可将其循环使用；3）城市街道的横断面有足够的位置，允许设置由于改成分流制而增建的污水管道，并且不至于对城市的交通造成过大的影响。一般地说，住房内部的卫生设备目前已日趋完善，将生活污水与雨水分流比较易于做到；但工厂内的清浊分流，因已建车间内工艺设备的平面位置与竖向布置比较固定而不太容易做到；至于城市街道横断面的大小，则往往由于旧城市（区）的街道比较窄，加之年代已久，地下管线较多，交通也较频繁，常使改建工程的施工极为困难。

2. 保留合流制，修建合流管渠截流管

由于将合流制改为分流制往往因投资大、施工困难等原因而较难在短期内做到，所以目前旧合流制排水管渠系统的改造多采用保留合流制，修建合流管渠截流干管，即改造成截流式合流制排水管渠系统。这种系统的运行情况已如前述。但是，截流式合流制排水管渠系统并没有杜绝污水对水体的污染。溢流的混合污水不仅含有部分旱流污水，而且夹带有晴天沉积在管底的污物。据调查，1953～1954年，由伦敦溢流入泰晤士河的混合污水的5日生化需氧量浓度平均竟高达221mg/L，而进入污水处理厂的污水的5日生化需氧量也只有239～281mg/L。可见，溢流混合污水的污染程度仍然是相当严重的，它足以对水体造成局部或整体污染。

3. 对溢流的混合污水进行适当处理

合流制管渠系统溢流（CSO）水质复杂，污染严重。水中含有的大量有机物、病原微生物以及其他有毒有害物质，特别是晴天时形成的腐烂的沟道沉积物，对受纳水体的水质构成了严重威胁。合流制管渠系统溢流处理的工艺较多，技术相对比较成熟，人工湿地技术、调蓄沉淀技术、强化沉淀技术、水力旋流分离技术、高效过滤技术、消毒技术等都有成功应用，其中水力旋流分离器、化学强化高效沉淀池等已有多项专利产品问世。对于溢流的混合污水的污染控制与管理，相关政策的制定非常重要，美国、日本、德国、英国和加拿大等国都制定了CSO控制的中长期规划，并形成了相关政策和措施，而国内这方面的工作尚刚刚起步。

4. 对溢流的混合污水量进行控制

为减少溢流的混合污水对水体的污染，在土壤有足够渗透性且地下水位较低（至少低于排水管底标高）的地区，可采用提高地表持水能力和地表渗透能力的措施来减少暴雨径流，从而降低溢流的混合污水量。例如，采用透水性路面或没有细料的沥青混合料路面，据美国的研究结果，这样可削减高峰径流量的83%，且载重运输工具或冰冻不会破坏透水性路面的完整结构，但需定期清理路面以防阻塞。也可采用屋面、街道、停车场或公园里为限制暴雨进入管道的暂时性连续蓄水塘等表面蓄水措施，还可将这些表面的蓄水引入干井或渗透沟来削减高峰径流量。

前已述及，一个城市根据不同的情况可能采用不同的排水体制。这样，在一个城市中就可能有分流制与合流制并存的情况。在这种情况下，存在两种管渠系统的连接方式问题。当合流制排水管渠系统中雨天的混合污水能全部经污水处理厂进行二级处理时，这两种管渠系统的连接方式比较灵活。当合流管渠中雨天的混合污水不能全部经污水处理厂进行二级处理时，也就是当污水处理厂的二级处理设备的能力有限，或者合流管渠系统中没有贮存雨天混合污水的设施，而在雨天必须从污水处理厂二级处理设备之前溢流部分混合污水入水体时，两种管渠系统之间就必须采用图4-3（*a*）、（*b*）方式连接，而不能采用图4-3（*c*）、（*d*）方式连接。图4-3（*a*）、（*b*）连接方式是合流管渠中的混合污水先溢流，然后再与分流制的污水管道系统连接，两种管渠系统一经汇流后，汇流的全部污水都将通过污水处理厂二级处理后再行排放。图4-3（*c*）、（*d*）连接方式则或是在管道上，或是在初次沉淀池中，两种管渠系统先汇流，然后再从管道上或从初次沉淀池后溢流出部分混合污水入水体。这无疑会造成溢流混合污水更大程度的污染，因为在合流管渠中已被生活污水和工业废水污染了的混合污水，又进一步受到分流制排水管渠系统中生活污水和工业废水的污染。为了保护水体，这样的连接方式是不允许的。

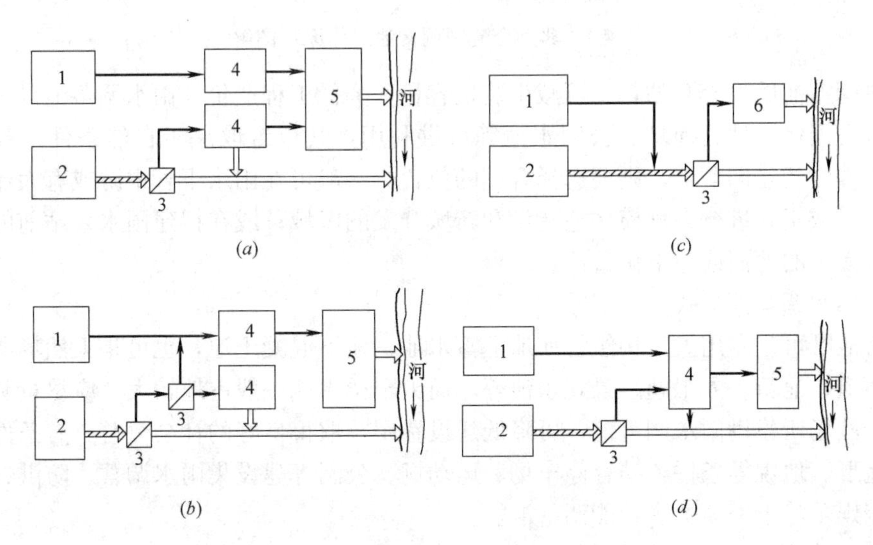

图4-3　合流制与分流制管渠排水系统的连接方式

1—分流区域；2—合流区域；3—溢流井；4—初次沉淀池；
5—曝气池与二次沉淀池；6—污水处理厂

4.6 调蓄池的设计

随着城镇化的进程，不透水地面面积增加，使得雨水径流量增大。而利用管道本身的空隙容量调节最大流量是有限的。如果在雨水管道系统上设置较大容积的调蓄池，暂存雨水径流的洪峰流量，待洪峰径流量下降至设计排泄流量后，再将贮存在池内的水逐渐排出。调蓄池调蓄了洪峰径流量，可削减洪峰，这可以较大地降低下游雨水干管的断面尺寸，提高区域的排水标准和防涝能力，减少内涝灾害。

雨水调蓄池是一种雨水收集设施，主要作用是把雨水径流的高峰流量暂存期内，待最大流量下降后再从调蓄池中将雨水慢慢地排出。达到既能规避雨水洪峰，提高雨水利用率，又能控制初期雨水对受纳水体的污染，还能对排水区域间的排水调度起到积极作用。有些城镇地区合流制排水系统溢流污染物或分流制排水系统排放的初期雨水已成为内河的主要污染源，在排水系统雨水排放口附近设置雨水调蓄池，可将污染物浓度较高的溢流污染或初期雨水暂时贮存在调蓄池中，待降雨结束后，再将贮存的雨污水通过污水管道输送至污水处理厂，达到控制面源污染、保护水体水质的目的。雨水利用工程中，为满足雨水利用的要求而设置调蓄池贮存雨水，贮存的雨水净化后可综合利用。对需要控制面源污染、削减排水管道峰值流量防止地面积水或需提高雨水利用程度的城镇，宜设置雨水调蓄池。典型合流制调蓄池工作原理如图 4-4 所示。

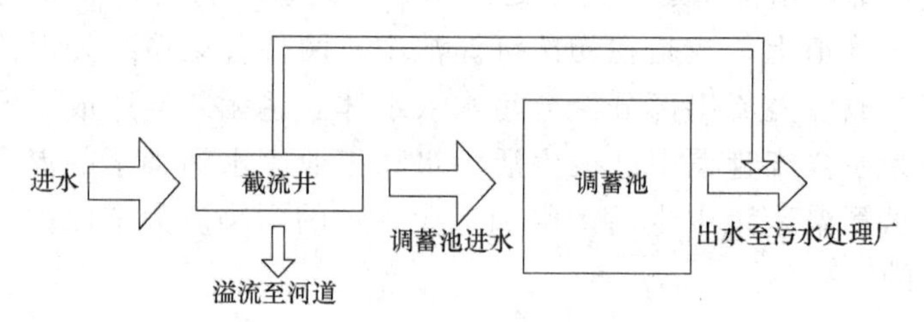

图 4-4　典型合流制调蓄池工作原理图解

如果调蓄池后设有泵站，则可减少装机容量，降低工程造价。雨水调蓄池设置位置的选择：若有天然洼地、池塘、公园水池等可供利用，其位置取决于自然条件。若考虑筑坝、挖掘等方式建调蓄池，则要选择合理的位置，一般可在雨水干管中游或有大流量管道的交汇处；或正在进行大规模住宅建设和新城开发的区域；或在拟建雨水泵站前的适当位置，设置人工的地面或地下调蓄池。

（1）雨水调蓄池形式

调蓄池既可是专用人工构筑物如地上蓄水池、地下混凝土池，也可是天然场所或已有设施如河道、池塘、人工湖、景观水池等。而由于调蓄池一般占地较大，应尽量利用现有设施或天然场所建设雨水调蓄池，可降低建设费用，取得良好的社会效益。有条件的地方可根据地形、地貌等条件，结合停车场、运动场、公园等建设集雨水调蓄、防洪、城市景观、休闲娱乐等于一体的多功能调蓄池。

根据调蓄池与管线的关系，调蓄类型可分为在线调蓄和离线调蓄。按溢流方式可分为池前溢流和池上溢流，如图 4-5 所示。常见雨水调蓄设施的方式、特点和适用条件见表 4-3。

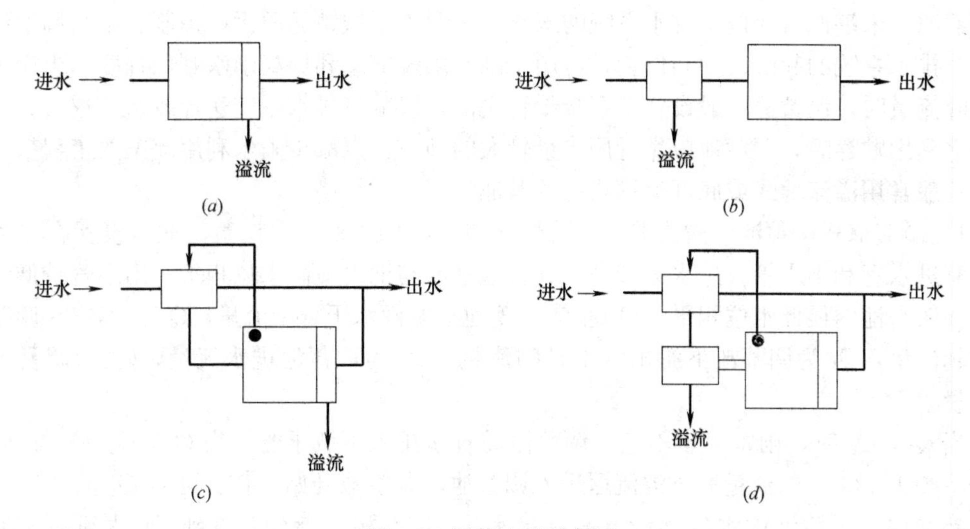

图 4-5　调蓄池型示意图

(*a*) 贮存池上设有溢流的在线贮存；(*b*) 贮存池入口前设有溢流的在线贮存；
(*c*) 贮存池上设有溢流的离线贮存；(*d*) 贮存池入口前设有溢流的离线贮存

雨水调蓄的方式、特点及适用条件　　**表 4-3**

<table>
<tr><th colspan="3">雨水调蓄方式</th><th>特点</th><th>常见做法</th><th>适用条件</th></tr>
<tr><td rowspan="5">调节贮存池</td><td rowspan="3">建造位置</td><td>地下封闭式</td><td>节省占地；雨水管渠易接入；但有时溢流困难</td><td>钢筋混凝土结构、砖砌结构、玻璃钢水池等</td><td>多用于小区或建筑群雨水利用</td></tr>
<tr><td>地上封闭式</td><td>雨水管渠易于接入，管理方便，但需占地面空间</td><td>玻璃钢、金属、塑料水箱等</td><td>多用于单体建筑雨水利用</td></tr>
<tr><td>地上敞开式</td><td>充分利用自然条件，可与景观、净化相结合，生态效果好</td><td>天然低洼地、池塘、湿地、河湖等</td><td>多用于开阔区域</td></tr>
<tr><td rowspan="2">调蓄池与管线关系</td><td>在线式</td><td>一般仅需一个溢流出口，管道布置简单，漂浮物在溢流口处易于清除，可重力排空，但自净能力差，池中水与后来水发生混合。为了避免池中水被混合，可以在入口前设置旁通溢流，但漂浮物容易进入池中</td><td rowspan="2">可以做成地下式、地上式或地表式</td><td rowspan="2">根据现场条件和管道负荷大小等经过技术经济比较后确定</td></tr>
<tr><td>离线式</td><td>管道水头损失小；在非雨期间池子处于干的状态。离线式也可将溢流井和溢流管设置在入口上</td></tr>
<tr><td colspan="3">雨水管道调节</td><td>简单实用，但贮存空间一般较小，有时会在管道底部产生淤泥</td><td></td><td></td></tr>
<tr><td colspan="3">多功能调蓄</td><td>可以实现多种功能，如削减洪峰，减少水涝，调蓄利用雨水资源，增加地下水补给，创造城市水景或湿地，为动植物提供栖息场所，改善生态环境等，发挥城市土地资源的多功能</td><td>主要利用地形、地貌等条件，常与公园、绿地、运动场等一起设计和建造</td><td>城乡接合部、卫星城镇、新开发区、生态住宅区或保护区、公园、城市绿化带、城市低洼地等</td></tr>
</table>

(2) 调蓄池常用的布置形式

雨水调蓄池的位置，应根据调蓄目的、排水体制、管网布置、溢流管下游水位高程和周围环境等综合考虑后确定。根据调蓄池在排水系统中的位置，其可分为末端调蓄池和中间调蓄池。末端调蓄池位于排水系统的末端，主要用于城镇面源污染控制。中间调蓄池位于一个排水系统的起端或中间位置，可用于削减洪峰流量和提高雨水利用程度。当用于削减洪峰流量时，调蓄池一般设置于系统干管之前，以减少排水系统达标改造工程量；当用于雨水利用贮存时，调蓄池应靠近用水量较大的地方，以减少雨水利用灌渠的工程量。

一般常用溢流堰式或底部流槽式的调蓄池。

1）溢流堰式调蓄池。溢流堰式调蓄池如图 4-6（*a*）所示。调蓄池通常设置在干管一侧，有进水管和出水管。进水管较高，其管顶一般与池内最高水位相平；出水管较低，其管底一般与池内最低水位相平。设 Q_1 为调蓄池上游雨水干管中流量，Q_2 为不进入调蓄池的超越流量，Q_3 为调蓄池下游雨水干管的流量，Q_4 为调蓄池进水流量，Q_5 为调蓄池出水流量。

当 $Q_1 < Q_2$ 时，雨水流量不进入调蓄池而直接排入下游干管。当 $Q_1 > Q_2$ 时，这时将有 $Q_4 = (Q_1 - Q_2)$ 的流量通过溢流堰进入调蓄池，调蓄池开始工作。随着 Q_1 的增加，Q_4 也不断增加，调蓄池中水位逐渐升高，出水量 Q_5 也相应渐增。直到 Q_1 达到最大流量 Q_{max}时，Q_4 也达到最大。然后随着 Q_1 的降低，Q_4 也不断降低，但因 Q_4 仍大于 Q_5，池中水位逐渐升高，直到 $Q_4 = Q_5$ 时，调蓄池不再进水，这时池中水位达到最高，Q_5 也最大。随着 Q_1 的继续降低，调蓄池的出水量 Q_5 已大于 Q_1，贮存在池内的水量通过池出水管不断地排走，直到池内水放空为止，这时调蓄池停止工作。

为了不使雨水在小流量时经出水管倒流入调蓄池内，出水管应有足够坡度，或在出水管上设止回阀。

为了减少调蓄池下游雨水干管的流量，池出水管的通过能力 Q_5 希望尽可能地减小，即 $Q_5 \ll Q_4$。这样，就可使管道工程造价大为降低，所以，池出水管的管径一般根据调蓄池的允许排空时间来决定。通常，雨停后的放空时间不得超过 24h，放空管直径不小于 150mm。

2）底部流槽式调蓄池。底部流槽式调蓄池如图 4-6（*b*）所示，图中 Q_1 及 Q_3 意义同上。

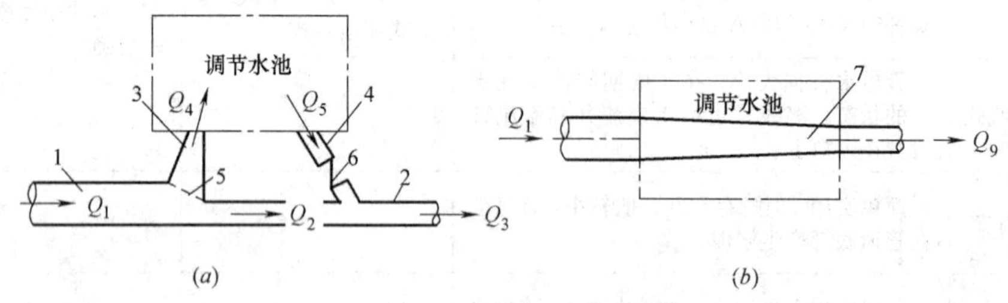

图 4-6　雨水调蓄池布置示意图

（*a*）溢流堰式；（*b*）底部流槽式

1—调蓄池上游干管；2—调蓄池下游干管；3—池进水管；

4—池出水管；5—溢流堰；6—止回阀；7—流槽

雨水从池上游干管进入调蓄池后，当 $Q_1 \leqslant Q_3$ 时，雨水经设在池最底部的渐缩断面流槽全部流入下游干管排走。池内流槽深度等于池下游干管的直径。当 $Q_1 > Q_3$ 时，池内逐渐被高峰时的多余水量（$Q_1 - Q_3$）所充满，池内水位逐渐上升，直到 Q_1 不断减少至小于池下游干管的通过能力 Q_3 时。池内水位才逐渐下降，直至排空为止。

（3）调蓄池设计与计算

1）基于流量调节的调蓄池下游干管设计流量计算

由于调蓄池存在蓄洪和滞洪作用，因此计算调蓄池下游雨水干管的设计流量时，其汇水面积只计调蓄池下游的汇水面积，与调蓄池上游汇水面积无关。

调蓄池下游干管的雨水设计流量可按式（4-4）计算：

$$Q=\alpha Q_{max}+Q' \tag{4-4}$$

式中 Q_{max}——调蓄池上游干管的设计流量（m^3/s）；

Q'——调蓄池下游干管汇水面积上的雨水设计流量，应按下游干管汇水面积的集水时间计算，与上游干管的汇水面积无关（m^3/s）；

α——下游干管设计流量的减小系数：

对于溢流堰式调蓄池 $$\alpha=\frac{Q_2+Q_5}{Q_{max}}; \tag{4-5}$$

对于底部流槽式调蓄池 $$\alpha=\frac{Q_3}{Q_{max}} \tag{4-6}$$

2）调蓄池容积计算

调蓄池容积计算是调蓄池设计的关键，需要考虑所在地区的降雨强度、雨型、历时和频率、排水管道设计容量等因素。20 世纪 70 年代国外对调蓄池容积计算有过较为集中的研究。总结其计算方法主要有两类：以池容当量的经验公式法和基于排水系统模型的频率分析法。

① 以池容当量的经验公式法

其中，德国、日本主要采用以池容当量降雨量（mm）这一综合设计指标为依据的经验公式法，来确定系统所需调蓄容量。

A. 德国方法

德国设计规范 ATV A128 中，要求合流制排水系统排入水体的污染物负荷不大于分流制排水系统排入水体的污染物负荷。溢流调蓄池计算参数设定为：

平均年降雨量：800 mm（≥800mm 时，应进行修正，增加调蓄池体积）；

雨水 COD_{cr}浓度：107 mg/L；

晴天污水 COD_{cr}浓度：600 mg/L（≥600mg/L 时，应进行修正，增加调蓄池体积）；

雨天污水处理厂排放 COD_{cr}浓度：70mg/L。

德国调蓄池的简化计算公式为：

$$V=1.5\times V_{SR}\times A_U \tag{4-7}$$

式中 V——调蓄池容积（m^3）；

V_{SR}——每公顷面积所需调蓄量（m^3/hm^2），按图 4-7 采用；

A_U——不透水面积（hm^2），A_U＝系统面积×径流系数。

B. 日本方法

《日本合流制下水道改善对策指南》中，要求合流制排水系统排放的污染物负荷量与分流制排水系统的污染物负荷量达到同等水平。指出：将增加截流量与调蓄结合起来是一项有效的实施对策。基本的设计程序为：依靠模拟实验，根据设定的目标，研究截流量与

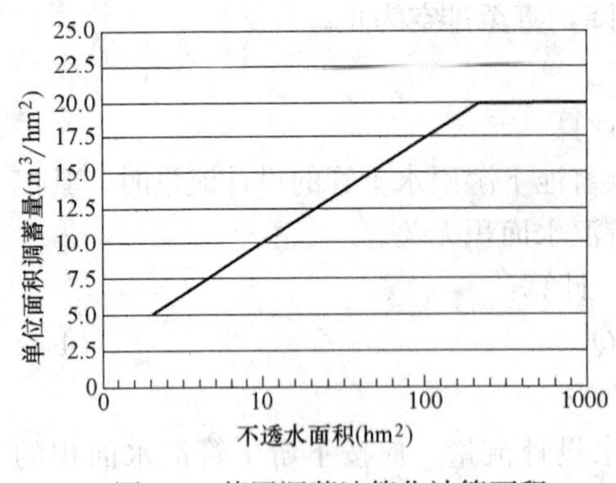

图 4-7 德国调蓄池简化计算面积与单位调蓄量关系

调蓄池的关系，再通过对实际应用效果的评估，确定合理的调蓄池容量。经其研究结果表明截流雨水量 1mm/h 加上调蓄雨水量 2～4mm/h 的措施可达到污染负荷削减的目标设定值。

故日本调蓄池的一种简单算法是：

$$V=\text{截流面积}\times 5\text{mm} \tag{4-8}$$

即每 100hm^2 排水面积建 1 座 5000m^3 调蓄池。

② 基于数学模型的计算方法

美国多采用 SWMM 模型模拟排水系统运行，分析系统所需调蓄容量。

A. 美国基于数学模型的计算方法

调蓄池主要是在暴雨期间可收集部分初期雨水，当暴雨停止后，该部分雨水再输送至排水管网、泵站，或者污水处理厂。概括而言，合流制排水系统调蓄池的主要作用是截流初期雨水，提高合流制系统的截流倍数，使调蓄之后的管道和泵站可以采用较小的设计流量。其工作原理如图 4-8 所示。

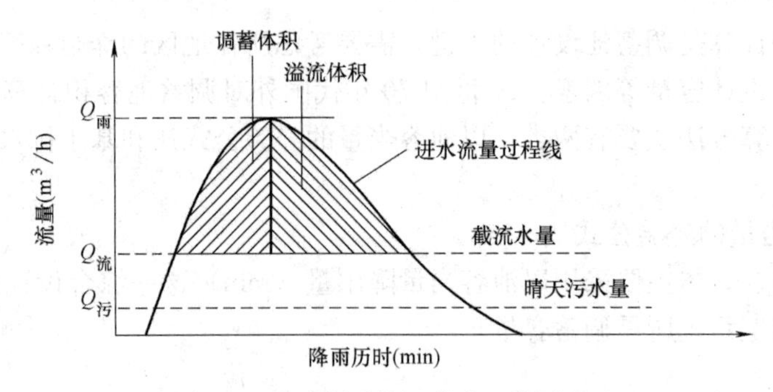

图 4-8 合流制系统调蓄池工作原理

由图 4-8 可知，调蓄池的容积可通过计算入流流量和出流流量的差异进行估算，计算式为：

$$V=\int_0^{t_0}(Q_{\text{in}}-Q_{\text{out}})\text{d}t \tag{4-9}$$

式中 V——调蓄池容积；

t——从调蓄池开始进水至充满的时间；

t_0——调蓄时间；

Q_{in}——入流流量；

Q_{out}——出流流量。

基于数学模型的调蓄池计算方法，需首先得到流量过程线或流量随时间变化的方程。如果拟建调蓄池的地点有多年实测流量过程资料，可用某种选样方法，每年选出几次较大的流量过程，分别经过调蓄计算获得所需的容积 V_1，V_2，…，V_n，再用频率分析方法求出设计容积 V_p 值。但一般情况下要获得多年实测流量资料是很困难的，因此可利用多年雨量资料，由降雨径流模型模拟出多年流量资料，再用上述方法求出 V_p。

美国调蓄池的计算是以此为基础，通过SWMM模型和管网水力学模型计算调蓄池容积。

B. 基于降雨频率累计法

一般来讲，雨水调蓄池规模愈大，可收集水量也愈多，但每年满蓄次数则愈少，因此调蓄池规模、可收集水量、满蓄次数三者之间互为条件、互相制约。雨水调蓄池的规模直接影响雨水利用系统的集流效率、投资和成本，有条件时可以通过优化设计寻求效益与费用比值最大时所对应的经济规模。可以按照下列步骤计算：

a. 调查当地降雨特征及其规律，如多年平均日降雨量/某值所对应的天数，建立日降雨量—全年天数曲线，以便确定雨水集蓄设施满蓄次数。

b. 按$V=10fA_u$计算系列雨水调蓄池容积，并根据日降雨量与全年天数规律分析不同规模序列雨水利用系统每年可集蓄利用的雨水量。

c. 绘制雨水利用系统寿命期内费用、效益现金流量图，计算动态效益/费用比值，选择比值最大时相应的设计降雨量即为雨水利用系统的最优设计规模。

计算出调蓄容积$V_{计}$后，需与降雨间隔时段的用水量$V_{用}$进行对比分析，最终确定设计调蓄容积$V_{蓄}$。分为下列两种情况：

当$V_{用}<V_{计}$，即计算调蓄容积大于降雨间隔时段用水量时，表明一场雨的径流雨水量较降雨间隔时段用水量大，此时可以减小储存池容积，节省投资，多余雨水可实施渗透或排放，此时$V_{蓄}=V_{用}$。

当$V_{用}>V_{计}$，即计算调蓄容积小于降雨间隔时段用水量时，表明一场雨的径流雨水量仅能作为水源之一供使用，还需其他水源作为第二水源，此时雨水可以全部收集，即$V_{蓄}=V_{计}$。所以$V_{蓄}=\min\{V_{用}, V_{计}\}$。

调蓄池容积计算方法汇总表 **表 4-4**

国家或地区	计算方法及公式	使用范围	优缺点	说明
苏联	莫洛科夫与施果林公式：$V=(1-\alpha)1.5Q_{max}t_0$	—	此公式未能反映出不同地区的降雨特性，并且其计算结果可能偏大也可能偏小，有时偏差可达到3～4倍，因而不宜应用	α——脱过系数
中国	重力流模式雨型径流过程线法的推理公式：$V=f(\alpha)W$	重力流雨型径流	较众多古典的调蓄池容积公式合理而安全，可减少下游管网规模	$f(\alpha)$——α的函数式；W——池前管渠的设计流量Q与相应集流时间t的乘积，$W=Qt$(m^3)
德国	ATV A 128标准计算公式：$V=1.5\times V_{SR}\times A_U$	合流制排水系统	简单易操作	V_{SR}——每公顷面积需调蓄雨水量(m^3/hm^2)，$12\leqslant V_{SR}\leqslant 40$，一般可取20；$A_U$——不透水面积，$A_U$=系统面积×径流系数；1.5——安全系数
	系统总截流倍数法：$V=3600(m-n-1)Q_1$	合流污水截流、调蓄工程	—	m——稀释倍数；n——系统中截流设施的设计截流倍数；Q_1——平均日旱流污水量(m^3/s)

续表

国家或地区	计算方法及公式	使用范围	优缺点	说　明
美国	多采用 SWMM 模型模拟排水系统运行，分析系统所需调蓄容量	各种雨型	前期工作繁琐，须知大量的相关参数，但普适性很高	—
上海市	系统总截流倍数法：$V=3600(n_1-n)Q_1$	上海市的水质型调蓄池	针对性强，但适用范围比较小	n——系统中截流设施的设计截流倍数；Q_1——平均日旱流污水量（m^3/s）；n_1——调蓄池运行期间的截流倍数
日本	$V=\left(r_i-\frac{r_c}{2}\right)\times t_i\times f\times A\times\frac{1}{360}$	调蓄池	初步估算，简便	r_i——降雨强度曲线上任意降雨历时 t_i 对应的降雨强度（mm/h）；r_c——调节池出流过流能力值对应的降雨强度（mm/h）；t_i——任意的降雨历时（s）；f——开发后的径流系数；A——流域面积（hm^2）

③ 中国的计算方法

中国国家标准《室外排水设计规范》GB 50014—2006（2011 年版）关于雨水调蓄池容积计算，推荐了三种情形的计算方法。

A. 当用于控制面源污染时，雨水调蓄池的有效容积应根据气候特征、排水体制、汇水面积、服务人口和受纳水体的水质要求、水体流量、稀释自净能力等确定。规范规定采用截流倍数法，计算式（4-10）如下：

$$V=3600t_i(n-n_0)Q_{dr}\beta \tag{4-10}$$

式中 V——调蓄池有效容积（m^3）；

t_i——调蓄池进水时间（h），宜采用 0.5～1h，当合流制排水系统雨天溢流污水水质在单次降雨事件中无明显初期效应时，宜取上限；反之，可取下限；

n——调蓄池运行期间的截流倍数，由要求的污染负荷目标削减率、当地截流倍数和截流量占降雨量比例之间的关系求得；

n_0——系统原截流倍数；

Q_{dr}——截流井以前的旱流污水量（m^3/s）；

β——调蓄池容积计算安全系数，可取 1.1～1.5。

B. 当用于削减排水管道洪峰流量时，雨水调蓄池的有效容积可按式（4-11）计算：

$$V=\left[-\left(\frac{0.65}{n^{1.2}}+\frac{b}{t}\cdot\frac{0.5}{n+0.2}+1.10\right)\lg(\alpha+0.3)+n^{\frac{0.215}{0.15}}\right]\cdot Q\cdot t \tag{4-11}$$

式中 V——调蓄池有效容积（m^3）；

α——脱过系数，取值为调蓄池下游设计流量和上游设计流量之比；

Q——调蓄池上游设计流量（m^3/min）；

b、n——暴雨强度公式参数；

t——降雨历时（min）。

C. 当用于提高雨水利用程度时，雨水调蓄池的有效容积应根据降雨特征、用水需求和经济效益等确定。

④ 调蓄池容积计算方法汇总比较

各种计算方法的优缺点、适用条件等汇总对比见表 4-4。

3）雨水调蓄池的放空与附属设施

① 雨水调蓄池的放空

必要时，雨水调蓄池应进行放空。调蓄池的放空有重力放空和水泵太力放空两种。有条件时，应采用重力放空。对于地下封闭式调蓄池，可采用重力放空和水泵压力放空相结合的方式，以降低能耗。

设计中应合理确定放空水泵启动的设计水位，避免在重力放空的后半段放空流速过小，影响调蓄池的放空时间。雨水调蓄池的放空时间直接影响调蓄池的使用效率，是调蓄池设计中必须考虑的一个重要参数，雨水调蓄池的放空时间与放空方式密切相关，同时取决于下游管道的排水能力和雨水和利用设施的流量。考虑降低能耗、排水安全等方面的因素，引入排水效率 η，η 可取 0.3～0.9，计算得调蓄池放空时间后，应对雨水调蓄池的使用效率进行复核，如不能满足要求，应重新考虑放空方式，减少防空时间。

雨水调蓄池的放空时间，可按式（4-12）计算：

$$t_0=\frac{V}{3600Q'\eta} \tag{4-12}$$

式中 t_0——放空时间（h）；

V——调蓄池有效容积（m^3）；

Q'——下游排水管道或设施的受纳能力（m^3/s）；

η——排水效率，一般可取 0.3～0.9。

② 雨水调蓄池的附属设施

A. 清洗装置

调蓄池使用一定时间后，特别是当调蓄池用于面源污染控制或消减排水管道峰值流量时，易沉淀积泥。因此，雨水调蓄池应设置清洗设施。清洗方式可分为人工清洗和水力清洗，人工清洗危险性大且费力，一般采用水力清洗系统，人工清洗为辅助手段。对于矩形池，可采用水力清洗翻斗或水力自清洗装置；对于圆形池，可透过水口和底部构造设计，形成进水自冲洗，或采用径向水力清洗装置。

B. 排气装置

对全地下调蓄池来说，为防止有害气体在调蓄池内积聚，应提供有效的通风排气装置。经验表明，每小时 4～6 次的空气交换量可以实现良好的通风效果。若需采用除臭设备时，设备选型应考虑调蓄池的间歇运行、长时间空置的情形，除臭设备的运行应与调蓄池工况相匹配。

C. 检修通道

所有顶部封闭的大型地下调蓄池都需要设置检修人员和设备进出的检修孔，并在调蓄池内部设置单独的检修通道。检修通道一般设置在调蓄池的最高水位以上。

（4）调蓄池冲洗方式

初期雨水径流中携带了地面和管道沉积的污物杂质，调蓄池在使用后底部不可避免地滞留有沉积杂物、泥砂淤积，如果不及时进行清理，沉积物积聚过多将使调蓄池无法发挥其功效。因此，在设计调蓄池时必须考虑对底部沉积物的有效冲洗和清除。调蓄池的冲洗方式有多种，各有利弊，见表 4-5。

调蓄池各冲洗方式优缺点分析　　表 4-5

冲洗方式	适合池形	优点	缺点
人工清洗	任何池形	操作简单	危险性高、劳动强度大
水力喷射器冲洗	任何池形	可自动冲洗，冲洗时有曝气过程，可减少异味，投资省，适应于所有池形	需建造冲洗水贮水池，运行成本较高，设备位于池底易被污染和磨损
潜水搅拌器	任何池形	自动冲洗，投资省，适应于所有池形	冲洗效果较差，设备易被缠绕和磨损
连续沟槽自清冲洗	圆形，小型矩形	无需电力或机械驱动，无需外部水源、运行成本低、排砂灵活、受外界环境条件影响小、可重复性强、效率高	依赖晴天污水作为冲洗水源，利用其自清流速进行冲洗，难以实现彻底清洗，易产生二次沉积；连续沟槽的结构形式加大了泵站的建造深度
水力冲洗翻斗	矩形	实现自动冲洗，设备位于水面上方，无需电力或机械驱动，冲洗速度快、强度大，运行费用省	投资较高
HydroSelf 拦蓄自冲洗装置清洗	矩形	无需电力或机械驱动，无需外部供水，控制系统简单；调节灵活，手动、电动均可控制；运行成本低、使用效率高	进口设备，初期投资较高
节能的“冲淤拍门”	矩形调蓄池	节能清淤，无需外动力，无需外部供水，无复杂控制系统；在单个冲淤波中，冲淤距离长，冲淤效率高，运行可靠	设备位于水下，易被污染磨损
移动清洗设备冲洗	敞开式平底大型调蓄池	投资省，维护方便	因进入地下调蓄池通道复杂而未得到广泛应用

工程设计时根据不同冲洗方式的优缺点，进行技术经济比选，选择合适的冲洗方式，但无论采用何种方式，必要时仍需进行辅助的人工清洗。

4.7　截流井的设计

在截流系统的设计中截流井的设计至关重要，它既要使截流的污水进入截污系统，达到整治水环境的目的，又要保证在大雨时不让超过截流量的雨水进入到截污系统，以防止下游截污管道的实际流量超过设计流量，避免发生污水反冒和给污水处理厂带来冲击。截流井一般设在合流管渠的入河口前，也有设在城区内，将旧有合流支线接入新建分流制系统。溢流管出口的下游水位包括受纳水体的水位或受纳管渠的水位。截流井的位置，应根据污水截流干管位置、合流管渠位置、溢流管下游水位高程和周围环境等因素确定。

4.7.1　截流井形式

国内常用的截流井形式是槽式和堰式。据调查，北京市的槽式和堰式截流井占截流井总数的 80.4%。槽堰式截流井兼有槽式和堰式的优点。典型截流井形式如下：

（1）跳跃式

跳跃式截流井的构造如图 4-9 所示。这是一种主要的截流井形式，但它的使用受到一定的条件限制，即其下游排水管道应为新敷设管道。对于已有的合流制管道，不宜采用跳跃式截流井（只有在能降低下游管道标高的条件下方可采用）。该井的中间固定堰高度根据设计手册提供的公式计算得到。

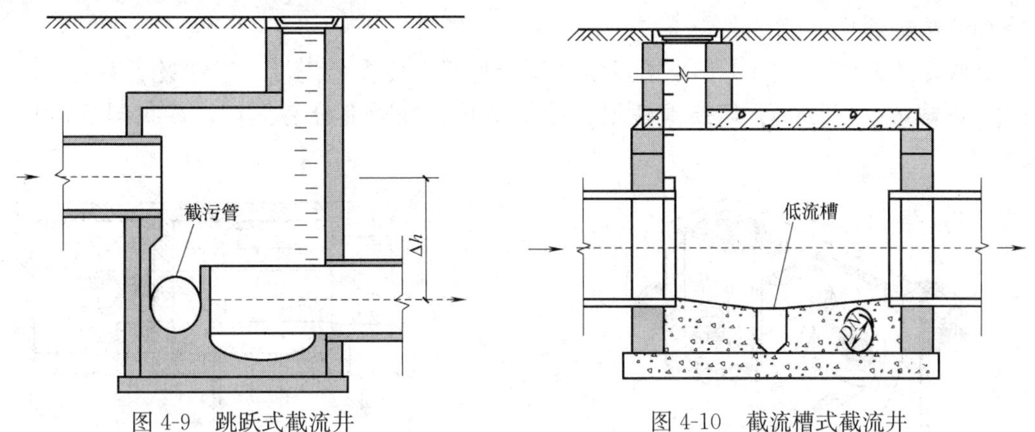

图 4-9　跳跃式截流井　　　图 4-10　截流槽式截流井

（2）截流槽式

槽式截流井的截流效果好，不影响合流管渠排水能力，当管渠高程允许时，应选用。设置这种截流井（图 4-10）无需改变下游管道，甚至可由已有合流制管道上的检查井直接改造而成（一般只用于现状合流污水管道）。由于截流量难以控制，在雨季时会有大量的雨水进入截流管，从而给污水处理厂的运行带来困难，原则上宜少采用。因其必须满足溢流排水管的管内底标高高于排入水体的水位标高，否则水体水会倒灌入管网，因此截流槽式截流井在使用中受到限制。

（3）侧堰式

无论是跳跃式还是截流槽式截流井，在大雨期间均不能较好地控制进入截污管道的流量。在合流制截污系统中用得较成熟的各种侧堰式截流井则可以在暴雨期间使进入截污管道的流量控制在一定的范围内。

1）固定堰截流井

它通过堰高控制截流井的水位，保证旱季最大流量时无溢流和雨季时进入截污管道的流量得到控制。同跳跃式截流井一样，固定堰的堰顶标高也可以在竣工之后确定。其结构如图 4-11 所示。

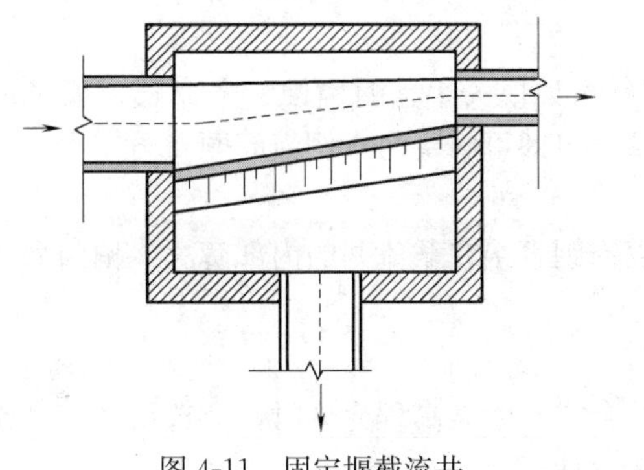

图 4-11　固定堰截流井

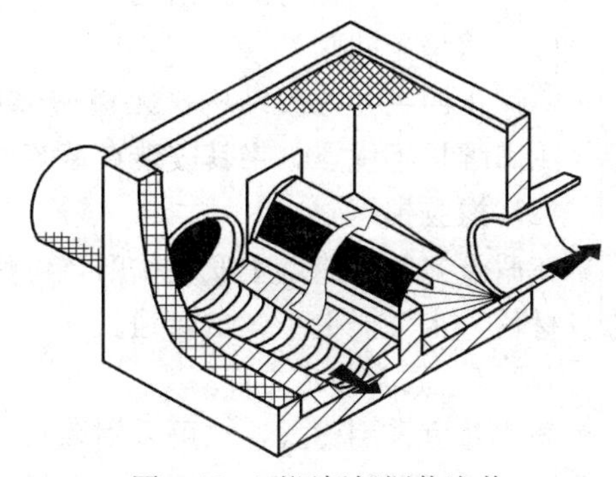

图 4-12　可调折板堰截流井

2）可调折板堰式

折板堰是德国使用较多的一种截流方式。折板堰的高度可以调节，使之与实际情况相吻合，以保证下游管网运行稳定。但折板堰也存在着维护工作量大、易积存杂物等问题。其结构如图 4-12 所示。

（4）虹吸堰式

虹吸堰式截流井（图 4-13）通过空气调节虹吸，使多余流量通过虹吸堰溢流，以限制雨季的截污量。但由于其技术性强、维修困难、虹吸部分易损坏，在我国的应用还很少。

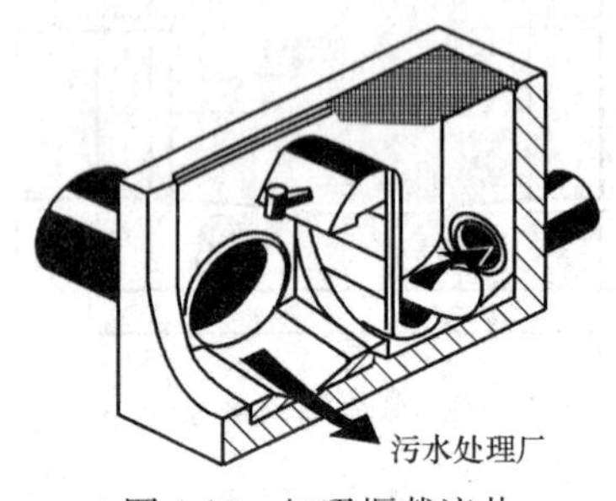

图 4-13　虹吸堰截流井

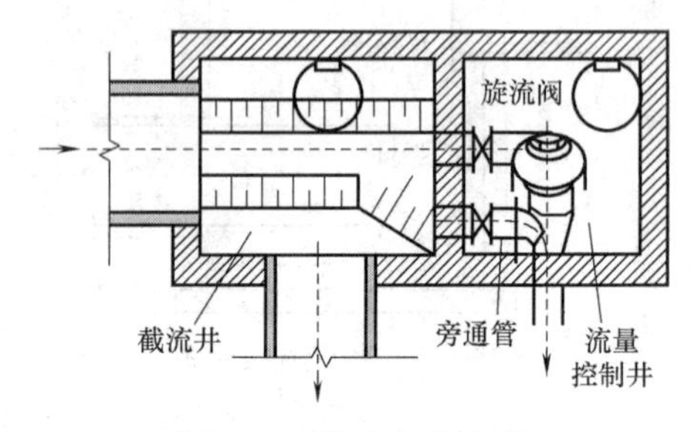

图 4-14　旋流阀截流井

（5）旋流阀截流井

这是一种新型的截流井，它仅仅依靠水流就能达到控制流量的目的（旋流阀进、出水口的压差作为动力来源）。在截流井内的截污管道上安装旋流阀能准确控制雨季截污流量，其精确度可达 0.1L/s。这样在现场测得旱季污水量之后，就可以依据水量及截流倍数确定截污管的大小。可精确控制流量使得这种截流方式有别于所有其他的截流方式，但是为了便于维护，一般需要单独设置流量控制井（图 4-14）。

（6）带闸板截流井

当要截流现状支河或排洪沟渠的污水时，一般采用闸板截流井。闸板的控制可根据实际条件选用手动或电动。同时，为了防止河道淤积和导流管堵塞，应在截流井的上游和下游分别设一道矮堤，以拦截污物。

4.7.2　防倒流措施

当雨量特别大时排放渠中的水位会急速增高，如截污口标高较低，则渠内的水将倒灌至截流井而进入截污管道，使截污管道的实际流量大大超过设计流量。在此种情况下，需考虑为截污系统设置防倒流措施。

（1）鸭嘴止回阀

鸭嘴止回阀为橡胶结构，无机械部件，具有水头损失小、耐腐蚀、寿命长、安装简单、无需维护等优点，将其安装在截流井排放管端口即可解决污水倒灌问题。

（2）橡胶拍门

在截流井的溢流堰上安装拍门，可使防倒灌问题直接在截流井的内部解决。拍门采用橡胶材料，水头损失小，耐腐蚀。

4.7.3　截流井水力计算

截流井宜采用槽式，也可采用堰式或槽堰结合式。管渠高程允许时，应选用槽式，当选用堰式或槽堰结合式时，堰高和堰长应进行水力计算。

（1）堰式截流井

当污水截流管管径为300～600mm时，堰式截流井内各类堰（正堰、斜堰、曲线堰）的堰高，可采用《合流制系统污水截流井设计规程》（CECS91:97）公式计算：

① $d=300\text{mm}, H_1=(0.233+0.013Q_j)\cdot d\cdot k$ (4-13)

② $d=400\text{mm}, H_1=(0.226+0.007Q_j)\cdot d\cdot k$ (4-14)

③ $d=500\text{mm}, H_1=(0.219+0.004Q_j)\cdot d\cdot k$ (4-15)

④ $d=600\text{mm}, H_1=(0.202+0.003Q_j)\cdot d\cdot k$ (4-16)

$$Q_j=(1+n_0)Q_{dr} \tag{4-17}$$

式中 H_1——堰高（mm）；

Q_j——污水截流量（L/s）；

d——污水截流管管径（mm）；

k——修正系数，$k=1.1\sim1.3$；

n_0——截流倍数；

Q_{dr}——截流井以前的旱流污水量（L/s）。

（2）槽式截流井

当污水截流管管径为300～600mm时，槽式截流井的槽深、槽宽，采用《合流制系统污水截流井设计规程》（CECS91:97）公式计算：

$$H_2=63.9\cdot Q_j^{0.43}\cdot k \tag{4-18}$$

式中 H_2——槽深（mm）；

Q_j——污水截流量（L/s）；

k——修正系数，$k=1.1\sim1.3$。

$$B=d \tag{4-19}$$

式中 B——槽宽（mm）；

d——污水截流管管径（mm）。

（3）槽堰结合式截流井

槽堰结合式截流井的槽深、堰高，采用《合流制系统污水截流井设计规程》（CECS91：97）公式计算：

1）根据地形条件和管道高程允许降落可能性，确定槽深 H_2。

2）根据截流量，计算确定截流管管径 d。

3）假设 H_1/H_2 比值，按表4-6计算确定槽堰总高 H。

槽堰结合式井的槽堰总高计算表 **表4-6**

D(mm)	$H_1/H_2\leqslant1.3$	$H_1/H_2>1.3$
300	$H=(4.22Q_j+94.3)\cdot k$	$H=(4.08Q_j+69.9)\cdot k$
400	$H=(3.43Q_j+96.4)\cdot k$	$H=(3.08Q_j+72.3)\cdot k$
500	$H=(2.22Q_j+136.4)\cdot k$	$H=(2.42Q_j+124.0)\cdot k$

4）堰高 H_1，可按下列公式计算：

$$H_1 = H - H_2 \tag{4-20}$$

式中 H_1——堰高（mm）；

H——槽堰总高（mm）；

H_2——槽深（mm）。

5）截流井溢流水位，应在接口下游洪水位或受纳管道设计水位以上，以防止下游水倒灌，否则溢流管道上应设置闸门等防倒灌设施。校核 H_1/H_2 是否符合表 4-6 的假设条件，否则改用相应公式重复上述计算。

6）槽宽计算同公式（4-20）。

截流井溢流水位，应在设计洪水位或受纳管道设计水位以上，当不能满足要求时，应设置闸门等防倒灌设施。截流井内宜设流量控制设施。

【例 4-1】 以某老城区为例，其流域面积为 1 km^2，区域内的雨水、污水均通过一条现状涵洞集中排出。相关计算参数见表 4-7。

相关计算参数表 **表 4-7**

内容	取值
区域综合径流系数 Ψ	0.75
总变化系数 K_z	1.5
水力粗糙系数 n	0.017
区域内居住人口(万人)	5
涵洞坡度 i	0.02
人均设计污水量($L \cdot 人^{-1} \cdot d^{-1}$)	420
暴雨强度 q($L \cdot s^{-1} \cdot hm^{-2}$)	$q=\frac{2822(1+0.775\lg P)}{(t+12.8P^{0.076})^{0.77}}$,暴雨重现期 $P=3a$,集水时间 $t=t_1+mt_2=8min$

【解】 根据上述条件，计算得：暴雨强度 g＝359L/(s·hm^2)；涵洞的设计雨水流量 $Q_{YS}=\Psi \cdot F \cdot q=25.12m^3/s$；该汇水区域内污水总量为 21000$m^3$/d（或 243L/s），污水设计流量 $Q_{wS}=364.5L/s$；涵洞设计流量 $Q_z=Q_{YS}+Q_{wS}=25.485m^3/s$。按满流设计计算，涵洞设计过水断面 $L\times B=2.2\times 2.2m$。

截流井的污水截流量（Q_j）按污水设计流量 $q_{w。}$计算，即 $Q_j=Q_{wS}$，取 $k=1.1$，截流管道按满流计算，以旱季日平均污水量校核其不淤流速，按《合流制系统污水截流井设计规程》中的相关设计方法得出的计算结果见表 4-8。

计算结果表 **表 4-8**

管径(mm)	设计流量($L \cdot s^{-1}$)	设计坡度(%)	设计流速($m \cdot s^{-1}$)	校核流量($L \cdot s^{-1}$)	校核流速($m \cdot s^{-1}$)	堰式截流井	槽式截流井	槽堰式截流井		
						堰高 H_1(mm)	槽深 H_2(mm)	总高 H(mm)	堰高 H_1(mm)	槽深 H_2(mm)
300	366.5	8.5	5.19	243	5.54	1649.2	888.0	1713	1413	300
400	366.2	1.83	2.9	243	3.12	1227.5	888.0	1314.6	914.6	400

续表

管径(mm)	设计流量($L \cdot s^{-1}$)	设计坡度(‰)	设计流速($m \cdot s^{-1}$)	校核流量($L \cdot s^{-1}$)	校核流速($m \cdot s^{-1}$)	堰式截流井	槽式截流井	槽堰式截流井		
						堰高 H_1 (mm)	槽深 H_2 (mm)	总高 H (mm)	堰高 H_1 (mm)	槽深 H_2 (mm)
500	367.3	0.56	1.87	243	2.00	928.6	888.0	1040.6	540.6	500
600	365.8	0.21	1.29	243	1.38	857.6	888.0	—	—	—

计算结果表明，在设计污水截流量相同的条件下，槽堰式截流井的槽堰总高最大，槽式截流井的槽堰总高最小，而且三种形式截流井的总高均远远大于截流管管径。三种截流井在雨天发生溢流时的工况示意如图 4-15 所示。可知，在雨天溢流工况下，堰式和堰槽结合式截流井由于堰高的影响而造成上游合流管道壅水，槽式截流井由于槽深大于截流管的设计管径而使得截流管道内水流变为压力流工况，从而造成三种形式截流井的实际截流量均大于设计截流量。根据有关文献研究结果，将压力流等效为坡度增大的无压满流，两者流速相差不大。因此，计算中将有作用水头的有压截流管等效为一段坡度增大的无压满管流。假设截流管长度为 10m，在发生雨水溢流的实际工况下，分别计算上述三种形式截流井的实际截流量相对于设计截流量的增大倍数，结果见表 4-9。可见，在污水截流量一定的前提下，小管径大坡度的污水截流管的实际截流量增加倍数最小，因此工程设计中，截流管宜采用设计流速最大可达 10m/s 的球墨铸铁给水管。在设计管径相同的前提下，槽式截流井的实际截流量增加倍数最小，槽堰结合式增加倍数最大，在管径为 500mm 时槽堰结合式截流井和堰式截流井实际截流量增大倍数分别达到 2.27 和 1.94，将极大增加包括污水处理厂在内的整个截流工程的运行、维护及管理难度。

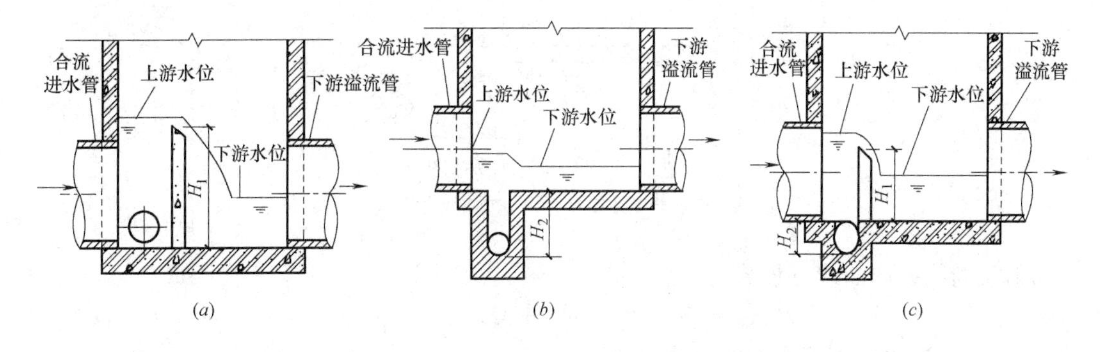

图 4-15　三种形式截流井溢流工况示意图

(a) 堰式；(b) 槽式；(c) 堰槽结合式

根据上述计算分析，槽式截流井雨天时的实际污水截流增加量相对最小，因此在实际工程条件适宜的情况下，应优先选用槽式截流井。但是，槽式截流井的实施前提是截流管标高必须低于实际合流管道的现状标高，这势必会加大截流管后污水管道的埋深，增加截流工程的造价。另一方面，当现状合流管道断面较大时，对其进行槽式截流会破坏其现有结构，加大施工难度。同时，大多数平原城市受到地形条件的约束，不宜选用槽式截流井。三种形式的截流井中，堰式截流井对下游截污管道的埋深影响最小。

发生雨水溢流时截流井工况参数计算结果 **表 4-9**

管径(mm)	设计坡度(%)	设计流速(m·s^{-1})	堰式截流井				槽式截流井				槽堰式截流井			
			作用水头(kPa)	等效坡度(%)	等效流速(m·s^{-1})	流量增大倍数	作用水头(kPa)	等效坡度(%)	等效流速(m·s^{-1})	流量增大倍数	作用水头(kPa)	等效坡度(%)	等效流速(m·s^{-1})	流量增大倍数
300	8.5	5.19	13.5	21.99	8.34	0.61	5.9	14.38	6.74	0.30	14.1	22.63	8.46	0.63
400	1.83	2.9	8.3	10.1	6.85	1.35	4.9	6.71	5.58	0.92	9.1	10.98	7.14	1.45
500	0.56	1.87	4.3	4.85	5.50	1.94	3.9	4.44	5.27	1.82	5.4	5.97	6.11	2.27
600	0.21	1.29	2.6	2.79	4.71	2.64	2.9	3.09	4.96	2.84	—	—	—	—

（4）侧堰式溢流井

在侧堰式溢流井中，溢流堰设在截流管的侧面。当溢流堰的堰顶线与截流干管中心线平行时，可采用下列公式计算：

$$Q=M\sqrt[3]{l^{2.5}\cdot h^{5.0}} \tag{4-21}$$

式中 Q——溢流堰溢出流量（m^3/s）；

l——堰长（m）；

h——溢流堰末端堰顶以上水层高度（m）；

M——说溢流堰流量系数，薄壁堰一般可采用 2.2。

在跳越堰式的截流井中，通常根据射流抛物线的方程式，计算出截流井工作室中隔墙的高度与距进水合流管渠出口的距离，如图 4-16 所示，射流抛物线外曲线方程式为：

$$x_1=0.36v^{2/3}+0.6y_1^{4/7} \tag{4-22}$$

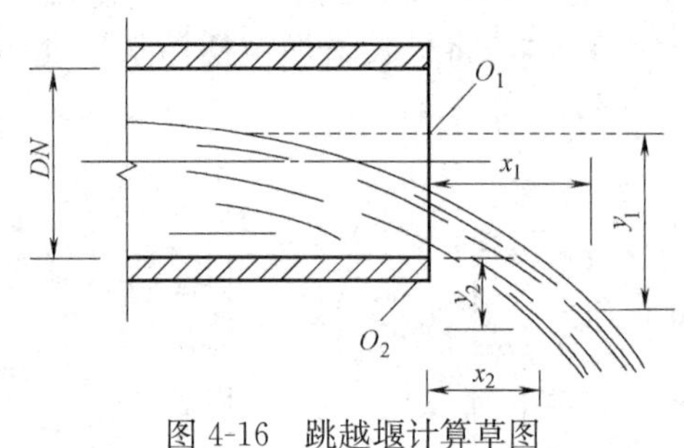

图 4-16 跳越堰计算草图

O_1—外曲线坐标原点；O_2—内曲线坐标原点

射流抛物线内曲线方程式为：

$$x_2=0.18v^{4/7}+0.74y_2^{2/3} \tag{4-23}$$

式中 v——进水合流管渠中的流速（m/s）；

x_1，x_2——射流抛物线外、内曲线上任一点的横坐标（m）；

y_1，y_2——射流抛物线外、内曲线上任一点的纵坐标（m）。

式（4-22）、式（4-23）的适用条件是：进水合流管渠的直径 $D_g\leqslant 3$m、坡度 $i<0.025$、流速 $v=0.3\sim3.0$m/s。

4.8 渗透设施的设计

城市化使得城市绿地和透水地面面积减少，不透水硬化地面增加，改变了自然条件下的水文特征，导致滞蓄量、填挖量及下渗水量减少，而径流系数增大，净雨量和地面径流增加，并使得汇流速度变快，洪峰提前。为改善或恢复城市水循环过程，在城市中可以采用人工雨水渗透设施，对城市中降雨产生的雨水径流进行干预，使其就地渗入地下或汇集贮存，增加雨水入渗量。雨水渗透不仅能补充地下水，促进雨水、地表水、土壤水及地下水“四水”之间转化，使城市水循环系统改善或恢复到城市建设前的状态，而且可以减少地表雨洪径流，防止城市洪涝、地面沉降、海水入侵等灾害的发生。

城镇基础设施建设应综合考虑雨水径流量的削减。人行道、停车场和广场等宜采用渗透性铺面，新建地区硬化地面中可渗透地面面积不宜低于 40%，有条件的既有地区应对现有硬化地面进行透水性改建。雨水渗透设施特别是地面下的入渗增加了深层土壤的含水量，使土壤力学性能改变，可能会影响道路、建筑物或构筑物的基础。因此，建设雨水渗透设施时，需对场地的土壤条件进行调查研究，以便正确设置雨水渗透设施，避免影响城镇基础设施、建筑物和构筑物的正常使用。

增加雨水入渗的设施有多种类型，主要包括硬化地面集蓄利用或采用透水材质铺装、下凹式绿地滞蓄、渗透设施增加入渗、屋顶绿化及屋顶集雨系统等。

4.8.1 透水设施形式

(1) 透水铺装地面

多孔渗透性铺面有整体浇筑多孔沥青或混凝土，也有组件式混凝土砌块。有关资料表明，组件式混凝土砌块铺面的效果较长久，堵塞时只需简单清理并将铺面砌块中间的砂土换掉，处理效率就可恢复。整体浇筑多孔沥青或混凝土在开始使用时效果较好，1～2 年后会堵塞，且难以修复。

透水铺装地面分为两类，一类为渗透性多孔沥青混凝土或渗透性多孔混凝，透水砖地面。典型的多孔沥青地面构造如图 4-17 所示。表面沥青层避免使用细小骨料，沥青重量比为 5.5%～6.0%，空隙率为 12%～16%，厚 60～70mm。沥青层下设两层碎石，上层碎石粒径 13mm，厚 50mm ，下层碎石粒径 25～50mm，空隙率为 38%～40%，其厚度视所需蓄水量定。多孔混凝土地面构造与多孔沥青地面类似，只是将表层改换为无砂混凝土，其厚度约为 125mm，空隙率 15%～25%。

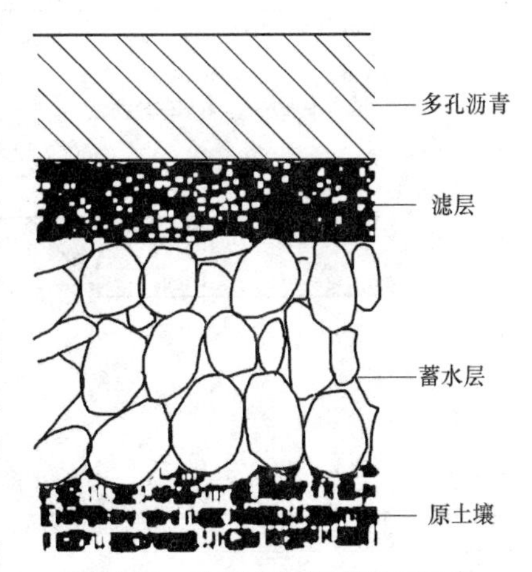

图 4-17 典型多孔沥青地面示意

另一类是使用镂空地砖（俗称草坪砖）铺砌的路面，可用于停车场、交通较少的道路及人行道，特别适合于居民小区，还可在空隙中种植草类。

(2) 植草沟、渗透池、渗透沟管、渗透桩、下凹式绿地

当场地条件许可时，可设置植草沟、渗透池等设施接纳地面径流；地区开发和改建时，宜保留天然可渗透性地面。植草沟是指植被覆盖的开放式排水系统，一般呈梯形或浅碟形布置，深度较浅，植被一般为草皮。该系统能收集一定的径流量，具有输送功能。雨水径流进入植草沟后首先下渗而不是直接排入下游管道或受纳水体，是一种生态型的雨水收集、输送和净化系统。

土质渗透性能较好时可采用渗透池，设计时可结合当地的土地规划状况，考虑建在地面或地下。当有一定可利用的土地面积，而且土壤渗透性能良好时，可采用地面渗透池。通过管渠接纳服务范围内的地面径流，使雨水滞留并渗入地下，超过渗透池滞留能力的雨水通过溢流管排入市政雨水管道，可削减服务范围内的径流量和径流峰值。渗透池的容积的设计可大可小，也可几个小池综合使用，视地形条件而定。地面渗透池可采用季节性充水，如一个月中几次充水、一年中几次充水或春、夏季充水，秋、冬季干涸，水位变化很大，也可一年四季有水。在地面渗透池中宜种植景观水生植物，季节性池中所种植物应能抗涝又能抗旱，视池中水位变化而定。常年存水池可种植耐水植物，还可作为野生动物栖息地，有利于改善城市生态环境。利用天然低洼地作地面渗透池是最佳的，若再对池底做一些简单处理，如铺设鹅卵石等透水性材料，其渗透性能将会大大提高。

当土地紧张时，可采用地下渗透池，实际上它是一种地下贮水装置，利用碎石空隙，穿孔管、渗透渠等贮存雨水。图 4-18 为各类地下渗透池示意，图 4-22 为利用底部透水渠贮水的渗透池。

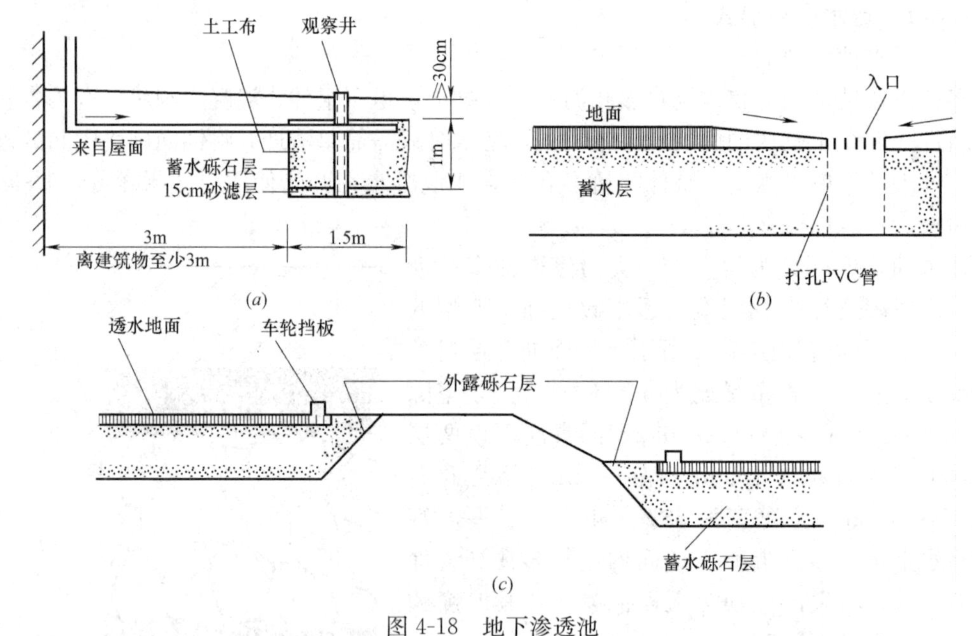

图 4-18　地下渗透池

(*a*) 接纳屋面径流的地下渗透池；(*b*) 路边的地下渗透池；(*c*) 停车场下的渗透池

渗透管一般采用穿孔 PVC 管，或用透水材料制成。汇集的雨水通过透水性管渠进入四周的碎石层，再进一步向四周土壤渗透，碎石层具有一定的贮水、调节作用。相对渗透池而言，渗透管沟占地较少，便于在城区及生活小区设置。当土壤渗透性良好时，可直接在地面上布渗透浅沟，即覆盖植被的渗透明渠。

渗透桩一般用于地区上层土壤渗透性不好，而下层土壤渗透性较好的情况。渗透桩是在地面上开挖比较深的坑，然后用渗透性较好的土壤填充，从而使雨水由此渗入地下。

绿地是一种天然的渗透设施。它具有透水性好、节省投资、便于雨水引入就地消纳等优点；同时对雨水中的一些污染物具有一定的截留和净化作用。低势绿地的缺点是渗透流

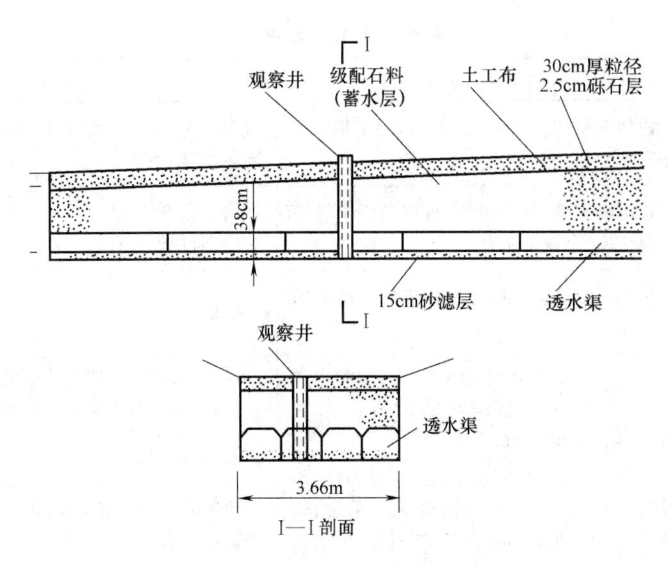

图 4-19 带有渗透渠渗透池

量受土壤性质的限制，雨水中如含有较多的杂质和悬浮物，会影响绿地的质量和渗透性能，需要和园林景观设计密切配合。

绿地标高宜低于周围地面适当深度，形成下凹式绿地，可削减绿地本身的径流，同时周围地面的径流能流入绿地下渗。下凹式绿地结构设计的关键是控制调整好绿地与周边道路和雨水溢流口的高程关系，即路面高程高于绿地高程，雨水溢流口设在绿地中或绿地和道路交界处，雨水口高程高于绿地高程而低于路面高程。如果道路坡度适合时可以直接利用路面作为溢流坎，从而使非绿地铺装表面产生的径流雨水汇入低势绿地入渗，待绿地蓄满水后再通过溢流口或道路溢流。下凹式绿地标高应低于周边地面 50～250mm。过浅则蓄水能力不够；过深则导致植被长时间浸泡水中，影响某些植被正常生长。底部设排水沟的大型集中式下凹绿地可不受此限制。

（3）屋顶集雨及屋顶绿化

屋面雨水一般占城区雨水资源量 65%左右，易于收集，且水质相对较好，一般稍加处理或不经处理即可直接用于冲洗厕所、洗衣、灌溉绿地或构造水景观，因而是城区雨水利用主要对象。屋顶集雨是利用房屋顶面作集雨面，在屋檐下设接水槽，然后由管道将雨水经过过滤引入蓄水池。屋面集雨利用系统可分为单体建筑物的分散式系统和建筑群或居民小区的集中系统。由雨水汇集区、输水管系、截污弃流装置、贮存（地下水池或水箱）、净化系统（如过滤、消毒等）和配水系统等几部分组成。有时设有渗透设施，与蓄水池溢流管相连，当集雨量较多或降雨频繁时，部分雨水溢流渗透。

根据不同的渗透方式，雨水渗透实施可分为分散式和集中式两大类。常见雨水渗透方式的优缺点见表 4-10。

4.8.2 雨水渗透设施设计方法

雨水渗透系统流程一般比较简单，主要包括截污或预处理措施、渗透设施和溢流设施。雨水渗透设施可以是一种或者多种的组合。雨水渗透方案的选择与规模确定主要根据工程项目的具体要求和现场条件，可参考图 4-20 所示的设计程序。

雨水渗透设施分类 **表 4-10**

类型	渗透设施名称	优点	缺点
分散式	渗透检查井	占地面积和所需地下空间小，便于集中控制管理	净化能力低，水质要求高，不能含过多的悬浮固体，需要预处理
	渗透管	占地面积少，便于设置，可以与雨水管系结合使用，有调蓄能力	堵塞后难清洗恢复，不能利用表层土壤的净化功能，对预处理有较高要求
	渗透沟	施工简单，费用低，可利用表层土壤的净化功能	受地面条件限制
	渗透池	渗透和贮水容量大，净化能力强，对水质和预处理要求低，管理方便，可有渗透、调节、净化、改善景观灯多重功能	占地面积大，在拥挤的城区应用受到限制，设计管理不当，水质会恶化和滋生蚊蝇，干燥缺水地区，蒸发损失大
	透水地面	能利用表层土壤对雨水的净化能力，对预处理要求相对较低，技术简单，便于管理；城区有大量的地面，如停车场，步行道，广场等可以利用	渗透能力受土壤限制，需要较大的透水面积，无调蓄能力
	绿地渗透	透水性好，节省投资，可减少绿化用水并改善城市环境，对雨水中的一些污染物具有较强的截留和净化作用	渗透流量受土壤性质的限制，雨水中含有较多杂质和悬浮物，会影响绿地的质量和渗透性能
集中式	干式深井回灌	回灌容量大，可直接向地下深层回灌雨水	对地下水位，雨水水质有更高要求，在受污染的环境中有污染地下水的潜在威胁
	湿式深井回灌		

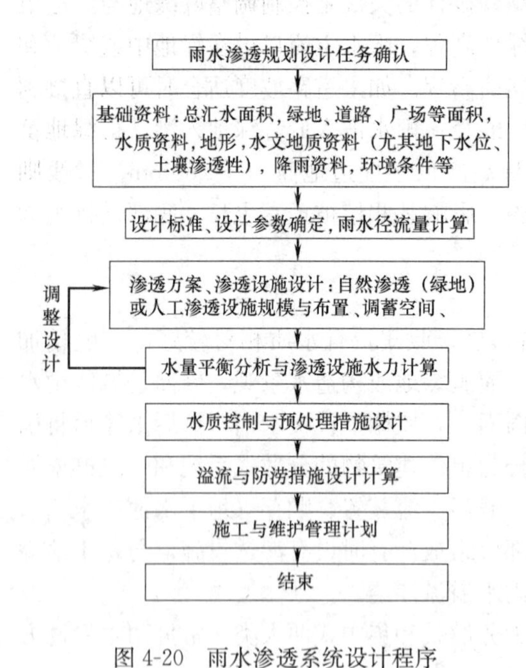

图 4-20 雨水渗透系统设计程序

根据雨水渗透目的的差异，大致可分为三种情况：一是以控制初期径流污染为主要目的；二是为减少雨水的流失，减小径流系数，增加雨水的下渗，但没有调蓄利用雨水量和控制峰值流量的严格要求；三是以调蓄利用（补充地下水）或控制峰值流量为主要目标，要求达到一定的设计标准。

这三种情况下设计雨水渗透系统会有很大的不同。对第一种情况，主要是利用汇水面或水体附近的植被，设计植被浅沟、植被缓冲带或低势绿地，吸收净化雨水径流中的污染物，保证溢流和排水的通畅，一般不需要进行特别的水力和调蓄计算，对土质要求也较低；第二种情况有些类似，也是尽可能利用绿地或多采用透水性地面，对土壤的雨水渗透性有一定的要求，但对雨水渗透设施规模没有严格要求，或进行适当的调蓄和水力计算，保证溢流和排水的通畅；第三种情况则不同，首先根据暴雨设计标准确定需要调蓄的径流量或削减的峰值流量，确定当地土壤的渗透系数并符合设计要求，根据现场条件选择一种或多种适合的雨水渗透设施，通过水力计算确定雨水渗透设施的规模（渗透面积、长度、调蓄容量等)，以实现调蓄利用和抑制峰值流量的目标，同样也需要考虑超过设计标准的雨水径流的溢流排放。

目前渗透管沟的计算方法有多种，如图解法、经验法，均基于水量平衡原理，即对于某一设计降雨重现期、径流量、渗透设施的渗透量和贮存量三者之间应达平衡。经实例比较后认为使用图解法比较安全，但图解法较繁琐，在作图过程中还会有误差。

1. 渗透管沟图解法

(1) 设计进水量 V

确定设计暴雨重现期后，据暴雨强度公式、服务面积及其相应的平均径流系数，可得径流流量与降雨历时的关系(图 4-21)。

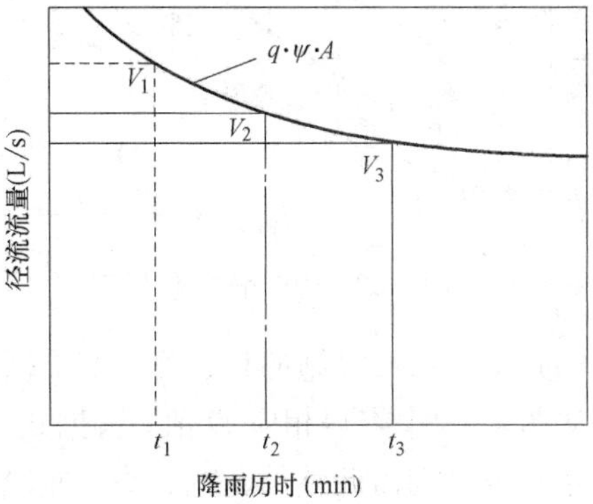

降雨总径流量即渗透设施的设计进水量 V 为:

$$V=\int_0^T 3600\frac{q}{1000}(\Psi A+A_0)\mathrm{d}t \qquad (4\text{-}24)$$

式中 V——设计重现期一定，降雨历时为 T 的降雨总径流量(m^3);

T——降雨总历时(h);

t——降雨历时(h);

q——设计重现期一定，降雨历时为 T 的暴雨强度($L/(s\cdot hm^2)$);

A——设施服务面积(hm^2);

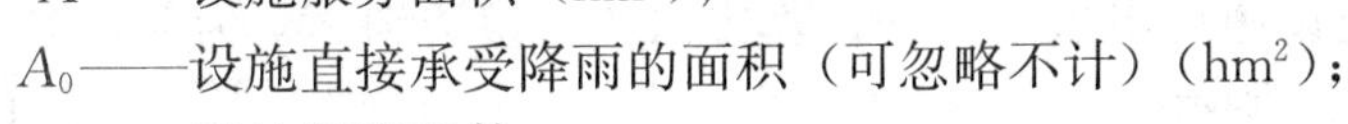

A_0——设施直接承受降雨的面积(可忽略不计)(hm^2);

Ψ——平均径流系数。

图 4-21 降雨历时与径流量的关系

为简化计算，可由式(4-25)代替式(4-24):

$$V=1.25\left[3600\frac{q}{1000}(\Psi A+A_0)t\right] \qquad (4\text{-}25)$$

式中 1.25 为修正系数，以减少简化计算的误差。

(2) 设计渗透量

渗透设施在 t 时段内的设计渗透量 V_p:

$$V_p=3600tKJA_s \qquad (4\text{-}26)$$

式中 V_p——设计渗透量(m^3);

K——土壤渗透系数(m/s);

J——水力坡降，若地下水位较低，可近似认为 $J=1$;

A_s——有效渗透面积(m^2)。因渗透设施中水位上下波动，取 1/2 高度水位作为平均水位以计算有效渗透面积。

(3) 设计贮存空间 V_s

对某一降雨重现期，渗透设施中应有一定的空间以贮存未能及时渗透的进水量，所需贮存空间 V_s 为 V 和 V_p 之差的极大值，即:

$$\begin{aligned}V_s&=\max\{V-V_p\}\\&=\max\{1.25[3600\frac{q}{1000}(\Psi A+A_0)t]-3600KA_st\}\end{aligned} \qquad (4\text{-}27)$$

设 $B=\Psi A+A_0$

$$D=V/B，比贮存空间(m^3/hm^2)； \tag{4-28}$$

$$E=\frac{1000KA}{B}，比渗透流量(L/(s\cdot hm^2))。 \tag{4-29}$$

则
$$D=\max\{4.5qt-3.6Et\} \tag{4-30}$$

根据式（4-30）可得图 4-22，再根据图 4-22 数据可画出 $D\sim E$ 关系如图 4-23 所示。

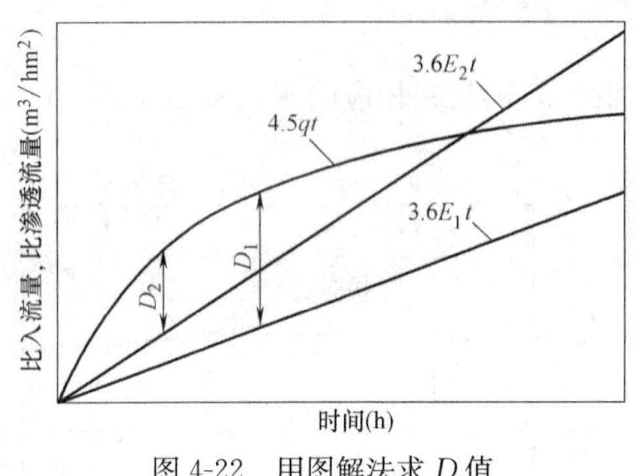

图 4-22　用图解法求 D 值

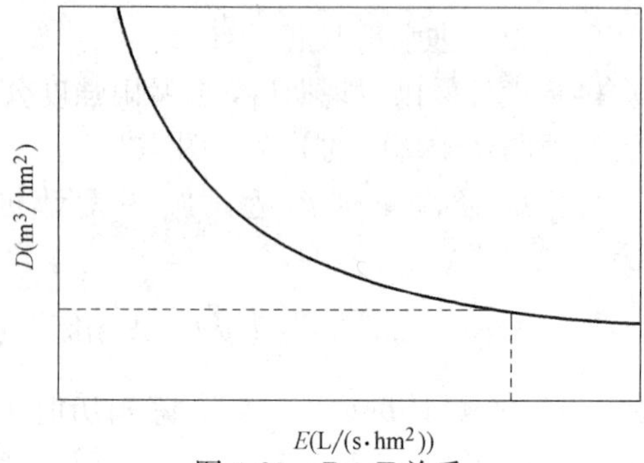

图 4-23　$D\sim E$ 关系

先拟定渗透设施的长、宽、高，据式（4-29）计得 E 值，并计算其存贮空间 V'_s。据 E 值从图 4-23 中查得相应 D 值，再据式（4-30）计得所需存贮空间 V_s。将 V_s 与 V'_s相比较，若相差较大则需调整长、宽、高，重新试算，直至 V'_s与 V_s 相等或略大。

2. 经验公式法

德国 Geiger 对各种渗透设施提出了不同的计算方法，以渗透沟、渠为例，渗透沟、渠断面构造如图 4-24、图 4-25 所示。

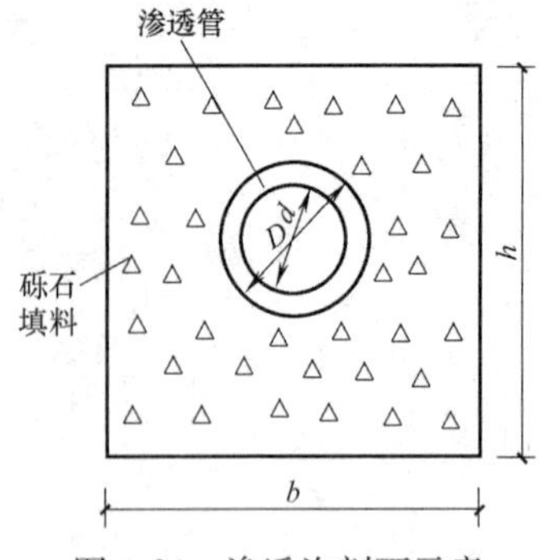

图 4-24　渗透沟剖面示意

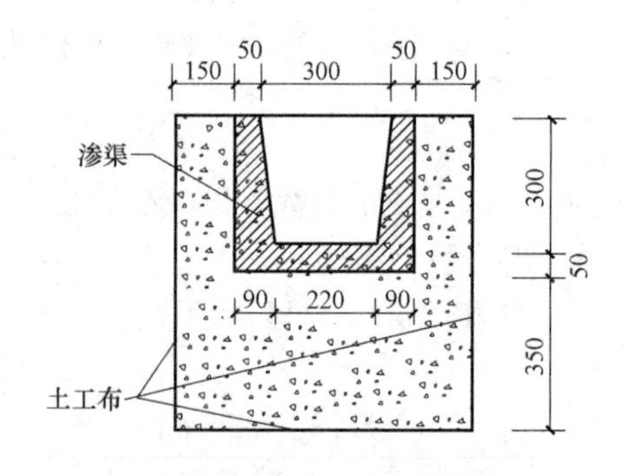

图 4-25　带 U 形渗透渠的渗透沟

$$L=\frac{10^{-7}Aqt\times 60}{bhS+60t\left(b+\frac{h}{2}\right)\frac{K}{2}} \tag{4-31}$$

$$S=\frac{\frac{\pi}{4}d^2+S_K\left(bh-\frac{\pi}{2}D^2\right)}{bh} \tag{4-32}$$

式中　L——渗透沟长（m）；

A——汇水面积（hm^2）；

q——暴雨强度（$L/(s\cdot hm^2)$）；

t——降雨历时（min）；

b——渗透沟宽（m）；

h——渗透沟有效高度（m）；

S——贮存系数，为沟内贮存空间与沟的有效总容积之比；

d——沟内渗透管内径，m；

D——沟内渗透管外径，m；

S_K——砾石填料的贮存系数。

具体计算也是一试算过程，先拟定渗透沟的宽 b 和高 h，据不同降雨历时 t 及相应的暴雨强度 q 计算得一系列所需沟长 L，从中选取最大者。

3. 计算实例

雨水渗透沟示范工程为 320m^2 汇水面积的屋面径流服务，屋面材料为沥青油毡，径流系数 0.9。暴雨重现期选定为 0.33a，则北京市暴雨强度公式：

$$q=\frac{2001(1+0.811\lg T)}{(t+8)^{0.711}}=\frac{1219.64}{(t+8)^{0.711}} \tag{4-33}$$

渗透沟宽度和高度分别定为 1.0 m 和 0.8 m，沟内设置 U 形无砂混凝土渗渠。具体构造见图 4-25。

用图解法计算步骤如下：

① 作 V 曲线，$V=4.5qt$ ，（见图 4-26）。

② 作 V_p 直线若干条，$V_p=3.6Eit$（见图 4-26）。

③ 从图 4-26 中可得 V 与每条 V_p 直线间的最大距离 D（见表 4-11）。

④ 作 $E \sim D$ 曲线，见图 4-27。

$E \sim D$ 曲线数据计算 **表 4-11**

E	t(h)	V(m^3)	V_p(m^3)	D(m^3)
45	0.6	223.41	90.20	126.21
35	0.8	250.94	100.80	150.14
25	1.0	273.23	90.00	183.23
20	1.3	300.58	93.60	206.98
10	2.0	348.54	72.00	276.54

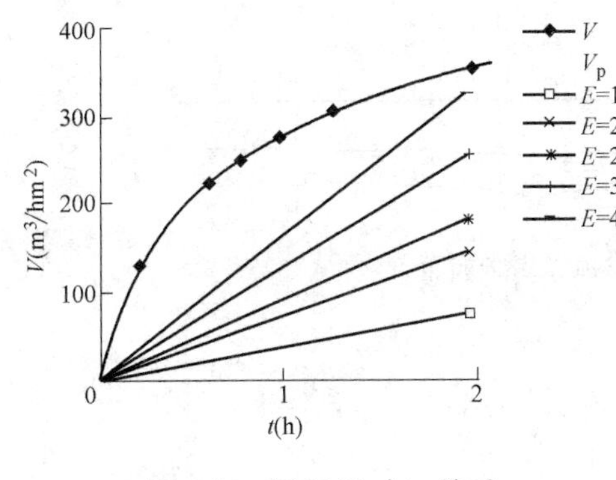

图 4-26 V 和 V_p 与 t 关系

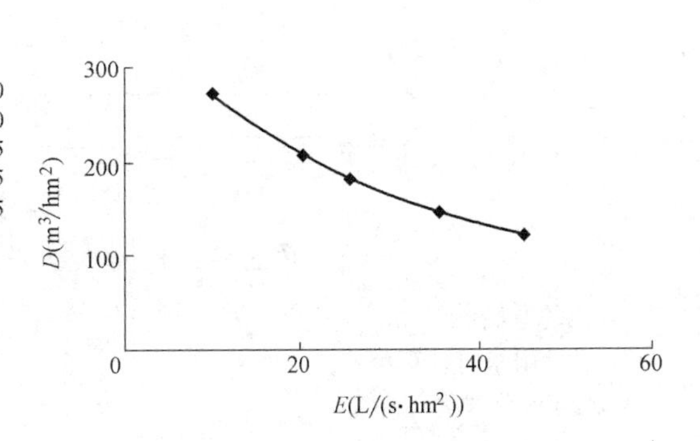

图 4-27 $E \sim D$ 关系曲线

设渗沟长 16m，则有效渗透面积 $A_S=1/2[2\times(16+1)\times0.8]=13.6m^2$（沟底面积不计入，沟侧面积按其 1/2 计）。因渗透系数已测得为 5.25×10^{-5}m/s，则有：

$$E=\frac{1000KA_s}{B}$$

$$=\frac{1000\times5.25\times10^{-5}\times13.6}{320\times0.9}=24.8L/(s\cdot hm^2)$$

从图 4-26 查得相应 $D=184m^3/hm^2$，所需贮存空间 $V_S=D\cdot B=184\times320\times0.9=5.30m^3$。

而拟定渗沟的实际存贮空间 V'_S＝渗渠内空间＋砾石填料空隙。

$$V'_S=16[1/2\times0.3\times(0.3+0.22)+0.4(1.0\times0.8-0.4\times0.35)]=5.47m^3$$

略大于所需空间 5.30m³，可行。因此，示范工程的渗透沟长度为 16m。

思　考　题

1. 试比较分流制与合流制的优缺点。
2. 你认为小区排水系统宜采用分流制还是合流制？为什么？

习　　题

某市一工业区拟采用合流管渠系统，其管渠平面布置如图 4-28 所示，各设计管段的管长和排水面积、工业废水量见表 4-12。

设计管段的管长和排水面积、工业废水量　　表 4-12

管段编号	管长(m)	排水面积(10^4m^2)				本段工业废水流量(L/s)	备注
		面积编号	本段面积	转输面积	合计		
1～2	85	Ⅰ	1.20			20	
2～3	128	Ⅱ	1.79			10	
3～4	59	Ⅲ	0.83			60	
4～5	138	Ⅳ	1.93			0	
5～6	165.5	Ⅴ	2.12			35	

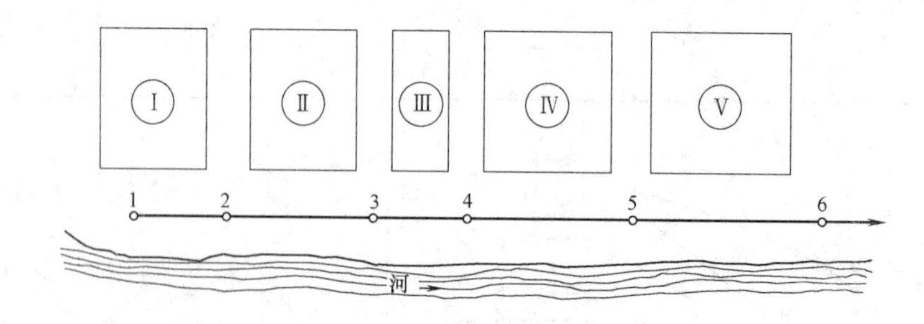

图 4-28　某市一工业区合流管渠平面布置

其他的原始资料如下：

1. 设计雨水量计算公式

暴雨强度公式为

$$q=\frac{10020(1+0.56\lg P)}{t+36}$$

设计重现期采用 1 年；

地面集水时间 t_1 采用 10min；

该设计区域平均径流系数经计算为 0.45。

2. 设计人口密度为 300 人/10^4m^2，生活污水量标准按 100L/(人·d) 计。

3. 截流干管的截流倍数 n_0 采用 3。

试计算：(1) 各设计管段的设计流量；(2) 若在 5 点设置溢流堰式溢流井，则 5～6 管段的设计流量及 5 点的溢流量各为多少？此时 5～6 管段的设计管径可比不设溢流井时的设计管径小多少？

第 5 章　排水管渠的材料、接口及基础

5.1　排水管渠的断面及材料

5.1.1　管渠的断面形式

排水管渠的断面形式除必须满足静力学、水力学方面的要求外，还应经济和便于养护。在静力学方面，管道必须有较大的稳定性，在承受各种荷载时是稳定和坚固的。在水力学方面，管道断面应具有最大的排水能力，并在一定的流速下不产生沉淀物。在经济方面，管道单长造价应该是最低的。在养护方面，管道断面应便于冲洗和清通淤积。

最常用的管渠断面形式是圆形。半椭圆形、马蹄形、矩形、梯形和蛋形等也常见，如图 5-1 所示。

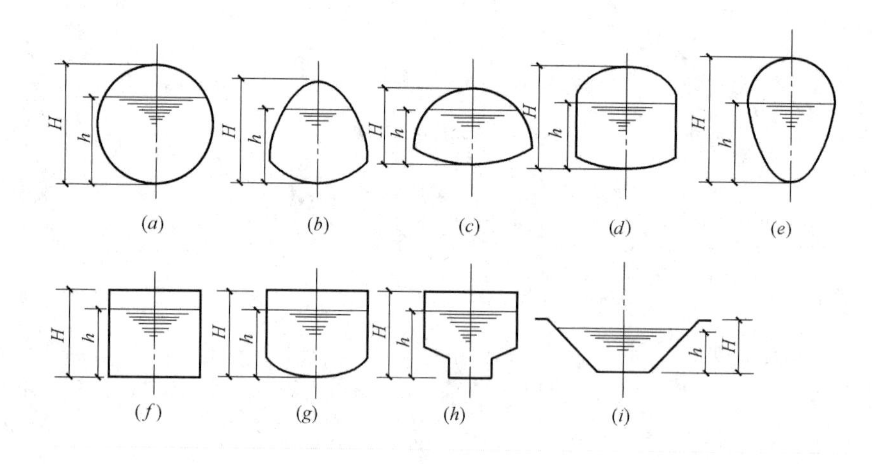

图 5-1　常用管渠断面

(a) 圆形；(b) 半椭圆形；(c) 马蹄形；(d) 拱顶矩形；(e) 蛋形；
(f) 矩形；(g) 弧形流槽的矩形；(h) 带低流槽的矩形；(i) 梯形

圆形断面有较好的水力性能，在一定的坡度下，指定的断面面积具有最大的水力半径，因此流速大，流量也大。此外，圆形管便于预制，使用材料经济，对外压力的抵抗力较强，若挖土的形式与管道相称时，能获得较高的稳定性，在运输和施工养护方面也较方便。因此是最常用的一种断面形式。

半椭圆形断面，在土压力和活荷载较大时，可以更好地分配管壁压力，因而可减小管壁厚度。在污水流量无大变化及管渠直径大于 2m 时，采用此种形式的断面较为合适。

马蹄形断面，其高度小于宽度。在地质条件较差或地形平坦，受受纳水体水位限制时，需要尽量减少管道埋深以降低造价，可采用此种形式的断面。又由于马蹄形断面的下部较大，对于排除流量无大变化的大流量污水，较为适宜。但马蹄形管的稳定性，需依靠回填土

的坚实度，要求回填土坚实稳定度大，若回填土松软，两侧底部的管壁易产生裂缝。

蛋形断面，由于底部较小，从理论上看，在小流量时可以维持较大的流速，因而可减少淤积，适用于污水流量变化较大的情况。但实际养护经验证明，这种断面的冲洗和清通工作比较困难。加以制作和施工较复杂，现已很少使用。

矩形断面可以就地浇制或砌筑，并按需要将深度增加，以增大排水量。某些工业企业的污水管道、路面狭窄地区的排水管道以及排洪沟道常采用这种断面形式。

不少地区在矩形断面的基础上，将渠道底部用细石混凝土或水泥砂浆做成弧形流槽，以改善水力条件；也可在矩形渠道内做低流槽。这种组合的矩形断面是为合流制管道设计的，晴天时污水在小矩形槽内流动，以保持一定的充满度和流速，使之能够免除或减轻淤积程度。

梯形断面适用于明渠，它的边坡决定于土壤性质和铺砌材料。

5.1.2 对管渠材料的要求

排水管渠必须具有足够的强度，以承受外部的荷载和内部的水压，外部荷载包括土壤的重量——静荷载，以及由于车辆运行所造成的动荷载。压力管及倒虹管一般要考虑内部水压。自流管道发生淤塞时或雨水管渠系统的检查井内充水时，也可能引起内部水压。此外，为了保证排水管道在运输和施工中不致破裂，也必须使管道具有足够的强度。

排水管渠应具有能抵抗污水中杂质的冲刷和磨损的作用，也应该具有抗腐蚀的性能，以免在污水或地下水的侵蚀作用（酸、碱或其他）下很快损坏。

排水管渠必须不透水，以防止污水渗出或地下水渗入。因为污水从管渠渗出至土壤，将污染地下水或邻近水体；或者破坏管道及附近房屋的基础。地下水渗入管渠，不但降低管渠的排水能力，而且将增大污水泵站及处理构筑物的负荷。

排水管渠的内壁应整齐光滑，使水流阻力尽量减小。

排水管渠应就地取材，并考虑到预制管件及快速施工的可能，以便尽量降低管渠的造价及运输和施工的费用。

5.1.3 常用排水管渠

1. 混凝土管和钢筋混凝土管

按外压荷载分级，混凝土管分为Ⅰ、Ⅱ两级；钢筋混凝土管分为Ⅰ、Ⅱ、Ⅲ三级。混凝土管和钢筋混凝土管的规格、外压荷载和内水压力检验指标分别参见表5-1、表5-2。

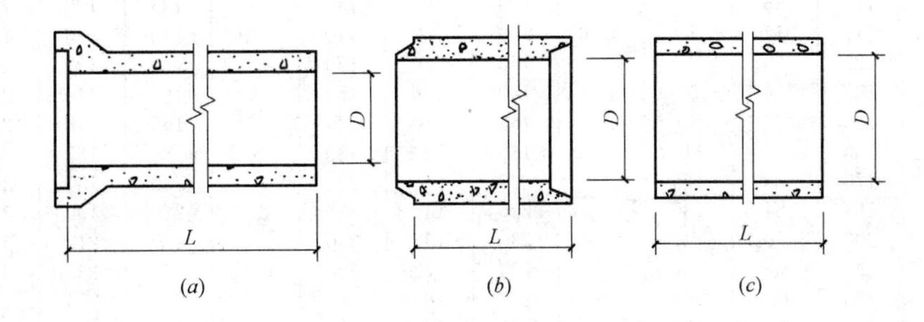

图5-2 混凝土管和钢筋混凝土管

(a) 承插式；(b) 企口式；(c) 平口式

混凝土管的管径一般小于600mm，长度多为1m，适用于管径较小的无压管。当管道埋深较大或敷设在土质条件不良地段，为抗外压，当管径大于400mm时通常都采用钢筋混凝土管。混凝土、轻型钢筋混凝土、重型钢筋混凝土排水管的技术条件及标准规格分别参见表5-1、表5-2。国内生产的混凝土管和钢筋混凝土管产品规格，详见《给水排水设计手册》（第三版）第10册的有关部分。

混凝土管规格、外压荷载和内水压强检验指标 GB/T 11836—2009　　表5-1

公称内径 D_0(mm)	有效长度 L(mm) ≥	Ⅰ级管			Ⅱ级管		
		壁厚 t(mm) ≥	破坏荷载 (kN/m)	内水压强 (MPa)	壁厚 t(mm) ≥	破坏荷载 (kN/m)	内水压强 (MPa)
100	1000	19	12	0.02	25	19	0.04
150		19	8		25	14	
200		22	8		27	12	
250		25	9		33	15	
300		30	10		40	18	
350		35	12		45	19	
400		40	14		47	19	
450		45	16		50	19	
500		50	17		55	21	
600		60	21		65	24	

钢筋混凝土管规格、外压荷载和内水压强检验指标 GB/T 11836—2009　　表5-2

公称内径 D_0 (mm)	有效长度 L(mm) ≥	Ⅰ级管				Ⅱ级管				Ⅲ级管			
		壁厚 t (mm)≥	裂缝荷载 (kN/m)	破坏荷载 (kN/m)	内水压强 (MPa)	壁厚 t (mm)≥	裂缝荷载 (kN/m)	破坏荷载 (kN/m)	内水压强 (MPa)	壁厚 t (mm)≥	裂缝荷载 (kN/m)	破坏荷载 (kN/m)	内水压强 (MPa)
200	2000	30	12	18	0.06	30	15	23	0.10	30	19	29	0.10
300		30	15	23		30	19	29		30	27	41	
400		40	17	26		40	27	41		40	35	53	
500		50	21	32		50	32	48		50	44	68	
600		55	25	38		60	40	60		60	53	80	
700		60	28	42		70	47	71		70	62	93	
800		70	33	50		80	54	81		80	71	107	
900		75	37	56		90	61	92		90	80	120	
1000		85	40	60		100	69	100		100	89	134	
1100		95	44	66		110	74	110		110	98	147	
1200		100	48	72		120	81	120		120	107	161	
1350		115	55	83		135	90	135		135	122	183	
1400		117	57	86		140	93	140		140	126	189	
1500		125	60	90		150	99	150		150	135	203	
1600		135	64	96		160	106	159		160	144	216	
1650		140	66	99		165	110	170		165	148	222	
1800		150	72	110		180	120	180		180	162	243	
2000		170	80	120		200	134	200		200	181	272	
2200		185	84	130		220	145	220		220	199	299	
2400		200	90	140		230	152	230		230	217	326	
2600		220	104	156		235	172	260		235	235	353	
2800		235	112	168		255	185	280		255	254	381	
3000		250	120	180		275	198	300		275	273	410	
3200		265	128	192		290	211	317		290	292	438	
3500		290	140	210		320	231	347		320	321	482	

混凝土管和钢筋混凝土管便于就地取材，制造方便。而且可根据抗压的不同要求，制成无压管、低压管、预应力管等，所以在排水管道系统中得到普遍应用。混凝土管和钢筋混凝土管除用作一般自流排水管道外，钢筋混凝土管及预应力钢筋混凝土管亦可用作泵站的压力管及倒虹管。它们的主要缺点是抵抗酸、碱浸蚀及抗渗性能较差、管节短、接头多、施工复杂。在地震强度大于 8 度的地区及饱和松砂、淤泥和淤泥土质、冲填土、杂填土的地区不宜敷设。另外大管径管的自重大，搬运不便。根据《建设部推广应用和浆制禁止使用技术》(建设部第 218 号公告)，管径小于等于 500mm 的平口、企口混凝土排水管不得用于城镇市政污水，雨水管道系统。

2. 陶土管

陶土管是由塑性黏土制成的。为了防止在焙烧过程中产生裂缝，通常加入耐火黏土及石英砂（按一定比例），经过研细、调和、制坯、烘干、焙烧等过程制成。根据需要可制成无釉、单面釉、双面釉的陶土管。若采用耐酸黏土和耐酸填充物，还可以制成特种耐酸陶土管。

陶土管一般制成圆形断面，有承插式和平口式两种形式，如图 5-3 所示。

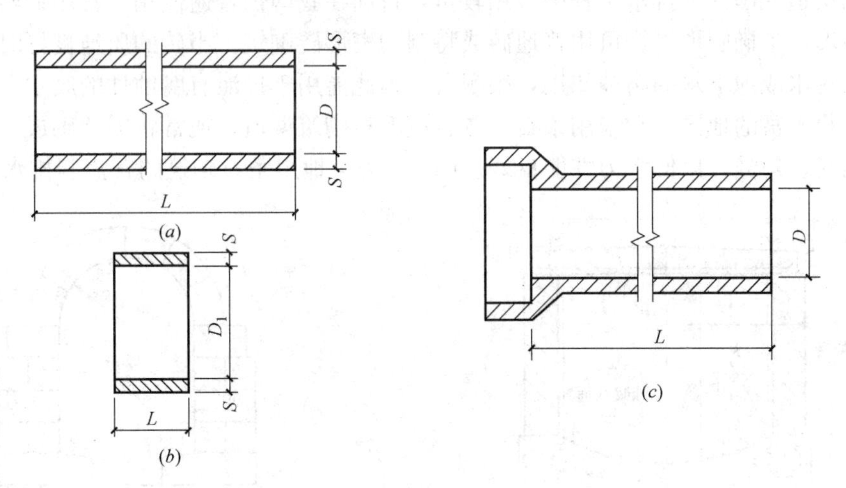

图 5-3　陶土管

(a) 直管；(b) 管箍；(c) 承插管

普通陶土排水管（缸瓦管）最大公称直径可到 300mm，有效长度 800mm，适用于居民区室外排水管。耐酸陶瓷管最大公称直径国内可做到 800mm，一般在 400mm 以内，管节长度有 300、500、700、1000mm 几种，适用于排除酸性废水。

带釉的陶土管内外壁光滑，水流阻力小，不透水性好，耐磨损，抗腐蚀。但陶土管质脆易碎，不宜远运，不能受内压。抗弯抗拉强度低，不宜敷设在松土中或埋深较大的地方。此外，管节短，需要较多的接口，增加施工麻烦和费用。由于陶土管耐酸抗腐蚀性好，适用于排除酸性废水，或管外有侵蚀性地下水的污水管道。

3. 金属管

常用的金属管有铸铁管及钢管。室外重力流排水管道一般很少采用金属管，只有当排水管道承受高内压，高外压或对渗漏要求特别高的地方，如排水泵站的进出水管、穿越铁路、河道的倒虹管或靠近给水管道和房屋基础时，才采用金属管。在地震烈度大于8度或地下水位高，流砂严重的地区也采用金属管。

金属管质地坚固，抗压，抗震，抗渗性能好；内壁光滑，水流阻力小；管子每节长度大，接头少。但价格昂贵，钢管抵抗酸碱腐蚀及地下水侵蚀的能力差。因此，在采用钢管时必须涂刷耐腐蚀的涂料并注意绝缘。

4. 浆砌砖、石或钢筋混凝土大型管渠

排水管道的预制管管径一般小于2m，实际上当管道设计断面大于1.5m时，通常就在现场建造大型排水渠道。建造大型排水渠道常用的建筑材料有砖、石、陶土块、混凝土块、钢筋混凝土块和钢筋混凝土等。采用钢筋混凝土时，要在施工现场支模浇制，采用其他几种材料时，在施工现场主要是铺砌或安装。在多数情况下，建造大型排水渠道，常采用两种以上材料。

渠道的上部称做渠顶，下部称做渠底，常和基础作在一起，两壁称做渠身。图5-4为矩形大型排水渠道，由混凝土和砖两种材料建成。基础用C15混凝土浇筑，渠身用M7.5水泥砂浆砌MU10砖，渠顶采用钢筋混凝土盖板，内壁用1∶3水泥砂浆抹面20mm厚。这种渠道的跨度可达3m，施工也较方便。

砖砌渠道在国内外排水工程中应用较早，目前在我国仍普遍使用。常用的断面形式有圆形、矩形、半椭圆形等。可用普通砖或特制的楔形砖砌筑。当砖的质地良好时，砖砌渠道能抵抗污水或地下水的腐蚀作用，很耐久。因此能用于排泄有腐蚀性的废水。

在石料丰富的地区，常采用条石、方石或毛石砌筑渠道。通常将渠顶砌成拱形，渠底和渠身扁光、勾缝，以使水力性能良好。图5-5为某地用条石砌筑的合流制排水渠道。

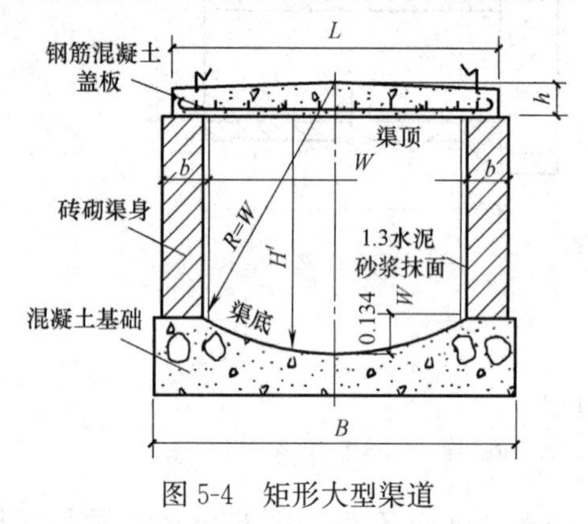

图5-4　矩形大型渠道

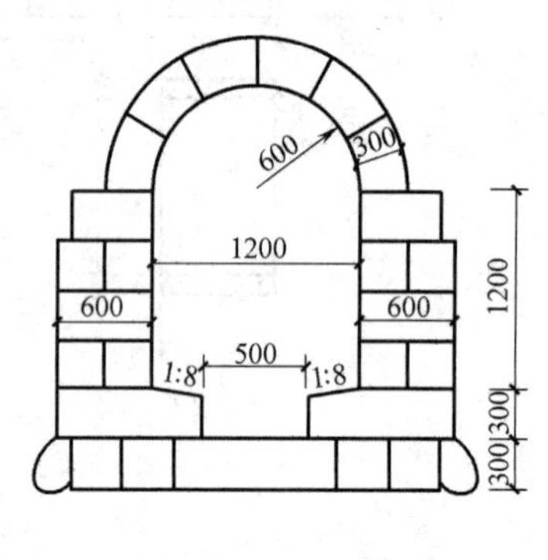

图5-5　条石砌渠道

图5-6及图5-7为沈阳、西安两市采用的预制混凝土装配式渠道。装配式渠道预制块材料一般用混凝土或钢筋混凝土，也可用砖砌。为了增强渠道结构的整体性、减少渗漏的可能性以及加快施工进度，在设备条件许可的情况下应尽量加大预制块的尺寸。渠道的底部是在施工现场用混凝土浇制的。

5. 其他管材

随着新型建筑材料的不断研制，用于制作排水管道的材料也日益增多。其中化学建材（塑料）管的使用日益普遍。近年来，随着塑料管材管件制造技术、施工技术的发展和完善，以及一系列相关国家标准的发布，塑料管在城市排水管道工程中占据了相当重要的地位。常用的塑料管有聚氯乙烯（PVC-U）管、聚乙烯（PE）管、高密度聚乙烯（HDPE）

管、聚丙烯（PP）管、玻璃钢夹砂（RPM）管。由于加工工艺和添加的助剂不同，这些管道又有实壁管、双壁波纹管、螺旋缠绕管等形式。不同管道的规格型号和使用性能，详见《给水排水设计手册》第12册（第三版）的有关部分。

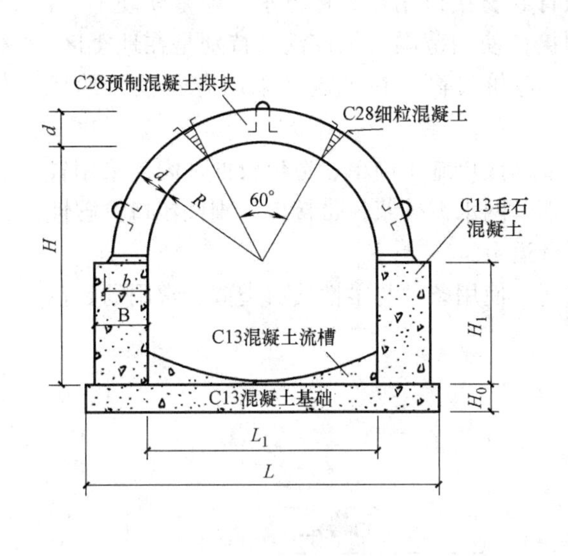

图5-6　预制混凝土块拱形渠道（沈阳）

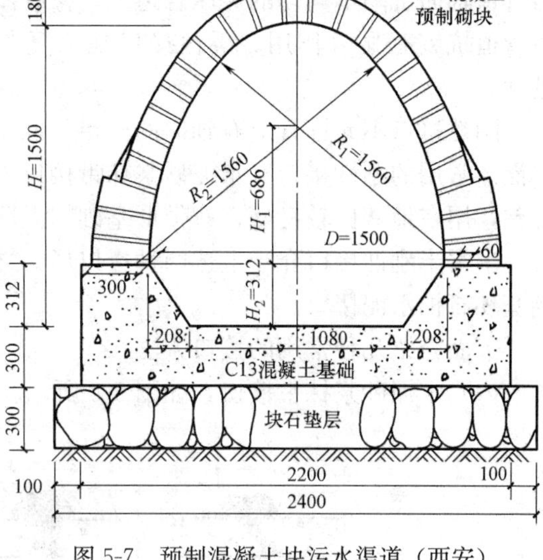

图5-7　预制混凝土块污水渠道（西安）

5.1.4　管渠材料的选择

合理地选择管渠材料，对降低排水系统的造价影响很大。选择排水管渠材料时，应综合考虑技术、经济及其他方面的因素。

根据排除污水的性质：当排除生活污水及中性或弱碱性（pH＝8～10）的工业废水时，上述各种管材都能使用。当生活污水管道和合流污水管道采用混凝土或钢筋混凝土管时，由于管道运行时沉积的污泥会析出硫化氢，而使管道可能受到腐蚀。为减轻腐蚀损害，可以在管道内加专门的衬层。这种衬层大多由沥青、煤焦油或环氧树脂涂制而成。排除碱性（pH＞10）的工业废水时可用铸铁管或砖渠，也可在钢筋混凝土渠内涂塑料衬层。排除弱酸性（pH＝5～6）的工业废水可用陶土管或砖渠。排除强酸性（pH＜5）的工业废水时可用耐酸陶土管及耐酸水泥砌筑的砖渠，亦可用内壁涂有塑料或环氧树脂衬层的钢筋混凝土管、渠。排除雨水时通常都采用钢筋混凝土管、渠或用浆砌砖、石大型渠道。

根据管道受压、管道埋设地点及土质条件：压力管段（泵站压力管、倒虹管）一般都可采用金属管、钢筋混凝土管或预应力钢筋混凝土管。在地震区、施工条件较差的地区（地下水位高、有流砂等）以及穿越铁路等，亦可采用金属管。而在一般地区的重力流管道常采用陶土管、混凝土管、钢筋混凝土管。

总之，选择管渠材料时，在满足技术要求的前提下，应尽可能就地取材，采用当地易于自制、便于供应和运输方便的材料，以使运输及施工总费用降至最低。

5.2　排水管道的接口

排水管道的不透水性和耐久性，在很大程度上取决于敷设管道时接口的质量。管道接口应具有足够的强度、不透水、能抵抗污水或地下水的浸蚀并有一定的弹性。根据接口的弹性，一般分为柔性、刚性和半柔半刚性 3 种接口形式。

柔性接口允许管道纵向轴线交错 3～5mm 或交错一个较小的角度，而不致引起渗漏。常用的柔性接口有沥青卷材及橡皮圈接口。沥青卷材接口用在无地下水，地基软硬不一，沿管道轴向沉陷不均匀的无压管道上。橡胶圈接口使用范围更加广泛，特别是在地震区，对管道抗震有显著作用。柔性接口施工复杂，造价较高，在地震区采用有它独特的优越性。

刚性接口不允许管道有轴向的交错，但比柔性接口施工简单、造价较低，因此采用较广泛。常用的刚性接口有水泥砂浆抹带接口、钢丝网水泥砂浆抹带接口。刚性接口抗震性能差，用在地基比较良好，有带形基础的无压管道上。

半柔半刚性接口介于上述两种接口形式之间。使用条件与柔性接口类似。常用的是预制套环石棉水泥接口。

下面介绍几种常用的接口方法：

(1) 水泥砂浆抹带接口，如图 5-8 所示。

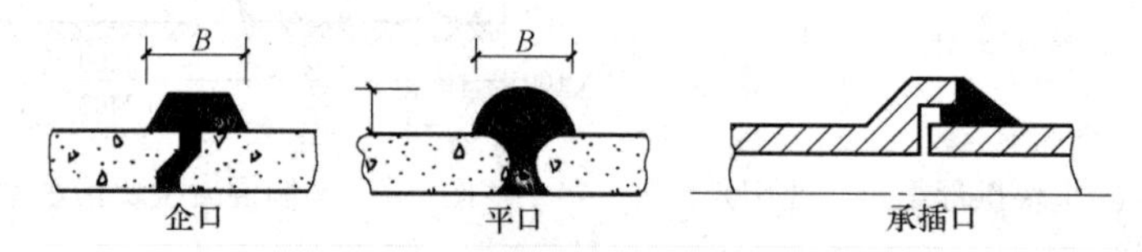

图 5-8　水泥砂浆抹带接口

在管子接口处用 1：2.5～1：3 水泥砂浆抹成半椭圆形或其他形状的砂浆带，带宽 120～150mm。属于刚性接口。一般适用于地基土质较好的雨水管道，或用于地下水位以上的污水支线上。企口管、平口管、承插管均可采用此种接口。

(2) 钢丝网水泥砂浆抹带接口，如图 5-9 所示，属于刚性接口。将抹带范围的管外壁凿毛，抹 1：2.5 厚 15mm 水泥砂浆，中间采用 20 号 10mm×10mm 钢丝网，两端插入基础混凝土中，上面再抹厚 10mm 砂浆。适用于地基土质较好的具有带形基础的雨水、污水管道上。

(3) 石棉沥青卷材接口，如图 5-10 所示，属于柔性接口。石棉沥青卷材为工厂加工，沥青玛𤧛脂重量配比为沥青：石棉：细砂＝7.5：1：1.5。先将接口处管壁刷净烤干，涂上冷底子油一层，再刷沥青玛𤧛脂厚 3mm，再包上石棉沥青卷材，再涂 3mm 厚的沥青砂玛𤧛脂，这叫“三层做法”。若再加卷材和沥青砂玛𤧛脂各一层，便叫“五层做法”。一般适用于地基沿管道轴向沉陷不均匀地区。

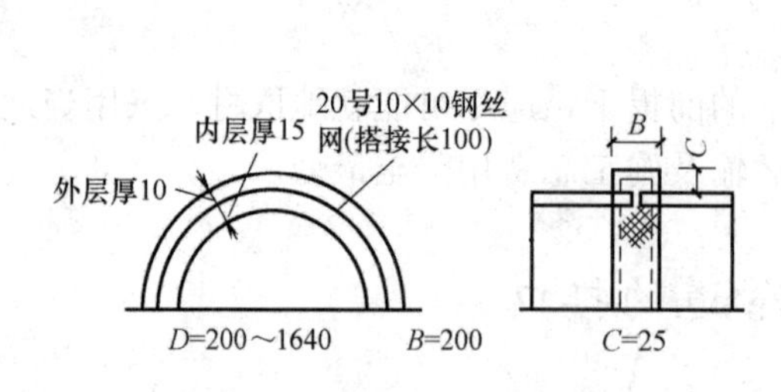

图 5-9　钢丝网水泥砂浆抹带接口

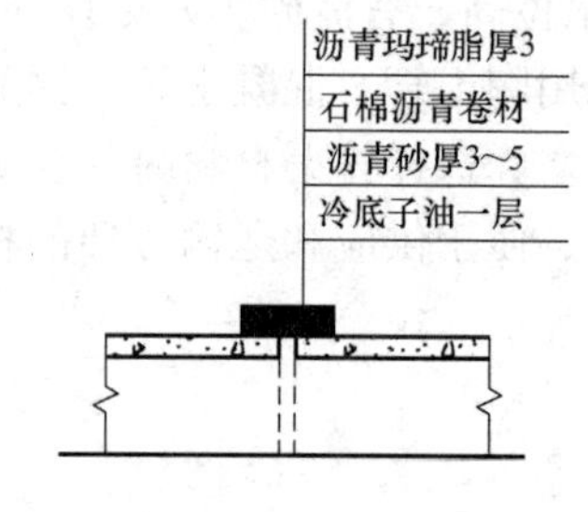

图 5-10　石棉沥青卷材接口

（4）橡胶圈接口，如图 5-11 所示，属柔性接口。接口结构简单，施工方便，适用于施工地段土质较差，地基硬度不均匀，或地震地区。

（5）预制套环石棉水泥（或沥青砂）接口，如图 5-12 所示，属于半刚半柔接口。石棉水泥重量比为水：石棉：水泥＝1：3：7（沥青砂配比为沥青：石棉：砂＝1：0.67：0.67）。适用于地基不均匀地段，或地基经过处理后管道可能产生不均匀沉陷且位于地下水位以下，内压低于 10m 的管道上。

（6）塑料管道的接口，不同的塑料管采用不同的连接方式，最常用的连接方式包括单密封圈承插连接、双密封圈承插连接、套管承插连接、胶粘剂承插连接，电热熔带连接等。

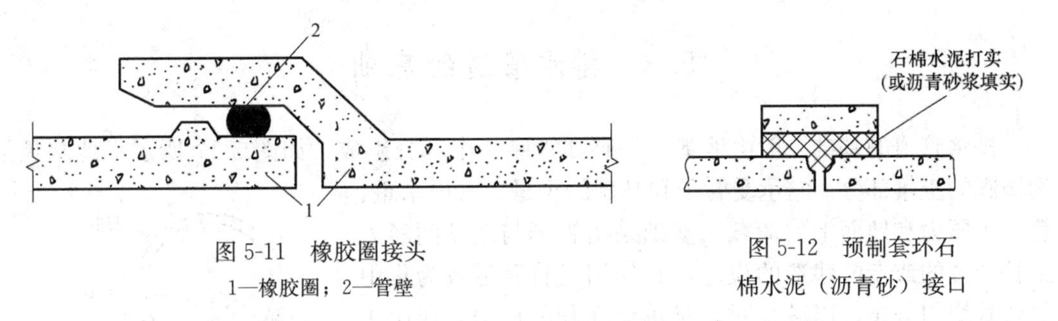

图 5-11　橡胶圈接头

1—橡胶圈；2—管壁

图 5-12　预制套环石棉水泥（沥青砂）接口

（7）顶管施工常用的接口形式

1）混凝土（或铸铁）内套环石棉水泥接口，如图 5-13 所示。一般只用于污水管道。

2）沥青油毡、石棉水泥接口，如图 5-14 所示。麻辫（或塑料圈）石棉水泥接口，如图 5-15 所示。一般只用于雨水管道。

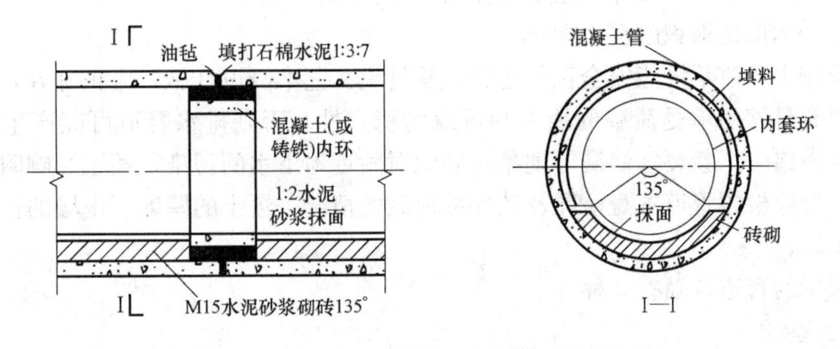

图 5-13　混凝土（或铸铁）内套环石棉水泥接口

采用铸铁管的排水管道，接口做法与给水管道相同。常用的有承插式铸铁管油麻石棉水泥接口，如图 5-16 所示。

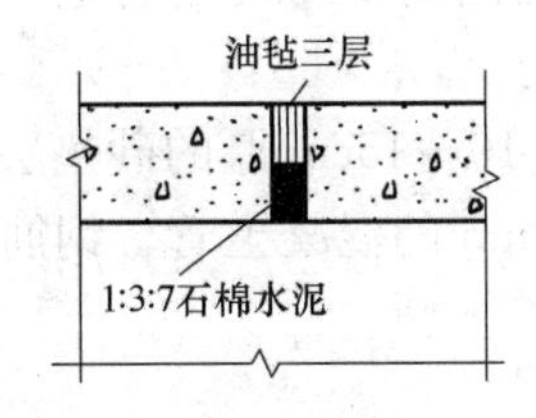

图 5-14　沥青油毡、石棉水泥接口

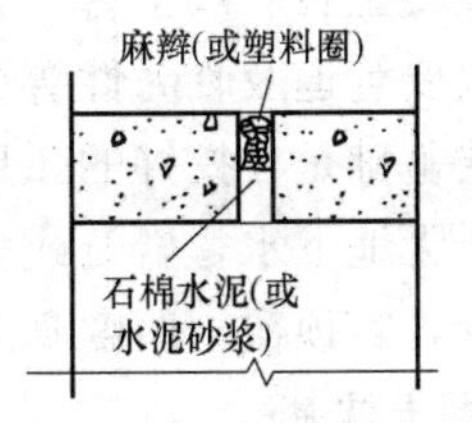

图 5-15　麻辫（或塑料圈）石棉水泥接口

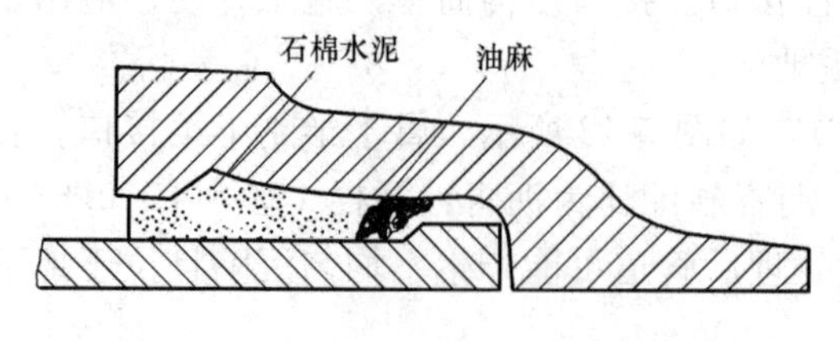

图 5-16 承插式铸铁管油麻石棉水泥接口

除上述常用的管道接口外，在化工、石油、冶金等工业的酸性废水管道上，需要采用耐酸的接口材料。目前有些单位研制了防腐蚀接口材料——环氧树脂浸石棉绳，使用效果良好。也有试用玻璃布和煤焦油、高分子材料配制的柔性接口材料等，这些接口材料尚未广泛采用。国外目前主要采用承插口加橡皮圈及高分子材料的柔性接口。

5.3 排水管道的基础

排水管道的基础一般由地基、基础和管座 3 个部分组成，如图 5-17 所示。地基是指沟槽底的土壤部分。它承受管子和基础的重量、管内水重、管上土压力和地面上的荷载。基础是指管子与地基间经人工处理过的或专门建造的设施，其作用是将管道较为集中的荷载均匀分布，以减少对地基单位面积的压力，或由于土的特殊性质的需要，为使管道安全稳定的运行而采取的一种技术措施，如原土夯实、混凝土基础等。管座是管子下侧与基础之间的部分，设置管座的目的在于它使管子与基础连成一个整体，以减少对地基的压力和对管子的反力。管座包角的中心角愈大，基础所受的单位面积的压力和地基对管子作用的单位面积的反力愈小。

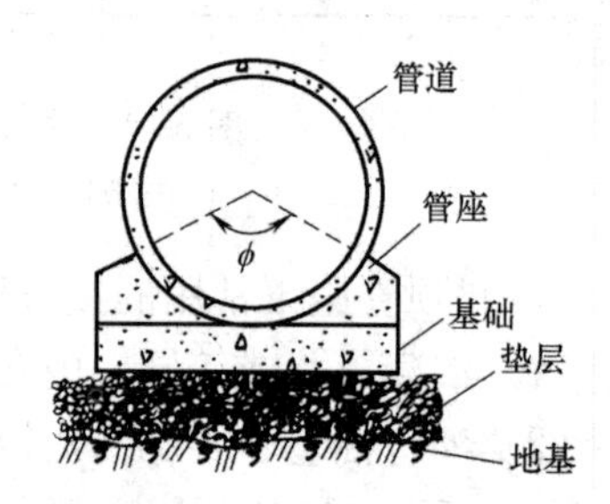

图 5-17 管道基础断面

为保证排水管道系统能安全正常运行，除管道工艺本身设计施工应正确外，管道的地基与基础要有足够的承受荷载的能力和可靠的稳定性。否则排水管道可能产生不均匀沉陷，造成管道错口、断裂、渗漏等现象，导致对附近地下水的污染，甚至影响附近建筑物的基础。一般应根据管道本身情况及其外部荷载的情况、覆土的厚度、土壤的性质合理地选择管道基础。

目前常用的管道基础有 3 种：

1. 砂土基础

砂土基础包括弧形素土基础及砂垫层基础，如图 5-18（*a*）、（*b*）所示。

弧形素土基础是在原土上挖一弧形管槽（通常采用 90°弧形），管子落在弧形管槽里。这种基础适用于无地下水、原土能挖成弧形的干燥土壤；管道直径小于 600mm 的混凝土管，钢筋混凝土管、陶土管；管顶覆土厚度在 0.7～2.0m 之间的街坊污水管道；不在车行道下的次要管道及临时性管道。

砂垫层基础是在挖好的弧形管槽上，用带棱角的粗砂填 10～15cm 厚的砂垫层。这种基础适用于无地下水，岩石或多石土壤，管道直径小于 600mm 的混凝土管、钢筋混凝土管及陶土管，管顶覆土厚度 0.7～2m 的排水管道。

2. 混凝土枕基

混凝土枕基是只在管道接口处才设置的管道局部基础，如图 5-19 所示。

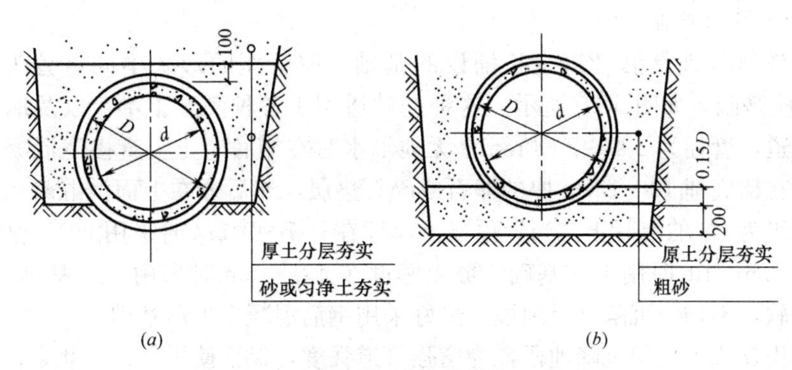

图 5-18　砂土基础

（a）弧形素土基础；（b）砂垫层基础

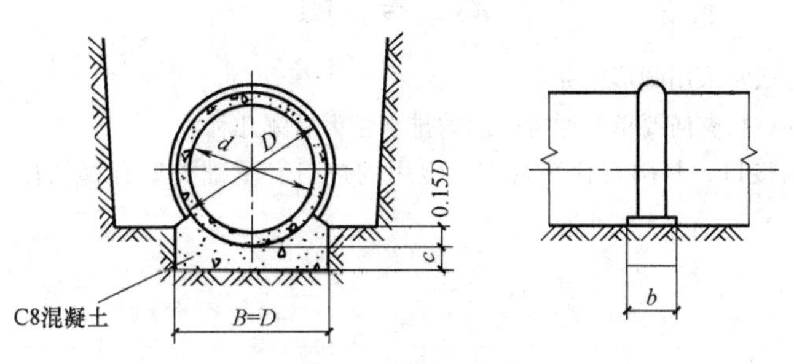

图 5-19　混凝土枕基

通常在管道接口下用 C8 混凝土做成枕状垫块。此种基础适用于干燥土壤中的雨水管道及不太重要的污水支管。常与素土基础或砂填层基础同时使用。

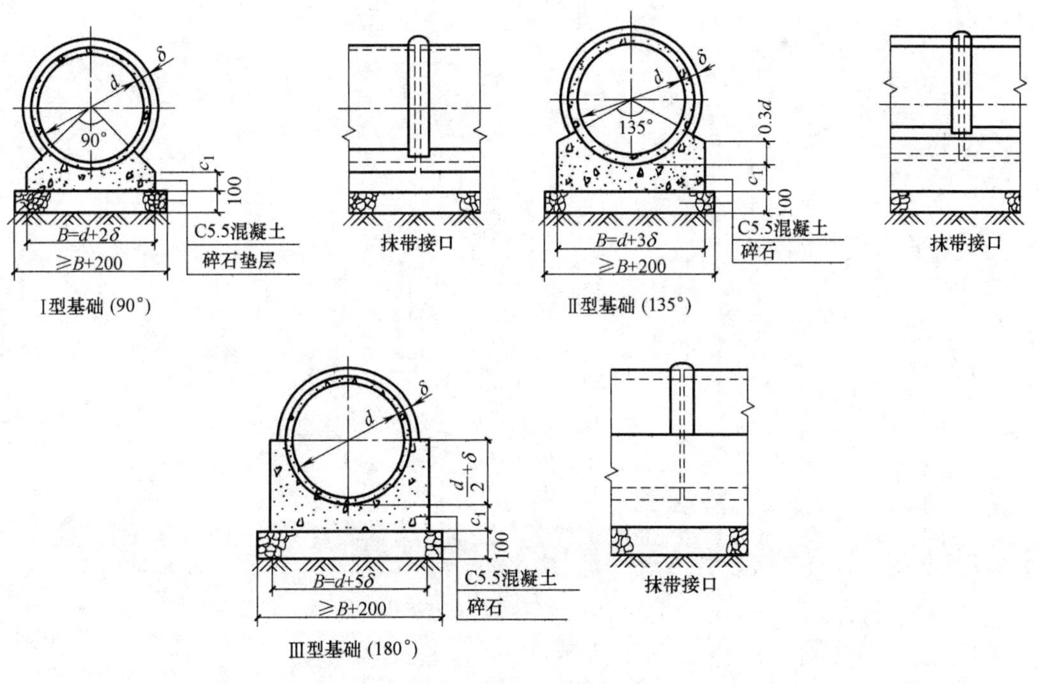

图 5-20　混凝土带形基础

3. 混凝土带形基础

混凝土带形基础是沿管道全长铺设的基础。按管座的形式不同可分为 90°、135°、180°三种管座基础，如图 5-20 所示。这种基础适用于各种潮湿土壤，以及地基软硬不均匀的排水管道，管径为 200～2000mm，无地下水时在槽底老土上直接浇混凝土基础，有地下水时常在槽底铺 10～15cm 厚的卵石或碎石垫层，然后才在上面浇混凝土基础，一般采用强度等级为 C8 的混凝土。当管顶覆土厚度在 0.7～2.5m 时采用 90°管座基础。管顶覆土厚度为 2.6～4m 时用 135°基础。覆土厚度在 4.1～6m 时采用 180°基础。在地震区，土质特别松软，不均匀沉陷严重地段，最好采用钢筋混凝土带形基础。

对地基松软或不均匀沉降地段，为增强管道强度，保证使用效果，北京、天津等地的施工经验是对管道基础或地基采取加固措施，接口采用柔性接口。

思 考 题

1. 排水管渠为什么常采用圆形断面？

2. 对排水管渠的材料有何要求？通常采用的排水管渠有哪几种？

3. 对排水管渠的接口、基础有什么要求？常用的接口和基础类型有哪几种？其适用范围的情况如何？

第6章　排水管渠系统上的构筑物

为了排除污水，除管渠本身外，还需在管渠系统上设置某些附属构筑物，这些构筑物包括雨水口、连接暗井、溢流井、检查井、跌水井、水封井、倒虹管、冲洗井、防潮门、出水口等。本章将叙述这些构筑物的作用及构造。至于它们的设计计算，可参考《给水排水设计手册》的有关部分。泵站是排水系统上常见的建筑物，已在水泵及水泵站课程中阐述，此处不再赘述。

管渠系统上的构筑物，有些数量很多，它们在管渠系统的总造价中占有相当的比例。例如，为便于管渠的维护管理，通常都应设置检查井，对于污水管道，一般每50m左右设置一个，这样，每公里污水管道上的检查井就有20个之多。因此，如何使这些构筑物建造得合理，并能充分发挥其最大作用，是排水管渠系统设计和施工中的重要课题之一。

6.1　雨水口、连接暗井、溢流井

雨水口是在雨水管渠或合流管渠上收集雨水的构筑物。街道路面上的雨水首先经雨水口通过连接管流入排水管渠。

雨水口的设置位置，应能保证迅速有效地收集地面雨水。一般应在交叉路口、路侧边沟的一定距离处以及没有道路边石的低洼地方设置，以防止雨水漫过道路或造成道路及低洼地区积水而妨碍交通。雨水口在交叉路口的布置详见第3章。雨水口的形式和数量，通常应按汇水面积所产生的径流量和雨水口的泄水能力确定。雨水口的形式主要有立箅式和平箅式两类。平箅式雨水口水流通畅，但暴雨时易被树枝等杂物堵塞，影响收水能力；立箅式雨水口不易堵塞，但有的城镇因逐年维修道路，路面加高，使立箅断面减小，影响收水能力。各地可根据具体情况和经验确定适宜的雨水口形式。雨水口布置应根据地形和汇水面积，同时参考《室外排水设计规范》GB 50014—2014确定，立箅式雨水口的宽度和平箅式雨水口的开孔长度应根据设计流量、道路纵坡和横坡等参数确定，以避免有的地区不经计算，完全按道路长度均匀布置，雨水口尺寸也按经验选择，造成投资浪费或排水不畅。一般一个平箅雨水口可排泄15～20L/s的地面径流量。在路侧边沟上及路边低洼地点，雨水口的设置间距还要考虑道路的纵坡和路边石的高度。道路上雨水口宜设污物截留设施，目的是减少由地表径流产生的非溶解性污染物进入受纳水体。合流制系统中的雨水口，为避免出现由污水产生的臭气外溢的现象，应采取设置水封或投加药剂等措施，防止臭气外溢。因此，雨水口的间距一般为25～50m（视汇水面积大小而定），在低洼和易积水的地段，应根据需要适当增加雨水口的数量。

雨水口的构造包括进水箅、井筒和连接管3部分，如图6-1所示。

雨水口的进水箅可用铸铁或钢筋混凝土、石料制成。采用钢筋混凝土或石料进水箅可节约钢材，但其进水能力远不如铸铁进水箅，有些城市为加强钢筋混凝土或石料进水箅的进水能力，把雨水口处的边沟沟底下降数厘米，但给交通造成不便，甚至可能引起交通事故。进水箅条的方向与进水能力也有很大关系，箅条与水流方向平行比垂直的进水效果好，因此有些地方将进水箅设计成纵横交错的形式（如图 6-2 所示），以便排泄路面上从不同方向流来的雨水。雨水口按进水箅在街道上的设置位置可分为：①边沟雨水口，进水箅稍低于边沟底水平放置（图 6-1）；②边石雨水口，进水箅嵌入边石垂直放置；③联合式雨水口，在边沟底和边石侧面都安放进水箅，如图 6-3 所示。雨水口易被路面垃圾和杂物堵塞，平箅雨水口在设计中应考虑 50%被堵塞，立箅式雨水口应考虑 10%被堵塞。在暴雨期间排除道路积水的过程中，雨水管道一般处于承压状态，其所能排除的水量要大于重力流情况下的设计流量，因此，雨水口和雨水连接管流量按照雨水管渠设计重现期所计算流量的 1.5 倍～3 倍计，通过提高路面进入地下排水系统的径流量，缓解道路积水。为提高雨水口的进水能力，目前我国许多城市已采用双箅联合式或三箅联合式雨水口，由于扩大了进水箅的进水面积，进水效果良好。

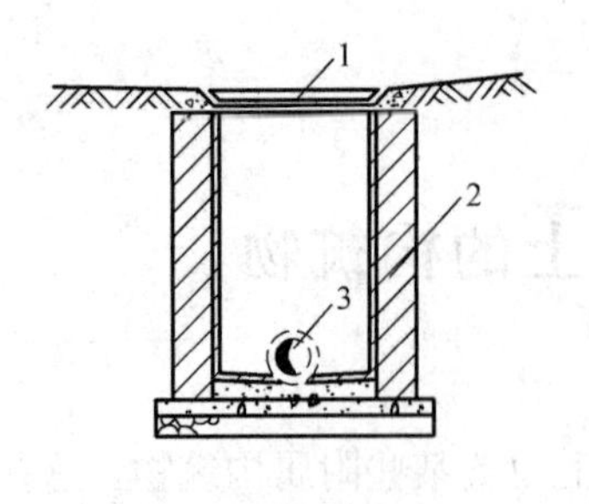

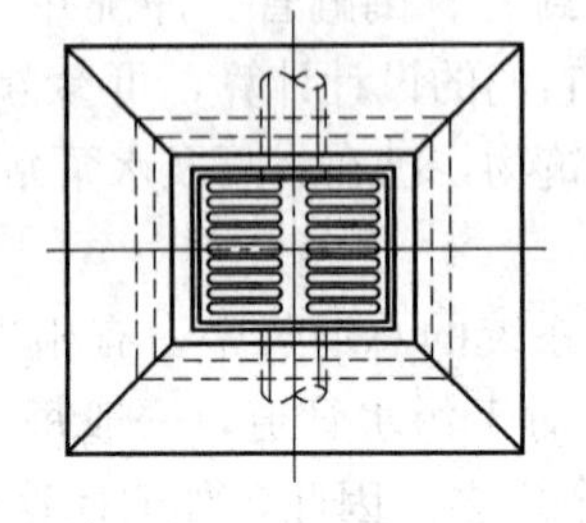

图 6-1　平箅雨水口

1—进水箅；2—井筒；3—连接管

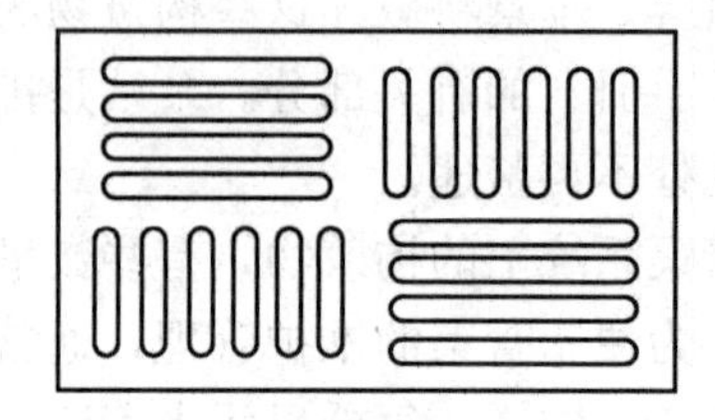

图 6-2　箅条交错排列的进水箅

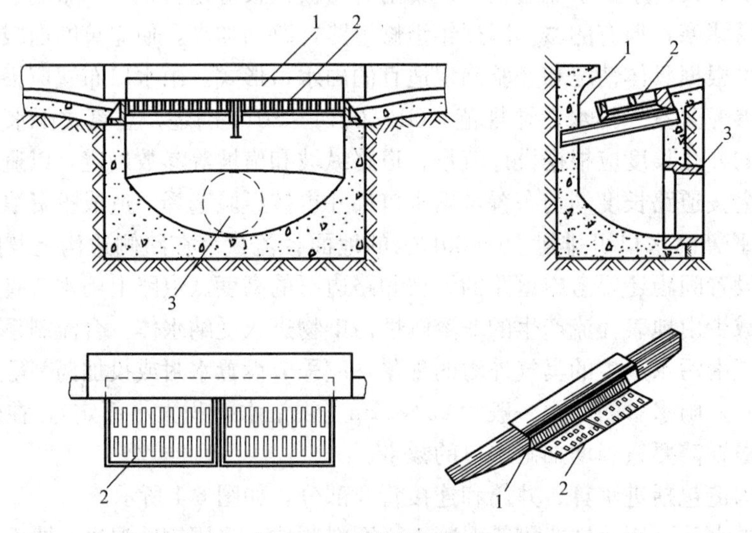

图 6-3　双箅联合式雨水口

1—边石进水箅；2—边沟进水箅；3—连接管

雨水口的井筒可用砖砌或用钢筋混凝土预制，也可采用预制的混凝土管。雨水口的深度一般不宜大于1m，在有冻胀影响的地区，雨水口的深度可根据经验适当加大。雨水口的底部可根据需要做成有沉泥井（也称截留井）或无沉泥井的形式，图 6-4 所示为有沉泥井的雨水口，它可截留雨水所夹带的砂砾，免使它们进入管道造成淤塞。但是沉泥井往往积水，滋生蚊蝇，散发臭气，影响环境卫生。因此需要经常清除，增加了养护工作量。通常仅在路面较差、地面上污垢很多的街道或菜市场等地方，才考虑设置有沉泥井的雨水口。

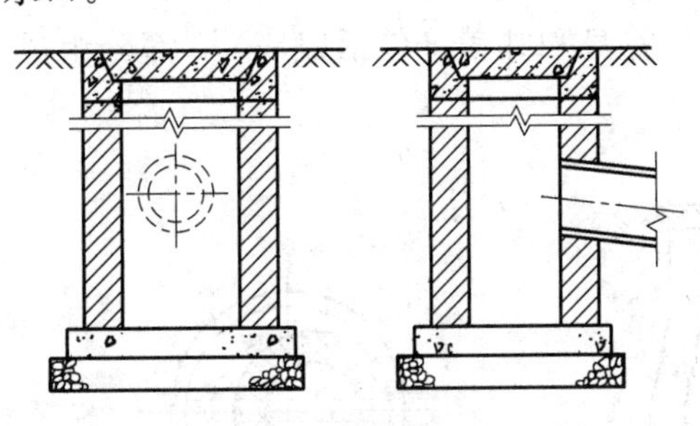

图 6-4 有沉泥井的雨水口

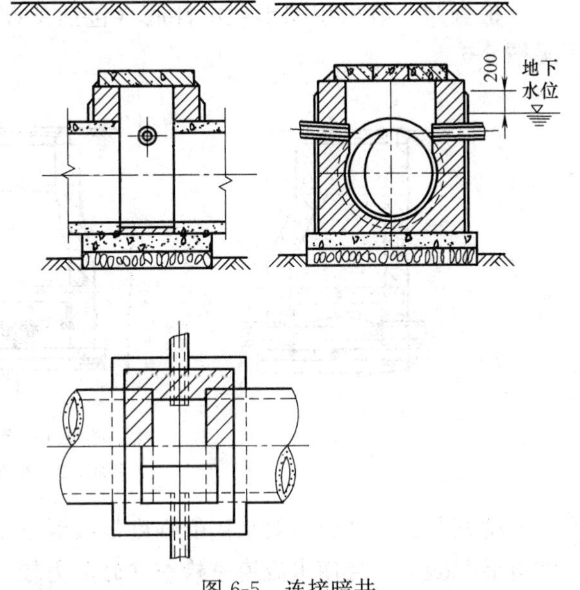

图 6-5 连接暗井

雨水口以连接管与街道排水管渠的检查井相连。当排水管直径大于 800mm 时，也可在连接管与排水管连接处不另设检查井，而设连接暗井，如图 6-5 所示。连接管的最小管径为 200mm，坡度一般为 0.01，长度不宜超过 25m，接在同一连接管上的雨水口一般不宜超过 3 个。

为就近排除道路积水，规定道路横坡坡度不应小于 1.5%，平箅式雨水口的箅面标高应比附近路面标高低 30～50mm，立箅式雨水口进水处路面标高应比周围路面标高低 50mm，有助于雨水口对径流的截流。在下凹式绿地中，雨水口的箅面标高应高于周边绿地，以增强下凹式绿地对雨水的渗透和调蓄作用。

在截流式合流制管渠系统中，通常在合流管渠与截流干管的交汇处设置溢流井。溢流井的构造如第 4 章所述。

6.2 检查井、跌水井、水封井、换气井

为便于对管渠系统作定期检查和清通，必须设置检查井。当检查井内衔接的上下游管渠的管底标高跌落差大于 1m 时，为消减水流速度，防止冲刷，在检查井内应有消能措施，这种检查井称跌水井。当检查井内具有水封设施，以便隔绝易爆、易燃气体进入排水管渠，使排水管渠在进入可能遇火的场地时不致引起爆炸或火灾，这样的检查井称为水封井。后两种检查井属于特殊形式的检查井，或称为特种检查井。

1. 检查井

检查井通常设在管渠交汇、转弯、管渠尺寸或坡度改变、跌水等处以及相隔一定距离的直线管渠段上。检查井在直线管渠段上的最大间距，一般可按表 6-1 采用。

检查井的最大间距 **表 6-1**

管径或暗渠净高 (mm)	最大间距(m)	
	污水管道	雨水(合流)管道
200～400	40	50
500～700	60	70
800～1000	80	90
1100～1500	100	120
1600～2000	120	120

检查井一般采用圆形，由井底（包括基础）、井身和井盖（包括盖底）3 部分组成，见图 6-6。

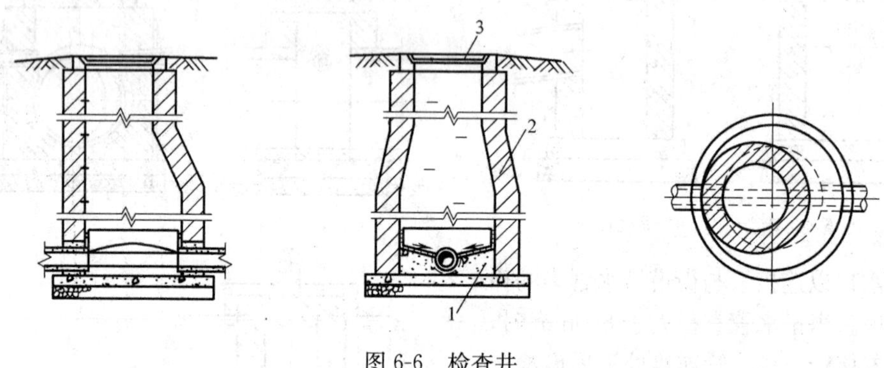

图 6-6 检查井

1—井底；2—井身；3—井盖

检查井井底材料一般采用低强度等级混凝土，基础采用碎石、卵石、碎砖夯实或低强度等级混凝土。为使水流流过检查井时阻力较小，井底宜设半圆形或弧形流槽。流槽直壁向上升展。污水管道的检查井流槽顶与上、下游管道的管顶相平，或与 0.85 倍大管管径处相平，雨水管渠和合流管渠的检查井流槽顶可与 0.5 倍大管管径处相平。流槽两侧至检查井井壁间的底板（称沟肩）应有一定宽度，一般应不小于 20cm，以便养护人员下井时立足，并应有 0.02～0.05 的坡度坡向流槽，以防检查井积水时淤泥沉积。在管渠转弯或几条管渠交汇处，为使水流通顺，流槽中心线的弯曲半径应按转角大小和管径大小确定，但不得小于大管的管径。检查井底各种流槽的平面形式如图 6-7 所示。某些城市的管渠养护经验说明，每隔一定距离（200m 左右），检查井井底做成落底 0.5～1.0m 的沉泥槽，对管渠的清淤是有利的。

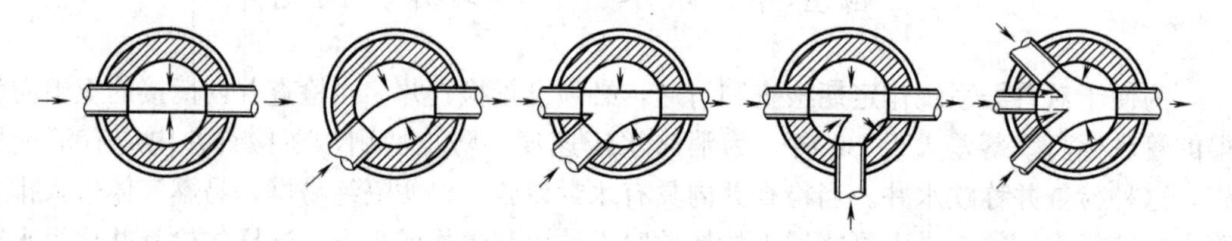

图 6-7 检查井底流槽的形式

检查井井身的材料可采用砖、石、混凝土或钢筋混凝土。国外多采用钢筋混凝土预制，我国目前则多采用砖砌，以水泥砂浆抹面。井身的平面形状一般为圆形，但在大直径管道的连接处或交汇处，可做成方形、矩形或其他各种不同的形状，图 6-8 为大管道上改向的扇形检查井平面图。

井身的构造与是否需要工人下井有密切关系。不需要人工作业的浅井，构造很简单，一般为直壁圆筒形：需要人工作业的井在构造上可分为工作室、渐缩部和井筒 3 部分，如图 6-6 所示。工作室是养护人员养护时下井进行临时操作的地方，不应过分狭小，其直径不能小于 1m，其高度在埋深许可时一般采用 1.8m。为降低检查井造价，缩小井盖尺寸，井筒直径一般比工作室小，但为了工人检修出入安全与方便，其直径不应小于 0.7m。井筒与工作室之间可采用锥形渐缩部连接，渐缩部高度一般为 0.6～0.8m，也可以在工作室顶偏向出水管渠一边加钢筋混凝土盖板梁，井筒则砌筑在盖板梁上。为方便上下，井身在偏向进水管渠的一边应保持一壁直立。

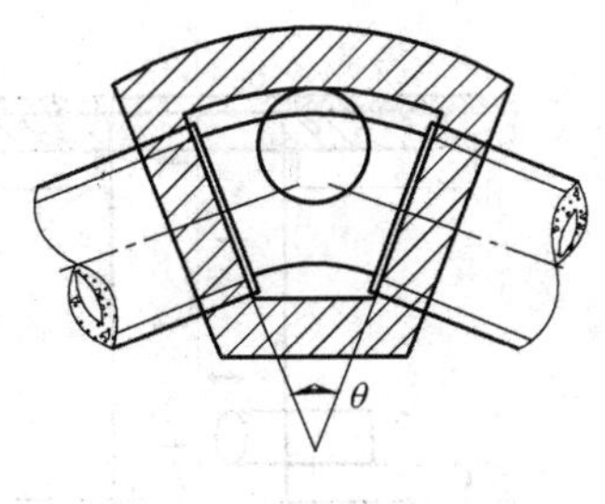

图 6-8 扇形检查井

检查井井盖可采用铸铁或钢筋混凝土材料，在车行道上一般采用铸铁。为防止雨水流入，盖顶略高出地面。盖座采用铸铁、钢筋混凝土或混凝土材料制作。图 6-9 所示为铸铁井盖及盖座，图 6-10 为钢筋混凝土井盖及盖座。

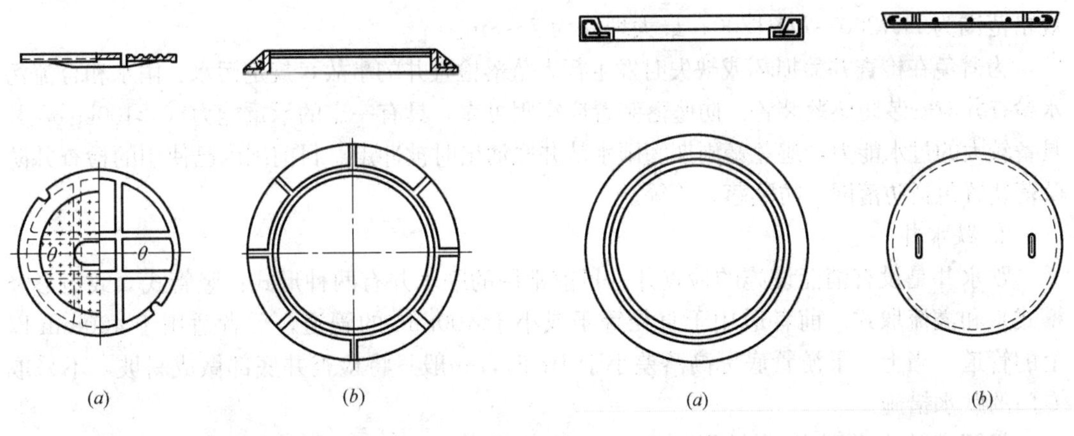

图 6-9 轻型铸铁井盖及盖座
(a) 井盖；(b) 盖座

图 6-10 轻型钢筋混凝土井盖及盖座
(a) 井盖；(b) 盖座

近年来，塑料排水检查井因其众多优点而得到越来越多的应用。塑料检查井和砖砌检查井相比，具有体积小，内壁光滑，连接无渗漏等优点。但施工时需考虑抗浮，对回填要求较高。

塑料检查井是由高分子合成树脂材料制作而成的检查井。通常采用聚氯乙烯（PVC-U)、聚丙烯（PP）和高密度聚乙烯（HDPE）等通用塑料作为原料，通过缠绕、注塑或压制等方式成型部件，再将各部件组合成整体构件。

塑料检查井主要由井盖和盖座、承压圈、井体（井筒、井室、井座）及配件组合而成。井径 1000mm 以下的检查井井体为井筒、井座构成的直筒结构（图 6-11）；井径 1000mm 及以上的检查井井体为井筒、井室、井座构成的带收口锥体结构（如图 6-12)，收口处直径 700mm。井径 700mm 及以上的检查井井筒或井室壁上一般设置有踏步，供检查、维修人员上下。

目前，国内生产企业的产品规格种类丰富。井径规格范围为 450～1500mm；接入管

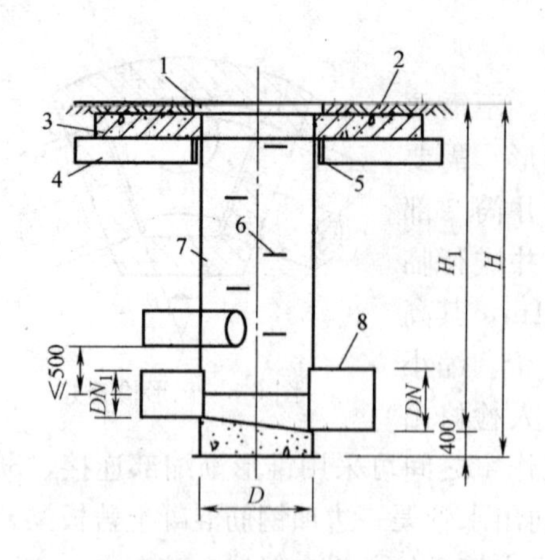

图 6-11　直壁塑料检查井结构示意图

1—井盖及井座；2—路面或地面；3—承压圈；4—褥垫层；5—挡圈；6—踏步；7—井筒；8—排水管

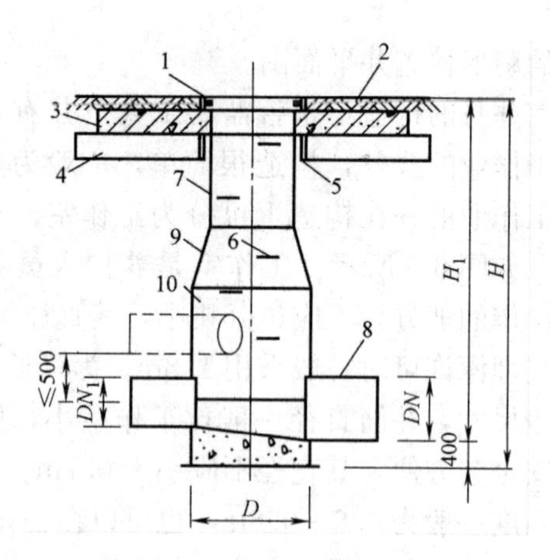

图 6-12　收口塑料检查井结构示意图

1—井盖及井座；2—路面或地面；3—承压圈；4—褥垫层；5—挡圈；6—踏步；7—井筒；8—排水管；9—收口椎体；10—井室

规格范围为 $DN200$～$DN1200$；最大埋深为 7～8m。

为避免在检查井盖损坏或缺失时发生行人坠落检查井的事故，规定污水、雨水和合流污水检查井应安装防坠落装置。防坠落装置应牢固可靠，具有一定的承重能力（≥100kg），并具备较大的过水能力，避免暴雨期间雨水从井底涌出时被冲走。目前国内已使用的检查井防坠落装置包括防落网、防坠落井箅等。

2. 跌水井

跌水井是设有消能设施的检查井。目前常用的跌水井有两种形式：竖管式（或矩形竖槽式）和溢流堰式。前者适用于直径等于或小于 400mm 的管道，后者适用于 400mm 以上的管道。当上、下游管底标高落差小于 1m 时，一般只将检查井底部做成斜坡，不采取专门的跌水措施。

竖管式跌水井的构造见图 6-13。这种跌水井一般不作水力计算。当管径不大于 200mm 时，一次落差不宜超过 6m。当管径为 300～400mm 时，一次落差不宜超过 4m。

溢流堰式跌水井见图 6-14。它的主要尺寸（包括井长、跌水水头高度）及跌水方式等均应通过水力计算求得。这种跌水井也可用阶梯形跌水方式代替。

3. 水封井

当生产污水能产生引起爆炸或火灾的气体时，其废水管道系统中必须设水封井。水封井的位置应设在产生上述废水的生产装置、贮罐区、原料贮运场地、成品仓库、容器洗涤车间等的废水排出口处以及适当距离的干管上。水封井不宜设在车行道和行人众多的地段，并应适当远离产生明火的场地。水封深度一般采用 0.25m。井上宜设通风管，井底宜设沉泥槽。图 6-15 所示为水封井的构造。

4. 换气井

污水中的有机物常在管渠中沉积而厌气发酵，发酵分解产生的甲烷、硫化氢、二氧化碳等气体，如与一定体积的空气混合，在点火条件下将产生爆炸，甚至引起火灾。为防止此类偶然事故发生，同时也为保证在检修排水管渠时工作人员能较安全地进行操作，有时

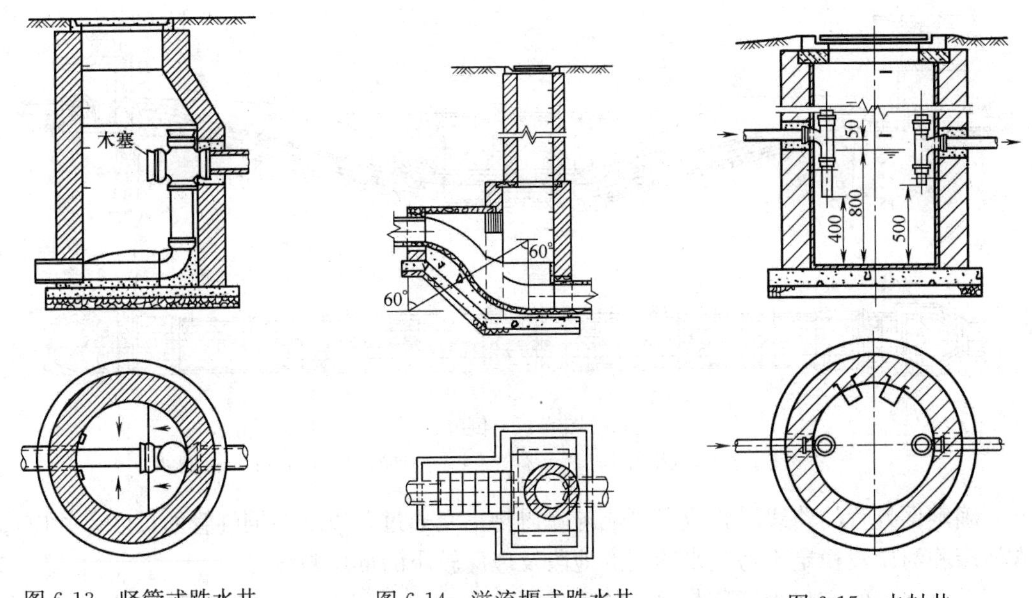

图 6-13　竖管式跌水井　　图 6-14　溢流堰式跌水井　　图 6-15　水封井

在街道排水管的检查井上设置通风管，使此类有害气体在住宅竖管的抽风作用下，随同空气沿庭院管道、出户管及竖管排入大气中。这种设有通风管的检查井称换气井。图 6-16所示为换气井的形式之一。

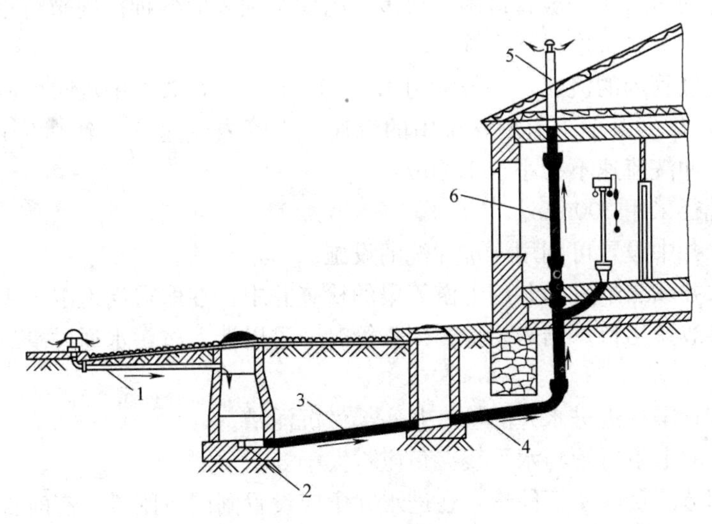

图 6-16　换气井

1—通风管；2—街道排水管；3—庭院管；4—出户管；5—透气管；6—竖管

6.3　倒　虹　管

排水管渠遇到河流、山涧、洼地或地下构筑物等障碍物时，不能按原有的坡度埋设，而是按下凹的折线方式从障碍物下通过，这种管道称为倒虹管。倒虹管由进水井、下行管、平行管、上行管和出水井等组成，如图 6-17 所示。

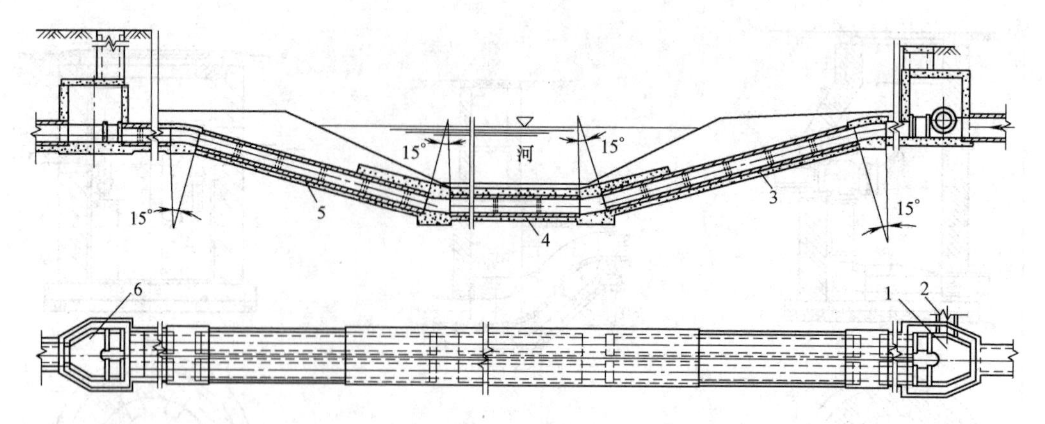

图 6-17　倒虹管

1—井水井；2—事故排出口；3—下行管；4—平行管；5—上行管；6—出水井

确定倒虹管的路线时，应尽可能与障碍物正交通过，以缩短倒虹管的长度，并应选择在河床和河岸较稳定不易被水冲刷的地段及埋深较小的部位敷设。

穿过河道的倒虹管管顶与河床的垂直距离一般不小于 0.5m，其工作管线一般不少于两条。当排水量不大，不能达到设计流量时，其中一条可作为备用。如倒虹管穿过旱沟、小河和谷地时，也可单线敷设。通过构筑物的倒虹管，应符合与该构筑物相交的有关规定。

由于倒虹管的清通比一般管道困难得多，因此必须采取各种措施来防止倒虹管内污泥的淤积。在设计时，可采取以下措施：

(1) 提高倒虹管内的流速，一般采用 1.2～1.5m/s，在条件困难时可适当降低，但不宜小于 0.9m/s，且不得小于上游管渠中的流速。当管内流速达不到 0.9m/s 时，应增加定期冲洗措施，冲洗流速不得小于 1.2m/s。

(2) 最小管径采用 200mm。

(3) 在进水井中设置可利用河水冲洗的设施。

(4) 在进水井或靠近进水井的上游管渠的检查井中，在取得当地卫生主管部门同意的条件下，设置事故排出口。当需要检修倒虹管时，可以让上游污水通过事故排出口直接泄入河道。

(5) 在上游管渠靠近进水井的检查井底部做沉泥槽。

(6) 倒虹管的上下行管与水平线夹角应不大于 30°。

(7) 为了调节流量和便于检修，在进水井中应设置闸门或闸槽，有时也用溢流堰来代替。进、出水井应设置井口和井盖。

(8) 在虹吸管内设置防沉装置。例如西德汉堡等市，试验了一种新式的所谓空气垫虹吸管。它是在虹吸管中借助于一个体积可以变化的空气垫，使之在流量小的条件下达到必要的流速，以避免在虹吸管中产生沉淀。

污水在倒虹管内的流动是依靠上下游管道中的水面高差（进、出水井的水面高差）H 进行的，该高差用以克服污水通过倒虹管时的阻力损失。倒虹管内的阻力损失值可按下式计算：

$$H_1 = iL + \Sigma\zeta \frac{v^2}{2g}$$

式中 i——倒虹管每米长度的阻力损失；

L——倒虹管的总长度（m）；

ζ——局部阻力系数（包括进口、出口、转弯处）；

v——倒虹管内污水流速（m/s）；

g——重力加速度（m/s^2）。

进口、出口及转弯的局部阻力损失值应分项进行计算。初步估算时，一般可按沿程阻力损失值的5%～10%考虑，当倒虹管长度大于60m时，采用5%；等于或小于60m时，采用10%。

计算倒虹管时，必须计算倒虹管的管径和全部阻力损失值，要求进水井和出水井间的水位高差H稍大于全部阻力损失值H_1，其差值一般可考虑采用0.05～0.10m。

当采用倒虹管跨过大河（例如长江）时，进水井水位与平行管高差很大，可能达50m以上，此时应特别注意下行管的消能与上行管的防淤设计，必要时应进行水力学模型试验，以便确定设计参数和应采取的措施。

【例6-1】 已知最大流量为340L/s，最小流量为120L/s，倒虹管长为60m，共4只15°弯头，倒虹管上游管流速1.0m/s，下游管流速1.24m/s。

求：倒虹管管径和倒虹管的全部水头损失。

【解】

（1）考虑采用两条管径相同而平行敷设的倒虹管线，每条倒虹管的最大流量为340/2＝170L/s，查水力计算表得倒虹管管径$D=400$mm。水力坡度$i=0.0065$。流速$v=1.37$m/s，此流速大于允许的最小流速0.9m/s，也大于上游沟管流速1.0m/s。在最小流量120L/s时，只用一条倒虹管工作，此时查表得流速为1.0m/s＞0.9m/s。

（2）倒虹管沿程水力损失值：

$$iL=0.0065\times60=0.39\text{m}$$

（3）倒虹管全部水力损失值：

$$H_1=1.10\times0.39=0.429\text{m}$$

（4）倒虹管进、出水井水位差值：

$$H=H_1+0.10=0.429+0.10=0.529\text{m}$$

6.4 冲洗井、防潮门

1. 冲洗井

当污水管内的流速不能保证自清时，为防止淤塞，可设置冲洗井。冲洗井有两种做法：人工冲洗和自动冲洗。自动冲洗井一般采用虹吸式，其构造复杂，造价很高，目前已很少采用。

人工冲洗井的构造比较简单，是一个具有一定容积的普通检查井。冲洗井出流管道上设有闸门，井内没有溢流管以防止井中水深过大。冲洗水可利用上游来的污水或自来水。用自来水时，供水管的出口必须高于溢流管管顶，以免污染自来水。

冲洗井一般适用于小于400mm管径的较小管道上，冲洗管道的长度一般为250m左右。

2. 防潮门

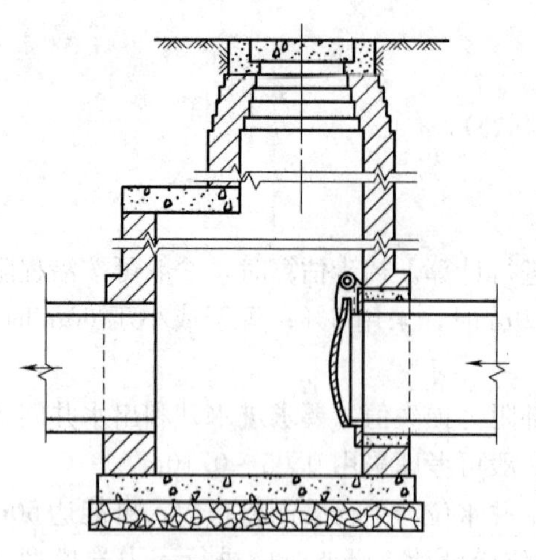

图 6-18　装有防潮门的检查井

临海城市的排水管渠往往受潮汐的影响，为防止涨潮时潮水倒灌，在排水管渠出水口上游的适当位置上应设置装有防潮门（或平板闸门）的检查井，如图 6-18 所示。临河城市的排水管渠，为防止高水位时河水倒灌，有时也采用防潮门。

防潮门一般用铁制，其座子口部略带倾斜，倾斜度一般为 1：10～1：20。当排水管渠中无水时，防潮门靠自重密闭。当上游排水管渠来水时，水流顶开防潮门排入水体。涨潮时，防潮门靠下游潮水压力密闭，使潮水不会倒灌入排水管渠。

设置了防潮门的检查井井口应高出最高潮水位或最高河水位，或者井口用螺栓和盖板密封，以免潮水或河水从井口倒灌至市区。为使防潮门工作可靠有效，必须加强维护管理，经常清除防潮门座口上的杂物。

6.5　出　水　口

排水管渠排入水体的出水口的位置和形式，应根据污水水质、下游用水情况、水体的水位变化幅度、水流方向、波浪情况、地形变迁和主导风向等因素确定。出水口与水体岸边连接处应采取防冲、加固等措施，一般用浆砌块石做护墙和铺底，在受冻胀影响的地区，出水口应考虑用耐冻胀材料砌筑，其基础必须设置在冰冻线以下。

为使污水与水体水混合较好，排水管渠出水口一般采用淹没式，其位置除考虑上述因素外，还应取得当地卫生主管部门的同意。如果需要污水与水体水流充分混合，则出水口可长距离伸入水体分散出口，此时应设置标志，并取得航运管理部门的同意。雨水管渠出水口可以采用非淹没式，其底标高最好在水体最高水位以上，一般在常水位以上，以免水体水倒灌。当出口标高比水体水面高出太多时，应考虑设置单级或多级跌水。

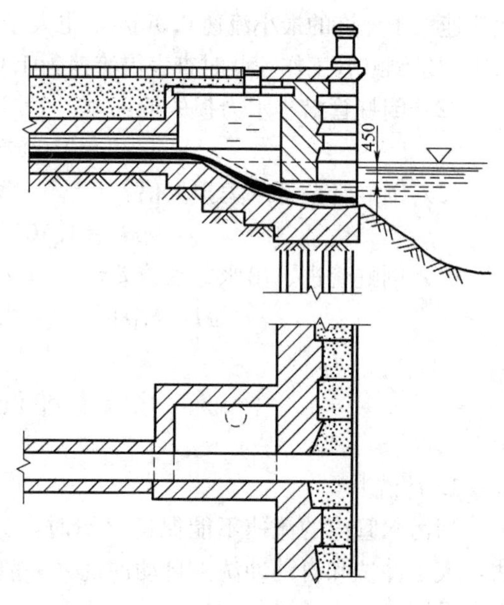

图 6-19　淹没式出水口

图 6-19、图 6-20、图 6-21 和图 6-22 分别为淹没式出水口、江心分散式出水口、一字式出水口和八字式出水口。

应当说明，对于污水排海的出水口，必须根据实际情况进行研究，以满足污水排海的特定要求。图 6-23 系某市污水排海出水口示意图。

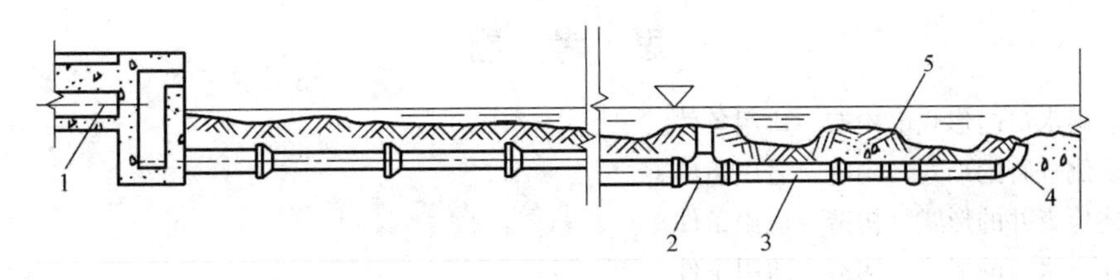

图 6-20 江心分散式出水口

1—进水管渠；2—T形管；3—渐缩管；4—弯头；5—石堆

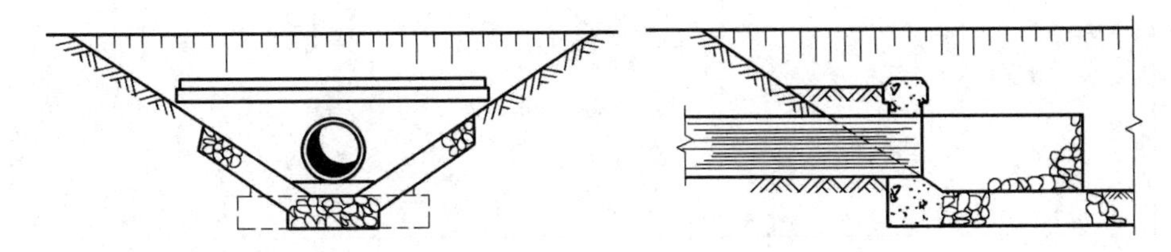

图 6-21 一字式出水口

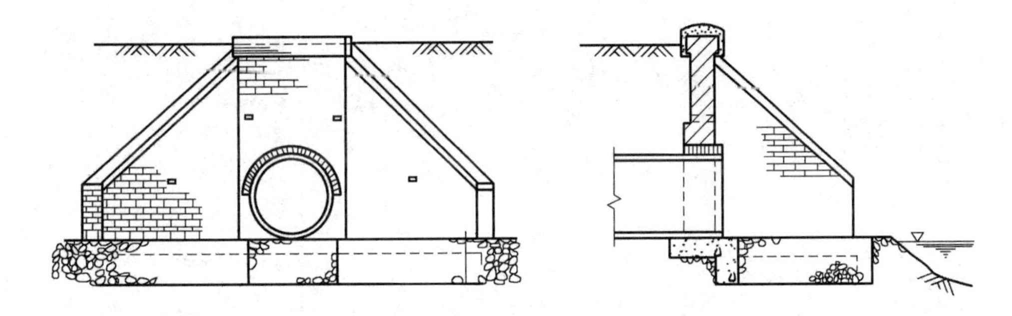

图 6-22 八字式出水口

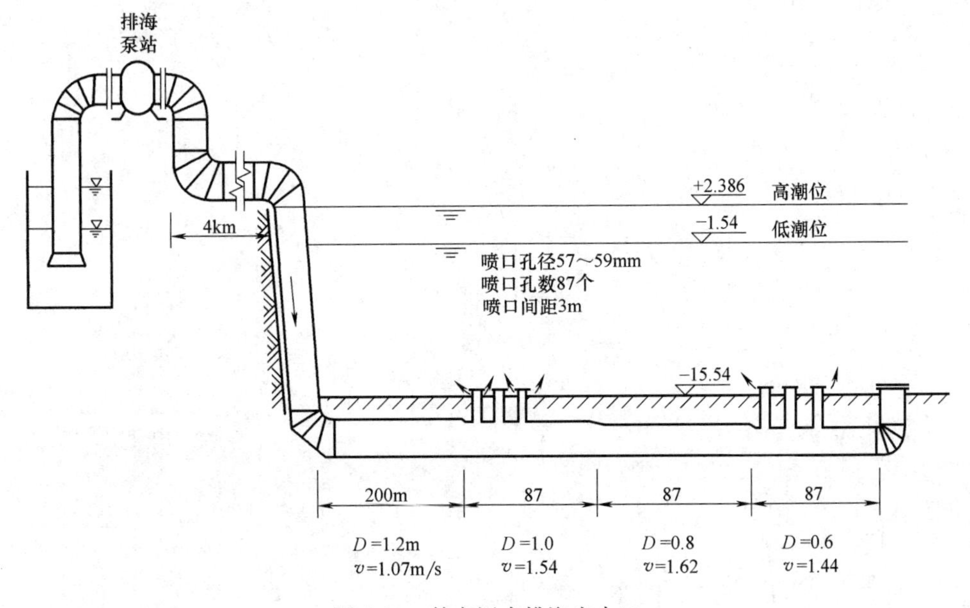

图 6-23 某市污水排海出水口

思 考 题

1. 简述雨水口的形式、构造、适用条件。
2. 简述倒虹管的形式、构造、适用条件。
3. 简述检查井的形式、构造、适用条件。
4. 简述出水口的形式、构造、适用条件。
5. 简述跌水井的形式、构造、适用条件。

第7章 管线综合设计

7.1 概　　述

7.1.1 城市管线综合设计的定义

管线综合设计指的是确定道路横断面范围内各种管线的布设位置及与道路平面布置和竖向高程相协调的工作。为避免工程管线之间以及工程管线与邻近建筑物、构筑物相互产生干扰，解决工程管线在设计阶段的平面走向、立体交叉时的矛盾，以及施工阶段建设顺序上的矛盾，在城市基础设施规划中必须进行工程管线综合工作。城市工程管线综合所说的各类工程管线系指市政工程中的常规管线，即雨水、给水、排水、电力、电信、燃气、供热等工程管线，管线综合设计是根据道路及这些工程管线专业设计进行综合，要求符合《城市工程管线综合规划规范》GB 50289—98的有关规定并满足各专业的规范、规定和技术标准。

管线综合工作要做到统筹安排工程管线在城市的地上和地下空间位置，协调工程管线之间以及城市工程管线与其他各项工程之间的关系。所谓统筹安排，指要采用城市统一坐标系统和标高系统，总体上安排各类工程管线的空间位置，以免发生互不衔接和混乱的现象。所谓综合协调，就是要综合考虑地形、地质条件、城市道路走向，相邻工程管线平行时的水平距离和相互交叉时的垂直距离，工程管线与其他工程设施之间所要求的距离，城市设施的安全以及环境的美观等要求，协调解决工程管线之间以及与城市其他各项工程之间的矛盾，使其各得其所。

7.1.2 城市管线的分类

1. 按管线的功能分类

（1）给水管道：包括生活给水、工业给水、消防给水等管道。

（2）排水管渠：包括城市污水、雨水、工业废水、城市周边的排洪、截洪等管渠。

（3）中水管道：城市（或工业）污、废水经中水处理设施净化后产生的（再生）水，称为中水。中水可用来冲洗厕所、浇花、喷洒道路等。输送中水的管道，称为中水管道。

（4）电力线路：包括高压输电、生产用电、生活用电、电车用电等线路。

（5）弱电线路：包括电话、报警、广播、电视天线等线路。

（6）热力管道：包括热水、蒸汽等管道，又称供热管道。

（7）燃气管道：包括人工煤气、天然气、液化石油气等管道。

（8）其他管道：主要是工业生产上用的管道，如空气管道，氧气管道、石油管道、灰渣排除管道等。

2. 按敷设方式分类

可分为地下埋设和架空敷设两类。地下埋设又可分为沟内埋设和地下直埋等。架空管线又分为高架、中架和低架等。

3. 按埋设深度分类

分为浅埋和深埋。所谓浅埋，是指覆土深度小于1.5m的管道。我国南方土壤的冰冻线较浅，对给水管、排水管、燃气管等没有影响，尤其是热力管，电力电缆等不受冰冻的影响，均可浅埋。我国北方的土壤冰冻线较深，对水管和含水分的管道在寒冷情况下将形成冰冻威胁，加大覆土厚度避免土壤冰冻的影响，使管道覆土厚度大于1.5m成为深埋管道。

4. 按管道内压力情况分类

分为压力管道和重力管道两类。给水管、燃气管、热力管等一般为压力输送，属于压力管道；排水管道大都利用重力自流方式，属于重力管道。

7.2 管线综合设计内容

各种工程管线从规划、设计到建成使用，需要一个过程，在这个过程中的各个阶段内容和深度是不同的，综合工作一般分为其工作3个阶段。

7.2.1 规划阶段管线综合设计

工程管线规划综合是城市总体规划的一个组成部分，它是以各项工程管线的规划资料为依据而进行总体布置并编制综合示意图。规划综合的主要任务是要解决各项工程管线的主干管线在系统布置上存在的问题，并确定主干管线的走向。对于管线的具体位置，除有条件的以及必须定出的个别控制点外，一般不作肯定。因为单项工程在下阶段设计中，根据测量选线，管线的位置将会有若干的变动和调整（沿道路敷设的管线，则可在道路横断面图中定出）。

工程管线规划综合一般编制城市工程管线综合规划平面图、道路标准横断面图和城市工程管线综合规划说明书。

1. 城市工程管线综合规划平面图

图纸比例通常采用1∶5000～1∶10000。比例尺的大小随城市的大小、管线的复杂程度等情况而有所变更，但应尽可能和城市总体规划图的比例尺一致。图中包括下列主要内容：

（1）自然地形：主要的地物、地貌以及表明地势的等高线；

（2）现状：现有的工厂、建筑物、铁路、道路、给水、排水等各种管线以及它们的主要设备和构筑物（如铁路站场、自来水厂、污水处理厂、泵房等）；

（3）规划的工业企业厂址、规划的居住区，道路网、铁路等；

（4）各种规划管线的布置和它们的主要设备及构筑物，有关的工程措施，如防洪堤、防洪沟等；

（5）标明道路横断面的所在地段等。

2. 道路标准横断面图

图纸比例通常采用1∶200 。它的内容包括：

（1）道路的各组成部分，如机动车道、非机动车道（自行车道、大车道）、人行道、分车带、绿带等。

（2）现状和规划设计的管线在道路中的位置，并注有各种管线与建筑线之间的距离。目前还没有规划而将来要修建的管线，在道路横断面中为它们预留出位置。

（3）道路横断面的编号。

3. 工程管线综合规划说明书

在编制管线综合规划图纸的同时，应编写工程管线综合规划说明书，其内容如下：

（1）规划设计依据：包括上级主管部门对工程项目的审批文件、与规划设计部门的规划设计合同、建设部门的规划设计委托书、有关管线的规划设计规范等。

（2）规划设计范围及内容。说明城市工程管线布置范围；规划设计的城市工程管线种类、名称等。

（3）城市概况、规模及区域划分等。

（4）按管线分类说明现状管线及相关厂站（如电厂、水厂等）的名称、规模（或管径）、走向、埋深及完好程度、利用价值等。

（5）按管线分类说明规划设计管线的名称；物流源（水源、气源、电源等）；负荷标准、有关参数及计算负荷、用量等；管网布置、管道材料；有关厂站规模、位置等。

（6）工程管线协调、综合。各种工程管线规划设计图纸、资料汇总、叠合后如产生矛盾或有违反有关规范规定的情况出现，必须对有关管线进行协商、调整、直到解决矛盾，符合规范规定为止。说明书中说明出现的矛盾、解决的原则、解决的措施及结果。

7.2.2 初步设计阶段管线综合

按照城市规划工作阶段划分，初步设计综合相当于详细规划阶段的工作，它根据各项工程管线的初步设计资料来进行综合。设计综合不但要确定各项工程管线具体的平面位置，而且还应检查管线在立面上有无问题，并解决不同管线在交叉处所发生的矛盾。这是它和规划综合在工作深度上的主要区别。

工程管线初步设计综合在规划综合的基础上，一般编制工程管线初步设计综合平面图、管线交叉点标高图和修订道路标准横断面图等。在没有进入规划综合阶段的城市和建筑小区，还要编制工程管线初步设计综合说明书，其内容与规划综合说明书基本相同。

（1）城市工程管线初步设计综合平面图：综合平面图中的内容和编制方法，基本上和综合规划图相同，而在内容的深度比综合规划图要深入。

（2）工程管线交叉点标高图：管线交叉点标高图的作用主要是检查和控制交叉管线的高程—立面位置。

（3）修订道路标准横断面图：编制设计综合时，有时由于管线的增加或调整规划综合时所作的布置，需根据综合平面图，对原来配置在道路横断面中的管线位置进行补充修订。道路标准横断面的数量较多，通常是分别绘制，汇订成册。

7.2.3 施工图阶段管线调整综合

施工详图调整。工程管线经过初步设计综合后，对管线的平面和立面位置都已作了安排，设计中的矛盾也已解决，一般来说，各单项工程的施工详图之间不致再发生问题。但是，单项工程设计单位在编制施工详图过程中，由于设计进一步深入，或者由于客观情况变化，施工详图中的管线位置可能有若干变动。因此，需对单项工程的施工详图进行核对检查、调整以解决由于改变设计后所产生的新的矛盾。

7.3 管线综合设计方法

7.3.1 工程管线布置的一般原则

（1）城市工程管线宜地下敷设。

(2) 管线布置应采用城市统一的坐标系统和高程系统。

(3) 管线规划、设计时应结合城市道路网规划，在不妨碍工程管线正常运行、检修和合理占用土地的情况下，使线路短捷。

(4) 充分利用现有管线。当现状管线不满足要求时，经经济、技术比较，可废弃或抽换。

(5) 在平原城市布置工程管线，宜避开土质松软地区、地震断裂带、沉陷区和地下水位较高的不利地带；在山地城市还应避开滑坡危险地带和山洪峰口。

(6) 管线布置应与地下铁道、地下通道、人防工程等地下隐蔽工程协调配合。

(7) 工程管线综合规划、设计时，应减少管线在道路交叉口处交叉。当管线竖向位置发生矛盾是，宜按以下原则处理：

1) 压力管线让重力自流管线；

2) 可弯曲管线让不易弯曲管线；

3) 分支管线让主干管线；

4) 小管径管线让大管径管线；

5) 新建管线让原有管线。

7.3.2 工程管线布置的一般要求

(1) 冬季寒冷地区给水、排水、燃气等管线应根据土壤冰冻深度确定管线覆土深度；热力、电信、电力电缆等管线以及冬季寒冷地区以外的地区的工程管线应根据土壤性质和地面承受荷载的大小确定管线的覆土深度。

工程管线的最小覆土深度应符合表 7-1 的规定。

工程管线的最小覆土厚度 **表 7-1**

序号		1		2		3		4	5	6	7
管线名称		电力管线		电信管线		热力管线		燃气管线	给水管线	雨水排水管线	污水排水管线
		直埋	管沟	直埋	管沟	直埋	管沟				
最小覆土深度(m)	人行道下	0.50	0.40	0.70	0.40	0.50	0.20	0.60	0.60	0.60	0.60
	车行道下	0.70	0.50	0.80	0.70	0.70	0.20	0.80	0.70	0.70	0.70

注：10kV 以上直埋电力电缆管线的覆土深度不应小于 1.0m。

(2) 工程管线宜沿道路敷设并与道路中心线平行，其主干管线应靠近分支管线多的一侧，工程管线不宜从道路一侧转到另一侧。

道路红线宽度超过 30m 的城市干道，宜两侧布置给水配水管线和燃气配气管线；道路红线宽度超过 50m 的城市干道，应在道路两侧布置排水管线。

(3) 工程管线在道路下面的具体位置，应布置在人行道、绿化带或非机动车道下面。电信电缆、给水输水、燃气输气、污水、雨水等工程管线可布置在非机动车道或机动车道下面。

(4) 工程管线在道路上的平面位置宜相对固定。从道路红线向道路中心线方向平行布置顺序，应根据工程管线的性质、埋深等确定。分支管线少、埋设深、检修周期短及可燃、易燃和损坏时对建筑物基础造成不利影响的工程管线应远离建筑物。布置次序宜为：电力电缆、电信电缆、燃气配气、给水配水、热力干线、燃气输气、给水输水、雨水排水、污水排水。

(5) 各种工程管线不应在平面位置上重叠埋设。

(6) 沿铁路、公路敷设的工程管线应与铁路、公路线路平行。当管线与铁路、公路交叉时宜采用垂直交叉方式布置。

(7) 管线跨越河流，在河底敷设时，应选择在稳定河段，埋设深度应不妨碍河道的整治和管线的安全。在河道下面敷设工程管线时应符合下列规定：

1) 1级航道下面敷设，管顶应在河底设计高程2m以下；

2) 其他河道下面敷设，管顶应在河底设计高程1m以下；

3) 灌溉渠道下面敷设，管顶应在渠底设计高程0.5m以下。

(8) 工程管线之间，工程管线与建（构）筑物之间的最小水平净距离应符合表7-2的规定。当受某些因素限制难以满足要求时，可根据实际情况采取安全措施后减少其最小水平净距。

(9) 对埋深大于建（构）筑物基础的工程管线，其与建（构）筑物之间的最小水平距离，按下列公式计算，并折算成水平净距后与表7-2和表7-3的数值比较，采用其较大值。

$$L=\frac{(H-h)}{\tan\alpha}+\frac{b}{2} \tag{7-1}$$

式中 L——管线中心至建筑（构）物基础边水平距离（m）；

H——管线敷设深度（m）；

h——建（构）筑物基础底砌置深度（m）；

b——开挖管沟宽度（m）；

α——土壤内摩擦角（°）。

(10) 当工程管线交叉敷设时，自地表面向下的排列顺序宜为：电力管线、热力管线、燃气管线、给水管线、雨水排水管线、污水排水管线。

(11) 工程管线在交叉点的高程应根据排水管线的高程确定。

工程管线交叉时的最小垂直净距，应符合表7-3的规定。

7.3.3 综合管沟敷设

1. 综合管沟适用条件

(1) 交通运输繁忙或工程管线较多的机动车道、城市主干道以及配合兴建地下铁道、立体交叉等工程地段。

(2) 不宜开挖路面的路段。

(3) 广场或主干道的交叉处。

(4) 同时敷设两种以上工程管线及多回路电缆的道路。

(5) 道路宽度难以满足直埋敷设多种管线的路段。

2. 综合管沟及基本要求

(1) 综合管沟内宜敷设电信电缆、低压配电电缆、给水管线、热力管线、污水及雨水排水管线。

(2) 综合管沟内相互无干扰的工程管线可设在管沟的同一小室；相互有干扰的工程管线应分别设置在管沟的不同小室。电信电缆管线与高压输电电缆管线必须分开设置；给水管线与排水管线可在综合管沟的同侧设置，排水管线应布置在综合管沟的底部。

地下工程管线最小水平净距表 表 7-2

序号	管线名称	1	2		3	4					5		6		7	8	9			10	11
		建筑物	给水管		排水管	燃气管					电力电缆		电信电缆		乔木	灌木	地上杆柱			道路侧石缘	铁路钢轨（或坡脚）
			管径≤200mm	管径>200mm		低压	中压 B	中压 A	高压 B	高压 A	直埋	缆沟	直埋	管道			通信、照明及<10kV	高压杆塔基础边 ≤35kV	高压杆塔基础边 >35kV		
1	建筑物		1.0	3.0	2.5	0.7	1.5	2.0	4.0	6.0	0.5		1.0	1.5	3.0	1.5	2.0	3.0	4.0		6.0
2	给水管 管径≤200mm	1.0			1.0	0.5			1.0	1.5	0.5		1.0		1.5		0.5	3.0		1.5	5.0
	给水管 管径>200mm	3.0			1.5																
3	排水管	2.5	1.0	1.5		1.0	1.2		1.5	2.0	0.5		1.0		1.5		0.5	1.5		1.5	
4	燃气管 低压 $P\leqslant0.005$MPa	0.7	0.5		1.0	管径≤300mm0.4 管径>300mm0.5					0.5		0.5	1.0	1.2		1.0	1.0	5.0	1.5	
	燃气管 中压 B $0.005<P\leqslant0.2$MPa	1.5			1.2																
	燃气管 中压 A $0.2<P\leqslant0.4$MPa	2.0																			
	燃气管 高压 B $0.4<P\leqslant0.8$MPa	4.0	1.0		1.5						1.0		1.0							2.5	
	燃气管 高压 A $0.8<P\leqslant1.6$MPa	6.0	1.5		2.0						1.5		1.5								
5	电力电缆 直埋 / 缆沟	0.5	0.5		0.5	0.5	0.5	1.0		1.5			0.5		1.0		0.6			1.5	3.0
6	电信电缆 直埋	1.0	1.0		1.0	0.5		1.0		1.5	0.5		0.5		1.0	1.0	0.5	0.6		1.5	2.0
	电信电缆 管道	1.5				1.0									1.5						
7	乔木（中心）	3.0	1.5		1.5	1.2					1.0		1.0	1.5			1.5			0.5	
8	灌木	1.5											1.0								
9	地上杆柱 通信、照明及<10kV		0.5		0.5	1.0					0.6		0.5		1.5					0.5	
	地上杆柱 高压铁塔基础边 ≤35kV		3.0		1.5	1.0					0.6		0.6							0.5	
	地上杆柱 高压铁塔基础边 >35kV					5.0															
10	道路侧石边缘		1.5		1.5	1.5			2.5		1.5		1.5		0.5		0.5	0.5			
11	铁路钢轨（或坡脚）	6.0	5.0								3.0		2.0								

地下工程管线交叉时最小垂直净距表 **表 7-3**

序号	净距（埋设在下面的管线名称 / 埋设在上面的管线名称）		1	2	3	4	5		6	
			给水管线	排水管线	热力管线	燃气管线	电信管线		电力管线	
							直埋	管沟	直埋	管沟
1	给水管线		0.15	—	—	—	—	—	—	—
2	排水管线		0.4	0.15	—	—	—	—	—	—
3	热力管线		0.15	0.15	0.15	—	—	—	—	—
4	燃气管线		0.15	0.15	0.15	0.15	—	—	—	—
5	电信管线	直埋	0.5	0.5	0.15	0.5	0.25	—	—	—
		管沟	0.15	0.15	0.15	0.15	0.25	0.25	—	—
6	电力管线	直埋	0.15	0.5	0.5*	0.5	0.5	0.25	—	—
		管沟	0.15	0.5	0.5	0.15	0.5	0.5	0.5	0.5
7	沟渠（基础底）		0.5	0.5	0.5	0.5	0.5	0.5	0.5	0.5
8	涵洞（基础底）		0.15	0.15	0.15	0.15	0.2	0.25	0.5	0.5
9	电车（轨底）		1	1	1	1	1	1	1	1
10	铁路（轨底）		1	1.2	1.2	1.2	1	1	1	1

注：表中 0.5*表示电压等级≤35kV，电力管线与热力管线最小垂直净距为 0.5m；若＞35kV 应为 1m。

（3）综合管沟应与道路中心线平行。根据各种工程管线的输配方案、管线相互交叉关系、管沟断面尺寸等因素，综合管沟可布置在机动车道下、非机动车道下或人行道下。其覆土深度应根据道路施工、行车荷载、管沟结构强度及当地冰冻深度等因素综合确定。

（4）行管沟内应有足够的空间供通行，检修；应有通风、照明及积水排泄等措施。

7.3.4 架空敷设

（1）沿城市道路架空敷设的工程管线，其位置应根据规划、设计道路的横断面确定，并应保障交通畅通、居民安全及工程管线正常运行。

（2）架空线线杆宜设置在人行道上距路缘石不大于 1m 的位置；有分车带的道路，架空线线杆宜布置在分车带内。

（3）电力架空杆线与电信架空杆线宜分别架设在道路两侧，且与同类地下电缆位于同侧。

（4）同一性质的工程管线宜合杆架设。

（5）架空热力管线不应与架空输电线、电气化铁路的馈电线交叉敷设。当必须交叉时，应采取保护措施。

（6）工程管线跨越河流时，宜采用管道桥或利用交通桥梁进行架设，并应符合下列规定：

1）可燃、易燃工程管线不宜利用交通桥梁跨越河流。

2）工程管线利用交通桥梁跨越河流时，其规划设计应与桥梁设计相结合。

（7）架空管线与建（构）筑物等的最小水平净距应符合《城市工程管线综合规划规范》GB 50289—98 表 3.0.8 的规定。

(8) 架空管线交叉时的最小垂直净距应符合《城市工程管线综合规划规范》GB 50289—98 表 3.0.9 的规定。

7.4 管线综合设计图示与实例

7.4.1 管线综合设计图示

1. 绘制工程管线交叉点标高图

(1) 计算确定管线交叉点道路标高;

(2) 根据外围主管网连接点埋深，由外向内初步确定雨污水主管管坡和交叉点标高;

(3) 以最小净距为基础，考虑管径因素，向上确定各管线标高;

(4) 核查各管线的埋深，进行调整，防止管线埋深不合理;

(5) 画成垂距表;

(6) 若没有外围管网，则管线标高由内向外推导，在第一个交叉口处的标高以最上面的管线为基准，按垂距要求和管径向下推算管线埋深，向外按坡度推导，核查每个交叉口的净距和埋深。

2. 作图方法

(1) 在每一个管线交叉点处画一垂距简表见表 7-4，然后把地面标高、管线截面大小，管底号道路标高以及管线交叉处的垂直净距离等项填入表中，如图 7-1 所示。

给水排水管道相交的垂直距离简表 表 7-4

名　称	截面尺寸(m)	管底标高(m)

净距(m)		地面标高(m)	

道路交叉口图	交叉口编号	管线交点编号	交点处的地面标高	上面				下面				垂直净距(m)	附注
				名称	截面(m)	管底标高	埋设深度(m)	名称	截面(m)	管底标高	埋设深度(m)		
图 7-1　管道交叉点标高图	20	1		给水				污水					
		2		给水				雨水					
		3		给水				雨水					
		4		雨水				污水					
		5		给水				污水					
		6		电信				给水					

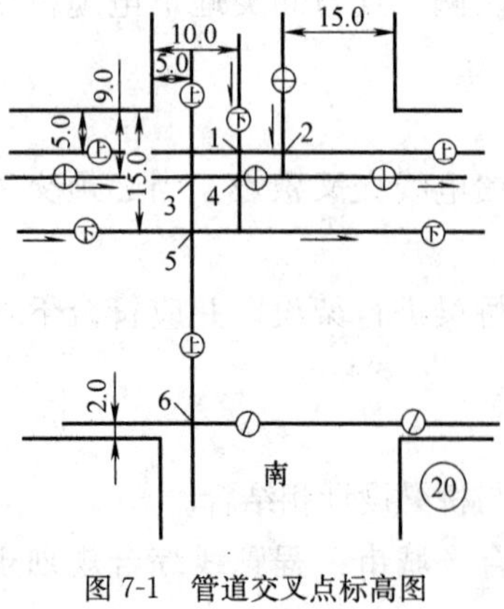

（2）若交叉点多，图中绘制不下，先将管线交叉路口编上号码，而后依照编号将管线标高等各种数据填入另外绘制在交叉管线垂距表中，有关管线冲突和处理的情况则填入垂距表的附注栏内，修正后的数据填入相应各栏中如图 7-2 所示。

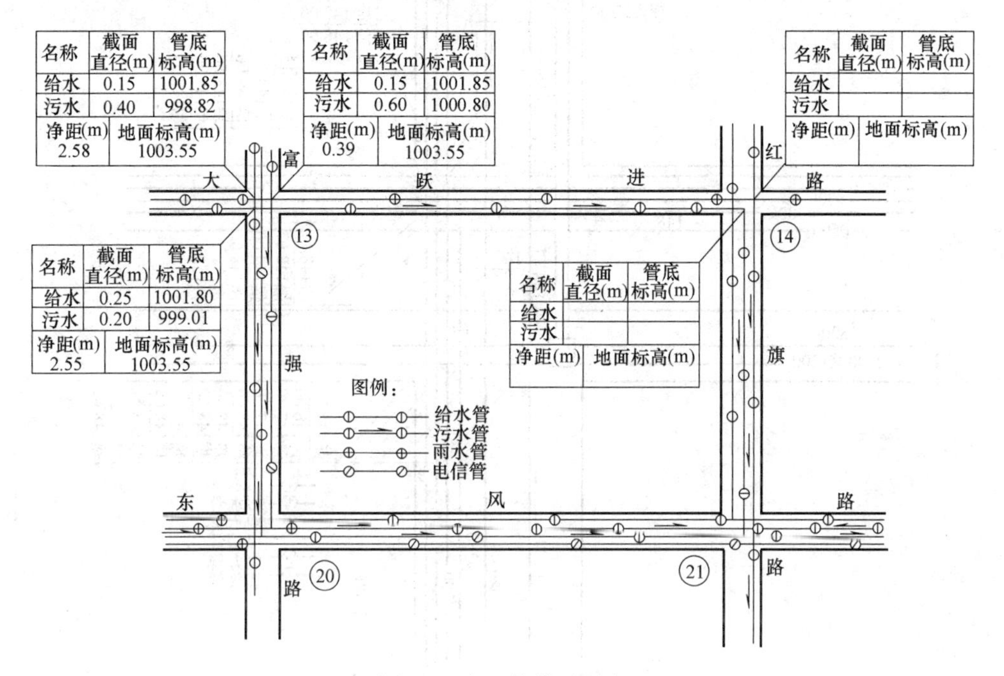

图 7-2　交叉管线垂距表

（3）或者不采用管线交叉点垂距表的形式，而将管道直径、地面控制高程直接注在平面图上，然后将管线交叉点两管相邻的外壁高程用线引出，注于图纸空白处，如图 7-3 所示。这种方法适用于管线交叉点较多的交叉口，优点是既能看到管线的全面情况，绘制时也较简便。

7.4.2　修订道路标准横断面图

道路断面图如图 7-4 所示。有时考虑到近远期的设计，还需要将同一道路的现状横断面和规划横断面均应在图中表示出来，表示的方法，或用不同的图例和文字注释绘在一个图中（图 7-5），或将二者分上下两行（或左右并列）绘制。

7.4.3　综合管沟的图示

有的条件下还可采用管沟，如图 7-6 所示。

7.4.4　综合管线实例

1. 管线综合实例一：某机场市政配套工程管线综合设计

（1）管线综合的平面排布

纬二路是某机场工作区的主要道路，东西走向，路宽 24mm，人行道、非机动车道共板。其中机动车道 15m，两侧均有非机动车道（3m）和人行道（1.5m）。按照虹桥机场的规划，纬二路要敷设的工程管线有电力排管、通信管群、燃气管道、给水管道、雨水管道、污水管道以及照明电缆。其中照明电缆采用直埋，布置在路缘石的两侧。其他管线按照管线综合的排布原则，在路中心线的北侧依次布置雨水、给水、通信管线；路中心线的

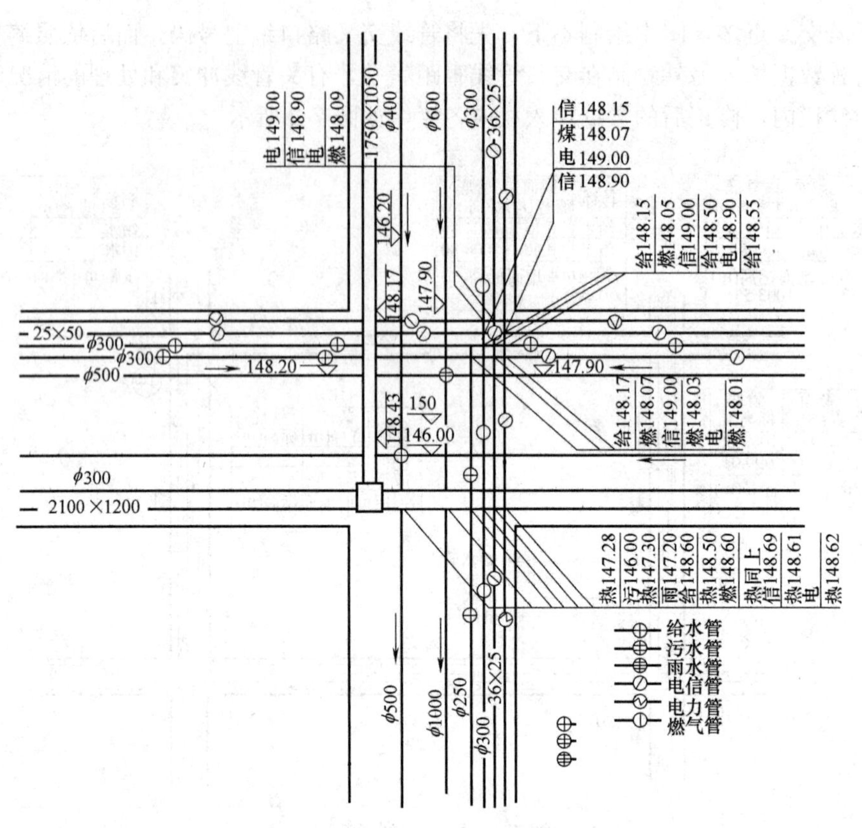

图 7-3　道路交叉口管道综合设计大样

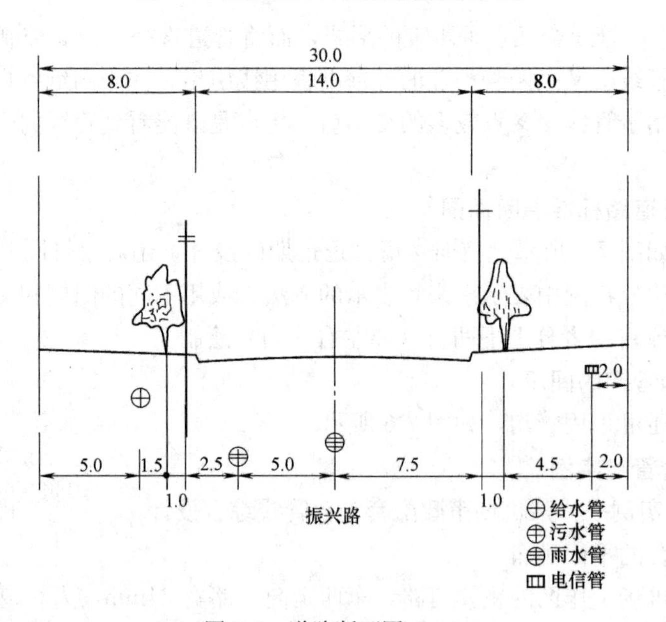

图 7-4　道路断面图（一）

南侧依次布置污水、燃气和电力管线。

在布置好各工程管线的排序后，还要确定管线间的水平间距。各工程管线之间的水平间距要满足相邻管道的外壁（包括工作井）不发生冲突，同时还要结合道路的形式以及管

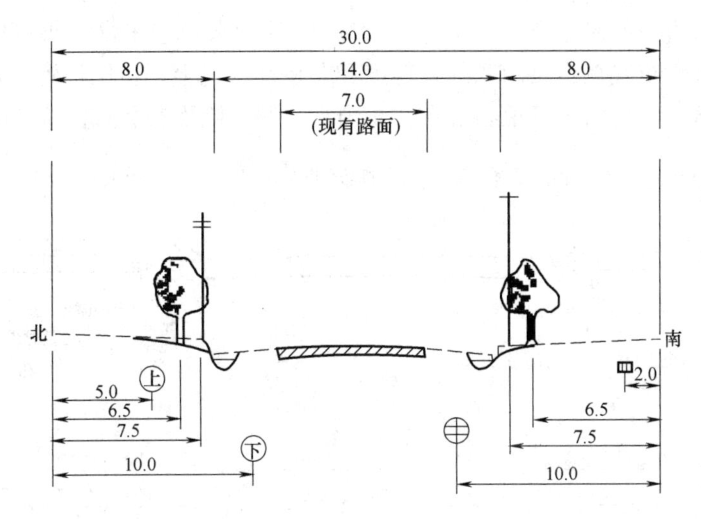

图 7-5　道路断面图（二）

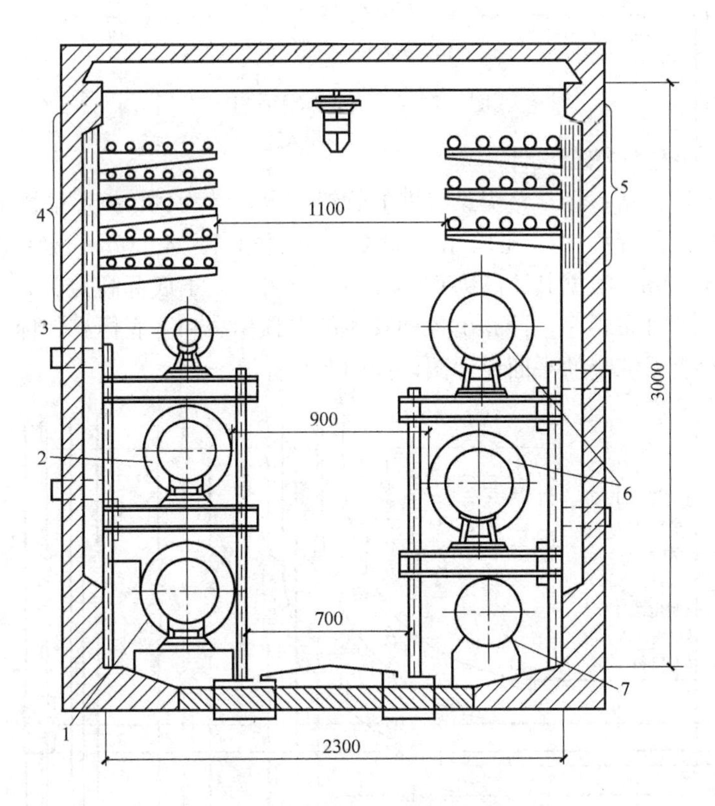

图 7-6　整体式钢筋混凝土综合管沟示意图

道的特性综合考虑。纬二路非机动车道和人行道一共仅有 4.5m 宽，照明电缆一般布置在距离路缘石 1m 的位置，且埋深较浅。以纬二路的北侧为例，通信管群（12 孔）的排管外宽为 0.57m，工作井的宽度为 2.4m。因此通信管群在布置上要距离道路红线有一定的距离，避免其工作井超出道路红线。考虑到照明电缆对应的路灯杆要有 1m 左右的基础，因此通信管群与照明电缆之间的净距已经不适合布置 *DN*500 的给水管道，故将给水管布置在靠近机动车道边缘的慢车道上，同时将 $DN600$ 的雨水管道布置在快车道上。根据上述原则，将电力排管布置在道路南侧的人行道和非机动车道上，将燃气管布置在靠近机动车道边缘的慢车道上，将污水管道布置在快车道上，其横断面布置如图 7-7 所示。

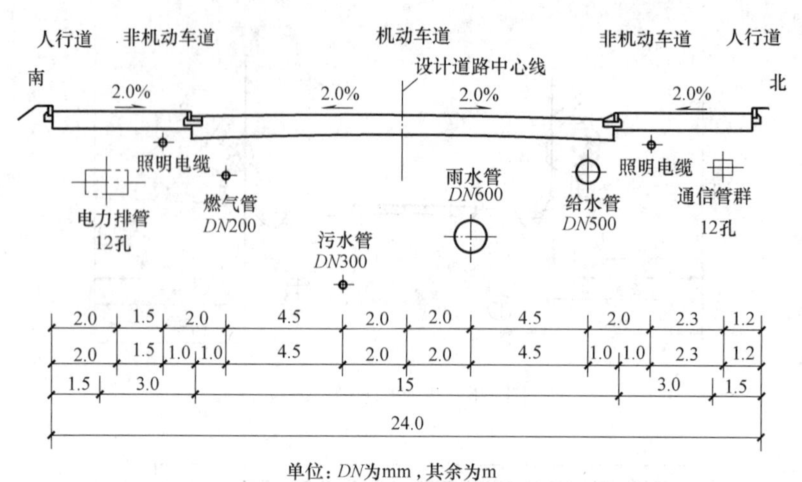

图 7-7　纬二路横断面设计

（2）交叉口处管线综合设计

以某机场的纬二路、经二路交叉口处的管线综合设计为例，按照前面的原则，最上层为横穿纬二路的通信管群（12 孔），由于此处的路面标高为 4.50m，故将通信管群的排管上顶标高定为 3.50m，根据其管高为 0.45m，可以得出其下底标高为 3.05m。同理，依照各种管线上下层的排布顺序，计算出各种管线的上顶标高和下底标高，标于管线上，得到纬二路、经二路管线综合的平面设计图，如图 7-8 所示。

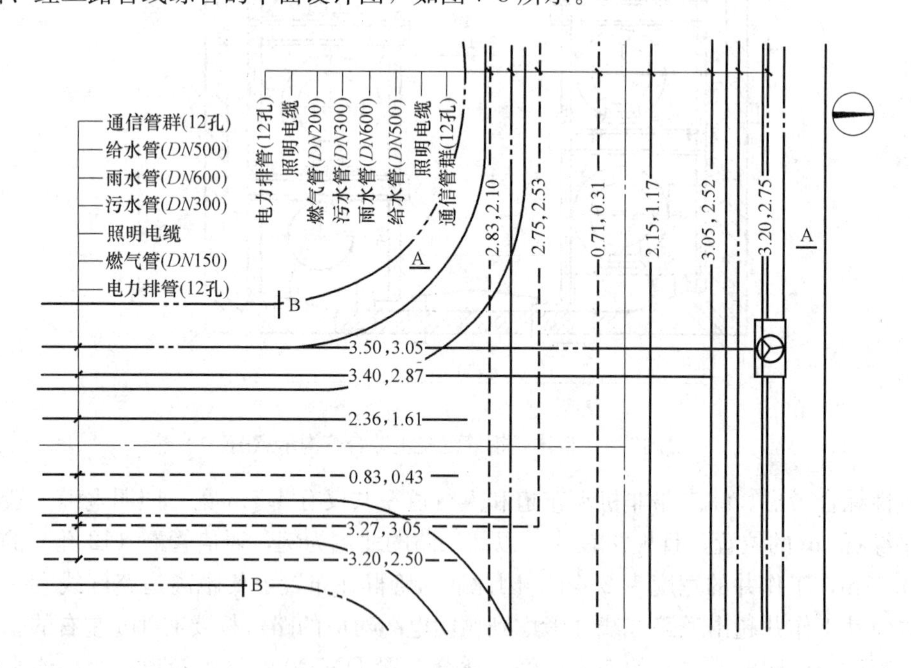

图 7-8　二路、经二路交叉口管线平面设计

2. 管线综合实例二：某工业园老汉沟大桥综合管线过桥方案

(1) 工程概况及过桥管线种类

大桥位于某工业园百米景观大道跨老汉沟处，全长 490m，单幅桥宽 25.3m，双向 8 车道，两侧各有 3.5m 宽人行道，主桥采用单跨 130m 连续刚构体系，悬臂长 4.1m。老汉沟最深处达 70m，宽 400m，根据管线专项规划，通过老汉沟大桥的市政规划管线有：*DN*400 给水管、*DN*250 给水管、*DN*150 再生水管、两排 *DN*600 热力管、24CPVC160 电力管、16HDPE110 电信管，无雨水管线、污水管线和燃气管线。各种管线平面布置如图 7-9 所示。

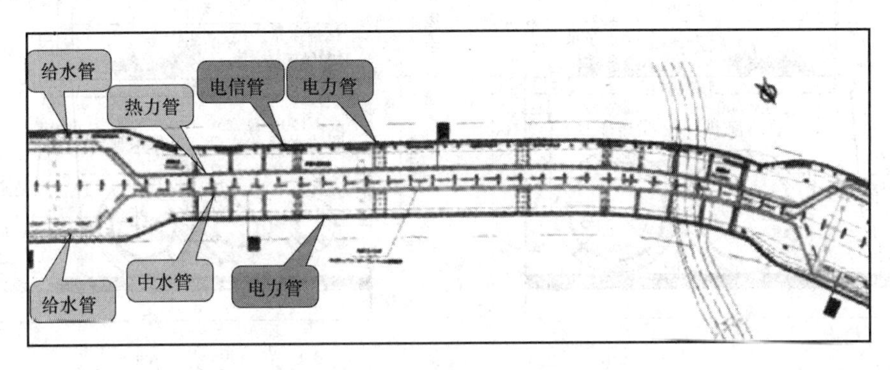

图 7-9 管线平面布置示意图

(2) 管线过桥的方案确定

《城市桥梁设计规范》CJJ 11—2011 中对市政管线在桥上的设置做了相应的规定：不得在桥上敷设污水管、压力大于 0.4MPa 的燃气管和其他可燃、有毒或腐蚀性的液、气体管。条件许可时，在桥上敷设的电信电缆、热力管、给水管、电压不高于 10kV 的配电电缆、压力不大于 0.4MPa 的燃气管必须采取有效地安全防护措施；口径较大的管道不宜在桥梁立面上外露；不宜设置在机动车道下；妥善安排各类管线，要求在敷设、养护、检修时不得损坏桥梁。刚性管道宜与桥梁上部结构分离；电力电缆与燃气管道不得布置在同一侧；各项设施和管线，不得侵入桥面净空限界和桥下通航净空。通过分析跨越老汉沟处管线可以看出：过沟管线管径较小，无高压、可燃、有毒或腐蚀性的液、气体管线通过，过沟管线均符合上桥条件。其中电力电信线缆可以敷设在人行道板，如图 7-10 所示。

对其余管线在桥上的设置，加宽桥面，在桥面板上设置管线。将每幅桥加宽 1.8m，

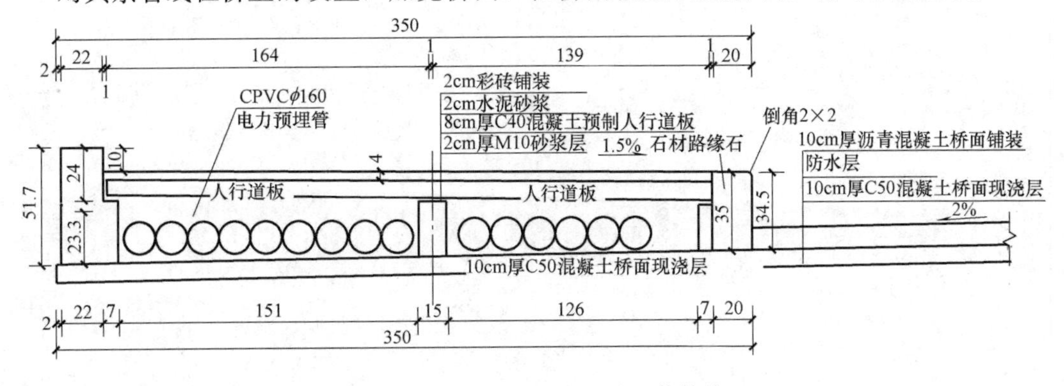

图 7-10 行道板下设置电力电信管线

在桥梁内侧桥面板之上为管道预留出相应空间，将热力管道、给水管道、再生水管道铺设在此处过桥。管道外侧设置护墙，并在此护墙与护栏上架设预制盖板，盖板可以掀起，平时保护管道免受日晒雨淋，需要检修时揭开盖板即可，盖板上放置花盆美化桥面管廊。此方案无须架设专门的管桥，并且避免了在悬臂下施工及检修管道的风险，无论从经济性和操作性上都是最优，因此项目最终选择了这种管线过桥方案。确定管线过桥断面时应充分考虑管道的保温层厚度，操作空间等要求，具体管线过桥断面如图 7-11 所示。

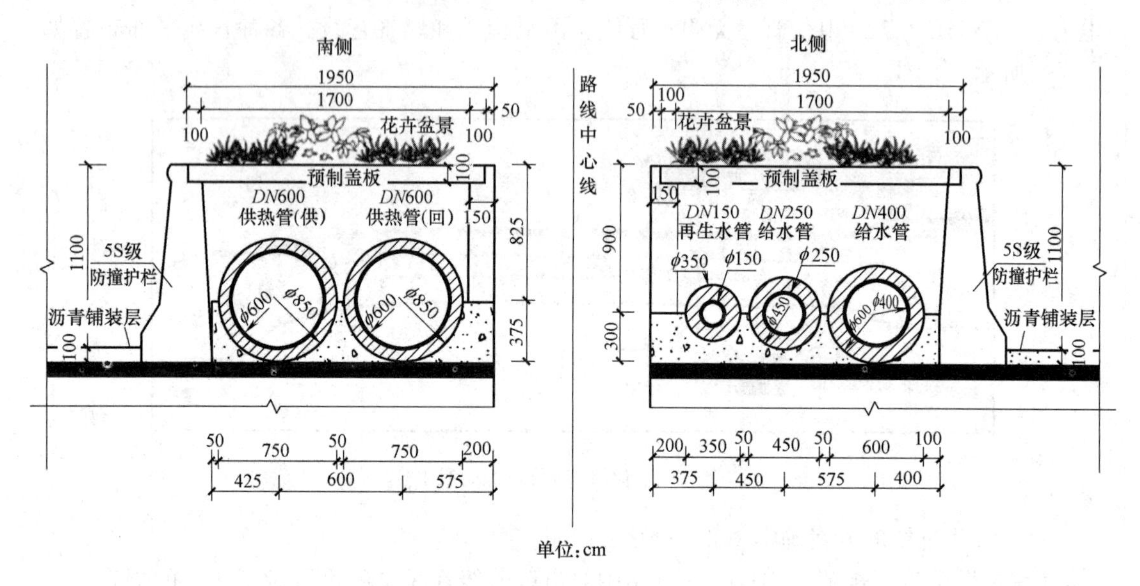

图 7-11　桥面板上的管线布置断面图

思　考　题

1. 何谓管道综合设计？
2. 管道综合设计的原则。
3. 管廊布置的要求。
4. 管道综合设计平面图示。

第8章 排水管渠系统的管理和养护

8.1 管理和养护的任务

排水管渠在建成通水后，为保证其正常工作，必须经常进行养护和管理。排水管渠内常见的故障有：污物淤塞管道；过重的外荷载、地基不均匀沉陷或污水的侵蚀作用，使管渠损坏、裂缝或腐蚀等。管理养护的任务是：①验收排水管渠；②监督排水管渠使用规则的执行；③经常检查、冲洗或清通排水管渠，以维持其通水能力；④修理管渠及其构筑物，并处理意外事故等。

排水管渠系统的管理养护工作，一般由城市建设机关专设部门（如养护工程管理处）领导，按行政区划设养护管理所，下设若干养护工程队（班），分片负责。整个城市排水系统的管理养护组织一般可分为管渠系统、排水泵站和污水处理厂3部分。工厂内的排水系统，一般由工厂自行负责管理和养护。在实际工作中，管渠系统的管理养护应实行岗位责任制，分片包干，以充分发挥养护人员的社会主义积极性。同时，可根据管渠中沉积污物可能性的大小，划分成若干养护等级，以便对其中水力条件较差，排入管渠的脏物较多，易于淤塞的管渠段，给予重点养护。实践证明，这样可大大提高养护工作的效率，是保证排水管渠系统全线正常工作的行之有效的办法。

8.2 排水管渠的清通

管渠系统管理养护经常性的和大量的工作是清通排水管渠。在排水管渠中，往往由于水量不足，坡度较小，污水中污物较多或施工质量不良等原因而发生沉淀、淤积，淤积过多将影响管渠的通水能力，甚至使管渠堵塞，因此，必须定期清通。清通的方法主要有水力方法和机械方法两种。

1. 水力清通

水力清通方法是用水对管道进行冲洗。可以利用管道内污水自冲，也可利用自来水或河水。用管道内污水自冲时，管道本身必须具有一定的流量，同时管内淤泥不宜过多(20%左右)。用自来水冲洗时，通常从消防龙头或街道集中给水栓取水，或用水车将水送到冲洗现场，一般在街坊内的污水支管，每冲洗一次需水约2000～3000kg。

图8-1所示为水力清通方法操作示意图。首先用一个一端由钢丝绳系在绞车上的橡皮气塞或木桶橡皮刷堵住检查井下游管段的进口，使检查井上游管段充水。待上游管中充满并在检查井中水位抬高至1m左右以后，突然放走气塞中部分空气，使气塞缩小，气塞便在水流的推动下往下游浮动而刮走污泥，同时水流在上游较大水压作用下，以较大的流速从气塞底部冲向下游管段。这样，沉积在管底的淤泥便在气塞和水流的冲刷作用下排向下游检查井，管道本身则得到清洗。

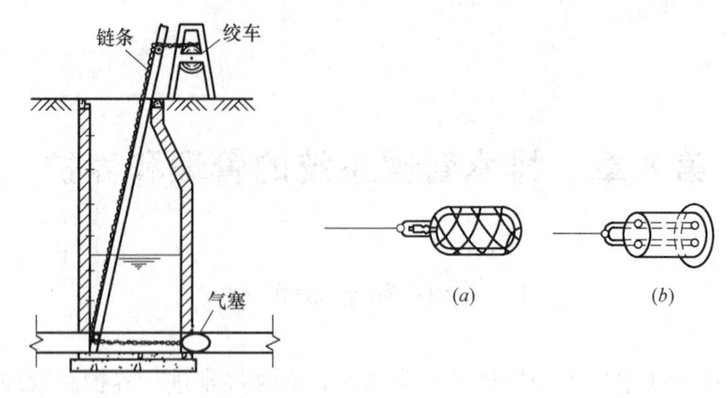

图 8-1　水力清通操作示意图

(a) 橡皮气塞；(b) 木桶橡皮刷

污泥排入下游检查井后，可用吸泥车抽吸运走。吸泥车的形式有：装有隔膜泵的罱泥车、装有真空泵的真空吸泥车和装有射流泵的射流泵式吸泥车。图 8-2 和图 8-3 分别为罱泥车和真空吸泥车的外形照片。因为污泥含水率非常高，它实际上是一种含泥水，为了回收其中的水用于下游管段的清通，同时减少污泥的运输量，我国一些城市已采用泥水分离吸泥车，如图 8-4 所示。采用泥水分离吸泥车时，污泥被安装在卡车上的真空泵从检查井吸上来后，以切线方向旋流进入贮泥罐，贮泥罐内装有由旁置筛板和工业滤布组成的脱水装置，污泥在这里连续真空吸滤脱水。脱水后的污泥贮存在罐内，而吸滤出的水则经车上的贮水箱排至下游检查井内，以备下游管段的清通之用。目前，生产中使用的泥水分离吸泥车的贮泥罐容量为 1.8m^3，过滤面积为 0.4m^2，整个操作过程均由液压控制系统自动控制。

图 8-2　罱泥车

图 8-3　真空吸泥车

近年来，有些城市采用水力冲洗车（图 8-5）进行管道的清通。这种冲洗车由半拖挂式的大型水罐、机动卷管器、消防水泵、高压胶管、射水喷头和冲洗工具箱等部分组成。它的操作过程系由汽车引擎供给动力，驱动消防泵，将从水罐抽出的水加压到 11～12kg/cm^2（日本加压到 50～80kg/cm^2）；高压水沿高压胶管流到放置在待清通管道管口的流线形喷头（图 8-6），喷头尾部设有 2～6 个射水喷嘴（有些喷头头部开有一小喷射孔，以备冲洗堵塞严重的管道时使用），水流从喷嘴强力喷出，推动喷嘴向反方向运动，同时带动胶管在排

(*a*)

(*b*)

图 8-4 泥水分离吸泥车及其液压自控系统

(*a*) 泥水分离吸泥车；(*b*) 液压自控系统

图 8-5 水力冲洗车

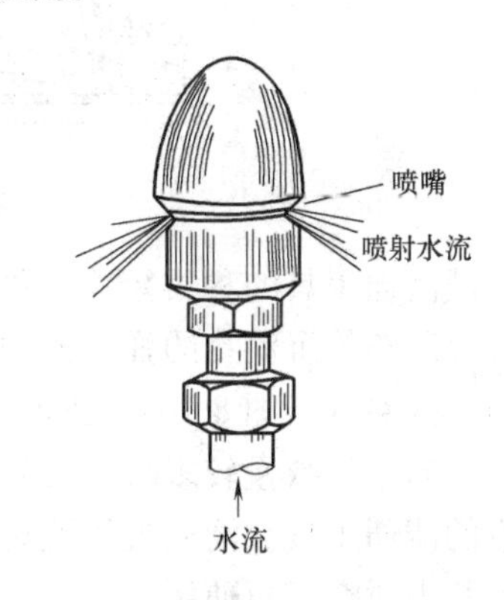

图 8-6 水力冲洗车喷头外形图

水管道内前进；强力喷出的水柱也冲动管道内的沉积物，使之成为泥浆并随水流流至下游检查井。当喷头到达下游检查井时，减小水的喷射压力，由卷管器自动将胶管抽回，抽回胶管时仍继续从喷嘴喷射出低压水，以便将残留在管内的污物全部冲刷到下游检查井，然后由吸泥车吸出。对于表面锈蚀严重的金属排水管道，可采用在喷射高压水中加入硅砂的喷枪冲洗，枪口与被冲物的有效距离为 0.3～0.5m，据日本的经验，这样洗净效果更佳。

目前，生产中使用的水力冲洗车的水罐容量为 1.2～8.0m^3，高压胶管直径为 25～32mm；喷头喷嘴有 1.5～8.0mm 等多种规格，射水方向与喷头前进方向相反，喷射角为 15°、30°或 35°；消耗的喷射水量为 200～500L/min。

水力清通方法操作简便，工效较高，工作人员操作条件较好，目前已得到广泛采用。根据我国一些城市的经验，水力清通不仅能清除下游管道 250m 以内的淤泥，而且在 150m 左右上游管道中的淤泥也能得到相当程度的清除。当检查井的水位升高到 1.20m 时，突然松塞放水，不仅可清除污泥，而且可冲刷出沉在管道中的碎砖石。但在管渠系统脉脉相通的地方，当一处用上了气塞后，虽然此处的管渠被堵塞了，由于上游的污水可以流向别的管段，无法在该管渠中积存，气塞也就无法向下游移动，此时只能采用水力冲洗车或从别的地方运水来冲洗，消耗的水量较大。

2. 机械清通

当管渠淤塞严重，淤泥已粘结密实，水力清通的效果不好时，需要采用机械清通方法。图 8-7 所示为机械清通的操作情况。它首先用竹片穿过需要清通的管渠段，竹片一端系上钢丝绳，绳上系住清通工具的一端。在清通管渠段两端检查井上各设一架绞车，当竹片穿过管渠段后将钢丝绳系在一架绞车上，清通工具的另一端通过钢丝绳系在另一架绞车上。然后利用绞车往复绞动钢丝绳，带动清通工具将淤泥刮至下游检查井内，使管渠得以清通。绞车的动力可以是手动，也可以是机动，例如以汽车引擎为动力。

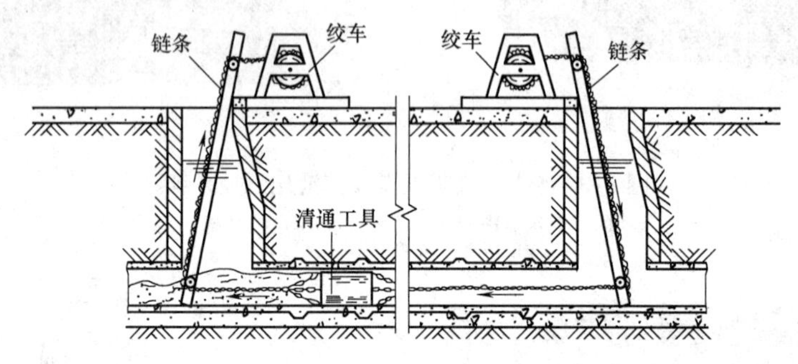

图 8-7　机械清通操作示意

机械清通工具的种类繁多，按其作用分有耙松淤泥的骨骼形松土器（图 8-8）；有清除树根及破布等沉淀物的弹簧刀和锚式清通工具（图 8-9）和有用于刮泥的清通工具，如胶皮刷、铁畚箕（图 8-10）、钢丝刷、铁牛（图 8-11）等。清通工具的大小应与管道管径相适应，当淤泥数量较多时，可先用小号清通工具，待淤泥清除到一定程度后再用与管径相适应的清通工具。清通大管道时，由于检查井井口尺寸的限制，清通工具可分成数块，在检查井内拼合后再使用。

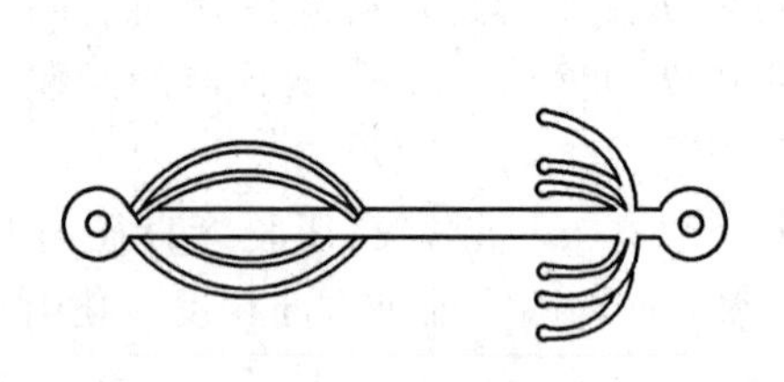
图 8-8　骨骼形松土器

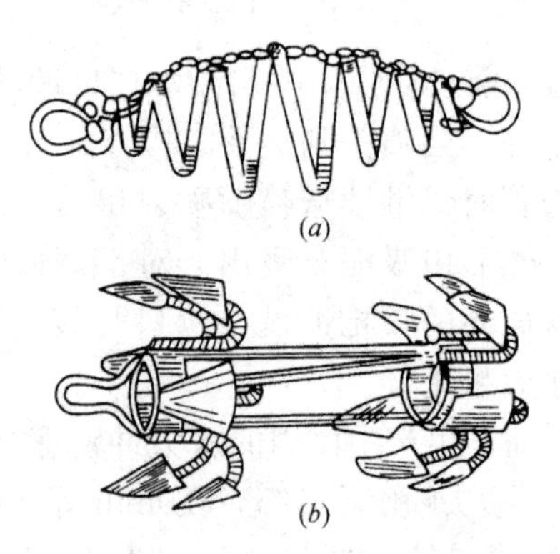

图 8-9　弹簧刀及锚式清通器

(a) 弹簧刀；(b) 锚式清通器

近年来，国外开始采用气动式通沟机与钻杆通沟机清通管渠。气动式通沟机借压缩空气把清泥器从一个检查井送到另一个检查井，然后用绞车通过该机尾部的钢丝绳向后拉，清泥器的翼片即行张开，把管内淤泥刮到检查井底部。钻杆通沟机是通过汽油机或汽车引擎带动一机头旋转，把带有钻头的钻杆通过机头中心由检查井通入管道内，机头带动钻杆

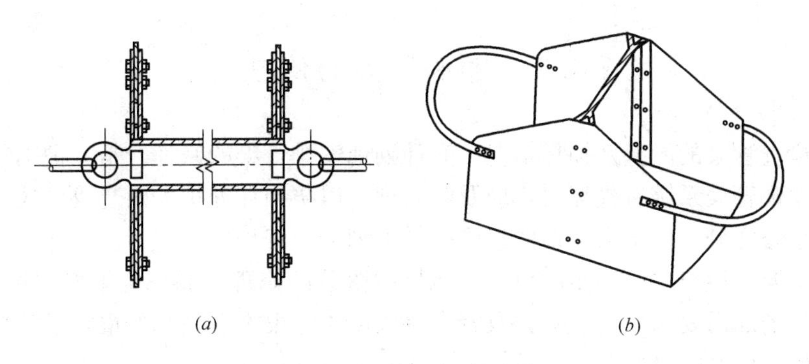

图 8-10 胶皮刷及铁畚箕

(a) 胶皮刷；(b) 铁畚箕

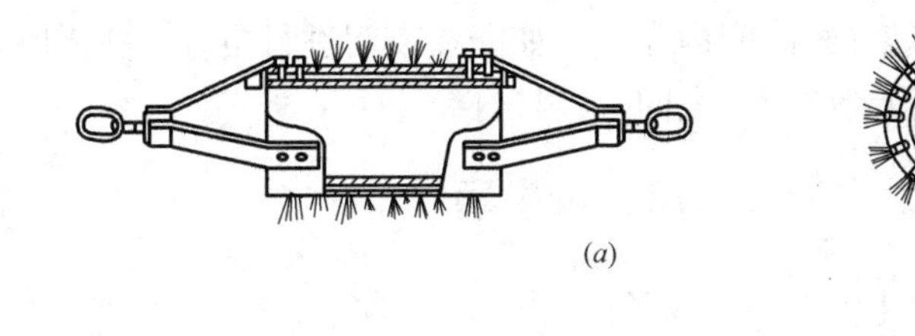

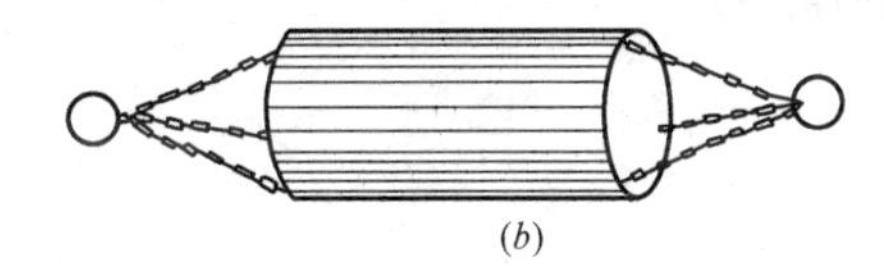

图 8-11 钢丝刷及铁牛

(a) 钢丝刷；(b) 铁牛

转动，使钻头向前钻进，同时将管内的淤积物清扫到另一个检查井中。

淤泥被刮到下游检查井后，通常也可采用吸泥车吸出。如果淤泥含水率低，可采用如图 8-12 所示的抓泥车挖出，然后由汽车运走。

图 8-12 抓泥车

排水管渠的养护工作必须注意安全。管渠中的污水通常能析出硫化氢、甲烷、二氧化碳等气体，某些生产污水能析出石油、汽油或苯等气体，这些气体与空气中的氮混合能形成爆炸性气体。燃气管道失修、渗漏也能导致燃气逸入管渠中造成危险。如果养护人员要下井，除应有必要的劳保用具外，下井前必须先将安全灯放入井内，如有有害气体，由于缺氧，灯将熄灭。如有爆炸性气体，灯在熄灭前会发出闪光。在发现管渠中存在有害气体时，必须采取有效措施排除，例如将相邻两检查井的井盖打开一段时间，或者用抽风机吸出气体。排气后要进行复查。即使确认有害气体已被排除，养护人员下井时仍应有适当的预防措施，例如在井内不得携带有明火的灯，不得点火或抽烟，必要时可戴上有气带的防毒面具，穿上系有绳子的防护腰带，井上留人，以备随时给予井下人员以必要的援助。

8.3 排水管渠的修理

系统地检查管渠的淤塞及损坏情况，有计划地安排管渠的修理，是养护工作的重要内容之一。当发现管渠系统有损坏时，应及时修理，以防损坏处扩大而造成事故。管渠的修理有大修与小修之分，应根据各地的经济条件来划分。修理内容包括检查井、雨水口顶盖等的修理与更换；检查井内踏步的更换，砖块脱落后的修理；局部管渠段损坏后的修补；由于出户管的增加需要添建的检查井及管渠；或由于管渠本身损坏严重、淤塞严重，无法清通时所需的整段开挖翻修。

当进行检查井的改建、添建或整段管渠翻修时，常常需要断绝污水的流通，应采取措施，例如安装临时水泵将污水从上游检查井抽送到下游检查井，或者临时将污水引入雨水管渠中。修理项目应尽可能在短时间内完成，如能在夜间进行更好。在需时较长时，应与有关交通部门取得联系，设置路障，夜间应挂红灯。

思 考 题

1. 排水管道管理和养护的任务。
2. 排水管道的清通方式和适用条件。
3. 水力清通及适用条件。

附　录

附录 1 《污水排入城镇下水道水质标准》CJ 343—2010

污水排入城镇下水道水质等级标准（最高允许值，pH 除外）

序号	控制项目名称	单位	A 等级	B 等级	C 等级
1	水温	℃	35	35	35
2	色度	倍	50	70	60
3	易沉固体	mL/(L・15min)	10	10	10
4	悬浮物	mg/L	400	400	300
5	溶解性总固体	mg/L	1600	2000	2000
6	动植物油	mg/L	100	100	100
7	石油类	mg/L	20	20	15
8	pH	—	6.5～9.5	6.5～9.5	6.5～9.5
9	生化需氧量(BOD_5)	mg/L	350	350	150
10	化学需氧量(COD)[a]	mg/L	500(800)	500(800)	300
11	氨氮(以 N 计)	mg/L	45	45	25
12	总氮(以 N 计)	mg/L	70	70	45
13	总磷(以 P 计)	mg/L	8	8	5
14	阴离子表面活性剂(LAS)	mg/L	20	20	10
15	总氰化物	mg/L	0.5	0.5	0.5
16	总余氯(以 C_{12} 计)	mg/L	8	8	8
17	硫化物	mg/L	1	1	1
18	氟化物	mg/L	20	20	20
19	氯化物	mg/L	500	600	800
20	硫酸盐	mg/L	400	600	600
21	总汞	mg/L	0.02	0.02	0.02
22	总镉	mg/L	0.1	0.1	0.1
23	总铬	mg/L	1.5	1.5	1.5
24	六价铬	mg/L	0.5	0.5	0.5
25	总砷	mg/L	0.5	0.5	0.5
26	总铅	mg/L	1	1	1
27	总镍	mg/L	1	1	1
28	总铍	mg/L	0.005	0.005	0.005
29	总银	mg/L	0.5	0.5	0.5
30	总硒	mg/L	0.5	0.5	0.5
31	总铜	mg/L	2	2	2
32	总锌	mg/L	5	5	5
33	总锰	mg/L	2	5	5
34	总铁	mg/L	5	10	10
35	挥发酚	mg/L	1	1	0.5
36	苯系物	mg/L	2.5	2.5	1

续表

序号	控制项目名称	单位	A 等级	B 等级	C 等级
37	苯胺类	mg/L	5	5	2
38	硝基苯类	mg/L	5	5	3
39	甲醛	mg/L	5	5	2
40	三氯甲烷	mg/L	1	1	0.6
41	四氯化碳	mg/L	0.5	0.5	0.06
42	三氯乙烯	mg/L	1	1	0.6
43	四氯乙烯	mg/L	0.5	0.5	0.2
44	可吸附有机卤化物(AOX,以 Cl 计)	mg/L	8	8	5
45	有机磷农药(以 P 计)	mg/L	0.5	0.5	0.5
46	五氯酚	mg/L	5	5	5

[a] 括号内数值为污水处理厂新建或改、扩建，且 BOD_5/COD>0.4 时挖到指标的最高允许值。

附录 2-1 居民生活用水定额（平均日）和综合生活用水定额（平均日）

居民生活用水定额（L/(人·d)）

城市规模	特大城市		大城市		中、小城市	
用水情况分区	最高日	平均日	最高日	平均日	最高日	平均日
一	180～270	140～210	160～250	120～190	140～230	100～170
二	140～200	110～160	120～180	90～140	100～160	70～120
三	140～180	110～150	120～160	90～130	100～140	70～110

综合生活用水定额（L/(人·d)）

城市规模	特大城市		大城市		中、小城市	
用水情况分区	最高日	平均日	最高日	平均日	最高日	平均日
一	260～410	210～340	240～390	190～310	220～370	170～280
二	190～280	150～240	170～260	130～210	150～240	110～180
三	170～270	140～230	150～250	120～200	130～230	100～170

注：1. 特大城市指：市区和近郊区非农业人口 100 万及以上的城市；
大城市指：市区和近郊区非农业人口 50 万及以上，不满 100 万的城市；
中、小城市指：市区和近效区非农业人口不满 50 万的城市。
2. 一区包括：湖北、湖南、江西、浙江、福建、广东、广西、海南、上海、江苏、安徽、重庆；
二区包括：四川、贵州、云南、黑龙江、吉林、辽宁、北京、天津、河北、山西、河南、山东、宁夏、陕西、内蒙古河套以东和甘肃黄河以东的地区；
三区包括：新疆、青海、西藏、内蒙古河套以西和甘肃黄河以西的地区。
3. 经济开发区和特区城市，根据用水实际情况，用水定额可酌情增加。
4. 当采用海水或污水再生水等作为冲厕用水时，用水定额相应减少。

附录 2-2　水力计算图

1. 钢筋混凝土圆管（不满流 n=0.014）

计算图

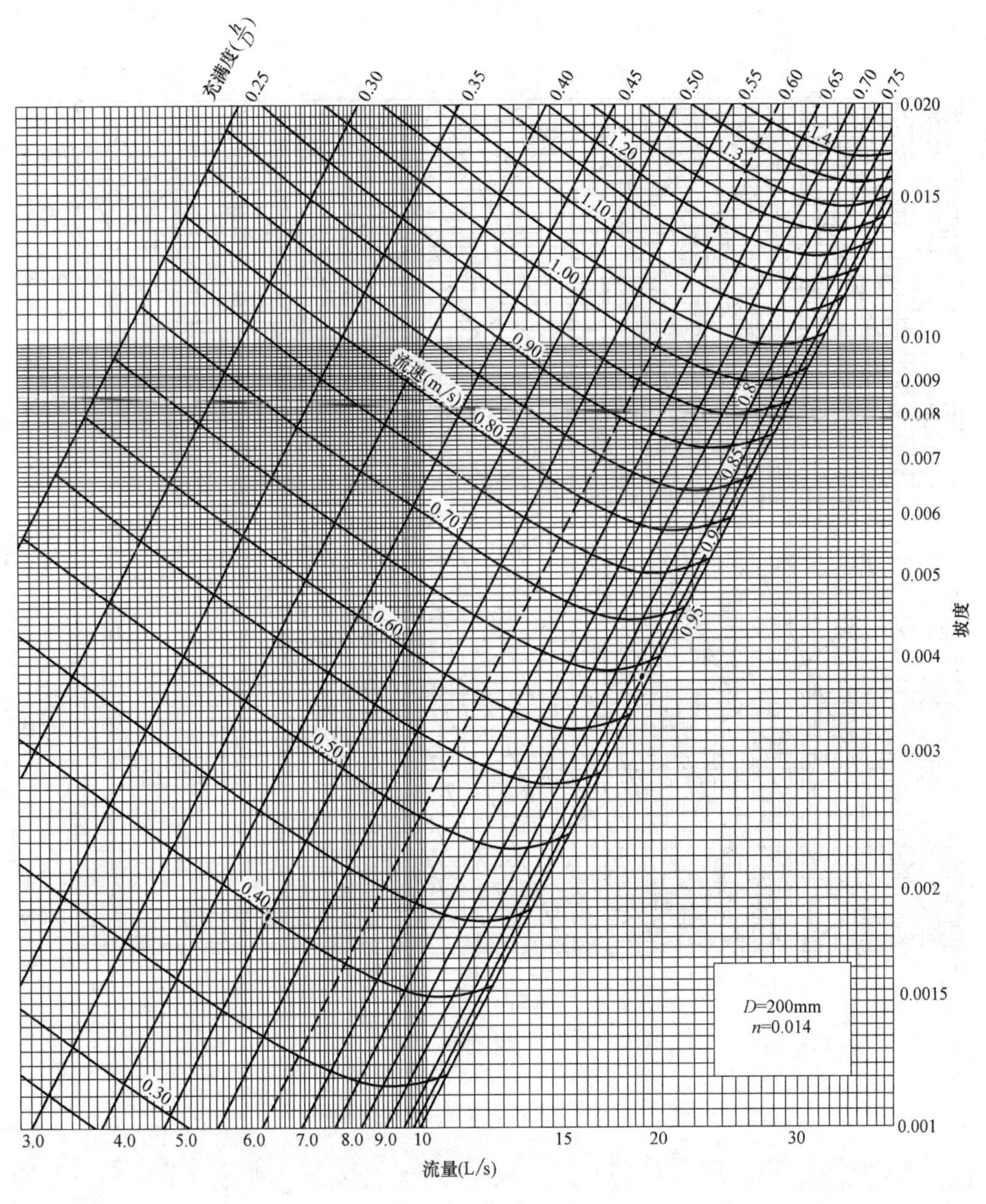

附图 1

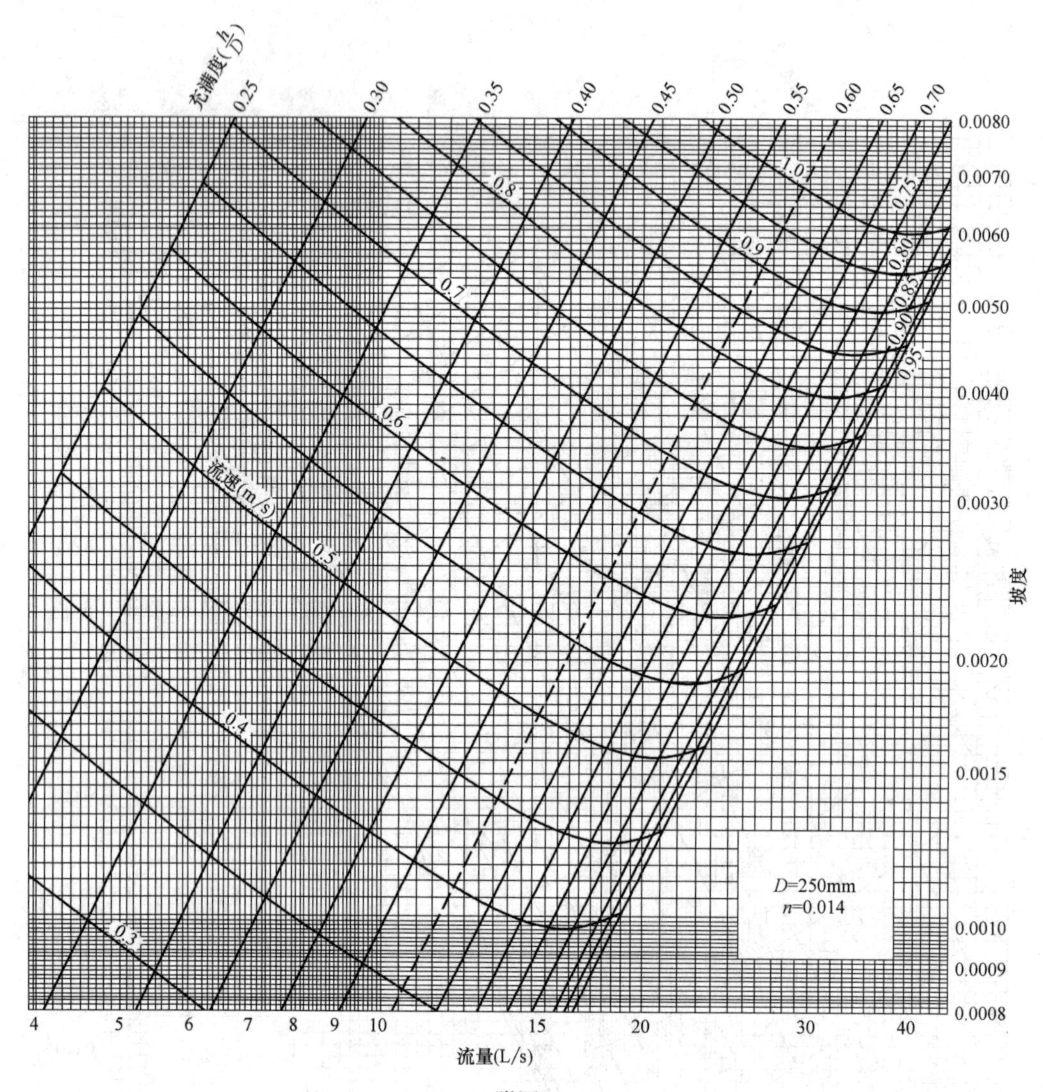

充满度($\frac{h}{D}$)
0.25
0.30
0.35
0.40
0.45
0.50
0.55
0.60
0.65
0.70
0.0080
0.0070
0.0060
0.0050
0.0040
0.0030
0.0020
0.0015
0.0010
0.0009
0.0008
坡度
1.0
0.9
0.8
0.7
0.6
0.5
0.4
0.3
0.75
0.80
0.85
0.90
0.95
流速(m/s)
D=250mm
n=0.014
4
5
6
7
8
9
10
15
20
30
40
流量(L/s)

附图 2

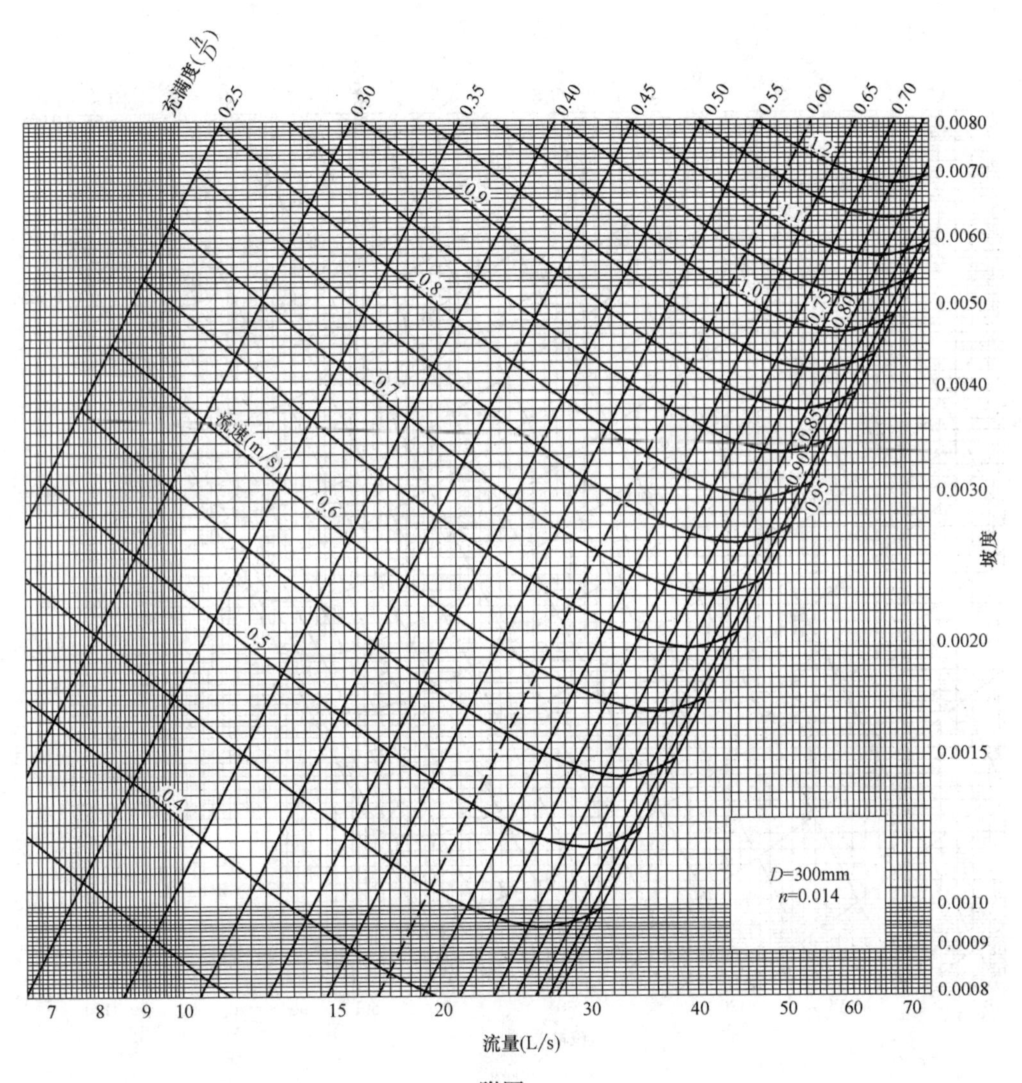

充满度($\frac{h}{D}$)
0.25
0.30
0.35
0.40
0.45
0.50
0.55
0.60
0.65
0.70
0.75
0.80
0.85
0.90
0.95
流速(m/s)
0.4
0.5
0.6
0.7
0.8
0.9
1.0
1.1
1.2
0.0080
0.0070
0.0060
0.0050
0.0040
0.0030
0.0020
0.0015
0.0010
0.0009
0.0008
坡度
D=300mm
n=0.014
7
8
9
10
15
20
30
40
50
60
70
流量(L/s)

附图 3

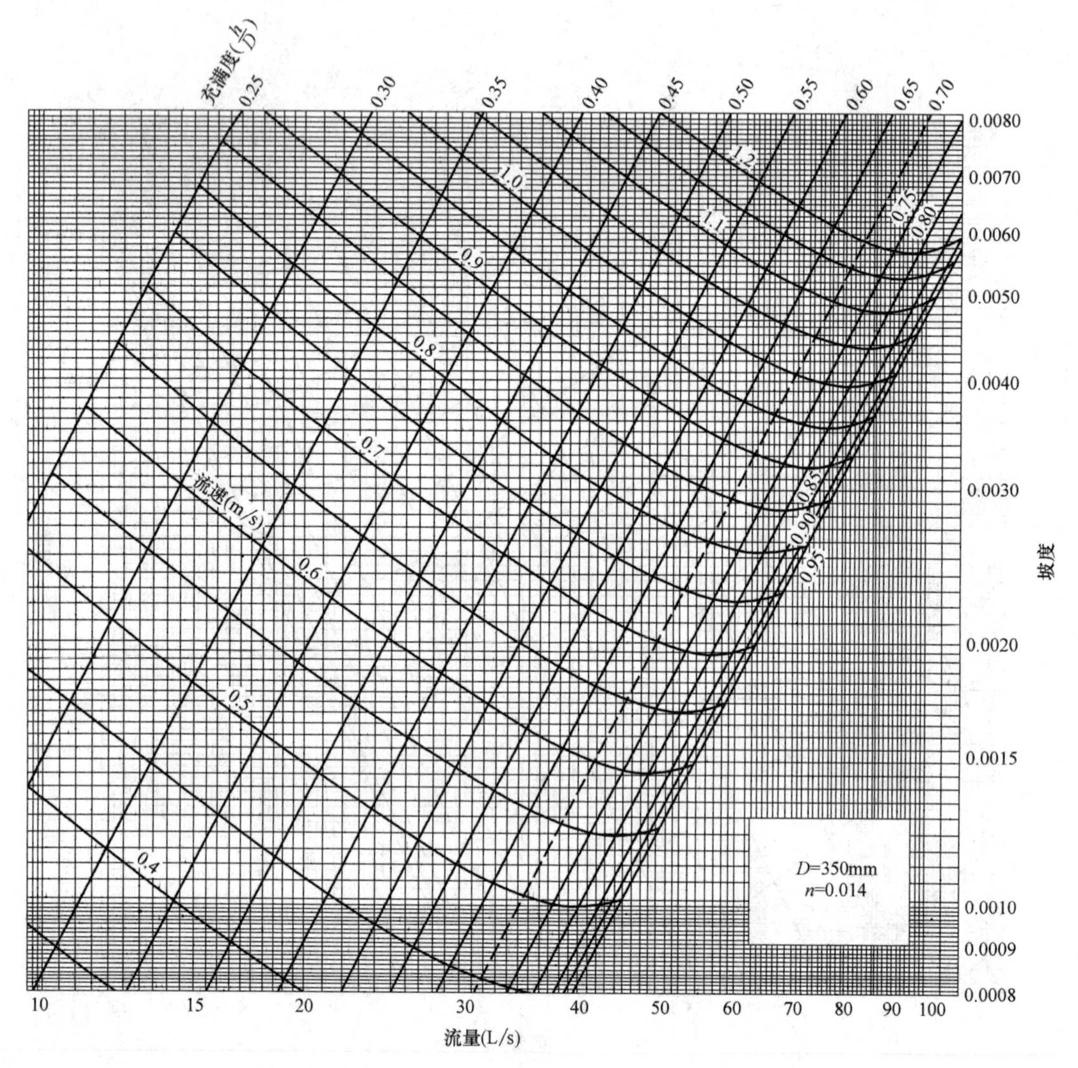
充满度($\frac{h}{D}$)
0.25
0.30
0.35
0.40
0.45
0.50
0.55
0.60
0.65
0.70
0.75
0.80
0.85
0.90
0.95
流速(m/s)
0.4
0.5
0.6
0.7
0.8
0.9
1.0
1.1
1.2
0.0080
0.0070
0.0060
0.0050
0.0040
0.0030
0.0020
0.0015
0.0010
0.0009
0.0008
坡度
10
15
20
30
40
50
60
70
80
90
100
流量(L/s)
D=350mm
n=0.014

附图 4

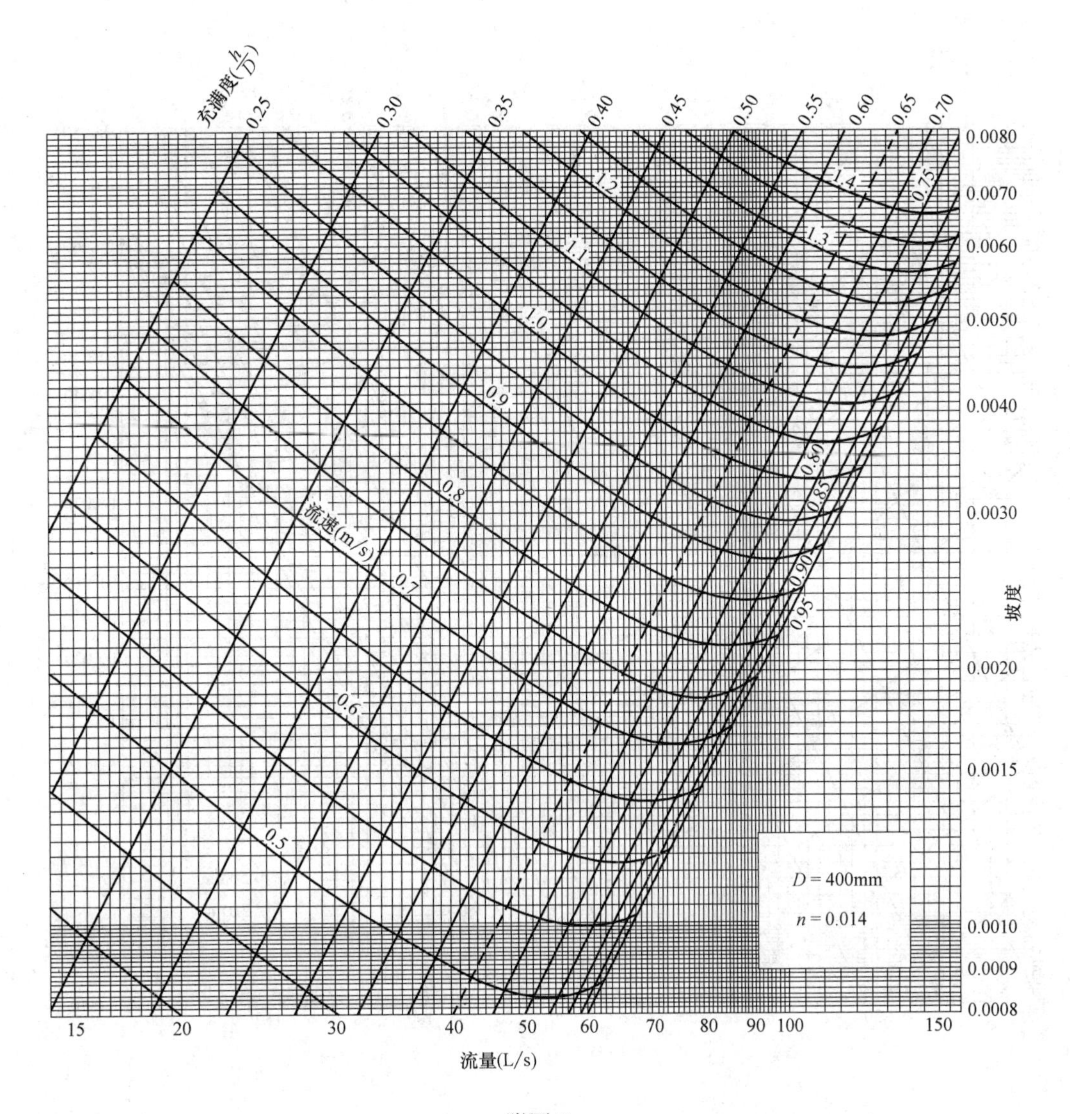

充满度($\frac{h}{D}$)
0.25
0.30
0.35
0.40
0.45
0.50
0.55
0.60
0.65
0.70
0.75
0.80
0.85
0.90
0.95
流速(m/s)
0.5
0.6
0.7
0.8
0.9
1.0
1.1
1.2
1.3
1.4
0.0080
0.0070
0.0060
0.0050
0.0040
0.0030
0.0020
0.0015
0.0010
0.0009
0.0008
坡度
15
20
30
40
50
60
70
80
90
100
150
流量(L/s)
D = 400mm
n = 0.014

附图 5

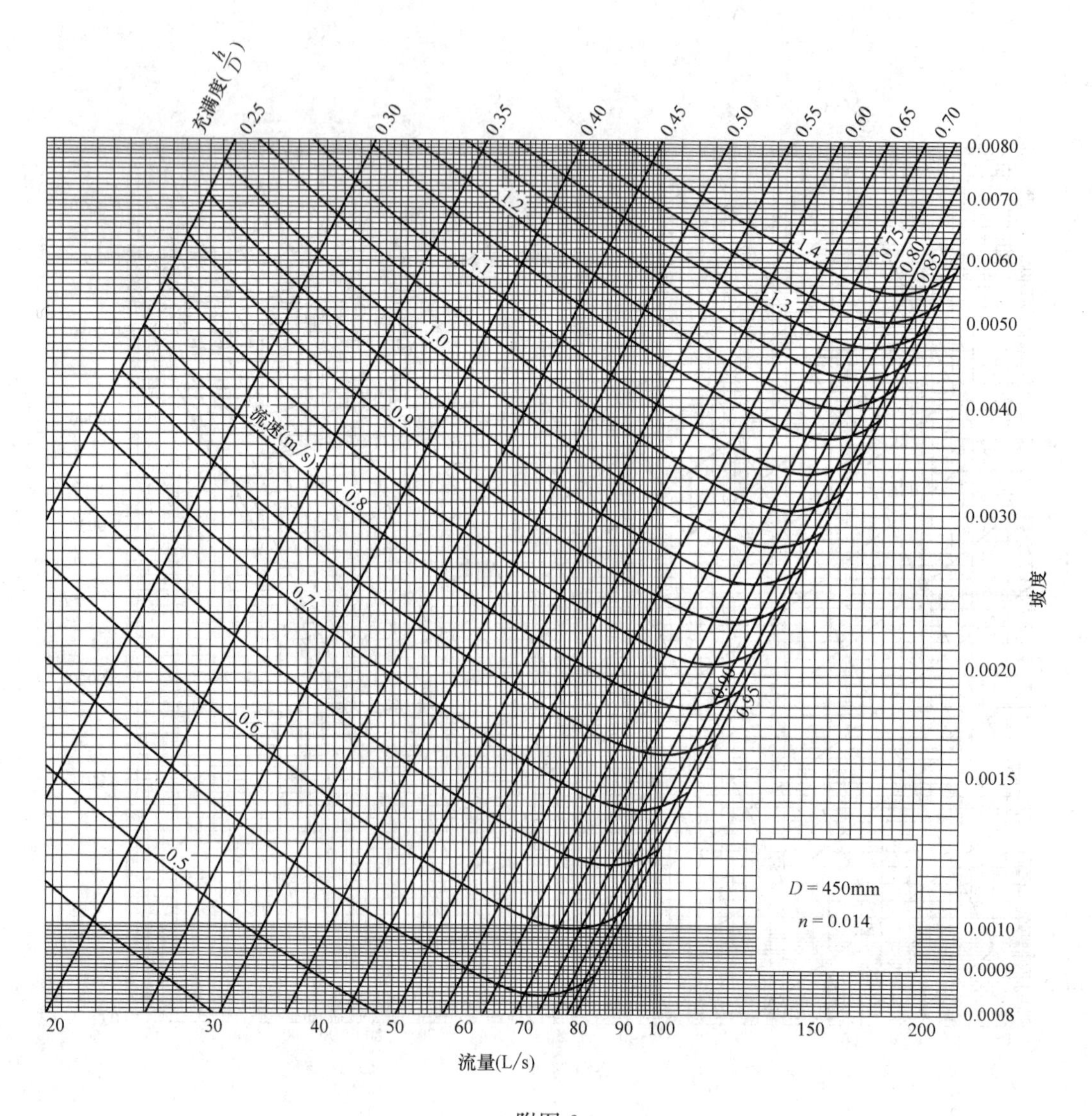

充满度($\frac{h}{D}$)
0.25
0.30
0.35
0.40
0.45
0.50
0.55
0.60
0.65
0.70
0.75
0.80
0.85
0.90
0.95
流速(m/s)
0.5
0.6
0.7
0.8
0.9
1.0
1.1
1.2
1.3
1.4
0.0080
0.0070
0.0060
0.0050
0.0040
0.0030
0.0020
0.0015
0.0010
0.0009
0.0008
坡度
20
30
40
50
60
70
80
90
100
150
200
流量(L/s)
$D=450$mm
$n=0.014$

附图 6

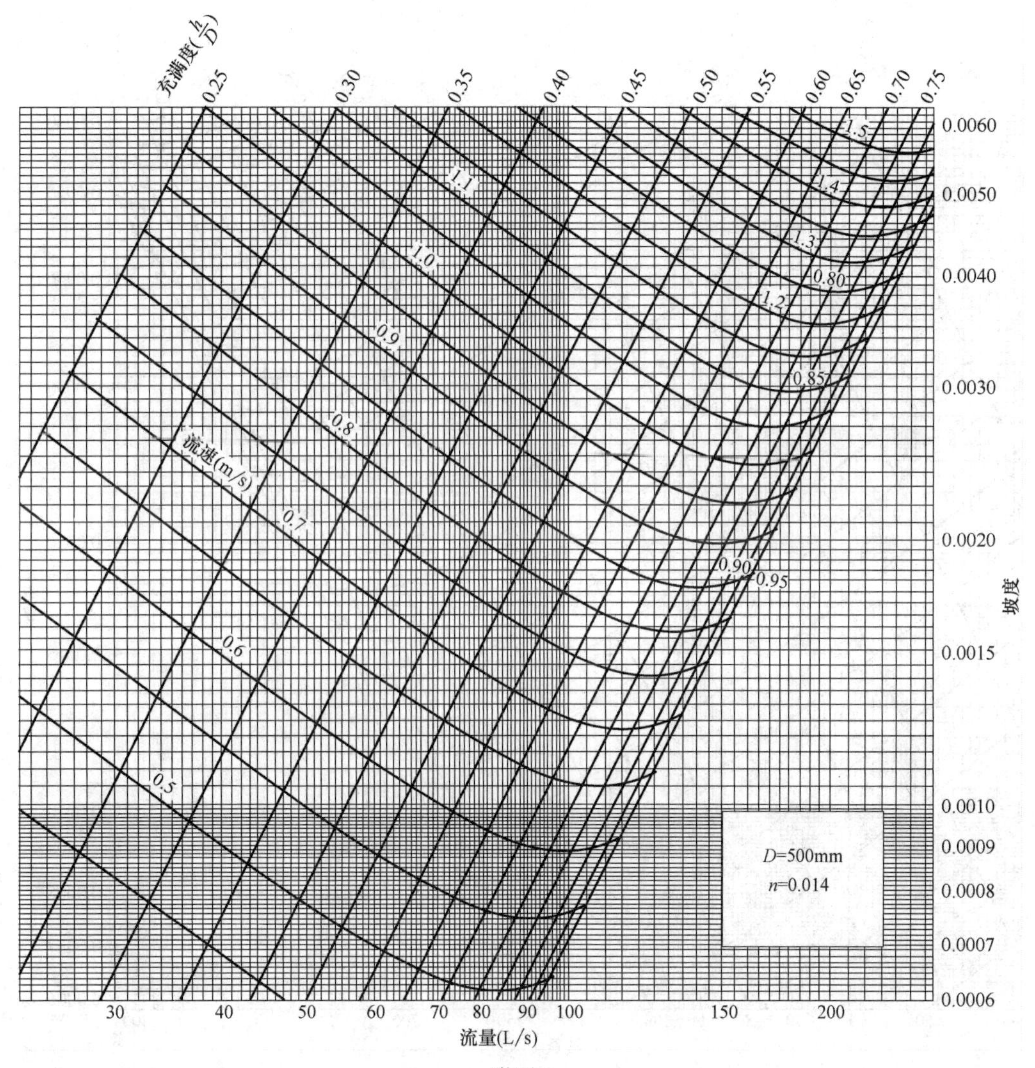
充满度($\frac{h}{D}$)
0.25
0.30
0.35
0.40
0.45
0.50
0.55
0.60
0.65
0.70
0.75
0.0060
0.0050
0.0040
0.0030
0.0020
0.0015
0.0010
0.0009
0.0008
0.0007
0.0006
坡度
1.5
1.4
1.3
1.2
1.1
1.0
0.9
0.8
0.7
0.6
0.5
流速(m/s)
0.80
0.85
0.90
0.95
D=500mm
n=0.014
30
40
50
60
70
80
90
100
150
200
流量(L/s)

附图 7

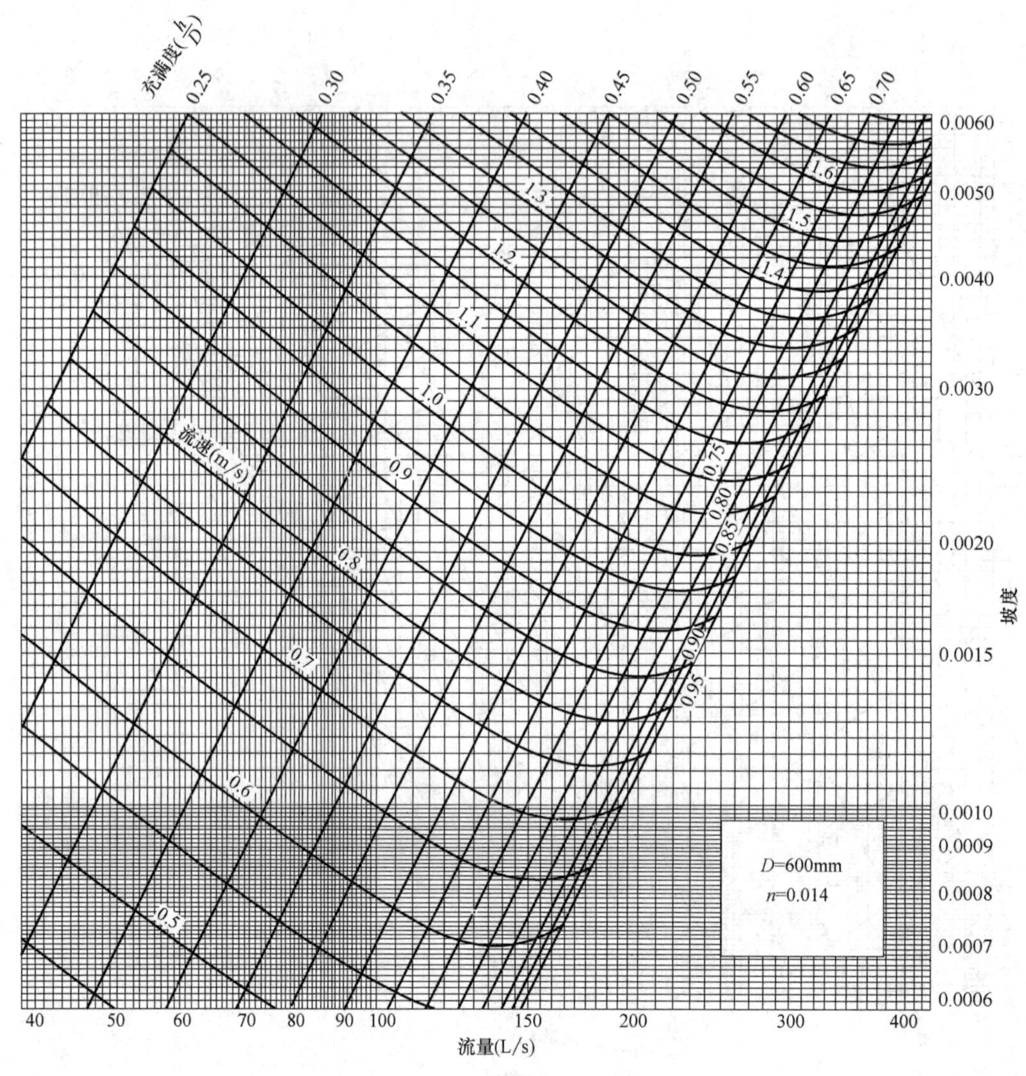

充满度($\frac{h}{D}$)
0.25
0.30
0.35
0.40
0.45
0.50
0.55
0.60
0.65
0.70
0.75
0.80
0.85
0.90
0.95
流速(m/s)
0.5
0.6
0.7
0.8
0.9
1.0
1.1
1.2
1.3
1.4
1.5
1.6
0.0060
0.0050
0.0040
0.0030
0.0020
0.0015
0.0010
0.0009
0.0008
0.0007
0.0006
坡度
40
50
60
70
80
90
100
150
200
300
400
流量(L/s)
D=600mm
n=0.014

附图 8

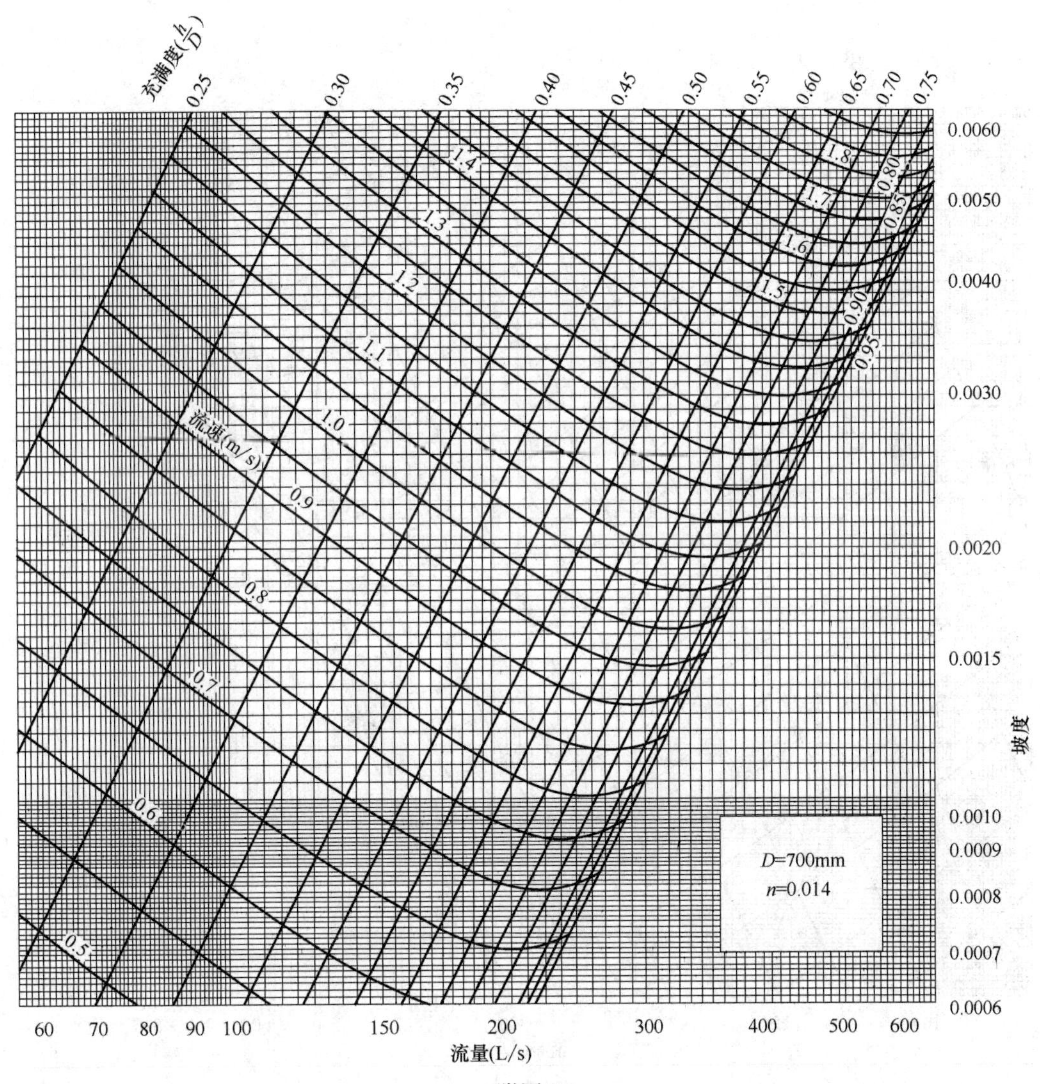

充满度($\frac{h}{D}$)
0.25
0.30
0.35
0.40
0.45
0.50
0.55
0.60
0.65
0.70
0.75
0.80
0.85
0.90
0.95
流速(m/s)
0.5
0.6
0.7
0.8
0.9
1.0
1.1
1.2
1.3
1.4
1.5
1.6
1.7
1.8
0.0060
0.0050
0.0040
0.0030
0.0020
0.0015
0.0010
0.0009
0.0008
0.0007
0.0006
坡度
D=700mm
n=0.014
60
70
80
90
100
150
200
300
400
500
600
流量(L/s)

附图 9

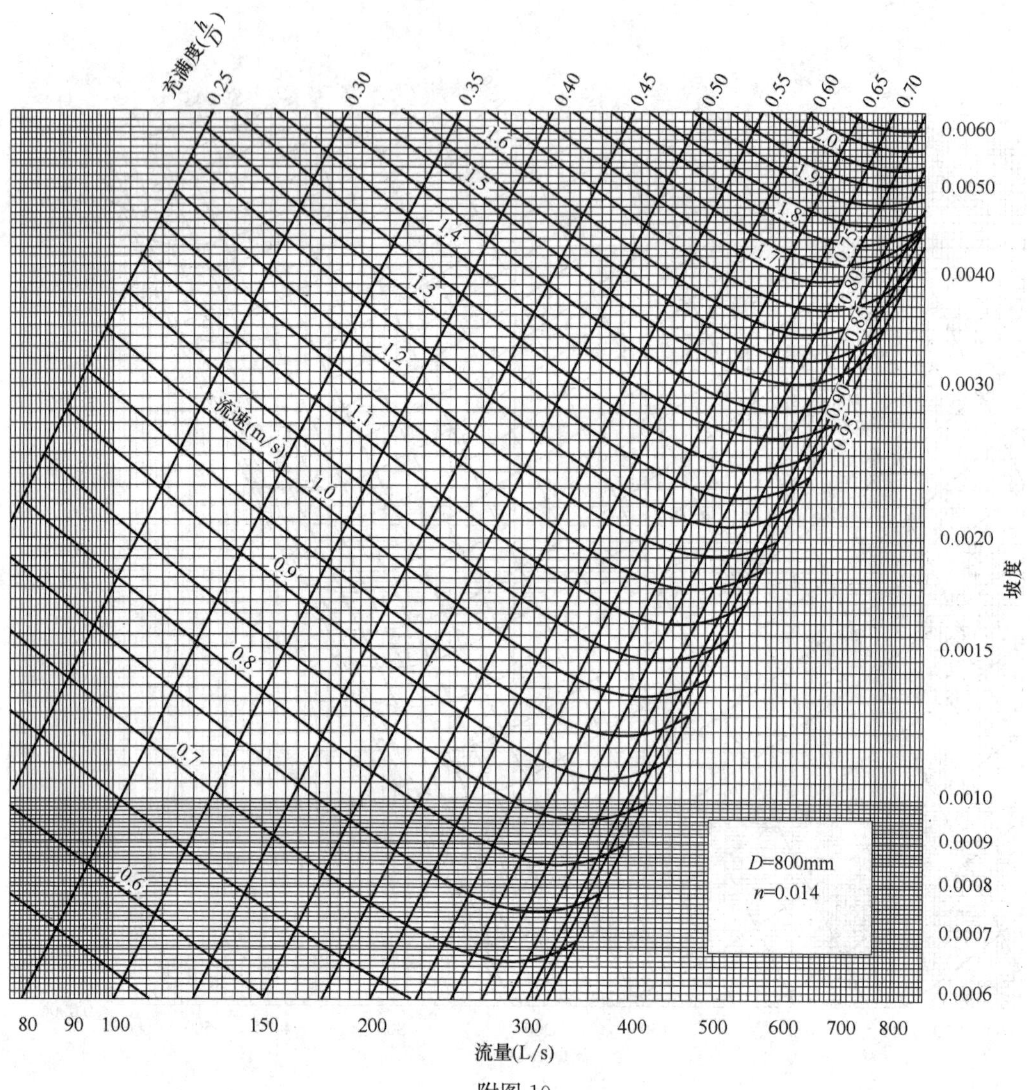

充满度($\frac{h}{D}$)
0.25
0.30
0.35
0.40
0.45
0.50
0.55
0.60
0.65
0.70
0.75
0.80
0.85
0.90
0.95
流速(m/s)
0.6
0.7
0.8
0.9
1.0
1.1
1.2
1.3
1.4
1.5
1.6
1.7
1.8
1.9
2.0
0.0060
0.0050
0.0040
0.0030
0.0020
0.0015
0.0010
0.0009
0.0008
0.0007
0.0006
坡度
D=800mm
n=0.014
80
90
100
150
200
300
400
500
600
700
800
流量(L/s)

附图 10

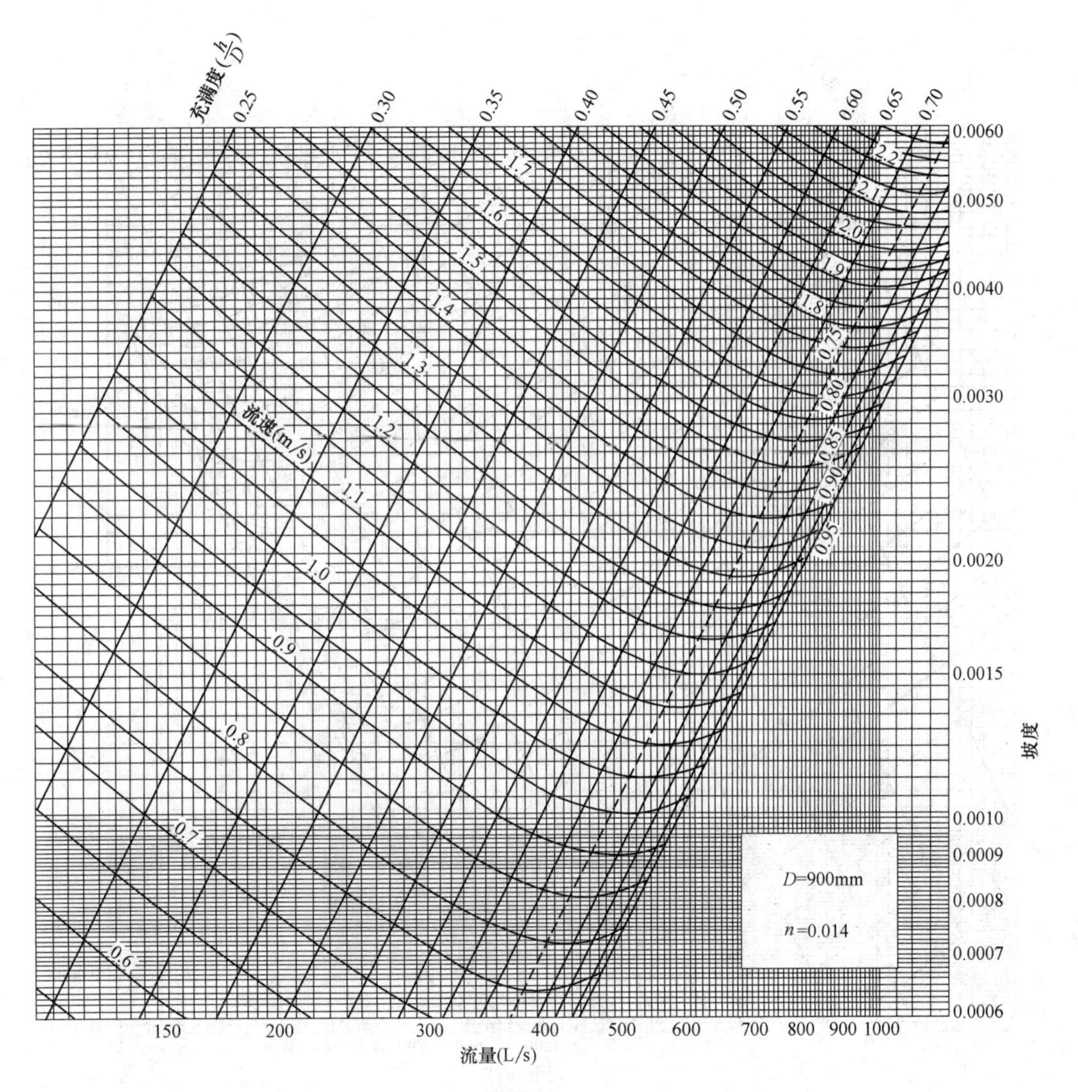
充满度($\frac{h}{D}$)
0.25
0.30
0.35
0.40
0.45
0.50
0.55
0.60
0.65
0.70
0.75
0.80
0.85
0.90
0.95
流速(m/s)
0.6
0.7
0.8
0.9
1.0
1.1
1.2
1.3
1.4
1.5
1.6
1.7
1.8
1.9
2.0
2.1
2.2
0.0060
0.0050
0.0040
0.0030
0.0020
0.0015
0.0010
0.0009
0.0008
0.0007
0.0006
坡度
D=900mm
n=0.014
150
200
300
400
500
600
700
800
900
1000
流量(L/s)

附图 11

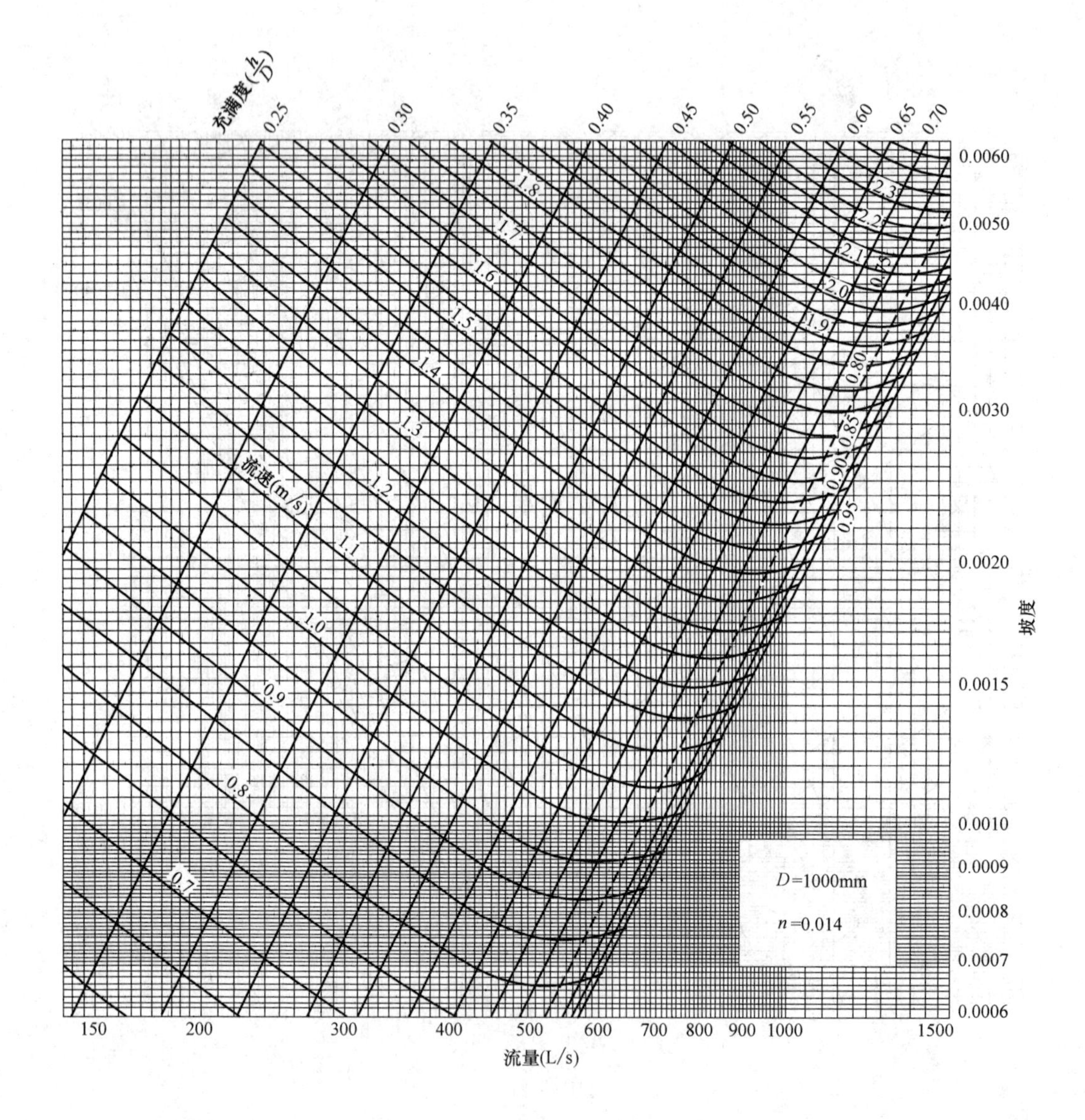

附图 12

2. 钢筋混凝土圆管（满度 n=0.013）
计算图

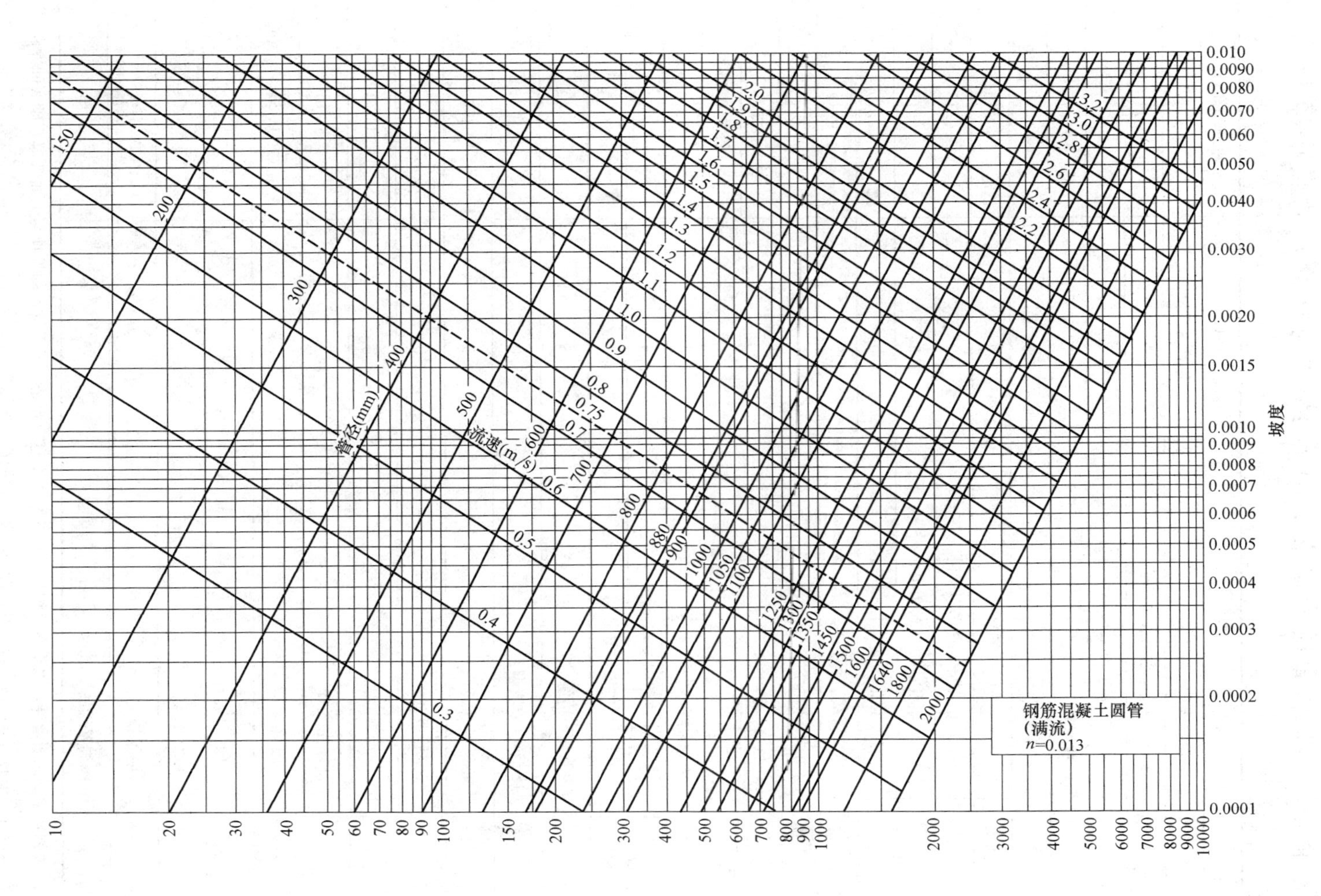

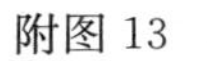

附图 13

附录 2-3　排水管道和其他地下管线（构筑物）的最小净距

<table>
<tr><th colspan="3">名称</th><th>水平净距(m)</th><th>垂直净距(m)</th></tr>
<tr><td colspan="3">建筑物</td><td>见注 3</td><td></td></tr>
<tr><td colspan="2" rowspan="2">给水管</td><td>$d \leqslant 200$mm</td><td>1.0</td><td rowspan="2">0.4</td></tr>
<tr><td>$d<200$mm</td><td>1.5</td></tr>
<tr><td colspan="3">排水管</td><td></td><td>0.15</td></tr>
<tr><td colspan="3">再生水管</td><td>0.5</td><td>0.4</td></tr>
<tr><td rowspan="4">燃气管</td><td>低压</td><td>$P \leqslant 0.05$MPa</td><td>1.0</td><td>0.15</td></tr>
<tr><td>中压</td><td>$0.05\text{MPa}<P \leqslant 0.4$MPa</td><td>1.2</td><td>0.15</td></tr>
<tr><td rowspan="2">高压</td><td>$0.4\text{MPa}<P \leqslant 0.8$MPa</td><td>1.5</td><td>0.15</td></tr>
<tr><td>$0.8\text{MPa}<P \leqslant 1.6$MPa</td><td>2.0</td><td>0.15</td></tr>
<tr><td colspan="3">热力管线</td><td>1.5</td><td>0.15</td></tr>
<tr><td colspan="3">电力管线</td><td>0.5</td><td>0.5</td></tr>
<tr><td colspan="3" rowspan="2">电信管线</td><td rowspan="2">1.0</td><td>直埋 0.5</td></tr>
<tr><td>管块 0.15</td></tr>
<tr><td colspan="3">乔木</td><td>1.5</td><td></td></tr>
<tr><td colspan="2" rowspan="2">地上柱杆</td><td>通信照明及<10kV</td><td>0.5</td><td></td></tr>
<tr><td>高压铁塔基础边</td><td>1.5</td><td></td></tr>
<tr><td colspan="3">道路侧石边缘</td><td>1.5</td><td></td></tr>
<tr><td colspan="3">铁路钢轨(或坡脚)</td><td>5.0</td><td>轨底 1.2</td></tr>
<tr><td colspan="3">电车(轨底)</td><td>2.0</td><td>1.0</td></tr>
<tr><td colspan="3">架空管架基础</td><td>2.0</td><td></td></tr>
<tr><td colspan="3">油管</td><td>1.5</td><td>0.25</td></tr>
<tr><td colspan="3">压缩空气管</td><td>1.5</td><td>0.15</td></tr>
<tr><td colspan="3">氧气管</td><td>1.5</td><td>0.25</td></tr>
<tr><td colspan="3">乙炔管</td><td>1.5</td><td>0.25</td></tr>
<tr><td colspan="3">电车电缆</td><td></td><td>0.5</td></tr>
<tr><td colspan="3">明渠渠底</td><td></td><td>0.5</td></tr>
<tr><td colspan="3">涵洞基础底</td><td></td><td>0.15</td></tr>
</table>

注：1. 表列数字除注明者外，水平净距均指外壁净距，垂直净距是指下面管道的外顶与上面管道基础底间净距。

2. 采取充分措施（如结构措施）后，表列数字可以减小。

3. 与建筑物水平净距，管道埋深浅于建筑物基础时，不宜小于 2.5m，管道埋深深于建筑物基础时，按计算确定，但不应小于 3.0m。

附录 2-4　排水工程综合指标

污水管道工程综合指标　　　　附表 2-4-1

序号	设计规模	指标基价（元）	其中：				人工（工日）	主要材料				
			建设安装工程费	设备购置费	工程建设其他费用	基本预备费		钢材（kg）	水泥（t）	锯材（m^3）	中砂（m^3）	碎石（m^3）
1	设计平均日流量 10 万 m^3/d	4498	3621	—	543	333	18	66.0	0.2180	0.036	4.4472	0.5668
2	设计平均日流量 5 万 m^3/d	5704	4593	—	689	423	24	75.2	0.3488	0.0709	4.7742	1.428
3	设计平均日流量 2 万 m^3/d	9351	7529	—	1129	693	43	143.9	0.3597	0.1581	7.7826	1.2208
4	设计平均日流量 1 万 m^3/d	12460	10032	—	1505	923	60	162.4	0.4796	0.2910	7.194	1.5369

注：1. 污水管道综合指标的计算单位为“$m^3/(d\cdot km)$”，若污水设计平均日流量与本表不同，可采用内插法计算。
2. 该表整理摘自：中国计划出版社，市政工程投资估算指标，第四册排水工程，HGZ47-104-2C07。

雨水管道工程综合指标　　　　附表 2-4-2

序号	设计规模	指标基价（元）	其中：				人工（工日）	主要材料				
			建设安装工程费	设备购置费	工程建设其他费用	基本预备费		钢材（kg）	水泥（t）	锯材（m^3）	中砂（m^3）	碎石（m^3）
1	泄水面积 200hm^2	15091	12151	—	1823	1118	54	90	1.60	0.17	6.64	7.32
2	泄水面积 100hm^2	24697	19885	—	2983	1829	95	190	2.35	0.29	10.24	9.69
3	泄水面积 50hm^2	27145	21856	—	3278	2011	127	190	2.53	0.51	13.47	10.90

注：1. 雨水管道综合指标的计算单位为“hm^2/km”，支管不作为计算长度，若雨水管道工程泄水面积与本表不同，可采用内插法计算。
2. 该表整理摘自：中国计划出版社，市政工程投资估算指标，第四册排水工程，HGZ47-104-2007。

雨、污水泵站工程综合指标

附表 2-4-3

序号		设计规模	指标基价（元）	其中：				人工（工日）	主要材料				
				建设安装工程费	设备购置费	工程建设其他费用	基本预备费		钢材（kg）	水泥（t）	锯材（kg）	中砂（m^3）	碎石（m^3）
雨水	1	100～5000L/s	3300.28～4092.83	1700.68～2115.15	956.55～1180.20	398.58～494.30	244.47～303.17	2.56～3.10	60.90～73.50	252.0～294.0	0.08～0.11	0.63～0.74	1.05～1.26
	2	5000～10000L/s	2627.64～3300.28	1354.20～1700.68	765.45～956.55	317.35～398.58	194.64～244.47	2.07～2.56	50.40～60.90	199.50～252.0	0.07～0.08	0.53～0.63	0.86～1.05
	3	10000～20000/s	2059.35～2627.64	1052.24～1354.20	605.85～765.45	248.71～317.35	152.54～194.64	1.77～2.07	42.00～50.40	168.00～199.50	0.06～0.07	0.42～0.53	0.71～0.86
	4	20000L/s 以上	1632.14～2059.35	835.29～1052.24	478.80～605.85	197.11～248.71	120.90～152.54	1.48～1.77	33.60～42.00	136.50～168.00	0.04～0.06	0.36～0.42	0.61～0.71
污水	1	100～300L/s	17624.32～22357.13	9406.71～11941.36	4783.80～6059.55	2128.54～2700.14	1305.50～1656.08	8.37～9.85	273.00～346.50	997.50～1260.0	0.28～0.37	2.31～2.94	3.57～4.52
	2	300～600L/s	12720.30～17624.32	6732.74～9406.71	3508.05～4783.80	1536.27～2128.54	942.24～1305.50	6.89～8.37	210.00～273.00	861.0～997.50	0.23～0.28	1.89～2.31	2.94～3.57
	3	600～1000L/s	10223.35～12720.30	5424.11～6732.74	2806.65 3508.05	1234.70～1536.27	757.29～942.24	5.42～6.89	157.50～210.00	682.54～861.0	0.18～0.23	1.42～1.89	2.42～2.94
	4	1000～2000L/s	7919.51～10223.35	4208.17～5424.11	2168.25～2806.65	956.46～1234.70	536.63～757.29	4.43～5.42	120.75～157.50	535.50～682.54	0.14～0.18	1.05～1.42	1.89～2.42
	5	2000L/s 以上	5519.71～7919.51	2913.31～4208.17	1530.90～2168.25	666.63～956.46	408.37～536.63	3.45～4.43	94.50～120.75	378.50～535.50	0.09 0.14	0.79～1.05	1.37～1.89

注：1. 雨污水综合指标的计算单位为 L/s，若设计流量与本表不同，可采用内插法计算。
2. 该表整理摘自：中国计划出版社，市政工程投资估算指标，第四册排水工程，HGZ47-104-2007。

污水处理厂工程综合指标 附表 2-4-4

序号		设计规模	指标基价（元）	其中：					主要材料				
				建设安装工程费	设备购置费	工程建设其他费用	基本预备费	人工（工日）	钢材（kg）	水泥（t）	锯材（kg）	中砂（m^3）	碎石（m^3）
污水处理（一）	1	1万～2万 m^3/d	1958.49～2224.07	1077.09～1219.52	499.80～571.20	236.53～268.61	145.07～164.75	2.46～2.95	29.40～33.60	189.00～252.00	0.03～0.04	0.40～0.50	0.65～0.80
	2	2万～5万 m^3/d	1602.89～1958.49	876.87～1077.09	413.70～499.80	193.59～236.53	118.73～145.07	2.22～2.46	25.20～29.40	168.00～189.00	0.02～0.03	0.35～0.4	0.57～0.65
	3	5万～10万 m^3/d	1389.44～1602.89	761.71～876.87	357.00～413.70	167.81～193.59	102.92～118.73	1.97～2.22	23.10～25.20	147.00～168.00	0.02	0.30～0.35	0.50～0.57
	4	10万～20万 m^3/d	1231.17～1389.44	677.33～761.71	313.95～357.00	148.69～167.81	91.26～102.92	1.48～1.79	19.95～23.10	120.75～147.00	0.02	0.26～0.30	0.42～0.50
	5	20万 m^3/d以上	1076.59～1231.17	595.90 677.33	270.90～313.95	130.02～148.69	79.75～91.26	1.23～1.48	16.80 19.95	99.75～120.75	0.01～0.02	0.23～0.26	0.37～0.42
污水处理（二）	1	1万～2万 m^3/d	2503.75～2934.14	1359.65～1591.73	656.25～770.70	302.39～350.36	185.46～217.54	3.69～4.43	54.60～65.10	273.00～325.50	0.03	0.55～0.65	0.90～1.05
	2	2万～5万 m^3/d	2075.21～2503.75	1129.06～1359.65	541.80～656.25	250.63～302.39	153.73～185.46	2.95～3.69	44.10～54.60	210.00～273.00	0.03	0.45～0.55	0.71～0.90
	3	5万～10万 m^3/d	1826.40～2075.21	1000.30～1129.06	470.40～541.80	220.59～250.63	135.20～153.73	2.46～2.95	37.80～44.10	178.50～210.00	0.03	0.37 0.45	0.61～0.71
	4	10万～20万 m^3d	1691.07～1826.40	933.17～1000.30	482.40～470.40	204.24～220.59	125.26～135.20	1.97～2.46	29.40～37.80	147.00～178.50	0.03	0.30～0.37	0.49～0.61
	5	20万 m^3/d以上	1489.39～1691.07	823.54～933.17	370.65～428.40	179.88～204.24	110.33～125.26	1.48～1.97	25.20～29.40	115.50～147.00	0.02～0.03	0.28～0.30	0.37～0.49

注：1. 污水处理厂综合指标的计算单位为“m^3/d”，若设计流量与本表不同，可采用内插法计算。
2. 该表整理摘自：中国计划出版社，市政工程投资估算指标，第四册排水工程，HGZ47-104—2007。

附录 3-1　暴雨强度公式的编制方法

年最大值法取样

一、本方法适用于具有 20 年以上自记雨量记录的地区，有条件的地区可用 30 年以上的雨量系列，暴雨样本选择方法可采用年最大值法。若在时段内任一时段超过历史最大值，宜进行复核修正。

二、计算降雨历时采用 5min、10min、15min、20min、30min、45min、60min、90min、120min 共九个历时。汇水面积较大或需要校核暴雨积水历时的地区计算降雨历时可增加 150min 和 180min，共 11 个历时。计算降雨重现期宜按 2 年、3 年、5 年、10 年、20 年统计。当有需要或资料条件较好时（资料年数≥30 年、子样点的排列比较规律），可增加 30 年、50 年、100 年统计，重点可采用 2-20 年统计。

三、选取的各历时降雨资料，应采用经验频率曲线或理论频率曲线加以调整。一般采用理论频率曲线，包括皮尔逊Ⅲ型分布曲线、耿贝尔分布曲线或指数分布曲线等。根据确定的频率曲线，得出重现期、降雨强度和降雨历时三者的关系，即 P、i、t 关系值。

四、根据 P、i、t 关系值求得 A_1、b、C、n 各个参数，可采用图解法、解析法、图解与计算结合法等方法进行。为提高暴雨强度公式的精度，一般采用高斯-牛顿法。将求得的各参数代入

$$q=\frac{167A_1(1+clgP)}{(t+b)^n}$$，即得当地的暴雨强度公式。

五、计算抽样误差和暴雨公式均方差。宜按绝对均方差计算，也可辅以相对均方差计算。计算重现期在 2～20 年时，在一般强度的地方，平均绝对方差不宜大于 0.05mm/min。在较大强度的地方，平均相对方差不宜大于 5%。

附录 3-2　我国若干城市暴雨强度公式

省、自治区、直辖市	城市名称	暴雨强度公式	资料记录年数(a)
北京		$q=\frac{2001(1+0.811\lg P)}{(t+8)^{0.711}}$	40
上海		$i=\frac{9.45+6.7932\lg T_E}{(t+5.54)^{0.6514}}$	41
天津		$q=\frac{3833.34(1+0.85\lg P)}{(t+17)^{0.85}}$	50
河北	石家庄	$q=\frac{1689(1+0.85\lg P)}{(t+7)^{0.729}}$	20
河北	保定	$i=\frac{14.973+10.266\lg T_E}{(t+13.877)^{0.776}}$	23
山西	太原	$q=\frac{1446.22(1+0.867\lg T)}{(t+5)^{0.796}}$	25
	大同	$q=\frac{2684(1+0.85\lg T)}{(t+13)^{0.947}}$	25

续表

省、自治区、直辖市	城市名称	暴雨强度公式	资料记录年数(a)
山西	长治	$q=\frac{3340(1+1.43\lg T)}{(t+15.8)^{0.93}}$	27
内蒙古	包头	$q=\frac{9.96(1+0.955\lg T)}{(t+5.40)^{0.85}}$	25
	海拉尔	$q=\frac{2630(1+1.05\lg P)}{(t+10)^{0.99}}$	25
黑龙江	哈尔滨	$q=\frac{2989.5(1+0.95\lg P)}{(t+11.77)^{0.88}}$	32
	齐齐哈尔	$q=\frac{1920(1+0.89\lg P)}{(t+6.4)^{0.86}}$	33
	大庆	$q=\frac{1820(1+0.91\lg P)}{(t+8.3)^{0.77}}$	18
	黑河	$q=\frac{2608(1+0.83\lg P)}{(t+8.5)^{0.93}}$	22
吉林	长春	$q=\frac{896(1+0.68\lg P)}{t^{0.6}}$	25
	吉林	$q=\frac{2166(1+0.680\lg P)}{(t+7)^{0.831}}$	26
	海龙	$i=\frac{16.4(1+0.899\lg P)}{(t+10)^{0.867}}$	30
辽宁	沈阳	$q=\frac{11.522+9.348\lg P_{E}}{(t+8.196)^{0.738}}$	26
	丹东	$q=\frac{1221(1+0.668\lg P)}{(t+7)^{0.605}}$	31
	大连	$q=\frac{1900(1+0.66\lg P)}{(t+8)^{0.8}}$	10
	锦州	$q=\frac{2322(1+0.875\lg P)}{(t+10)^{0.79}}$	28
山东	济南	$q=\frac{1869.916(1+0.7573\lg P)}{(t+11.0911)^{0.6645}}$	
	烟台	$i=\frac{6.912+7.373\lg T_{E}}{(t+3.626)^{0.622}}$	
	潍坊	$q=\frac{4091.17(1+0.824\lg P)}{(t+16.7)^{0.87}}$	20
	枣庄	$i=\frac{65.512+52.455\lg T_{E}}{(t+22.378)^{1.069}}$	15
江苏	南京	$q=\frac{2989.3(1+0.671\lg P)}{(t+13.3)^{0.8}}$	40
	徐州	$q=\frac{1510.7(1+0.514\lg P)}{(t+9)^{0.64}}$	23
	扬州	$q=\frac{8248.13(1+0.64\lg P)}{(t+40.3)^{0.95}}$	20
	南通	$q=\frac{2007.34(1+0.752\lg P)}{(t+17.9)^{0.71}}$	31
安徽	合肥	$q=\frac{3600(1+0.76\lg P)}{(t+14)^{0.84}}$	25

续表

省、自治区、直辖市	城市名称	暴雨强度公式	资料记录年数(a)
安徽	蚌埠	$q=\frac{2550(1+0.77\lg P)}{(t+12)^{0.774}}$	24
	安庆	$q=\frac{1986.8(1+0.777\lg P)}{(t+8.404)^{0.689}}$	25
	淮南	$i=\frac{12.18(1+0.71\lg P)}{(t+6.29)^{0.71}}$	26
浙江	杭州	$i=\frac{20.120+0.639\lg P}{(t+11.945)^{0.823}}$	24
	宁波	$i=\frac{154.467+109.494\lg T_E}{(t+34.516)^{1.177}}$	18
江西	南昌	$q=\frac{1386(1+0.69\lg P)}{(t+1.4)^{0.64}}$	7
	赣州	$q=\frac{3173(1+0.56\lg P)}{(t+10)^{0.79}}$	8
福建	福州	$q=\frac{2136.312(1+0.700\lg T_E)}{(t+7.576)^{0.711}}$	24
	厦门	$q=\frac{1432.348(1+0.5821\lg T_E)}{(t+4.560)^{0.633}}$	7
河南	安阳	$q=\frac{3680P^{0.4}}{(t+16.7)^{0.858}}$	25
	开封	$q=\frac{4801(1+0.74\lg P)}{(t+17.4)^{0.913}}$	16
	新乡	$q=\frac{1102(1+0.623\lg P)}{(t+3.20)^{0.60}}$	21
	南阳	$i=\frac{3.591+3.970\lg T_M}{(t+3.434)^{0.416}}$	28
	洛阳	$q=\frac{3336(1+0.827\lg P)}{(t+14.8)^{0.884}}$	
湖北	汉口	$q=\frac{983(1+0.65\lg P)}{(t+4)^{0.56}}$	
	老河口	$q=\frac{6400(1+1.059\lg P)}{t+23.36}$	25
	黄石	$q=\frac{2417(1+0.79\lg P)}{(t+7)^{0.7655}}$	28
	沙市	$q=\frac{648.7(1+0.854\lg P)}{t^{0.526}}$	20
	郑州	$q=\frac{3073(1+0.892\lg P)}{(t+15.1)^{0.024}}$	
湖南	长沙	$q=\frac{3920(1+0.68\lg P)}{(t+17)^{0.86}}$	20
	常德	$i=\frac{6.890+6.251\lg T_E}{(t+4.367)^{0.602}}$	20
	益阳	$q=\frac{914(1+0.882\lg P)}{t^{0.584}}$	11
广东	广州	$q=\frac{2424.17(1+0.533\lg T)}{(t+11.0)^{0.668}}$	31
	佛山	$q=\frac{1930(1+0.58\lg P)}{(t+9)^{0.66}}$	16

续表

省、自治区、直辖市	城市名称	暴雨强度公式	资料记录年数(a)
海南	海口	$q=\frac{2338(1+0.4\lg P)}{(t+9)^{0.65}}$	20
广西	南宁	$i=\frac{32.827+18.194\lg T_E}{(t+18.880)^{0.851}}$	21
	桂林	$q=\frac{4230(1+0.402\lg P)}{(t+13.5)^{0.841}}$	19
	北海	$q=\frac{1625(1+0.437\lg P)}{(t+4)^{0.57}}$	18
	梧州	$q=\frac{2670(1+0.466\lg P)}{(t+7)^{0.72}}$	15
陕西	西安	$i=\frac{16.8815(1+1.317\lg T_E)}{(t+21.5)^{0.9227}}$	22
	延安	$i=\frac{5.582(1+1.292\lg P)}{(t+8.22)^{0.7}}$	22
	宝鸡	$q=\frac{1838.6(1+0.94\lg P)}{(t+12)^{0.932}}$	20
	汉中	$q=\frac{434(1+1.04\lg P)}{(t+4)^{0.518}}$	19
宁夏	银川	$q=\frac{242(1+0.83\lg P)}{t^{0.477}}$	6
甘肃	兰州	$i=\frac{6.8625+9.1284\lg T_E}{(t+12.6956)^{0.830818}}$	27
	平凉	$i=\frac{4.452+4.841\lg T_E}{(t+2.570)^{0.668}}$	22
青海	西宁	$q=\frac{461.9(1+0.993\lg P)}{(t+3)^{0.686}}$	26
新疆	乌鲁木齐	$q=\frac{195(1+0.82\lg P)}{(t+7.8)^{0.63}}$	17
重庆		$q=\frac{2509(1+0.845\lg P)}{(t+14.095)^{0.753}}$	8
四川	成都	$q=\frac{2806(1+0.803\lg P)}{(t+12.8P^{0.231})^{0.768}}$	17
	渡口	$q=\frac{2495(1+0.49\lg P)}{(t+10)^{0.84}}$	14
	雅安	$i=\frac{7.622(1+0.63\lg P)}{(t+6.64)^{0.56}}$	30
贵州	贵阳	$q=\frac{1887(1+0.707\lg P)}{(t+9.35P^{0.031})^{0.695}}$	13
	水城	$i=\frac{42.25+62.60\lg P}{t+35}$	19
云南	昆明	$i=\frac{8.918+6.183\lg T_E}{(t+10.247)^{0.649}}$	16
	下关	$q=\frac{1534(1+1.035\lg P)}{(t+9.86)^{0.762}}$	18

注：1. 表中 P、T 代表设计降雨的重现期；TE 代表非年最大值法选样的重现期；TM 代表年最大值法选样的重现期。

2. i 的单位是 mm/min，q 的单位是，L/(s·hm²)；

3. 此附录摘自《全国民用建筑工程设计技术措施》给水排水，2009，附录 E-1。

附录3-3 《"海绵城市"建设试点城市实施方案》编制提纲

一、城市基本情况

（一）自然地理和社会经济

自然地理情况重点分析区域地形、地貌、下垫面条件、河湖水系等。社会经济包括人口数量及结构、经济总量、产业结构、城市功能及分区等；介绍地方经济发展规划、城市总体规划定位等确定的试点地区发展目标和功能定位。

（二）降水、径流及洪涝特点包括年降雨量、短历时降雨规律、径流特性、洪涝特性等。

（三）水资源状况

包括区域水资源总量及开发利用情况。

（四）水环境质量状况

包括现状水体水质、排污口分布、水源地分布等情况。

（五）现状工程体系及设施情况

包括供排水设施、排水防涝设施、水利设施、雨水调蓄利用设施等。

二、问题及需求分析

（一）存在问题

1. 水安全方面：包括城市排水防涝、城市防洪、供水安全保障等。

2. 水资源方面：城市水资源供需平衡及保护等。

3. 水环境方面：城市水体污染问题、初期雨水面源污染、污水处理及再生利用、地下水超采问题等。

4. 周边区域影响方面：城市周边区域河湖水系，防洪，水源涵养情况等。

（二）需求分析

1. 拟重点解决的问题。

2. 通过海绵城市建设解决存在问题的优势（经济、技术、管理等方面）。

3. 可能存在的风险。

三、"海绵城市"建设的目标和指标

（一）总体目标（此目标为申请中央补助资金及考核的基本依据）

1. 年径流总量控制率（不小于70%）

2. 排水防涝标准（按国家标准要求）

3. 城市防洪标准（按国家标准要求）

（二）具体指标

1. 建成区内主要指标（根据实际情况适当增减）

（1）"渗、滞、蓄"：综合径流系数、可渗透地面面积比例、雨水调蓄标准（以mm降雨计）和雨水调蓄总容积；

（2）"净"：确定城区地表水体水质标准等；

（3）"用"：雨水利用量、替代城市供水比例、公共供水管网漏损率，污水再生利用率等；

（4）“排”：城市排水防涝标准，河湖水系防洪标准，雨水管渠排放标准，雨污分流比例等。

2. 建成区外主要指标

（1）防洪标准：城市外部河湖水系防洪标准，海潮防御标准等；洪水位与雨水排放口衔接关系等；

（2）水源涵养：水源保护区比例、城市水源的供水保障率和水质达标率、地下水水位等。

四、技术路线

建设技术指标达到或优于国家相关技术规范，依据《海绵城市建设技术指南》有关要求，因地制宜，提出经济可行、技术合理的技术路线和实施方案。按照全面深化改革的总体要求，依据国家相关政策，提出完善制度机制，加强能力建设的措施。

五、建设任务

将海绵城市建设的总体目标、具体指标分解落实到城市水系统、园林绿地系统、道路交通系统、住宅小区等工程项目，并提出“渗、滞、蓄、净、用、排”等各项工程措施，明确各项措施可分担的雨水径流控制量；通过经济技术比较，优化确定各项措施的工程规模。

（一）主要工程

1. 城市建成区内主要工程：

（1）渗：建设绿色屋顶、可渗透路面、砂石地面和自然地面，以及透水性停车场和广场等；

（2）滞：建设下凹式绿地、广场，植草沟、绿地滞留设施等；

（3）蓄：保护、恢复和改造城市建成区内河湖水域、湿地并加以利用，因地制宜建设雨水收集调蓄设施等。

（4）净：建设污水处理设施及管网，初期雨水处理设施，适当开展生态水循环及处理系统建设；在满足防洪和排水防涝安全的前提下，建设人工湿地，改造不透水的硬质铺砌河道、建设沿岸生态缓坡。

（5）用：按照“集散结合、就近处理、就地循环”的原则，建设污水现生利用设施；建设综合雨水利用设施等。更新改造使用年限超过 50 年、材质落后、漏损严重的老旧管网等。

（6）排：进行河道清淤，有条件的地区拓宽河道，开展城市河流湖泊整治，恢复天然河湖水系连通；新建地区严格实施雨污分流管网建设，老旧城区加快雨污分流管网改造；高标准建设雨水管网，加大截流倍数；加快易涝立交桥区、低洼积水点的排水设施提标改造等。

2. 城市建成区外主要工程：

（1）防洪：因地制宜，建设防洪堤坝、涵闸，分洪和蓄滞洪设施等，构建完善的城市防洪体系；

（2）水源地建设与保护：加强水源地保护、应急备用水源地建设等；

（3）水源涵养工程：水源涵养林、湿地、水源地水土流失综合治理等。

（二）建设项目和投资安排

将各项建设任务落实到具体建设项目，根据轻重缓急确定建设时序、建设期限。按照建筑红线内（绿色建筑小区）、公共部分的设施布局，以及工程投资建设主体的不同，将“渗、滞、蓄、净、用、排”的各项建设任务分解，测算工程规模和投资安排（填写附表）.

1. 城市建成区内：

(1) 建筑红线内（绿色建筑小区）工程类型、工程量、投资来源；市场化运作情况，政府提出的规模建设管控要求；投资来源等，相关投融资计划等。

(2) 公共部分（可经营项目)：工程类型、规模，运作模式，投资来源、收益来源，相关投融资计划等。

(3) 公共部分（非经营项目)：工程类型、规模，运作模式，投资来源，相关投融资计划等。

2. 城市建成区外：水利工程部分的工程量、投资来源、投资规模、相关投融资计划等。

（三）时间进度安排

2015～2017 年进度安排计划，应包含至少 1 年的运营期。

六、预期效益分析可行性论证报告

在科学预测建设效果的基础上，分析试点在社会、经济、生态方面的预期效益等。效益分析应结合试点期目标和指标体系，尽量提出量化的预期效益。

七、主要示范内容

（一）规划建设管控制度

包括将海绵城市的建设要求落实到城市总规、控规和相关专项规划的制度，地块开发的规划建设管控制度等；

（二）制度机制

包括加强城市河湖水系的保护与管理、低影响开发控制和雨水调蓄利用、城市防洪和排水防涝应急管理、持续稳定投入等体制机制。

（三）技术标准及方法

包括形成的技术标准、方法、政策等。

（四）能力建设

包括建立城市暴雨预报预警体系，健全城市防洪和排水防涝应急预案体系，加强应急管理组织机构、人员队伍、抢险能力等。

（五）规范的运作模式

包括政府与社会资本合作的运作模式等。

（六）费价与投融资制度

包括保障社会资本正常运营和合理收益的费价政策，财政补贴制度，中长期财政预算制度等。

（七）绩效考核与按效果付费制度

包括建立绩效考核制度和指标体系，按实施效果付费。

八、保障措施

（一）组织保障

组织机构、部门及职责分工、责任人员等。

(二) 资金保障

资金需求总额及分年度预算，资金需求的计算方法。资金筹措情况，长效投入机制及资金来源，财政支持手段。

(三) 融资机制保障

包括融资机制设计等。如采用PPP模式，还需包括PPP模式的投融资结构设计及政府社会资本合作的具体机制安排，采取PPP模式部分投资占项目总投资比例等。

(四) 管理及制度保障

保障试点工作的相关制度措施等。

九、其他需要说明的事项

附录4 中华人民共和国法定计量单位的单位名称和单位符号对照表（限本书出现的）

计量单位名称	计量单位符号	计量单位名称	计量单位符号
年	a	克	g
日	d	毫克	mg
小时	h	立方米	m^3
分钟	min	升	L
秒	s	平方公里	km^2
公里	km	米每秒	m/s
米	m	立方米每日	m^3/d
厘米	cm	立方米每小时	m^3/h
毫米	mm	立方米每秒	m^3/s
吨	t	毫米每分钟	mm/min
公斤	kg	公斤每立方米	kg/m^3
克每立方米	g/m^3	升每人日	L/(cap·d)
毫克每升	mg/L	升每秒万平方米	$L/(s\cdot hm^2)$
升每秒	L/s		

主要参考文献

[1] 孙慧修主编. 排水工程（上册）（第四版）. 北京：中国建筑工业出版社，1999.

[2] 给水排水设计手册编写组编. 给水排水设计手册（第二版）第1、2、5、7、10分册. 北京：中国建筑工业出版社，2000.

[3] 建设部标准定额研究所主编 HGZ47-104-2007. 城市基础设施工程投资估算指标（第四册）. 北京：中国计划出版社，2008.

[4] 高廷耀等主编. 水污染控制工程（上册）（第四版）. 北京：高等教育出版社，2007.

[5] 环境科学编辑委员会编. 中国大百科全书环境科学分册. 北京：中国大百科全书出版社，2002.

[6] 李天荣. 城市工程管线系统. 重庆：重庆大学出版社，2002.

[7] Karl Imhoff. 城市排水和污水处理手册. 俞亚明等译. 北京：中国建筑工业出版社，1992.

[8] 住房和城乡建设部工程质量安全监督司，中国建筑标准设计研究院. 给水排水：全国民用建筑工程设计技术措施 2013. 北京. 中国计划出版社. 2013年10月

[9] Thomas H. Cahill. Low Impact Development and Sustainable Stormwater Management. Wiley Press，2012.

[10] Committee on Reducing Stormwaer Discharge Contributions to Water Pollution，Water Science and Technology Board，Division on Earth and Life Studies，National Research Council. Urban Stormwater Management in the United States (2009). National Academies Press，2008.

[11] William James. Advances in modeling the management of stormwaterimpacts. CRC Press，1997.

[12] 严煦世，刘遂庆编. 给水排水管网系统（第三版）. 北京：中国建筑工业出版社，2014.

[13] 周玉文，赵洪宾编. 排水管网理论与计算. 北京：中国建筑工业出版社，2000.